普通学校文科教材
高等院校心理学专业课教材
上海普通高校优秀教材

# 心理学
PSYCHOLOGY

主 编/叶奕乾 祝蓓里 谭和平

（第六版）

华东师范大学出版社
·上海·

图书在版编目(CIP)数据

心理学/叶奕乾,祝蓓里,谭和平主编. —6 版. —上海:
华东师范大学出版社,2020
 ISBN 978 - 7 - 5760 - 1078 - 7

Ⅰ.①心… Ⅱ.①叶…②祝…③谭… Ⅲ.①心理
学-高等学校-教材 Ⅳ.①B84 - 49

中国版本图书馆 CIP 数据核字(2020)第 246555 号

# 心理学(第六版)

主　　编　叶奕乾　祝蓓里　谭和平
责任编辑　范美琳
责任校对　王丽平　时东明
装帧设计　俞　越

出版发行　华东师范大学出版社
社　　址　上海市中山北路 3663 号　邮编 200062
网　　址　www.ecnupress.com.cn
电　　话　021 - 60821666　行政传真 021 - 62572105
客服电话　021 - 62865537　门市(邮购)电话 021 - 62869887
地　　址　上海市中山北路 3663 号华东师范大学校内先锋路口
网　　店　http://hdsdcbs.tmall.com

印　刷　者　浙江临安曙光印务有限公司
开　　本　787 毫米×1092 毫米　1/16
印　　张　22.75
字　　数　487 千字
版　　次　2021 年 1 月第 1 版
印　　次　2025 年 7 月第 11 次
书　　号　ISBN 978 - 7 - 5760 - 1078 - 7
定　　价　56.00 元

出版人　王焰

(如发现本版图书有印订质量问题,请寄回本社客服中心调换或电话 021 - 62865537 联系)

# 第六版前言

本书是受国家教育部委托编写的高等学校文科教材《心理学》，于1988年出版。随着心理科学研究和实际应用领域不断涌现出新成果，以及高等师范教育改革深入发展，广大教师不断向心理学教材提出新的、更高的要求，我们于1994年对教材的体系和内容进行了修订和补充，在1994年出版了修订本第一版。以后，在2005年到2015年之间又出版了修订本（第二、三、四、五版）。因本书自出版以来受到全日制高等学校和业余高等学校（电视大学、夜大学、自学考试和函授大学）广大师生的欢迎和喜爱，累计发行超过100万册。

本教材深入贯彻党的二十大精神，旨在进一步加强学科建设，推动心理学科的创新发展，提高教育教学质量和水平，以满足社会对心理学人才的需求，落实立德树人根本任务。第六版修订本是在第五版修订本基础上修改的。这次修订主要是遵循介绍心理学的经典理论与介绍现代最新的科学前沿成果相结合的原则，增添了有关知识点，使教材内容进一步丰满，同时注重增强心理学知识的应用性，以及在文字表达上更加注意条理清晰、通俗易懂。

在教材内容方面：增加了我国心理学工作者的研究成果，并在第十一章增加了"中国学者的特质论"、"性格的社会认知理论"等有关内容；第十二章增加了"我国公众的智力观"、"情绪智力"；第十六章更新了有关我国青少年期学生在身体形态、身体机能上的发展，以及体能素质的发展方面调查所得的数据，此外，其余各章的修改，主要是力求把概念表示得更精确，使有关知识更具应用性，以及作了必要的文字修饰。力求体系科学完备，行文通畅。

本书适用于各级各类高等学校的学生作教材或教师进修之用，也可供有关专业的工作者和心理学爱好者使用。

参加本书修订的有：祝蓓里教授（第一、七、八、十三、十四、十六、十七章），叶奕乾教授（第二、四、五、九、十、十一、十二章）和谭和平副教授（第三、六、十五章）。

本书在修订过程中，参阅了国内外许多心理学家的研究成果和各高等学校正在使用的其他心理学教材，并得到全国很多高等学校师生的帮助，在此谨向他们表示衷心的感谢。

华东师范大学出版社的大力支持，以及编辑的精心审阅和校正，对提高本书质量起着重要的作用，在此一并深表谢意。

限于编者的水平和时间，本书中难免有不妥和疏漏之处，敬请专家和读者批评指正。

编 者
2023年5月

# 目录

## 第一章 绪论 / 1
- 第一节 心理学的研究对象与任务 / 1
- 第二节 心理学研究的原则与方法 / 7
- 第三节 心理的实质 / 11
- 第四节 神经系统和脑 / 18

## 第二章 意识和注意 / 27
- 第一节 意识概述 / 27
- 第二节 注意概述 / 29
- 第三节 注意的种类 / 33
- 第四节 注意的特征 / 37

## 第三章 感觉和知觉 / 45
- 第一节 感觉概述 / 45
- 第二节 几种主要的感觉 / 50
- 第三节 知觉概述 / 57
- 第四节 几种主要的知觉 / 61
- 第五节 错觉 / 67

## 第四章 记忆 / 71
- 第一节 记忆概述 / 71
- 第二节 识记 / 80
- 第三节 保持与遗忘 / 82
- 第四节 再认和回忆 / 94

## 第五章 想象 / 97
- 第一节 想象概述 / 97
- 第二节 再造想象和创造想象 / 99
- 第三节 生物节律、睡眠和梦 / 102

## 第六章 思维 / 109
- 第一节 思维概述 / 109
- 第二节 思维过程 / 113
- 第三节 概念及其掌握 / 116

第四节　问题解决　/ 120

第五节　创造性思维　/ 124

## 第七章　情绪和情感　/ 129

第一节　情绪和情感概述　/ 129

第二节　情绪学说　/ 136

第三节　情绪状态　/ 141

第四节　情感与情操　/ 144

## 第八章　意志　/ 150

第一节　意志概述　/ 150

第二节　意志行动的心理过程　/ 153

第三节　动机及其激发　/ 156

第四节　意志的品质与培养　/ 160

## 第九章　人格和人格倾向性　/ 164

第一节　人格概述　/ 164

第二节　需要　/ 166

第三节　动机　/ 171

第四节　兴趣　/ 175

第五节　理想、信念和世界观　/ 178

## 第十章　气质及其测量　/ 182

第一节　气质概述　/ 182

第二节　气质理论　/ 183

第三节　气质的生理机制　/ 188

第四节　气质类型　/ 190

第五节　气质在实践活动中的作用　/ 193

第六节　气质的测量　/ 196

## 第十一章　性格及其测量　/ 199

第一节　性格概述　/ 199

第二节　性格的类型理论　/ 202

第三节　性格的特质理论　/ 204

第四节 性格的社会认知理论 / 216

第五节 性格的形成和发展：遗传和环境 / 222

第六节 性格的测量 / 228

## 第十二章 能力及其测量 / 236

第一节 能力概述 / 236

第二节 智力和智力理论 / 239

第三节 遗传和环境在智力发展中的作用 / 254

第四节 能力的个别差异 / 259

第五节 能力的测量 / 265

## 第十三章 学习心理 / 275

第一节 学习过程概述 / 275

第二节 有关学习过程的理论 / 277

第三节 学习动机 / 280

## 第十四章 品德心理 / 287

第一节 品德心理概述 / 287

第二节 有关品德形成的理论 / 292

第三节 青少年学生品德不良与违法犯罪 / 298

## 第十五章 心理健康 / 305

第一节 心理健康概述 / 305

第二节 心理健康的三级预防 / 309

第三节 压力和心理健康 / 312

第四节 挫折和心理健康 / 315

第五节 青少年学生的心理健康 / 321

## 第十六章 青少年学生身心发展的特征 / 326

第一节 心理发展的动力 / 326

第二节 青少年期学生的生理特征 / 327

第三节 青少年期学生的心理特征 / 332

## 第十七章　课堂教学中的团体心理气氛　/ 340

　　第一节　团体心理气氛及其基本特征　/ 340

　　第二节　课堂心理气氛　/ 342

## 主要参考书目　/ 350

# 第一章 绪 论

根据文字记载来推断,人类对于心理现象的探究,已有两千多年的历史。公元前4世纪,古希腊的哲学家亚里士多德(Aristotle)就对"灵魂"的本质进行了探究。他写的《论灵魂》(De anima)一书是西方最早研究心理现象的著作。英文中的心理学(Psychology)一词源于希腊文"ψχυολογος"(意为"灵魂的科学")。中国人对身心关系的探讨比亚里士多德还要早,《管子·内业篇》就有"凡人之生也,天出其精,地出其形,合此以为人"的论述。当时,人们认为身与心都是由"气"所构成的,对身心关系的论述也缺乏科学的论据。直到19世纪中叶,随着自然科学和实验方法的发展,心理学才从哲学中分化出来,发展成一门独立的科学[①]。所以说,心理学是一门既古老又年轻的科学。

## 第一节 心理学的研究对象与任务

### 一、心理学的研究对象和性质

自心理学诞生以来,各学派的心理学家对于心理学研究对象的理解与主张是不同的。以德国心理学家冯特(W. Wundt)为代表的构造主义学派认为,心理学研究的对象是意识经验,并且首先采用内省法来研究意识经验。他们把意识经验分析成感觉、意象和感情等若干基本的心理要素,认为心理活动是这些基本要素的整合,心理学是研究心理、意识经验的一门科学。以美国心理学家威廉·詹姆斯(W. James)为代表的机能主义学派认为,心理学是描述和解释意识状态(包括感觉、愿望、认识、推理、决心、意志等)的科学,心理活动是一种持续的意识流,因此不能分析出基本的心理要素。机能主义学派强调的是行为的机能而不是结构,认为心理学研究的对象是个体适应环境的机能。以美国心理学家华生(J. B. Watson)为代表的行为主义学派认为,心理学研究的对象是可以观察和测量的行为。华生在1913年发表的《行为主义者眼中的心理学》一文中明确指出,心理学是行为的科学,而不是意识的科学。他坚决反对意识和内省这两个基本概念,主张用客观的方法,按照刺激—反应(S—R)的公式去研究心理学。他把传统心理学中的意识、感觉、意象等概念一概排除在心理学的研究范围之外,并错误地把人的行为和动物的行为等同起来加以研究。以德国心理学家韦特海默(M. Wertheimer)为代表的格式塔心理学派既反对构造主义的一些观点,又反对行为主义的一些观点,认为心理学既研究直接经验,也研究行为,但是研究的对象是一个整体,是具有特殊的内在规律的完整历程。以奥地利心理学家弗洛伊德(S. Freud)为代表的精神分析主义学派认为,心理学研究的对象包括意识和潜意识两个部分,而中心课题应当是研究潜意识的活动,这些活动包括人的原始的冲动、各种本能以及虽然曾经被意识到但被压抑

---

[①] 1879年德国莱比锡大学冯特(Wilhelm Wundt,1832—1920)创建了世界上第一个心理实验室,心理学才成为一门独立的科学。

至无意识中的欲望。

20世纪50年代之后,各学派对心理学的研究对象的看法趋于折中,认为作为心理学研究对象的心理现象或心理活动是一种具有不同水平、不同层次、不同功能的动力系统。心理学既要研究心理活动的形式,又要研究心理活动的内容和功能;既要研究有意识的心理活动,又要研究无意识的心理活动;既要研究心理,又要研究行为,要把心理与行为统一起来加以研究。20世纪60年代,在美国兴起的认知心理学派反对行为主义宣扬的心理活动的内部机制无法研究的观点,大量吸收信息论、控制论和系统论的知识,并运用计算机科学的模拟法来研究认知过程的机制。从此,心理学界开始把人看成是一个信息加工者,认为环境所提供的信息是通过人的认知过程而加以编码、存储和操作,进而影响人的行为的。

总之,心理学是研究人的心理现象(或心理活动)发生、发展及其规律的科学。就心理活动而言,不仅人有,而且动物也有。我们在这里探讨的是:人的心理现象及其发生、发展的规律,包括人在社会实践中发展起来的意识活动,行为被视作意识的外部表现。同时也研究心理活动的脑机制,特别是认知功能的神经生物学机制。

人的心理现象多种多样,它们之间的关系非常复杂。为了深入地了解人的心理活动,我们从心理过程和人格心理两个方面来分别加以阐述。

## (一) 心理过程

心理过程相对于人格心理来说,是不断变化着的、暂时性的心理现象。它包括认知过程、情感过程和意志过程三个方面。其中认知过程是基本的心理过程,情感和意志是在认知的基础上产生的。

### 1. 认知过程

这是指人在认识客观事物的过程中,为了弄清客观事物的性质和规律而产生的心理现象。比如,我们听到树叶的沙沙声,看到光亮、颜色,尝到滋味,闻到气味,摸到物体的软硬或冷热等,这就是感觉。在这些感觉的基础上,人能辨认出是刮风或是阳光灿烂,是花朵或是大理石,等等,这就是知觉。在离开了刺激物的作用之后,原来听过的话语,看过的某些图形、物像仍"话犹在耳""历历在目",这就是记忆。人不仅能通过记忆把经历过的事物回想起来,而且还能构想出自己从未直接经历过的事物,例如,形成小说里所描写的人物形象和场面,这就是想象。人还能凭借人所特有的语言,通过分析、综合、判断,认识事物的本质及其发生、发展的规律,例如,医生根据病人的体温、脉搏、舌苔、血液或排泄物的化验结果,推断出他的某一内部器官发生了病变,这个过程就是思维。

感觉、知觉、记忆、想象和思维等心理活动,在心理学中统称为认知过程。

### 2. 情感过程

这是指人在认识客观事物的过程中所引起的人对客观事物的某种态度的体验或感受。人在认识客观事物时,并非是无动于衷的,常常会产生满意或不满意,愉快或不愉快,热爱或厌恶,欣慰或遗憾等主观体验。这里所讲的"满意""愉快""热爱""厌恶""欣慰""遗憾"等主观体验,在心理学中统称为情感过程。

**3. 意志过程**

这是指由于认识的支持与情感的推动,人有意识地克服内心障碍与外部困难而坚持实现目标的过程。人不仅能认识客观事物,对它产生一定的感受,而且还能根据对客观事物及其规律的认识自觉地、有计划地改造世界。这种自觉地确定目标,并为实现目标而自觉支配、调节行为的心理过程,在心理学中统称为意志过程。

认知、情感和意志都有其自身的发生和发展的过程,但是,它们不是彼此独立的过程。情感和意志过程中含有认知的成分,它们都是由认知过程派生出来的;情感与意志又对认知过程发生影响。它们是统一的心理活动中的不同方面。认知、情感、意志过程作为心理学研究对象的一部分,统称为心理过程。

## (二) 人格心理

人格是个体独特而相对稳定的心理行为模式。它包括人格倾向性和人格心理特征两个方面。

**1. 人格倾向性**

人格倾向性是决定个体对事物的态度和行为的内部动力系统,是具有一定的动力性和稳定性的心理成分,是人格结构中最活跃的因素。比如,需要、动机、兴趣、理想、信念和世界观等人格倾向性使每个人的心理活动有目的、有选择地对客观现实作出反应。一些物质需求明显地高于精神需求的人会无限制地去追求物质享受,甚至不顾国格和人格;而一些精神需求高于物质需求的人即使在强烈的物质引诱下也不做有损于国格和人格的事情。一些成就动机强烈的学生,在课堂上认真听课,并主动地提问和思考,勇于克服学习中的各种困难;一些成就动机低的学生,则往往不认真听课,学习热情不高,在困难面前打退堂鼓。对数学感兴趣的学生,其心理活动的积极性更多地表现在与数学有关的事情上;对物理感兴趣的学生,其心理活动的积极性更多地表现在与物理有关的事情上。具有不同的理想、信念和世界观的人,对其心理活动的组织和引导也是不同的。

人格倾向性是人格的重要组成部分,它对相关的心理活动起着支配和控制的作用。

**2. 人格心理特征**

人格心理特征是个体身上经常表现出来的本质的、稳定的心理特征。它主要包括能力、气质和性格,其中以性格为核心。能力是表现在完成某种活动的潜在可能性方面的特征。气质是表现在心理活动的动力方面的特征。性格是表现在完成活动的态度和行为方式方面的特征。人格心理特征影响着个体的行为举止,集中地体现了人的心理活动的独特性。个体在观察的深刻性、全面性,记忆的敏捷性、巩固性,以及思维的灵活性、迅速性方面的差异,属于能力上的差异。个体在脾气、内外向方面的差异,属于气质上的差异。个体在待人处事及克服困难的决心和毅力上的差异,属于性格上的差异,人格差异首先表现在性格上。

人格倾向性与人格心理特征在个体身上独特的、稳定的有机结合,就构成了其不同于其他人的人格心理。人格心理是指在一定的社会历史条件下的人所具有的人格倾向性和人格心理特征的总和。

心理过程和人格心理这两个方面是密切联系着的。人格心理以心理过程(认知、情感、意志)为基础。没有心理过程,人格心理就无法形成。人的人格心理的形成和发展,是在一定的社会影响和教育下,通过心理过程反映客观现实而逐渐定型化的结果,是个体社会化的过程。同时,已经形成的人格心理又反过来制约着每个人的心理过程,并在心理过程中表现出来。具有不同兴趣和能力的人,对同一首歌、同一幅画、同一出戏的评价水平、欣赏水平是不同的;一个具有先人后己、助人为乐性格特征的人往往会表现出坚强的意志行动。

事实上,既没有不带人格心理的心理过程,也没有不表现在心理过程中的人格心理。两者是同一现象的两个不同方面。要想深入地了解人的心理活动,我们必须分别对这两个方面加以研究,如果想了解个体的心理全貌,就必须把这两个方面结合起来进行考察。

总的来说,心理学是研究心理过程发生、发展的规律性,研究人格心理形成和发展的过程,以及研究心理过程与人格心理相互关系的规律性的科学。就其性质而言,它是一门与自然科学和社会科学都有关系的边缘科学,也是一门建立在自然科学和社会科学基础之上的高层次科学。

### (三) 心理学各分支学科的研究对象

随着社会和科学研究的发展,心理学的研究与应用范围日益扩展。因此,心理学在普通心理学的基础上已派生出了许多分支学科。例如,心理学与社会科学相结合产生了社会心理学、管理心理学、犯罪心理学等学科;心理学与生产实践、科学技术、医疗活动相结合,产生了职业心理学、工程心理学、医学心理学等学科;心理学与数学(或语言)相结合,产生了数学(或语言)心理学;心理学与体育运动相结合,产生了体育运动心理学;心理学与教育实践相结合,产生了教育心理学;心理学与自然科学相结合,产生了动物心理学、发展心理学、生理心理学等学科。此外,心理学还有变态或临床心理学、咨询心理学、健康心理学等学科。据统计,目前心理学已有一百多个分支,这些分支学科又各有其自己的研究对象。下面分别对部分分支学科作简单介绍。

**1. 社会心理学**

社会心理学是研究社会心理现象发生、发展与变化规律的学科。这门学科主要研究:①群体共同的心理现象,如从众、模仿、暗示、舆论、感染、风尚、牢骚、时尚、谣言、偏见、传统等;②个体在群体影响下所产生的各种心理现象,如社会性需要、社会性动机、社会知觉、态度及其转变、服从、威信、侵犯、暴力行为等。它是一门社会性很强、应用范围很广的学科,是心理学与社会学的交叉学科。

**2. 管理心理学**

管理心理学又称组织心理学或组织行为学。它研究企业中人的心理活动规律,是以提高组织效率、实现组织目标、维护组织生存和发展为目的的一门应用心理学科。其主要的研究内容是：①个体的心理和行为规律；②团体（包括正式的与非正式的团体）的心理规律，如团体的内聚力、士气与团体意识、人际关系与团体效能等；③领导行为；④组织行为。

#### 3. 犯罪心理学

犯罪心理学是研究导致或可能导致个体或群体发生犯罪行为的心理现象及其发展与变化规律的学科。主要研究的内容有：①犯罪人的人格缺陷及有关心理现象；②犯罪心理的形成与犯罪行为的发生；③犯罪心理对策。近年来，在此学科中增加了有关网络犯罪的研究领域，包括：网络欺凌、虚拟恋爱、网络诈骗，以及因为电子上瘾而走上犯罪的心理现象与有关对策等。如爱尔兰的刑事科学法医心理学家玛丽·艾肯(M. Aken)通过一系列研究发现，从婴儿时期受到网络影响，到因为网络走上犯罪道路，犯罪者受到网络欺凌的影响远比在与人类行为进行交互作用以后所造成的影响更加严重，从而指出，不该让儿童过早接触手机，12—13岁的时候才适宜开始使用智能手机，9—10岁的时候给孩子比较简单的、没有摄像功能，只能发短信、打电话的手机。这样才能预防孩子的网络犯罪。

#### 4. 教育心理学

教育心理学是研究教育过程中的心理现象及其变化规律的学科。主要研究的内容有：①学生掌握知识、技能的学习心理及其规律；②在学习过程中能力的形成与发展；③道德品质的形成和发展的规律；④学生的个别差异及其测量与评定。

#### 5. 发展心理学

发展心理学是研究种系和个体心理发生与发展的学科。种系心理发展，是指从动物到人类的心理演化过程；个体心理发展，是指人从受精卵开始到出生、成熟直至衰老的整个生命中心理发生和发展的过程。发展心理学包括比较心理学、儿童心理学、少年心理学、青年心理学、中年心理学和老年心理学等。其主要的研究内容是：①心理发展的动力和基本规律；②心理发展的年龄特征，其中涉及内因与外因、先天与后天、教育与发展、年龄特征与个别差异等方面的问题。

#### 6. 生理心理学

生理心理学又称为生物心理学或神经心理学。其研究的对象主要是心理现象的生理机制，即研究在大脑中产生心理活动的物质过程。这一学科主要研究的内容有：①神经系统的有关结构和功能；②内分泌系统在心理活动中的作用；③感知、本能、动机、情绪、睡眠、学习和记忆等心理活动和行为的生理机制。这门学科是生物性很强的学科，也是心理学与生物学的交叉学科。

#### 7. 临床心理学

临床心理学是研究心理失常者的适应困难、情绪困扰、行为异常等各种心理问题，以及心理疾病的诊断和评估、心理治疗和预防、社区干预和行为医学的理论和方法的一门应用性学科。

作为未来的人民教师,高等师范院校的学生不仅需要学习普通心理学,掌握一般个体的心理过程和人格心理方面的知识,还要学习发展心理学(尤其是中学生年龄阶段的心理学)、教育心理学和社会心理学,以及心理健康等方面的知识。

## 二、心理学的任务

心理学的任务包括两个方面,一是探讨理论问题,二是解决实际问题。也就是说,心理学既有理论的任务,又有实践的任务。

### (一) 心理学的理论任务

心理学中有许多理论问题需要加以解决,而最根本的理论任务是通过心理学的研究进一步揭示心理、意识的起源。意识的起源问题是现代哲学的重大理论问题,是世界上尚未解决的三大问题之一。研究人的心理现象发生、发展的规律有助于解决意识的起源问题。只有揭示了人的心理与客观世界的关系,人的心理与人脑(以特殊方式组织起来的物质)的关系,才能以最新的科学成就论证物质第一性,意识第二性。或者说正如列宁所指出的那样,"心理学提供的一些原理已使人们不得不拒绝主观主义而接受唯物主义"。[①]

此外,心理学研究的成果,尤其是发展心理学和教育心理学的研究,还可以为教育学和教学法的基本理论提供科学的依据。所以说,心理学的研究还具有丰富和充实教育理论的任务。

### (二) 心理学的实践任务

人的全部行为是受心理活动所支配的,所以,研究人的心理发生、发展的规律在社会生活的各个领域中起着十分重要的作用。如何遵循人的心理活动规律,提高人的心理素质,提高人的实践活动效率,也是各个领域共同面临的问题。运用心理学原理和各种心理技术去预测和控制心理现象的发生和发展,从而为人类不同领域的实践服务,这是心理学的重要任务之一。心理学的实践任务的总目标是为实现和谐社会服务,为实现物质文明建设和精神文明建设服务。这个总目标具体地落实到各个领域,又分解成许多各自不同的实践任务。

高等师范院校学生研究心理学主要有以下几个方面的实践任务。

#### 1. 为搞好教学改革服务

比如,掌握了学生的学习心理,就懂得应当怎样组织教学内容和改进教学方法,以提高学生的学习质量;掌握了学生的人格倾向性和人格心理特征,就能针对学生的个别差异,因材施教。

---

① 列宁著,中共中央马克思恩格斯列宁斯大林著作编译局编译:《列宁全集》第一卷,人民出版社1955年版,第396页。

**2. 为培养学生良好的道德品质和健全的人格服务**

使学生的人格健全发展,以及在德、智、体、美、劳等方面得到和谐的发展是我国学校教育的重要目标。掌握有关人格心理形成和发展的原理和条件,将有助于培养学生健全的人格;掌握了品德心理的知识,将有助于教师切实提高学生的道德认识,培养和发展学生的道德情感、道德意志和道德行为习惯。

**3. 为增进学生的心理健康服务**

掌握了心理健康的标准,以及增进学生心理健康的各种方法,并付诸实践,定能有助于增进学生的心理健康,使学生保持良好的学习状态,使学生既自我认可又接纳别人;不妒忌,不忧虑,不抑郁,不自卑,能有效地适应社会和环境。

**4. 为提高自己的心理素质服务**

师范生作为未来的教师,必须具有顺利而有效地适应教育和教学环境,正确地对待和处理师生关系和各种人际关系的良好心理品质;必须有健全的人格和健康的情绪,还要有顽强的毅力,对教育和教学的独特兴趣。学习和研究心理学,将有助于师范生提高自己的心理素质。

总之,研究心理学不仅有助于人们认识内心世界,也有助于人们预测和调节人的心理活动。它对于改造客观世界和主观世界具有重要的意义。从科学发展的远景来看,心理学在未来可能会成为对其他的学科产生重大影响的带头学科。

# 第二节 心理学研究的原则与方法

## 一、心理学研究所要遵循的原则

研究人的心理现象,尤其是研究教育或教学过程中的心理现象,不仅是心理学专业工作者的职责,也是广大教师的职责。研究心理学的方法,一般随研究课题的不同而有所不同。我们在采用各种方法时,必须遵循以下三个原则。

### (一) 客观性原则

恩格斯说过:"唯物主义的自然观不过是对自然界本来面目的朴素的了解,不附加任何外来的成分。"[1] 毛泽东同志也曾说,"要实事求是,'实事'就是客观存在着的一切事物,'是'就是客观事物的内部联系,即规律性,'求'就是我们去研究"。[2] 这就是说,一切科学研究都必须遵循客观性原则。

心理现象是一种客观存在的事实,它的产生与活动的外部及内部的条件密切相关,它的

---

[1] 马克思、恩格斯著,中共中央马克思恩格斯列宁斯大林著作编译局编译:《马克思恩格斯选集》第三卷,人民出版社1972年版,第527页。
[2] 毛泽东著,中共中央毛泽东选集出版委员会辑:《毛泽东选集》一卷本,人民出版社1964年版,第759页。

历程也是有规律可循的。所以,研究人的任何心理现象都必须依据可以观察并加以检验的客观事实,严格贯彻客观性原则,切忌根据主观愿望或猜测来分析人的心理。

## (二) 发展的原则

心理现象和其他的物质现象一样,始终处在发展、变化之中。任何心理现象都有其客观发展的规律,即使是较稳定的人格倾向性和人格心理特征,由于长时间各种因素的作用,也可能发生变化。因此,心理学研究必须遵循发展的原则。我们不仅要看到心理的现时的特征,而且要看到其发展的前景,要在发展中考察各种心理现象。

## (三) 系统性原则

人既是生物实体,又是社会实体,生活在不同质的多系列系统之中。一方面,人作为生物实体,处在生物进化的系统之中,处在外部的物理系统、生物系统之中。人作为一个生物的实体,内部又有神经系统、肌肉系统、内分泌系统等许多亚系统。人是一个高度非线性的系统,上千亿个神经细胞进行着一系列复杂的相互作用。另一方面,人作为社会实体,处在一定的社会系统之中。因此,研究人的心理现象又不能不把它放在社会系统中去加以考察。

在对人这样多层次、多因素的极其复杂的系统的心理现象作系统的分析时,必须做到:①要在各个因素的相互联系、相互作用中去认识整体;②要从心理所涉及的不同水平(从无意识到意识的水平)去加以考察;③要对心理进行多侧面(从稍纵即逝的心理过程到稳固的人格心理)的分析;④要对心理作发展层次的分析;⑤要考虑到心理特性的多序列性;⑥要考虑到心理的决定关系的复杂性。

## 二、心理学的研究方法

心理学的研究方法主要有以下几种。

### (一) 观察法

观察法是有目的、有计划地观察被试在一定条件下言行的变化,并作出详尽的记录,然后进行分析处理,从而判断他们的心理活动的一种方法。

例如,研究婴儿的心理发展,就可以选择特定的婴儿,每日在一定的时间内详细观察他的活动,记录他的身体运动、发声等,即记录当时的客观情况。这样观察一个时期(一年至几年),就可以对观察记录材料进行分析,找出婴儿心理发展的规律。在教育、教学过程中,教师常常通过观察学生在校内外、课内外,在劳动、学习和游戏中,在考试、比赛或日常生活等各种条件下的表现,了解学生的各种心理特点和心理发展的规律。

观察法在时间上可以分为长期系统观察和定期观察;从观察的内容上可以分为全面观察和重点观察;从观察的方式上可以分为直接观察和间接观察(通过电影、摄影、录音、录像等方式进行记录,然后进行观察)。有时直接观察也可以在隐蔽处通过纱屏、单向透光玻璃进行。在观察时,如有可能,可以跟被观察者进行谈话,以了解他的心理活动,并观察他在谈话时的表现。

观察是一种专门的技术。要想成功地运用观察法来研究人的心理,观察者必须做到:①明确观察的目的和要求;②在客观的(或自然的)情境中进行观察;③要对被试的外部条件、身体变化、表情动作作详细的记录;④正确地说明和理解被试的各种外显行为和对他们的心理活动作出确切的、科学的解释。

## (二) 实验法

实验法是按照研究目的有计划地严格控制或创设条件,主动引起或改变被试的心理活动,从而进行分析研究的客观方法,也是判断因果关系的唯一方法。实验法可以反复进行实验和验证,可以省时、省力地获得准确资料,所以它是心理学工作者揭示心理现象的最重要的方法。

心理学使用的实验法有两种,实验室实验法和自然实验法。

### 1. 实验室实验法

实验室实验法通常是在特设的实验室中,借助各种仪器设备,严格控制各种条件来进行的。它较多地运用于对心理过程(如对知觉、记忆的信息加工过程)、心理现象的生理机制及对各种社会心理现象(如关于电视、电影和电子游戏中的暴力情节对青少年攻击性行为影响的实验室实验)的研究,而在实验室中对人格心理特征进行研究有很大的局限性。当今时代,一些设备完善的心理实验室已能模拟各种自然环境条件(如高空和海底的情况),模拟各种工作环境条件(如火车驾驶室、中央控制台等),研究人在这些条件下的心理活动。

### 2. 自然实验法

自然实验法通常是在日常生活中,实验者有目的地对某些条件加以控制或改变,以研究人的心理活动的方法。它既可以用于研究一些简单的心理现象,又可以用于研究个体的人格心理特征和群体心理。它也是广大教师在教育、教学过程中研究学生的心理活动常用的方法。例如,同一教师对同一教学内容可在条件大致相同的平行班进行这样的实验:让甲、乙、丙3个班用相同的时间(如3小时)复习,但是要求甲班一次复习3小时;乙班分成3次,每次复习1小时;丙班分成6次,每次复习半小时。然后,实验者测验复习效果,可以分析出复习的时间分配对复习效果的影响。

自然实验法的特点是简便易行,而且把科学研究跟人们经常进行的社会性活动结合起来,所得结果符合实际情况,具有实践意义。但是,在自然实验的设计中必须注意使实验组和控制组的年龄、性别、教育程度、家庭、社会诸方面的条件大致相同,人数相等,控制练习和实验顺序的影响,对实验的结果要作统计处理,以揭示实验结果的意义。

## (三) 心理测验法

心理测验法是运用具有一定的信度和效度的标准化量表(或问卷)对人的心理特征进行

测量和评定的方法。第一个制定这种测验量表的是英国的高尔顿（F. Galton），他当时的目的是为了研究优生学和个别差异等问题。20世纪初，法国心理学家比奈（A. Binet）为鉴别低能儿编制了智力量表，之后又有许多心理学家编制了测定人的情绪、人格的量表。这些科学量表的制定，使人的心理特征可以用客观的工具来衡量，并加以量化。比如，把智商为120以上的儿童评定为智力优秀。

心理测验有很多种。例如，在智慧方面有各种智力测验；在学业方面有教育测验、学科测验；在知觉方面有听觉、辨光、举重等测验；对人们的态度、性格、兴趣、气质等也有相应的测验。这些测验就测验的方法来分，有个人测验量表和团体测验量表；就测验的材料来分，有文字的测验和非文字的测验等，但有些测验工具还不够标准化，不够精确。

## （四）其他研究方法

除上面介绍的方法之外，心理学研究还常用个案研究法、相关研究法，以及元分析法等来研究人的心理现象。

### 1. 个案研究法

个案研究法是对个体最直接、最简单的一种心理研究方法，是对某一（或某些）个体在较长的（几年、十几年乃至几十年的）时间里连续进行了解和系统全面地搜集其过去和现在各方面的资料，包括日记、作文、考卷，以及其他活动信息等，以研究其心理发展变化的方法。它适用于对一个人的心理发展过程进行较系统、全面的研究，也适用于对一个人（或者某几人）的某一心理侧面的发展进行研究。对优秀学生或对差生心理的研究常常采用这种方法。个案研究法是发展心理学、教育心理学常用的研究方法。

### 2. 相关研究法

相关研究法是对同一研究总体中两个或多个变量之间共同变化的关系的研究。例如，用相关研究法来研究智力（IQ分数）与学业成绩之间的相关性；研究父母的IQ分数与子女的IQ分数之间的相关性，等等。其相关性通过统计相关系数（以$-1.00$—$1.00$之间的数字）表达。所得相关系数为负值时，称为负相关；相关系数为正值时，称为正相关。一般而言，对两个或两个以上的变量都可以研究它们的相关情况，包括相关模式（直线型、曲线型）和相关程度（分低、中、高的正相关或负相关）。值得注意的是，因果关系是一种相关关系，但相关关系不一定是因果关系。因为两种变量之间的关系可能是由第三个变量引起的。比如，学业成绩不良可能是由于学习态度或学习方法不当所致。

### 3. 元分析法

元分析法这一概念是由美国学者格拉斯（Glass）提出来的。这是对大量同类问题的研究成果进行定量性综合的统计分析方法，即对大量的来自各个单项的研究（即初始分析的研究）结果和对初始问题再研究的二次分析的结果进行再"综合"或"整合"式的资料统计分析方法。

由于各单项研究的研究者控制环境的能力不同，被试样本不同，以及研究程序不同，得到的往往是特定条件下局部的认识,其可重复性较差,结果稳定性不高,可推广性也不高。对大量的单项研究成果进一步进行整合式分析,有利于提炼和深化知识,使认识一般化。

在某种程度上说,元分析法是一种针对某一研究问题的定量性文献综述。例如,格拉斯1977年用元分析法对抑郁症的心理治疗效应的研究,就是在对四个同一课题的单项研究成果进行"整合"式分析后,综合评价其有效性程度而得到的文献综述。目前,元分析法已在心理学领域有着十分广泛而深入的应用。

上述各种方法各有其特点,也都有局限性。很多情况下,进行心理学研究往往只是采用一种方法,而是兼用几种方法,使之互相补充。究竟采用哪些方法,这要根据研究的具体心理活动的特点和研究任务来确定。

## 第三节 心理的实质

什么是心理?人的心理是从哪里来的?这个问题同哲学的根本问题密切地联系着,它和心与物、心与脑的关系问题密切地联系着。对心理实质的理解历来存在着两种根本对立的观点。

持唯心主义观点的人认为,心理是脑之外的、不依赖于脑而独立存在着的一种东西。在古代,有人曾猜测人的思维、感觉和做梦等是灵魂或精神的活动。这种灵魂或精神与生俱来,住在人的身体(心脏、血液、瞳孔等)里面,而当人睡着或者死亡的时候就离开了人体。他们把心理看作是不依赖于物质而存在的虚无缥缈的、不可捉摸的东西。

持唯物主义观点的人认为,心理起源于物质,是物质活动的产物。在我国,有很长一段时间,人们以为心理现象是心脏活动的产物,汉字里许多表示心理现象的词带有心字旁,如思、想、情、意、恨等。这种把心理现象看成是起源于物质,是物质活动的产物的见解,固然是唯物主义的,但认为心理产生于心脏,却与事实不合。

明代著名医生李时珍提出了"脑为元神之府""泥丸之宫,神灵所集"[1]的论断,认为脑是人的高级神经中枢,它聚集着人的精神。他还说:"耳目口鼻动于内,声色嗅味引于外"[2],指出了大脑的精神活动与耳目口鼻等感官的活动是由客观事物所引起的。清代著名医生王清任根据他自己对尸体的解剖和大脑病理的临床研究,也提出了"灵机、记性不在心在脑"[3]的著名论断。

17世纪英国的经验主义者和18世纪法国的唯物主义者等也认识到,心理现象是神经组织活动的产物,是由客观事物所引起的。

---

[1]《本草纲目卷五十二·人部》。
[2]《本草纲目·原序》。
[3]《医林改错》上卷。

唯物主义者都认为心理是由物质派生出来的;世界一切的本源是物质,物质是第一性的,意识是第二性的。但在马克思主义以前的德国的庸俗唯物主义者毕希纳和福格特,错误地把心理活动和物质过程等同起来,认为脑髓之分泌思想正好像肝脏之分泌胆汁、胃分泌胃液一样。后来,旧唯物主义者虽然对于心和物的关系问题提出了比较进步的看法,但由于他们离开了人的社会性,离开了人的历史去考察问题,因而对于心理现象的理解不够正确。他们常把人比作机器,认为人的心理活动如同机器的功能一样。18世纪法国唯物主义者拉美特利在他所著的《人是机器》中说"人不过是一架巨大的、极其精细、巧妙的钟表""人和动物的不同之处,不过是人这种机器比动物这种机器'多几个齿轮','多几条弹簧'罢了"[①]。狄德罗把人比作有感觉的钢琴,他说:"我们的感官就是键盘,我们周围的自然界弹它,它自己也常常弹自己。"[②]庸俗唯物主义者和旧唯物主义者或者把人的心理和动物的心理等同起来看待,或者把人的心理看作是自然的本能活动。

只有辩证唯物主义者对于人的心理实质获得了科学的理解。列宁精辟地指出,人的心理是"头脑的机能,是外部世界的反映"。所以,辩证唯物主义者对人的心理下的定义是:心理是人脑对客观现实的主观反映。

## 一、心理是脑的机能

现代科学已经证明,地球上最早出现的是无生命物质。无生命物质的反应形式是物理的、化学的反应形式。例如,水滴石穿,盐放入水中会溶化,铁在湿的空气中会生锈。后来,地球上出现了有生命的物质。有生命物质的反应形式是生物的反应形式,即有机体对直接的、有生物学意义的刺激作出回答(趋利避害)。例如,猪笼草吃虫,葵花向阳,柳树的根部向有水的方向延伸,具有网状神经系统的腔肠动物的未分化的感觉(见图1-1A、B),都属于生物的反应形式。

### (一) 最简单的心理现象

最简单的心理现象——专门化的感觉是动物进化到环节动物时产生的。从环节动物开始,神经节和神经索出现了,每一段神经节有相对独立的作用,并由神经索联系起来,构成了中枢神经系统,头部的神经节更为宽大(如图1-1C、D、E所示)。这使得环节动物不仅能分辨刺激物本身的性质,而且能分辨刺激物的意义。例如,在对蚯蚓进行"T"形迷宫的实验中,当蚯蚓进入"T"形迷宫的入口处向左蠕动就给以电刺激,而向右蠕动就可到达出口。经过20—200次训练后,蚯蚓就能学会向右转而不向左转。如果交换刺激的方向,那它就只向左转而不向右转。这种能揭示刺激物的信号意义的反应形式是心理的反应形式。蜜蜂等节肢动物对花的气味、颜色形状的反应,也是心理的反应形式。

---

[①] 汪子嵩等编著:《欧洲哲学史简编》,人民出版社1972年版,第101页。
[②] 列宁著,中共中央马克思恩格斯列宁斯大林著作编译局编译:《列宁选集》第二卷,人民出版社1972年版,第30—31页。

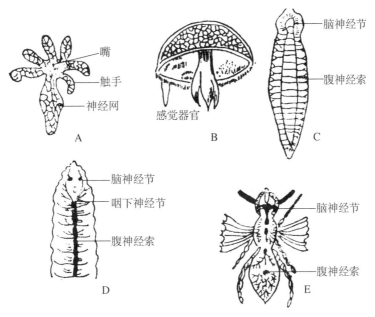

A—水螅；B—水母；C—涡虫；D—蚯蚓；E—蜜蜂
(注：分散的神经细胞集中成神经节，几个神经节融合成脑神经节)

图1-1　无脊椎动物神经系统的演化

自脊椎动物起，真正的脑出现了，并分化为延脑、小脑、中脑、间脑和前脑，于是就产生了更为复杂的心理现象——知觉(如图1-2A、B、C、D、E所示)。鱼类的大脑两半球只处于萌芽状态。两栖类动物开始出现了大脑两半球，然而很小，构造简单。爬虫类的大脑两半球进一步发展，并出现了大脑皮质(三层)。鸟类的大脑皮质很薄，平滑而无沟回。哺乳动物的大脑两半球和大脑皮质得到了急剧发展。例如，狗的脑重已是脊髓的5倍，摘除大脑皮质的狗不仅不再会对呼喊它的名字作出反应，而且也不会寻找食物。哺乳动物已有具体思维的萌芽，例如，白鼠能进行各种迷津的学习，能反映事物的整体，马在战争时能救受伤的战士，狗在地震前能拖主人出屋。灵长类动物的脑是动物脑发展的顶峰。灵长类动物的大脑皮质有六层，面积扩大，细胞增多，有了具体思维的能力。猿的脑重是脊髓的15倍，破坏猿的大脑皮质会使猿立即进入长期昏睡状态。类人猿已能接棒取食，能用水壶中的水浇灭存放食物入口处的火，能挑钥匙开箱子取食，能认识事物之间的具体关系，能从7种不同颜色的正方形中选出红色的正方形，能从装满胡桃的袋中取出同样数量(1—3个)的胡桃，等等。猿还有笑和哭等面部表情，经过训练可学会"手势语言"。比如，自1966年起，经过五六年训练的黑猩猩沃休能做160多个手势，并把它们组成为短语①。经过训练的大猩猩柯柯能正确使用645个不同的手势，其中经常使用得当的手势为375个。它还会争吵和撒谎，会给物体下定义("什

---

① 《同黑猩猩的谈话》，《科学画报》1979年第9期。

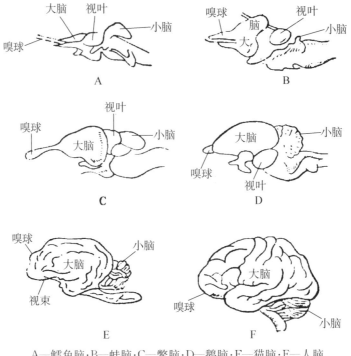

A—鳕鱼脑;B—蛙脑;C—鳖脑;D—鹅脑;E—猫脑;F—人脑

**图 1-2 脊椎动物脑的发展**

么是橘子?""食品——喝")①。

可见,动物的心理是物质发展到一定的高级阶段所产生的属性。动物的心理是动物的脑和神经系统的机能,这种机能是随着神经系统和脑的发生、发展而发生、发展的。

## (二) 人的心理是人脑的产物

大约在距今一千五百多万年前,地球表面气候变冷,森林大量减少,一些高度发展的、已初步社会化的古代人猿被迫从树上降落到地面上生活,这就是人类的祖先。陆地的生活条件改变了古代人猿的生活方式,劳动和语言也随之产生和发展了起来。他们逐渐从类人猿中分化出来成为人类。

直立行走,是从猿到人的转变过程中有决定意义的一步。在人类的历史发展中,作为劳动器官的上肢进化成现代人的样子,比人脑进化到现代人的水平要早得多。当人类祖先的上肢已经解放,不再作为行走器官时,人脑还是相当小的,只是到近几十万年内,人脑才达到现在这样的大小(脑细胞数比高等猿猴多一倍,比低等猿猴多四倍)。这中间,劳动起到了决定性的作用。正是通过劳动和语言,才使猿脑变成更大、更为完善的人脑(如图 1-2F 所示),才使人的心理达到了抽象思维的水平,产生了心理活动的最高形态——意识。

---

① 《大猩猩的语言》,《科学画报》1979 年第 7 期。

2018年英国学者安德鲁·杜博士等人对来自不同人种的近100个化石的研究发现，近三百万年间，人脑的容量增加了两倍。并指出，最早的类人猿的脑容量与黑猩猩类似。自那以后，人脑的容量大幅地增加，现代人类的脑容量是黑猩猩（我们最近的近亲）的3倍。这说明人的大脑的平均容量是随着人类文化的复杂性、语言和制造工具的能力逐渐地、持续地增加的。

总之，高度发展的人的心理正是以高度发展的人脑为物质基础的。人的心理是高度复杂的人脑和神经系统的机能，了解人的心理必须了解人脑这块"按特殊方式组成的物质"①的结构和机能（详见第四节）。

## 二、心理是客观现实的主观反映

我们说心理是脑的机能，并不意味着头脑本身能单独地产生心理。根据辩证唯物主义反映论关于意识是高度组织的物质属性，是客观世界的反映这一观点，人的头脑只是反映外界的物质器官，只是人的心理产生的自然前提。它提供了人的心理产生的可能性，而要把这种可能性变为现实性，必须依靠外界的客观现实。

人的心理具有各种水平，意识是人的心理的高级水平和主要形式，它是以心理过程（包括认知、情感和意志过程）为基础的一个有系统的整体，其核心的因素是语言和思维。人的意识可以分为自我意识和对周围事物的意识。前者是指对自己的感知、思维和体验，是对自己的需要、愿望和行动及其后果的意识，以及对自己与周围各种事物之间关系的意识。后者是指对周围所存在的事物的意识。无论是自我意识，还是对周围事物的意识，都要借助于语词来实现，也都是对客观现实的反映。动物没有语词，因此，它们的心理活动从来没有也不可能达到人所能达到的意识水平。

这里所说的客观现实，包括自然条件、社会环境、教育影响，以及除了主体以外的其他人的言语和行动。一个人如果不接触客观现实，闭目塞听，孤陋寡闻，那么心理活动也就成为无源之水、无本之木了。没有客观事物作用于人，相应的意识和心理便不可能产生。

### （一）客观现实是人的心理活动内容的源泉

就人的心理活动的内容而言，不论它是简单的还是复杂的，都可以从客观事物中找到它的源泉。例如，视觉是由光波作用于我们的视网膜而引起的，听觉是由声波作用于我们耳蜗的科蒂氏器而引起的。如果没有光波和声波的作用，我们就不会产生视觉和听觉。神话中虚构的而现实生活中不存在的荒诞的现象，尽管它本身是超脱现实的，但构成它的原始材料也还是来自客观现实。例如，神话小说《西游记》中塑造的孙悟空、猪八戒的形象在现实生活

---

① 列宁著，中共中央马克思恩格斯列宁斯大林著作编译局编译：《列宁选集》第二卷，人民出版社1972年版，第50页。

中是不存在的，但现实生活中有塑造他们的素材。这些形象只是把猴子、猪的形象拟人化而已。而人的性格、能力、兴趣、品德的形成，同样也是在客观现实的影响下形成和发展起来的。总而言之，客观现实是人的心理活动内容的源泉，人的心理都是客观现实的反映，它以映象的形式存在于脑中。用列宁的话来说，我们知觉、表象的映象是客观事物在脑中的"复写、摄影、摹写、镜像"①。

### (二) 社会生活实践对人的心理起制约作用

科学心理学特别强调人的心理的基础是人的社会生活实践，没有人的社会生活实践就没有人的心理。例如，1920年印度发现的狼孩卡玛拉，她也有人脑这块精致、复杂的物质，但因为从小脱离了人的社会生活环境，没有言语交际，在狼的生活条件下生活，所以，到了8岁被人们发现时，她的心理发展水平只相当于6个月的婴儿。她用四肢行走，用双手和膝盖着地歇息，她舔食流质的东西，只吃扔在地板上的肉，从不吃人手里的东西。她害怕强光，夜间视觉敏锐，每天深夜嚎叫。她怕火，也怕水，从不让洗澡，即使天气寒冷，她也撕掉衣服。经过医护人员的悉心照料与教育，两年后，卡玛拉学会了站立；4年后，学会了6个单词；6年后，学会了走路；七年后，学会了45个词，同时会用手吃饭，用杯子喝水。但是到17岁临死时，她也只有相当于4岁儿童的心理发展水平。

被野兽哺养大的以及离开人类社会而长大的野生儿自18世纪中叶以来，在罗马、瑞典、比利时、立陶宛、德国、荷兰、法国、肯尼亚等地都有发现，单是有案可考的就有30多例。所有这些孩子都只能发出不清楚、不连贯的声音，不能直立行走，活动敏捷，跑得很快，跳跃攀登很出色。他们有发展得很好的听觉、视觉和嗅觉，然而即使经过很长的时间也没能学会说话。可见，从小脱离人的社会生活条件便不能形成人的心理。

不仅野生儿很难形成人的心理，而且即使是经过一段时间的社会生活后长大成年的个体，如果长期脱离人的社会生活，也将引起心理失常。例如，抗战期间，日本帝国主义曾经掳掠我国许多同胞去日本充当苦力，刘连仁就是其中之一。他因不堪日本矿山主的奴役逃往北海道的深山，过了13年茹毛饮血的穴居生活。1958年他回国时言语十分困难，听不懂也不会说，没有正常人的心理状态②。

事实说明，社会生活实践对人的心理起制约作用。人只有经常接触社会，与人交往，参加各种社会活动，才能对事物发生一定的兴趣，才能从对事物的表面的认识发展到对事物的本质的认识，并对客观事物产生一定的态度，表现出克服困难的意志行动。社会生活实践活动的多样性也带来了人格特征的多样性。离开了社会生活实践，人的心理就会偏离常态。

正如马克思和恩格斯所指出的："意识一开始就是社会的产物，而且只要人们还存在着，

---

① 列宁著，中共中央马克思恩格斯列宁斯大林著作编译局编译：《列宁选集》第二卷，人民出版社1972年版，第238页。
② 《人民日报》1958年4月17日。

它就仍然是这种产物。"①人的心理或意识是随着语言的发生、发展而发生、发展的,也是随着社会生活实践的丰富而日益丰富和发展的。人生活在社会历史发展的不同阶段,由于社会生产力和科学技术发展水平的不同,以及社会实践的领域不同,人的心理或意识具有不同的发展水平和特点。现代人的心理或意识内容就较以往任何一个社会历史发展阶段的人更为丰富。

### (三) 心理是客观现实的主观映象

人的心理按其内容及其发生的方式来说是客观的。但是,对客观现实的反映总是由一定的、具体的人来进行的。一定的、具体的人在过去实践中已经形成的知识、经验、世界观和人格心理特征总会影响他对客观现实的反映。具有不同兴趣、经验、情感和世界观的人对同样的客观现实的反映是不同的。比如,同样强度的刺激,各人产生的痛觉不同;同样看一部电影或上同一堂课,各人的感受也不相同。即使是在不同生活时期的同一个人,对同样的客观现实的反映也可能是不相同的,例如,某人生病发烧时,会感到糖是苦的;个别谈话在不同的时间、地点、场合,对不同的人所达到的效果也会不同。可见,人对客观现实的反映是客观和主观的统一,人的心理是客观现实的主观反映。也就是说,人对客观现实的反映在主观选择性、反映的准确性、全面性和深刻性上是不同的,人对客观现实的反映在自觉目的性和计划性上也是不同的。由于疾病或其他原因所引起的人的行为的无目的性、无计划性,可以表明意识的破坏或心理障碍。

### (四) 心理是客观现实的能动反映

人对客观现实的反映不是消极被动的,而是积极主动的。人总是在实践活动中积极能动地反映客观世界,在完成各种行动、操纵各种事物的时候去反映客观事物。例如,人在拆装玩具、机器的同时认识这些物体的结构和性能。这就是说,人能够主动地把外界事物转变为观念的东西,把客观的东西反映到主观认识中来;又通过实践活动使主观见之于客观,变主观的东西为客观的东西。正是由于实践活动,才使人对客观事物的表面认识发展到对事物本质的认识,使人对某些客观事物产生一定的情感,表现出克服困难的意志行动,或对它发生兴趣,并在这种相互作用中培养能力。同时,只有通过实践活动才能使心理活动受到客观的检验,并按照实践的标准不断地得以调整,使其所反映的内容符合客观现实的规律。例如,人在观察一根一半浸入水里的小棍时,会产生小棍弯曲的知觉,只有把小棍抽出水面时,才能得知小棍的曲直。

人对客观现实能动的反映主要表现在两个方面:①通过实践,人能够把现实中所获得的直接印象,通过词的概括,与已有的知识、经验联系起来,把感性材料加工改造,以揭示其本质和规律。这种能动性的表现也是意识的抽象能力和推理能力的表现。②人能够主动地调

---

① 马克思、恩格斯著,中共中央马克思恩格斯列宁斯大林著作编译局编译:《马克思恩格斯全集》第二十三卷,人民出版社1972年版,第202页。

节和支配实践活动,并通过实践反作用于客观世界,即按照人的意志去改造客观世界。当然,人在反映客观现实和改造现实时所表现出来的意识能动性,受到客观现实及其规律性的制约。

总之,心理的反映是这样一种反映,从其内容来说是来源于客观现实,其中外界影响要通过反映者内部特点的折射。因此,心理是客观现实的主观的、能动的反映。归根结底,心理是在社会生活实践中发生、发展的,社会生活条件制约着人的心理。由于人在实践中所接触和感受到的客观事物日新月异地变化着,人的心理也随之而发展、变化。人的心理对于客观世界的反映是永远不会完结的。

## 第四节 神经系统和脑

### 一、神经元

神经元是神经系统基本的结构和功能单位。一个典型的神经元主要由细胞体、轴突、树突三个部分组成,图1-3是一个典型的神经元模式图。树突是从细胞体周围发出来的许多分支,多而短,呈树枝状;轴突是从细胞体延伸出来的一根较长的分支,呈细长状,又称神经纤维。一个神经元可能有数个树突,但一般只有一个轴突。

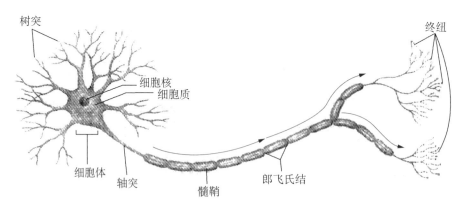

**图1-3 典型的神经元模式图**

神经元按其性质不同而分为三类:①感觉神经元,它将从感受器(即各种感觉器官)传来的信息传入中枢神经系统。②运动神经元,它将中枢发出的神经冲动传到效应器(即运动神经细胞),使肌肉收缩或腺体分泌(如图1-4所示)。③中间神经元,它只存在于脑和脊髓中,是联结以上两种神经元的神经细胞。

当感受器接收到某个刺激,并将信号传递到另一个神经元的树突和细胞体时,该神经元会释放冲动;或者当某个神经元接收到成百上千个其他神经元传来的信息时,也会释放冲动,并将这种神经冲动沿着轴突向下传递。

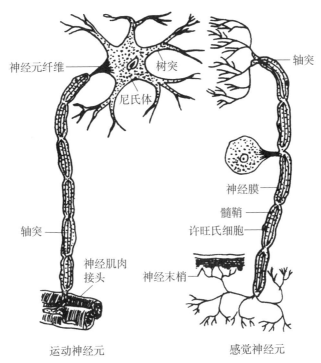

图 1-4 神经元模式图

神经元具有接受刺激、传递信息和整合信息的机能。通常,树突及细胞体接受传来的信息,细胞体对信息进行整合,然后通过轴突将信息传给另一个神经元或效应器。有时,树突和细胞体也能传出信息,轴突也能接受信息。

## 二、突触

神经元之间的传导功能,在性质上有点像电流的传导,与电流不同的是,电流靠接触传导,而相邻两个神经元之间,事实上并不连接。其间有一个小小的空隙(其宽度不到百万分之一英寸)。这种神经元之间的接触部位,被称为突触。

突触包含三个部分:突触前膜、突触间隙和突触后膜。突触前膜是轴突末梢分支膨大形成的突触小体的膜,其中含有突触小泡,突触小泡内储存有神经递质,神经递质是引起其他神经元兴奋程度变化的化学物质。突触后膜是与突触小体邻近的神经元的某一部位,在突触前膜与突触后膜之间有一空隙,称突触间隙(如图1-5所示)。以神经递质为媒介的突触传递,是人脑内信息传递的主要方式。

除化学性突触外,还有电性突触,这种突触虽然也能辨别出突触前膜、突触后膜和突触间隙,但是其间隙很窄,两个神经元的突触膜相贴很紧,以致一个神经元的电变化可以直接引起另一个神经元的电变化,传递很快,一般可逆转(如图1-6所示)。

信息通过突触从一个神经元传至另一个神经元。突触是控制信息传递的关键部位,它

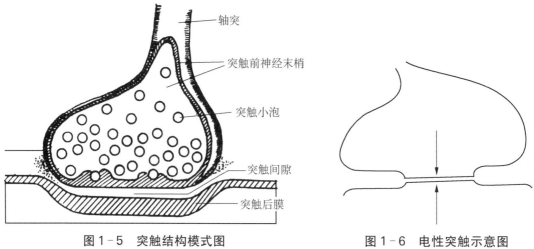

图 1-5 突触结构模式图　　　　图 1-6 电性突触示意图

决定着信息传递的方向、范围和作用。据估计,人的大脑皮质上的每个神经元平均有 3 万个突触,这样就构成了极端复杂的神经网络系统。

## 三、神经系统

人的神经系统分为中枢神经系统和周围神经系统两个部分。中枢神经系统包括脑和脊髓,周围神经系统包括躯体神经系统和自主神经系统(包括交感神经系统和副交感神经系统)。周围神经系统分布于全身,它把脑和脊髓与全身的其他器官、肌肉、腺体联系起来(如图 1-7 所示)。

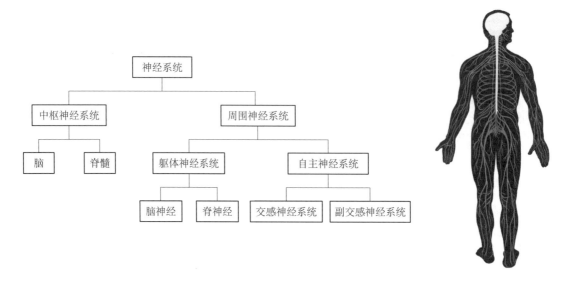

图 1-7 神经系统分类图

脊髓是中枢神经系统的最低部位,是连接周围神经系统和脑的信息的高速公路。它的基本机能是进行简单反射活动(如排泄、膝跳反射等)和传导冲动。

## 四、人脑的结构和机能

### (一) 人脑的结构

人脑包括延脑、脑桥、中脑、间脑、小脑和大脑六个部分(如图1-8所示)。通常人们把延脑、脑桥和中脑合称为脑干。在脑干中央部分的神经结构交错成网,故称网状结构。它和中枢神经系统的其他各个部分都有双向的联系,对躯体运动和内脏活动的影响很大。网状结构的上行激活系统对大脑皮质的活动也有影响,它参与调节和控制脑的意识活动水平。

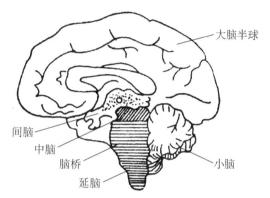

图1-8 人脑各部位示意图

间脑主要包括丘脑和下丘脑。丘脑是皮质下的感觉中枢,是人体传入冲动的转换站;下丘脑是自主神经系统的皮质下中枢,是调节内脏活动和内分泌活动的主要环节。研究表明,下丘脑在情绪反应中占有重要的地位。

小脑有维持身体平衡,调节肌肉紧张和调节人的随意运动的机能。

大脑由左右两个半球组成,它是中枢神经系统中最大的结构。成人的大脑重约1400克。大脑有与人的心理活动密切相关的三个部分:大脑皮质、边缘系统和基底神经节。

大脑皮质是大脑两半球表面起伏不平的灰色层,是大脑的最重要部分,也是心理活动的最重要的器官。人的大脑皮质分为六层,展开面积约有2200平方厘米,有1/3露在表面,2/3在沟裂的底壁上。皮质厚度在1.3—4.5毫米之间。皮质浅部(第1—4层)的主要机能是对刺激进行精细的分析和综合,皮质深部(第5、6层)的机能比较低级,主要是接受和传递来自上面几层的信息。

边缘系统是大脑半球内侧与间脑交接处的边缘叶与有关的皮质和皮质下结构构成的一个统一的机能系统(如图1-9所示)。它的主要功能是:控制情绪的发生和表现;参与调节控制与个体生存和种族延续有关的功能,如进食、饮水和性行为等;参与学习和短时记忆活动。

基底神经节是埋藏在两侧大脑半球深部的灰质核团,位于脑底,包括杏仁核、纹状体和屏状核。它的主要功能是与知觉、运动、视觉、行为等功能密切相关。

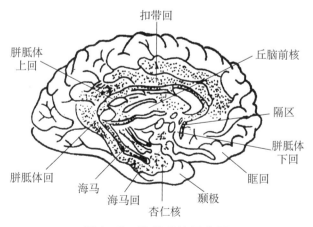

图1-9 边缘系统示意图

## (二) 大脑皮质的机能定位

大脑皮质表面的重要沟、裂有：大脑外侧裂、顶枕裂和中央沟。中央沟前方是高度发展的额叶（约占大脑皮质表面的30%），它的主要机能是参与计划、组织和推理，中央沟后方至顶枕裂间为顶叶，它的主要机能是收集和组织感知信息，顶枕裂以后的较小部分为枕叶视觉中枢，大脑外侧裂下方为颞叶听觉中枢。

大脑皮质各部分互相配合形成一个整体，但各个部分在功能上又有不同的分工，形成了许多重要的中枢。

大脑皮质主要的机能区还有：躯体运动中枢（位于中央前回）、躯体感觉中枢（位于中央后回）、嗅觉中枢（位于海马沟附近）、运动性语言中枢（位于额下回后方，紧靠中央前回的下部）、听觉性语言中枢（位于颞上回的后方）、视觉性语言中枢（位于听觉性语言中枢的右后侧）、书写中枢（位于紧靠中央前回管理上肢的运动区）（如图1-10所示）。此外，在人的大脑皮质的前额区和顶—颞—前枕区还有调节意志行动、思维活动的联合区和接受信息、加工信息的联合区。

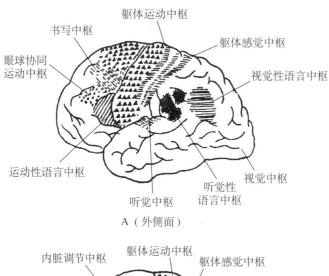

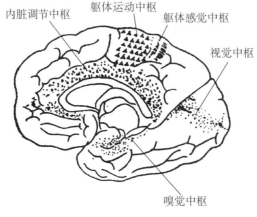

图1-10 大脑皮质重要中枢

据研究发现,人的大脑可以划分出一百个以上的功能区。这些功能区是一个有层次的结构。从比较"低级"的感知区域到"高级"的认知区域等不同的功能区内,又包含有兴奋性神经元与抑制性神经元,分别激发或抑制着其他神经元的活动。

### (三) 大脑左右两半球功能的单侧化(不对称性)

人的大脑左右两半球从表面上看似乎是对称的,实际上两个半球的功能是趋于单侧化的,即某些功能偏于左半球或右半球。研究已经发现,对言语、文字、计算、时间等信息的加工主要在左半球进行;对图形、音乐、方位等信息的加工主要在右半球进行。这种单侧化的现象是在后天的生活实践中逐渐形成的。大部分善于用右手的人,其左半球是语言的优势半球。

## 五、人的心理是高级神经系统活动的产物

### (一) 高级神经系统活动的基本过程是兴奋和抑制

所谓兴奋是指与有机体的某些活动的发动或加强相联系的神经过程,所谓抑制是指与有机体的某些活动的停止或减弱相联系的神经过程。例如,在食物的作用之下,有关控制唾液分泌的中枢发生兴奋,就会引起或加强唾液腺的分泌;如果有关控制唾液分泌的中枢进入抑制过程,就会减少或停止唾液分泌。

人在清醒时,大脑是兴奋占优势;人在睡眠时,则是抑制占优势。兴奋过程和抑制过程是相互转化、相互诱导的,兴奋过程可以引起或加强周围或同一部位的抑制过程,抑制过程也可以引起或加强周围或同一部位的兴奋过程。兴奋和抑制过程在大脑皮质的某一部位的神经细胞中发生之后,不是停滞不动的,而是会向邻近部位的神经细胞扩散。扩散到一定限度之后,它们又会逐渐地向原来发生的部位聚集。一般而言,刺激物所引起的神经过程的强度是决定兴奋和抑制过程的扩散和集中的重要条件。兴奋或抑制过强或过弱时,易于扩散;兴奋和抑制的强度适中时,易于集中。

人的种种心理活动是通过高级神经系统活动的兴奋和抑制过程,以及这两个过程有规律的相互作用、相互诱导、相互转化所产生的映象及所概括的事物的因果联系和意义。

### (二) 神经系统的基本活动方式是反射

反射是指在中枢神经系统的参与之下,有机体对内外环境刺激所发生的规律性的反应。它是通过反射弧来实现的。通常,反射弧包括从刺激到反应的五个部分:感受器、感觉神经元、神经中枢、运动神经元和效应器。在整个反射活动中,神经中枢是最关键的环节。神经中枢是指在中枢神经系统内的与某一种反射活动有关的神经细胞群。它能对传入的信息进行整合处理,并支配着效应器的活动,使肌肉收缩或腺体分泌等。研究发现,神经中枢还会根据效应器活动的反馈信息对人的反应行为进行必要的校正,使反应行为逐步精确化。

人的反射分为无条件反射和条件反射两种。无条件反射是在种族发展过程中形成的,

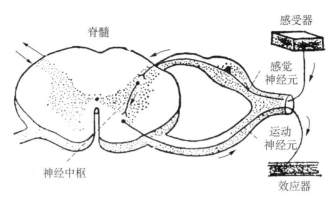

图 1-11 简单反射弧

对每个个体来说是先天遗传的,不学而会的。人的主要的无条件反射有:食物性反射(吞咽和消化过程的反射活动)、防御性反射(趋利避害,以适应环境)和性反射(繁衍后代的反射活动)。这种反射的反射弧是生来就已经联系好的,是一种固定的神经联系,是由低级神经中枢(脊髓和脑干)来实现的(如图 1-11 所示)。但是,无条件反射可以受到大脑皮质的调节,因此,人的无条件反射往往是随意的。

条件反射是有机体在后天的生活过程中习得的行为,其神经联系是暂时的。人的心理活动都是后天学会的,其生理基础是条件反射。根据条件反射形成的方式不同,我们可以把它分为经典性条件反射和操作性条件反射。

### (三) 经典性条件反射

经典性条件反射是由俄国生理学家巴甫洛夫(И. П. Павлов)在研究动物消化的生理过程中发现的。20世纪初,巴甫洛夫在实验过程中观察到,动物(狗)不仅会在进食时分泌唾液,而且在看到食物的外形,闻到食物的气味,甚至听到喂食者的脚步声时也会分泌唾液。这种"心理分泌"现象引起了巴甫洛夫的重视。通过一系列的研究,他摸索出了在精密的实验条件下研究高级神经活动的方法。他以狗为实验对象,首先呈现中性的无关刺激(如灯光或铃声,称条件刺激;conditioned stimulus,缩写为 CS),同时或紧接着分别给予能引起唾液分泌的食物或能引起消退反应的电击等无条件刺激(unconditioned stimulus,缩写为 UCS)。在一般情况下,如此反复进行若干次后,仅出示灯光或铃声,也能引起狗的唾液分泌或消退唾液分泌的反应(如图 1-12 所示)。可见,形成条件反射的基本条件是无关刺激与无条件刺激在时间上的结合,即强化。而且必须经过多次强化,才能使处于觉醒状态的有机体形成条件反射。

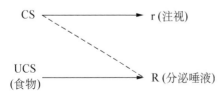

(实线表示无条件反射,虚线表示条件反射)

图 1-12 经典性条件反射示意图

巴甫洛夫根据这类实验研究得出结论:条件反射形成的神经机制是在大脑皮质上建立的暂时的神经联系,即无条件刺激的皮质代表点或兴奋灶与条件刺激(由中性刺激转化而成)的兴奋灶之间暂时联系的接通。

人可以用语词作为条件刺激物建立无限级的条件反射。例如,"谈虎色变""望梅止渴"等就是以语词为信号的经典性条件反射。

### (四) 操作性条件反射

美国心理学家斯金纳(B. F. Skinner)通过对动物行为的实验研究,发现了一种由学习所形成的反应形式——操作性条件反射,又称工具性条件反射。经典的操作性条件反射实验是将实验动物大白鼠放入斯金纳实验箱中,箱内安装有一根杠杆,动物按此杠杆就能得到食物强化。开始时,动物在实验箱中盲目地活动,偶尔有几次脚踩在杠杆上,就获得作为强化物的食物。此后,大白鼠在杠杆周围活动的时间明显增加,获得食物的次数也增多,最后,大白鼠学会了按杠杆得到食物。操作性条件反射的特点是用奖励性的手段强化有机体的某种反应行为。由于学习的过程是一种操作的过程,故这种条件反射称操作性条件反射。斯金纳认为,操作性条件反射是行为改变的原则,即通过建立这种条件反射可以改变有机体的行为。

在现实生活中,一个复杂的反射活动往往包含经典性条件反射和操作性条件反射。

### (五) 条件反射的系统性

在学习和生活中,有机体的心理活动并不是单一的条件反射,而是由一系列条件反射所构成的条件反射系统。

由一系列刺激按照一定的先后顺序和强弱程度作用于有机体而形成的暂时神经联系系统,或条件反射的链索系统,称为动力定型(简称动型)。例如,学做广播操,总是按照一定的先后顺序去做,经多次训练而形成的操练技能,就是动力定型。学习各种知识、技能,生活习惯的养成,人格特征的形成,都是建立动力定型的外在表现。

动力定型一旦形成,在有关刺激物的作用之下,有机体就能自动地出现相应的条件反射链索系统。所以,动力定型又称自动化了的条件反射系统。动力定型具有定型化、自动化和概括化的特点,它的形成可以使人在学习和劳动中节省体力和脑力,提高学习和劳动效率。

动力定型是按固定程序进行活动的模式,具有稳定性的特点,但它又可随着客观条件的变化和个人的主观努力而改变,即具有可塑性。动力定型的稳定性与可塑性是辩证地统一在一起的。

巴甫洛夫认为,条件反射系统就是信号系统。人脑中的信号系统分为第一信号系统和第二信号系统。他把用具体事物作为条件刺激所形成的条件反射系统叫做第一信号系统;把用语词作为条件刺激所形成的条件反射系统叫做第二信号系统。语词是第一信号(具体事物)的信号,它可以间接地反映事物,而且是人的思维活动、交流思想、传授知识以及自我控制的工具。

正是因为有了第二信号系统,人的心理才产生了质的飞跃,形成人所特有的意识和自我意识,人的心理活动才能够相对地脱离客观事物的直接制约,具有能动性和自主性。

掌握语词的正常人的心理活动,一般总是脑的两种信号系统协同活动的结果,而第二信号系统在其中占主导地位。

## 名词解释

心理与意识　心理过程　人格心理　神经元　突触　兴奋　抑制　神经过程的相互诱导与扩散、集中　反射　反射弧　无条件反射　条件反射　经典性条件反射　操作性条件反射　动力定型的稳定性与可塑性　第一信号系统　第二信号系统

## 思考题

1. 人的心理活动主要包括哪些方面?
2. 心理学的研究对象和学习意义是什么?你过去是怎么想的?现在是怎么想的?
3. 说明研究心理学应遵循的原则。
4. 辩证唯物主义关于人的心理实质的解释是怎样的?
5. 举例说明脑是心理的器官。
6. 举例说明人的心理是客观现实的主观、能动的反映。
7. 怎样理解"机能定位"?在大脑皮质上有哪些主要的机能区?
8. 说明大脑左右两半球功能的单侧化(不对称性)。

# 第二章 意识和注意

## 第一节 意识概述

### 一、意识的含义

意识(consciousness)是人类所特有的高水平的心理活动,是指人对自己的身心状态和外界环境的觉知(awareness)。具体地说:人能意识到自己的存在、客观世界的存在和自身同客观世界关系的存在。

意识有两种基本的活动方式:被动的意识活动和主动的意识活动。被动的意识活动指意识的承受状态,例如,我们静听音乐时的状态;主动的意识活动指积极的思维活动,例如,我们有目的地研究问题或制定计划时的活动[①]。

一般认为意识是以人的整个心理活动为基础的统一体,其中认知过程是意识的主导方面,思维是意识的核心因素,同时,情绪和意志等也是意识必要的组成成分。

意识是在劳动的基础上,同语言一起产生的。语言是意识的物质外壳和表达形式。人类的意识是在实践活动、交往过程中发生和发展起来的。动物是不可能有意识的,只有进化到人类,具有复杂的神经系统和大脑,才会产生人类特有的意识。

意识有不同程度的水平,意识的水平与脑干网状结构的功能有关,也和大脑皮质的活动有关。因此,意识是在脑干网状结构和大脑皮质共同参与下的活动。大脑皮质的活动在意识中起主要作用。

### 二、意识的基本特征

意识能清醒地觉察到反映的事物,并调节和控制自己的行动。因此,意识具有觉知性、能动性和社会制约性等特征。

1. 觉知性

觉知性是人类意识最基本的特征,指人对内外信息的了解。没有觉知性就谈不上意识。人能觉知到客观事物、自身的存在以及自身和客观世界的关系。人类在劳动过程中产生了语言,当我们的心理活动在语言水平上加工时,这种心理活动就成为意识。

2. 能动性

人的意识并不是消极、被动地反映,而是在实践过程中积极能动地反映。意识的能动性表现在以下方面。

(1)把感性材料进行信息加工,提高到理性认识水平。通过语言和思维,将感性材料加

---

① 荆其诚主编:《简明心理学百科全书》,湖南教育出版社1991年版,第624页。

以去粗取精、去伪存真、由此及彼、由表及里地加工制作,从而揭露事物的本质和规律。

(2) 主动地调节实践活动。意识自始至终保持着对行动进行目的性的调节,从而达到预定的目的。

### 3. 社会制约性

马克思和恩格斯明确指出:"意识一开始就是社会产物,并且只要人们还存在着,它就仍然是这种产物。"[1]意识的社会制约性主要表现在以下方面。

(1) 人类意识是在劳动过程中产生的,因为人类祖先只有结成集体,才能与大自然作斗争,所以在社会集体活动中产生的意识,一开始便是社会产物,受社会条件的制约。

(2) 人的意识和语言密切联系着,没有语言也就没有人类意识。由于有了语言,大脑才能进行抽象思维,才能产生人的意识。儿童的意识发生、发展的过程也是在与人们交往中掌握语言的过程,语言的发生、发展也表明意识具有社会制约性。

(3) 意识的内容是社会存在的反映,并随着社会的发展而发展。在社会发展的不同阶段,由于社会生产力、科学技术发展水平和实践领域的不同,人们的意识具有不同的水平和特点。

(4) 个体意识的社会制约性表现在以下两个方面:一方面,个体意识的发生、发展取决于他的社会生活实践,以及他对社会上的知识、思想、观点的接受和掌握;另一方面,个人的意识又影响着社会意识的内容。

## 三、非意识、前意识、无意识

### 1. 非意识过程

人体有些活动是从来不可能意识到的,即处于非意识状态,如内分泌和肝脏的活动及变化、血压的调节、脑电活动等。虽然这些活动对人类的生存和发展起着重要作用,但这些活动本身是我们觉知不到的,处于非意识状态。

### 2. 前意识过程

处于前意识水平的经验储存在记忆之中,可以通过一定的方式提取出来。这些经验是当前未被意识到,但容易被意识到的经验。

### 3. 无意识过程

处于无意识水平的经验比处于前意识水平的经验更难被人觉知,但它也会对人的心理过程产生影响,如睡眠时的梦、自动化的技能、冲动行为等。无意识是弗洛伊德理论中的核心概念,是指在意识以外进行的心理活动。不同意这种看法的心理学工作者,则用潜意识(subconscious)来代替,它指人对于自己的心理活动不十分清楚的觉知,只能部分知晓的心理现象[2]。

---

[1] 马克思、恩格斯著,中共中央马克思恩格斯列宁斯大林著作编译局编译:《马克思恩格斯选集》第一卷,人民出版社1972年版,第35页。

[2] 黄希庭、郑涌著:《心理学导论》,人民教育出版社2015年版,第172页。

根据不同的意识水平分出的非意识、前意识和无意识是相对的。人类意识是一个十分复杂而多层次的整体。研究表明：人类每天加工的很多信息，其中一部分是在意识领域之外加工的，这样就大大简化了意识的工作。同时，由于人类的觉知能力是有限的，对内外环境复杂的觉知还需要通过意识来实现。

## 第二节 注意概述

### 一、注意的含义

注意(attention)是人的心理活动对一定对象的指向和集中，即有选择性地加工某些刺激而忽视其他刺激的倾向。

注意是心理活动的一种积极状态，总是和心理过程紧密联系在一起。因此，注意是各种心理过程共同的特性，即指向和集中于一定对象的特性。它本身不是一种独立的心理过程。上课时，老师说"注意黑板"，这并不意味着注意就是独立的心理过程，而是将"注意看黑板"中的"看"字省略了。美国心理学家詹姆斯指出："注意是心理活动以清晰而又生动的形式，对若干种似乎同时可能的对象或连续不断的思维中的一种的占有。它的本质是意识的聚焦和集中。它意指离开某些事物以便有效地处理某些事物。"[①]

指向性和集中性是注意的两个基本特征。注意的指向性是指心理活动有选择地反映一定的对象，而离开其余的对象；注意的集中性是指心理活动停留在被选择的对象上的强度或紧张度，它使心理活动离开一切无关的事物，并且抑制多余的活动。注意的指向性和集中性表明了注意具有方向和强度的特征。例如，学生在听课时，他的心理活动并不是指向教室里的一切事物，而是把教师的讲述从许多事物中挑选出来，较长久地将心理活动保持在教师的讲述上。当学生集中注意力听课时，他的心理活动不仅离开一切与听课无关的事物，而且也对有妨碍听课的活动加以抑制。这样，学生对教师的讲课就能够得到鲜明和清晰的反映。

客观世界是丰富多彩的，人在同一时间内不能感知一切对象，而只能感知其中的少数对象。例如，在满天星星的夜晚，我们只能同时看清楚几颗星星，而不能看清所有的星星；在思考问题时，我们也只能同时思考少数几个问题。由于心理活动对一定对象的指向和集中，这些少数对象就被清晰地反映出来，而其他对象就没有被意识到或比较模糊。集中注意的对象就是注意的中心，其余对象有的处于"注意的边缘"，多数处于注意范围之外。

根据人的心理活动所指向和集中的客体的性质，注意可划分为外部注意和内部注意。外部注意指人对周围事物的注意，它经常与知觉同时进行，在探究外部世界中起着重要作用；内部注意是指对自己的思想和情感的注意，通过它，人可以洞察自己的心理活动，发展自我意识，规划未来的活动，以及深思熟虑地办事。内部注意对发展个性特点起着重要作用。

---

[①] W. James (1980). *The Principles of Psychology*. New York: Dover Publications, pp. 403-404.

波斯纳(Posner)和彼德森(Peterson)指出,注意至少包括三个相对分离的过程:①注意从一个刺激中脱离出来;②注意从一个刺激转向另一个刺激;③注意与一个新的刺激相结合。研究表明:脑损伤的病人,对脱离当前刺激有严重困难,他们很难从一个注意的物体中解脱出来。

注意对人类的生活和实践具有十分重要的意义。它对心理活动起着积极的维持和组织作用,使人能及时地集中自己的心理活动,清晰地反映客观事物,更好地适应环境,并改造环境。注意是掌握知识和从事实践活动必不可少的条件。我国古代思想家、教育家荀子指出:"君子壹教,弟子壹学,亟成。"[①]壹就是专一,就是集中注意,意思是说,教师专一地教,学生专一地学,很快就能够完成学业。俄国著名教育家乌申斯基(К. Д. Ущинский)曾把注意形象地比喻为通向心灵的"唯一的门户",知识的阳光只有通过注意这扇门户才能照射进来。许多实验也表明,有些儿童学习成绩差,并不是他们智力低下,而是没有集中注意学习。任何实践活动都需要人们集中注意,只有这样才能提高工作效率,才能减少差错或事故。马克思说:"在劳动的全部历程中,他还必须有那种有目的的意志,也就是把注意集中起来。并且一种工作的内容和操作方法对劳动者的吸引力越少,他越是不能把这个工作当作自己的体力和精神活动来享受,这种注意就越是必要。"[②]注意能使人的感受性提高、知觉清晰并且思维敏捷,从而使行动及时、准确。

## 二、注意的功能

注意是一种复杂的心理活动,具有一系列的功能。

### (一) 选择功能

注意的基本功能是对信息进行选择,使心理活动选择有意义的、符合需要的并且与当前活动任务相一致的各种刺激,从而避开或抑制其他无意义的、附加的、干扰当前活动的各种刺激。即注意将有关信息线索区分出来,使心理活动具有一定的指向性。注意被认为是控制通向意识的机制,当代许多认知心理学家重视注意的选择性。例如,卡恩奈曼(Kahneman)认为,注意是一种内在机制,用以控制选择刺激并调节行为。莫里(Moray)认为,选择性是注意的本质特征之一。

### (二) 保持功能

外界大量信息输入后,每种信息单元必须经过注意才能得到保持,如果不加注意,就会很快消失。因此,需要将注意对象的映象或内容保持在意识之中,一直到完成任务,达到目的为止。

---

① 《大略篇》。
② 马克思著:《资本论》第一卷,人民出版社1963年版,第172页。

## (三) 对活动的调节和监督功能

有意注意可以控制活动向着一定的目标和方向进行,使注意适当分配和适时转移。工作和学习中的错误和事故一般都是在注意分散或注意没有及时转移的情况下发生的。心理学家加里培林(П. Я. Гальперин)把注意称为"智力监督动作"。

## 三、注意的生理机制和外部表现

### (一) 注意的生理机制

注意从其发生来说是有机体的一种定向反射。每当新异刺激出现时,人便产生相应的运动,将感受器朝向新异刺激的方向,以便更好地感知这一刺激。定向反射活动时,人除了朝着刺激的方向转动眼睛和头部外,还有植物性反应和脑电波反应等。定向反射是对新异刺激的反射,在刺激物反复出现时就迅速消失。它对刺激物具有高度的选择性。

人在注意某些事物时,大脑皮质的相应区域即形成一个优势兴奋中心,它是大脑皮质对当前刺激进行分析和综合的核心,具有适度的兴奋性。这时,旧的暂时神经联系容易恢复,新的暂时神经联系容易形成和分化,因而能够充分揭露注意对象的意义和作用,对客观事物产生清晰和完善的反映。

当大脑皮质一定区域产生一个优势兴奋中心时,由于负诱导的存在,大脑皮质的邻近区域处于不同程度的抑制状态,使落在这些抑制区域的刺激不能引起应有的兴奋,因而得不到清晰的反映。负诱导愈强,注意就愈集中。因此,当人的注意集中于某一事物时,对其他事物就会"视而不见"或"听而不闻"。优势兴奋中心可以从这一部位转移到另一部位。优势兴奋中心的转移是注意转移的生理机制。

人脑的边缘系统等部位存在着大量与注意相关的神经元。这些神经元对习惯化了的刺激不发生反应,只对新异刺激发生反应。它们是对信息进行选择或过滤的重要部位。临床观察表明,这种注意神经元一旦遭到破坏,轻者出现高度分心现象,重者造成精神错乱,意识的组织性和选择性会因此消失。

大脑额叶与有意注意密切相关。这个部分的神经组织不仅能维持网状结构的紧张度,而且对外周感受器也具有抑制作用。它对人的行为具有计划和控制功能。额叶严重损伤的病人,不能将注意集中在所接受的言语指令上,不能抑制对附加刺激物的反应。他们的注意力高度分散,无法完成目的性行为。

脑干网状结构使大脑皮质和整个机体保持觉醒状态,使注意成为可能。中脑和丘脑等部位控制着注意的转移以及与注意对象的选择有关。

人类有了语言,人能按照指令和提示坚持注意或转移注意的方向,使注意带有意识的特点。

总之,注意既与大脑皮质的活动有关,也与皮质下结构的活动有关,它们各自起着不同的作用。注意是中枢神经系统多种水平的整合活动。

## (二) 注意的外部表现

人在注意某个对象时,常常伴有特定的生理变化和外部表现。注意时最明显的外部表现有下列几种。

### 1. 适应性运动

人在注意时,有关的感觉器官朝向刺激物。例如,人在注意看一个物体时,把视线集中在该物体上,即所谓的"举目凝视";人在听一个声音时,耳朵朝向声音的方向,即所谓的"侧耳倾听";当人沉浸于思考时,眼睛常常是"呆视着",感知活动也减少了。

### 2. 无关运动的停止

这是紧张注意的一种特征。当人紧张注意时,无关的运动会停止下来。当教师的教学活动能抓住学生的注意时,教室里的学生会静静地注视着教师的一举一动。

### 3. 呼吸运动的变化

集中注意时,呼吸变得轻微而缓慢,呼与吸的时间比例也改变了,一般吸得更短促,呼的时间延长了。在紧张注意时,甚至会出现呼吸暂时停止的情况,即所谓的"屏息"现象。

此外,在紧张注意时,还会出现心脏跳动加速、牙关紧闭和握紧拳头等现象。

注意的外部表现有时可能和内部状态不相一致,例如,貌似注意一事物实际上心理活动却指向和集中在另一事物上。

近期研究表明,在视觉注意中眼睛有三种基本运动形式:注视、跳动和追随运动。注视是眼睛对准某一事物的活动,为了保证对事物清晰准确地反映,眼球还必须跳动和追随运动。

当人们注意某个活动时,眼跳运动并不是平稳地滑动,而是以跳跃的方式移动。人的视线先在对象的某一部位停留片刻,注视后又跳到另一部位上,并开始对新的部位进行注视。在注意某一个事物时,眼睛就是以不间断地注视、跳动、再注视……的方式观察事物。图2-1是一名被试在观察汽车时眼睛运动的扫描路线。研究表明,不同被试或同一被试在不同情况下的扫描路线是不同的。

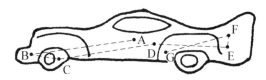

图2-1 观看汽车时的扫描路线

眼球的追随运动是比较平稳地进行的,当物体运动太快或太慢时,追随运动就会发生困难。当物体过远时,眼球追随到一定程度后,便会突然向相反方向跳回到原处,再追随新的物体。

图2-2A是两眼主动地在雷达荧光屏上以一个假想目标所作的圆周运动。这时眼球实

际上是以不规则的跳动和停顿注视着荧光屏;图2-2B是两眼跟随荧光屏上一个按照圆周运行的光点所作的运动,这时眼球运动的主要方式是追随运动①。

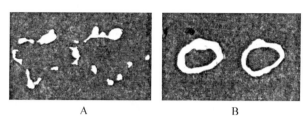

图2-2 观察雷达时的眼睛运动

# 第三节 注意的种类

根据产生和保持注意时有无目的和意志努力程度的不同,注意可分为无意注意、有意注意和有意后注意三种。

## 一、无意注意

无意注意(不随意注意)是指事先没有预定的目的,也不需要作意志努力的注意。例如,学生正在听课,忽然有人推门进来,大家都不由自主地去看他,这种注意就叫无意注意。这种注意的产生和维持,不需要意志努力,而是人们自然而然地对那些强烈、新颖和感兴趣的事物所表现出来的心理活动的指向和集中。这种心理活动往往在周围环境发生变化时产生。

引起无意注意的原因来自两个方面:刺激物的特点和人本身的状态。

### (一) 刺激物的特点

#### 1. 刺激物的强度

刺激物的强度是引起无意注意的重要原因。强烈的刺激物,如一道强光、一声巨响、一种浓烈的气味都容易引起人的注意。在无意注意中,起决定作用的往往不是刺激物的绝对强度,而是刺激物的相对强度,即刺激物强度与周围物体强度的对比。例如,在喧闹的大街上,即使大声说话也不会引起人们的注意,但在寂静的夜晚,即使轻微的耳语,也可能引起人们的注意。

#### 2. 刺激物之间的对比关系

刺激物在强度、形状、大小、颜色和持续时间等方面与其他刺激物存在显著差别,构成鲜明的对比时,会引起人们的无意注意。例如,绿草丛中的红花比绿草丛中的青蛙更能引起人们的注意。教师讲课时声音突然提高或降低可以起到集中学生注意的作用。

---

① 荆其诚等著:《人类的视觉》,科学出版社1987年版,第40—44页。

### 3. 刺激物的活动和变化

活动的、变化的刺激物比不活动和无变化的刺激物更容易引起人们的注意。例如,霓虹灯一亮一暗,很容易引起人们的注意;活动的玩具很容易引起儿童的注意;教师在讲课时,音调的变化及讲话节奏快慢的变化也有助于引起学生的注意。

### 4. 刺激物的新异性

新异的事物很容易成为注意的对象。千篇一律、刻板、多次重复的事物,很难吸引人们的注意。新异性可以分为绝对新异性(人们从未经验过的事物及其特征)和相对新异性(刺激物特性的异常变化或各种特性的异常结合)。研究表明,刺激物的相对新异性更能引起人们的注意。

## (二) 人本身的状态

无意注意是由刺激物的特点引起的,但起决定作用的是人本身的状态。同样一些事物,由于感知它们的人的本身状态不同,可能引起一些人的注意,而不能引起另一些人的注意。一个人的个性倾向性在无意注意中起着重要的作用,它决定一个人无意注意的方向。引起无意注意的主观因素主要有:

### 1. 人对事物的需要和兴趣

凡是能够满足人的需要和符合人的兴趣的事物会使人产生期待和积极的态度,从而引起无意注意。例如,建筑师外出旅游时,各式各样的建筑物都会自然而然地引起他们的注意。直接兴趣是无意注意的重要来源。人们常常会被感兴趣的事物所吸引,不自觉地加以注意。一般地说,凡与一个人已有知识有联系又能增进新知识的事物容易引起他的兴趣。

### 2. 人的情绪状态和精神状态

人的情绪状态和精神状态在很大程度上影响着无意注意。人在心情开朗、愉快时,即使是平时不太容易引起注意的事物,也很容易引起人的注意。而当人们处于忧郁状态时,平时容易引起注意的事物也不易引起注意。此外,如果一个人对某人(或事物)有着特殊的感情,则与之有关的人和事也容易引起他的注意。

人的精神状态也对无意注意有着重大影响。在过度疲劳时,人们常常不能觉察到那些在精神饱满时容易注意的事物。精神饱满时,人们最容易对新鲜事物发生注意,注意也容易集中和保持。

天津师范大学阴国恩等人的研究表明:儿童无意注意的发展与有意注意的发展不同。在儿童期,有意注意的发展随年龄增长而递增;无意注意则不然,其发展是先随年龄增长而递增,初中二年级达到最高水平,而后出现缓慢下降的趋势(如图 2-3 所示)①。

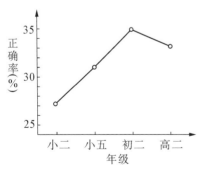

图 2-3 无意注意发展曲线

---

① 朱智贤主编:《中国儿童青少年心理发展与教育》,中国卓越出版公司 1990 年版,第 52 页。

## 二、有意注意

有意注意(随意注意)是指有预定目的、需要作一定意志努力的注意。

有意注意主动地服从于一定的目的、任务,它受人的意识的自觉调节和支配。有意注意的对象往往是不易引起人注意而又应当去注意的事物,这就必须作出一定的意志努力。例如,刚学习机床操作的青年工人,操作技能还不熟练,而掌握技能的学习是比较单调的,他必须通过意志努力克服一定的困难把注意集中在当前的操作上,特别是在容易发生差错的地方和时间上,才能不出废品,不出事故。

有意注意是人们在社会实践中发生和发展起来的。劳动本身是一种复杂和持久的工作,其中总有一些使人不感兴趣而又非做不可的作业,这就要求人们有意识地将自己的注意集中并保持在作业上。有意注意的能力就是在这种实践活动中发展起来的,有意注意又是人们实践活动的必要条件。马克思说:"除了从事劳动的那些器官紧张之外,在整个劳动时间内还需要有作为注意力表现出来的有目的的意志,而且,劳动内容及其方式和方法越是不能吸引劳动者,……就越需要这种意志。"① 有意注意是一种积极主动的注意,它充分体现了人类意识的能动作用。

有意注意是人所特有的一种心理现象。它是在语词成为心理活动的组成因素的时候产生的。人能够通过语词来按照一定的任务确定自己的活动,注意于一定的对象。这时,由于人的心理活动的指向和集中,即使当前没有具体刺激物存在,也能借助于语词的刺激而实现。

研究表明:儿童的有意注意发展主要历经三个阶段:第一阶段,随意注意是通过成人的言语指令而引起的。第二阶段,通过自己扩展的外部言语调节控制行为。第三阶段,通过内部的言语指令来调节和控制自己的行为。

苏联心理学家维果茨基(Л. С. Выготский)提出了有意注意的社会根源理论。他认为,有意注意正是儿童在和成人交往的过程中逐渐形成的。

引起和保持有意注意的条件和方法有以下几种:

### (一) 加深对活动目的、任务的理解

有意注意是有预定目的的注意。人们对活动的目的、任务的重要意义理解得越清楚、越深刻,完成任务的愿望越强烈,那么与完成任务有关的一切事物也就越能引起和保持人的有意注意。

### (二) 培养间接兴趣

在有意注意中,人的兴趣有些是间接的,是对活动目的、活动结果的兴趣。间接兴趣,特别是稳定的间接兴趣,是引起和保持有意注意、克服困难的重要条件。间接兴趣越稳定,就

---

① 马克思、恩格斯著,中共中央马克思恩格斯列宁斯大林著作编译局编译:《马克思恩格斯全集》第二十三卷,人民出版社1972年版,第202页。

越能对活动的对象保持有意注意。例如,人们开始学习外语时,常常觉得记单词、学语法很单调和枯燥,但认识到掌握外语的重要意义后,就能够克服困难,专心致志地投入学习。

### (三) 合理地组织活动

在明确活动的目的、任务的前提下,合理地组织活动,有助于保持和加强有意注意。

#### 1. 智力活动与实际操作相结合,有助于引起和保持有意注意

课堂教学中常要求学生作笔记,做些小实验,效果要比教师自始至终地讲解好。应该把注意的对象作为实际行动的对象,这样实际行动本身自始至终有注意参与,就能保证活动的顺利进行。

#### 2. 根据任务提出一定的自我要求,经常提醒自己保持注意

在要求加强注意的紧要关头,向自己提出"必须注意"的要求尤其重要,这样可以起到集中注意的作用。

#### 3. 提出问题有利于加强有意注意

人们为了回答问题,必然注意有关事物。在教学中,向学生提问,不仅可以检查学生的成绩,发展智力,而且对保持有意注意也具有重要意义。

### (四) 用意志与干扰作斗争

有意注意常常是在有干扰的情况下进行的。干扰可能是外界的刺激物,也可能是机体的某些状态(如疲倦、疾病和一些无关的思绪等)。在这种情况下,人们为了集中注意,除了要采取一定的措施排除干扰外,还要用意志与干扰作斗争。这样既能锻炼意志,又能培养有意注意。

避免干扰有助于集中有意注意,提高学习效率。但是,某些微弱的附加刺激不仅不会干扰人的有意注意,而且会加强有意注意。例如,学习时听听音乐,室内的钟表嘀嗒声等有时会加强有意注意。绝对隔音,不仅无关的声音不能从外面传入,而且室内产生的任何声音也会被吸收,人在这样的环境中不但不能有效地工作,而且会逐渐地进入睡眠状态。正如俄国生理学家谢切诺夫(И. М. Сеченов)说的:"绝对的、'死气沉沉的'寂静并不能提高,反而会降低智力工作的效果。"

## 三、有意后注意

有意后注意是指事前有预定的目的,不需要意志努力的注意。苏联心理学家多勃雷宁(Н. Ф. Добрынин)等人认为,除了无意注意和有意注意这两种基本的注意形态外,还应该分出第三种注意形态——有意后注意。

有意后注意是注意的一种特殊形式。它一方面类似于有意注意,因为它和目的、任务联系着;另一方面类似于无意注意,因为它不需要人的意志努力。

有意后注意是个人的心理活动对有意义、有价值的事物的指向和集中,它是在有意注

意的基础上发展起来的。例如,开始从事某项生疏的、不感兴趣的工作时,人们往往需要通过一定的意志努力才能把自己的注意保持在这项工作上。经过一段时间后,他们对这项工作熟悉了,也发生了兴趣,就可以不需要意志努力而继续保持注意。这时,有意注意就发展成有意后注意,例如,熟练地阅读课文和熟练地骑自行车等活动中的注意都是有意后注意。

有意后注意是一种高级类型的注意,具有高度的稳定性,是人类从事创造性活动的必要条件。一切有成就的科学家和艺术家都会高度专注于自己的事业,废寝忘食地为科学或艺术作出创造性的贡献。

无意注意、有意注意和有意后注意在实践活动中紧密联系、协同作用。有意注意可以发展为有意后注意,而无意注意在一定条件下也可以转化为有意注意。例如,开始时人们偶然为某种活动所吸引而去从事这种活动,后来通过实践认识到它的重要意义,便自觉地、有目的地去从事这种活动,并克服一定的困难,坚持对该活动的注意。这时无意注意就转化为有意注意。

# 第四节 注意的特征

## 一、注意的稳定性

注意的稳定性是指在同一对象或同一活动上注意所能持续的时间。这是注意在时间上的特征。注意稳定性的标志是活动在某一段时间内的高效率。注意的稳定性有狭义和广义之分。

### (一) 狭义的注意稳定性是指注意保持在同一对象上的时间

人在感知同一事物时,注意很难长时间地保持固定不变。如将一只表放在离被试耳朵一定距离的位置上,使他刚能隐约地听到嘀嗒声。这时,被试就会报告,有时听到表的声音,有时又听不到,或者感到表的声音一时强,一时弱。注意的这种周期性变化,称为注意起伏。在视知觉方面,人们也可以明显地觉察到注意的起伏。人们在注视图2-4时,会觉得小方形时而凸起(位于大方形之前),时而下陷(大方形凸到前面),在不长的时间内,两个方形的相互位置跳跃式地变更着。这个实验把注意的起伏模式化了。如果我们将它想象成为一个有实际意义的图形,如一个台座(这时顶端向着我们)或一个空房间(这时顶端背着我们),就有助于我们将注意保持在一个方向上。人们在知觉图2-5时,既可以知觉为6个立方体(上行1个、中行2个、下行3个)又可知觉为7个立方体(上行2个、中行3个、下行2个)。

注意起伏的周期包括一个正时相和一个负时相。注意处于正时相时,表现为感受性提高,感觉到有刺激或者刺激增强。注意处于负时相时,则表现为感受性降低,感觉不到刺激或者刺激变弱。一般每一次起伏(周期)平均约8—10秒。一种意见认为,注意起伏的原因是

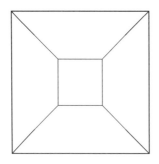
图 2-4 图形的注意起伏(一)

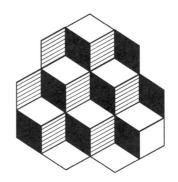
图 2-5 立方体的注意起伏(二)

感觉器官的局部适应,对物体的感受性发生变化。现代神经生理学提出了新的观点,将注意的起伏和有机体一系列机能的起伏联系起来,认为注意的起伏像动脉、血压、呼吸一样,是节律性的机能作用。

## (二)广义的注意稳定性是指注意保持在同一活动上的时间

广义的注意稳定性并不意味着注意总是指向同一对象,而是指注意的对象或行动会有所变化,但注意的总方向和总任务不变。例如,上课时学生既要听教师讲课,又要记笔记,还要看实验演示等,但所有这些都服从于听课这一总任务,因此,他们的注意是稳定的。研究表明:广义的注意稳定性与人的主体状态和对象特点有关,并存在个体差异和年龄特征。

### 1. 人的主体状态

人对所从事的活动的意义理解得越深刻,对活动有浓厚的兴趣,抱着积极的态度,身体健康、精力充沛、心情愉快时,注意容易保持稳定。意志坚强,又善于自制且能同干扰作斗争的人,注意就容易保持稳定。

### 2. 注意对象的特点

在主体积极性相等的条件下,刺激物的强度和持续时间对注意稳定性有显著影响。在一定范围内提高刺激的强度和延长刺激的作用时间有助于保持注意的稳定性。

在主体积极性相等的条件下,内容丰富的对象比内容单调的对象更容易保持注意稳定性;活动的对象比静止的对象更容易保持注意稳定性。在一定范围内,注意的稳定性程度随注意对象的复杂性的增加而有所提高。范兹(R. L. Fantz)的研究表明,婴儿似乎从出生起就会选择一定的图形加以注意,并且对复杂的、社会性的图形注视的时间较长。图 2-6 是婴儿对面孔、印刷品、靶心,以及对红、白、黄单色图片的注视时间。图中黑条代表 2—3 个月婴儿的注视时间,白条代表 3 个月以上婴儿注视的时间。但是,如果注意的对象过于复杂,则人可能会迅速出现疲劳和注意集中的减弱。因此,注意过于复杂或过于单调都不利于注意的稳定。

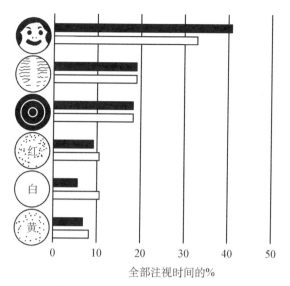

图 2-6 婴儿对图片的注视时间

(根据：R. L. Fantz)

### 3. 个体差异和年龄差异

注意稳定性的个体差异和个体的神经过程强度有关。神经过程强的人，注意不容易分散；神经过程弱的人，注意容易分散。有些心理学家认为，注意分散与不良教育有关，甚至是不良教育的结果。如果成人常在儿童集中注意做某件事时，和他进行与此无关的谈话，或者要他从事其他活动，这样多次重复就可能使该儿童形成易分散注意的不良习惯。我国心理学工作者研究了中国儿童注意稳定性的发展，刘金香、刘建华等用划消实验研究幼儿注意稳定性的发展。将注意的稳定性以：

$$\frac{总字数}{总用时} \times \frac{正确数-错误数}{应划字数}$$

这一公式衡量，所得的数值越大，表明注意越稳定(结果如表 2-1 所示)[1]。大班幼儿的注意稳定性显著高于小班幼儿。

表 2-1 不同幼儿注意稳定性比较

| 被试 | 平均数 | 标准差 | P |
|---|---|---|---|
| 小班 | 0.4082 | 1.0301 | <0.05 |
| 大班 | 1.2304 | 0.5646 |  |

研究还表明，随着年龄的增长，儿童的注意稳定性也相应地在发展，但其发展的速度不尽相同。小学阶段发展速度很快，幼儿阶段和中学阶段发展速度较慢(如图 2-7 所示)。

---

[1] 朱智贤主编：《中国儿童青少年心理发展与教育》，中国卓越出版公司 1990 年版，第 40 页。

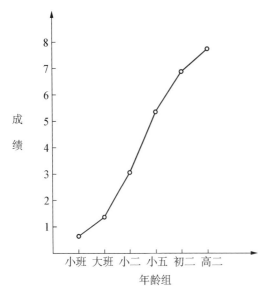

图 2-7 儿童注意稳定性发展曲线

## (三) 同注意稳定相反的状态是注意的分散(又称分心)

注意的分散就是注意离开了当前应当指向和集中的对象,而转向其他的对象。注意的分散是由无关刺激的干扰或由单调刺激的长时间作用引起的。无关刺激对注意的干扰作用决定于这些刺激本身的特点及其与注意对象的关系。一般地讲,与注意对象相类似的刺激,干扰作用较大;无关刺激对知觉影响小,对思维影响大;在知觉过程中,视知觉受无关刺激影响小,听知觉受无关刺激影响大。使人发生兴趣的或强烈影响情绪的刺激,也会引起注意的分散。但是,并非任何附加刺激都会引起注意的分散。在没有外界的附加刺激,大脑皮质兴奋性降低时,保持注意也将是困难的。所以有时微弱的附加刺激不仅不会减弱注意,反而会加强注意。

和注意分散作斗争时,人们对分散注意的刺激物所持的态度具有重要意义。当我们专心致志地看书时,室外传来的汽车声会干扰我们集中注意,同时引起我们内心的烦躁甚至愤怒。这种情绪比汽车声更能分散我们的注意。因此,为了保持注意的稳定性,除了设法避开(除去)干扰刺激外,还应该对干扰刺激保持平静的心态。

学习和工作都要求人们具有注意的稳定性。特别是在现代化生产中,工人根据仪表和信号的显示来调整动作,以保证机器的正常运转,这就需要有高度稳定的注意。在这种工作中,即使是短时间的注意分散,也会严重影响工作质量,甚至造成事故。

## 二、注意的广度

注意的广度也叫注意的范围,是指同一时间内能清楚地把握的对象的数量。

注意的广度很早就受到心理学家的重视。1830 年汉密尔顿(W. Hamilton)最先做了示范实验,他在地上撒一把石子,发现人们很不容易同时观察 6 个以上的石子。后来心理学家用速示器作为实验手段来研究注意的广度。他们将刺激呈现时间控制在 1/10 秒内,这时人的眼球来不及转动,所以被试对刺激的知觉几乎是同时的。由此可见注意的广度也可以说是知觉的广度。实验表明,在

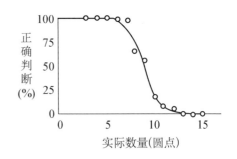

图 2-8 呈现刺激量与正确判断的关系

1/10秒时间内,成人一般能注意到8个左右的黑色圆点(如图2-8所示)、4—6个没有联系的外文字母、3—4个几何图形。

影响注意广度的主要因素有以下两个。

### (一) 知觉对象的特点

在知觉任务相同的情况下,知觉对象的特点不同,注意的范围会有一定的变化。研究表明,知觉的对象越集中,排列越有规律,越能成为相互联系的整体,注意的范围也就越大。例如,颜色相同的字母要比颜色不同的字母的注意范围大些;对排列成一行的字母的注意要比对分散在各个角落上的字母的注意数目多些;对大小相同的字母感知的数量,要比对大小不同的字母感知的数量大得多;对组成词的字母所注意的范围,比对孤立的字母所能注意的范围大得多。

### (二) 个人知觉活动的任务和知识经验

同样的知觉对象,由于个人知觉活动的任务和知识经验的不同,注意的范围也会有一定的变化。如果知觉活动的任务多,注意范围就小;知觉活动的任务少,注意范围就大。例如,只要注意外文字母多少,注意范围就大,如果还要求看出字母书写上的错误,注意范围就小。个人知识经验丰富,注意范围就大;知识经验贫乏,注意范围就小。例如,刚学会阅读的学生,他的阅读速度是很慢的,注意范围也较小,但随着知识经验的积累,注意范围的扩大,阅读速度也随之加快。

我国心理学工作者研究了中国儿童注意广度的发展情况,认为注意的广度随一个人年龄的增长而增长。姜涛和林镜秋等人[1]的研究表明,小学二年级学生的注意广度不足4个点子,小学五年级学生则达到4.48个点子,到中学又增加到6.33个点子。陈惠芳等人[2]的研究结果是:4岁为4.74个点子,6岁为5.77个点子,7岁为6.50个点子,9岁为6.97个点子,11岁为7.99个点子,13岁为8.26个点子。

注意的广度除了有同时广度外,还有继时广度,即一个人把握在时间上连续出现的刺激物的数量。继时广度被认为是注意广度的另一种形式。现代化生产常要求人们把握高速度连续呈现的刺激物,这就涉及注意的继时广度问题。塔伯曼(R. E. Taubman)等人研究了连续闪光刺激和连续声音刺激的注意广度。他们的实验呈现1个到10个短促的声音或闪光,每次呈现的刺激数量不等,呈现频率也不相同,然后要求被试说出看到或听到的数目。研究表明,在一般情况下,刺激数量越多,呈现速度越快,判断的错误越多,而且趋向于低估。这种倾向对于视觉刺激来说更为明显(如表2-2所示)。

注意在时间上的广度也受知觉对象的特点和主体状态的影响,也有个体差异和年龄差异。

扩大注意的范围,可以提高学习和工作效率。在学习过程中"一目十行"就能够在同样的

---

[1] 朱智贤主编:《中国儿童青少年心理发展与教育》,中国卓越出版公司1990年版,第53页。
[2] 陈惠芳、程华山:《4—14岁儿童注意广度发展的实验研究》,《心理科学通讯》1989年第1期。

表 2-2 对连续刺激的注意广度

| 每秒闪光次数 | 注意广度 | 每秒声音次数 | 注意广度 |
| --- | --- | --- | --- |
| 2 | 大于 10 | 8 或 10 | 大于 10 |
| 3 | 大约 6 | 12 | 大约 7 |
| 4 | 大约 4 | 14 | 大约 5 |
| 5 | 大约 4 | 16 | 大约 4 |
| 7 | 大约 3 | | |

时间内输入更多的信息。打字员、电报员、驾驶员等都需要有较大的注意范围。

## 三、注意的分配

注意的分配是指在同一时间内把注意指向不同的对象。

注意的分配对人的实践活动是必要的，也是可能的。例如，教师一边讲课，一边观察学生听课的情况；汽车司机在双手操纵方向盘的同时，还要注意道路上的行人、车辆、障碍物和灯光信号，等等。

在听故事的同时进行加法运算是可能的，检查方法是在实验后要求被试复述故事的细节。这种复合活动的实验结果与单独听故事和单独进行加法运算的控制实验的结果相比较（以一位被试为实验对象），结果如下：①单一活动，正确完成加法运算的数目是 52。②复合活动，正确完成加法运算的数目是 43（相当于单一活动正确完成运算数目的 83%）。③单一活动，正确复述故事项目的数目是 31。④复合活动，正确复述故事项目的数目是 10（相当于单一活动正确复述项目数目的 32%）。

图 2-9 复合器

复合器是研究注意分配的一种仪器，它有一个划分成 100°的圆刻度盘的表面，盘面上有一根转动的指针（如图 2-9 所示）。实验过程中，指针经过某一刻度时会响起铃声。实验者要求被试在听到铃声的同时，说出指针的刻度数。通常被试不能说出铃响时的准确度数，而是说出铃响之前或铃响之后的度数。这表明，被试的注意先指向于一个刺激物（铃声或指针的位置），而在稍迟一些时间，才指向另一个刺激物。可见，当不同种类的刺激物同时发生作用并需要两个感官去感受时，要适当分配注意是相当困难的。

注意的分配是有条件的。第一，同时并进的两种活动中必须有一种是熟练的。人们对熟练的活动不需要更多的注意，可以将注意集中在比较生疏的活动上。例如，学生上课边听、边记，他们记笔记已经熟练了，注意中心集中在听课上。第二，同时进行的几种活动之间的关系也很重要。如果它们之间毫无联系，同时进行这些活动就很困难；如果它们之间已经形成了某种反应系统,同时进行这些活动就比较容易。例如,自拉(胡琴)自唱(戏)、边歌边舞,将拉和唱、歌和舞形成系统,就有利于注意的分配。

我国心理学工作者研究了儿童注意分配能力的发展。研究表明,幼儿的注意分配能力很低,进入小学阶段,随着有意注意的发展,儿童的注意分配能力迅速提高(如表2-3所示)[①]。

表 2-3  不同年龄组儿童注意分配能力比较

| 年　　级 | 平均数 | 超过 0.50 的百分数 (%) |
| --- | --- | --- |
| 小学二年级 | 0.5833 | 72 |
| 小学五年级 | 0.5884 | 88 |
| 初中二年级 | 0.6087 | 88 |
| 高中二年级 | 0.6201 | 92 |

复杂的工作要求人们能进行注意分配。注意分配的能力主要是在实践活动中锻炼出来的。注意的分配对于工人、飞行员、驾驶员、科研工作者、教师和乐队指挥等都十分重要。

## 四、注意的转移

注意的转移是指注意的中心根据新的任务,主动地从一个对象或一种活动转移到另一对象或另一活动上去。注意的转移被认为是注意的动力特征。例如,第一节课是数学,第二节课是语文,学生根据新的任务,将注意从一门课转移到另一门课,这就是注意的转移。

注意转移的快慢和难易取决于原来注意的紧张程度和引起注意转移的新对象(新活动)的性质。如果原来事物的注意紧张度高,新的事物或活动不符合人的需要和兴趣,注意转移也就困难、缓慢。如果原来的活动中注意紧张度低,新的活动符合需要和兴趣,注意的转移就比较容易和迅速。注意的转移还与个体的神经过程的灵活性有关。

注意的转移不同于注意的分散。虽然它们都是注意对象的变换。注意的转移是在实际需要时,有目的地把注意转向新的对象,以一种活动合理地代替另一种活动。注意的分散是在需要注意稳定时由无关刺激干扰或由单调刺激所引起,使注意离开需要注意的对象。

注意的转移和注意的分配彼此密切联系着。注意转移了,注意的分配也必然发生变化。注意一转移,原来注意中心的对象便移到注意中心之外,新的对象进入注意中心,整个注意范围的事物便发生了变化。因此,每当注意中心的对象转换后,必然出现新的注意分配。

我国心理学工作者研究了儿童注意转移的发展。他们发现,中学生的注意转移能力已基本成熟,能根据目的自觉地转移注意[②]。

---

[①] 朱智贤主编:《中国儿童青少年心理发展与教育》,中国卓越出版公司1990年版,第54页。
[②] 同上书,第55页。

许多工作都要求个体在短时间内对新刺激发生反应,因此注意的分配和转移特别重要。一个良好的飞行员在起飞和降落的5—6分钟内,注意转移达200次,如果注意不能及时转移,其后果将不堪设想。

人的注意特征与先天因素有关,但能够在后天的生活实践中,以及教育、训练中得到提高。

## 名词解释

意识　意识的觉知性　意识的能动性　非意识　前意识　无意识　注意　注意的功能　无意注意　有意注意　有意后注意　注意的稳定性　注意的广度　注意的分配　注意的转移

## 思考题

1. 简述意识的基本特征。
2. 注意的基本特征是什么?注意与心理过程有什么关系?
3. 注意分哪几种?影响这几种注意的条件是什么?
4. 分析自己的注意特征,怎样提高自己的注意力?

# 第三章 感觉和知觉

## 第一节 感觉概述

### 一、感觉的含义

感觉是人脑对直接作用于感觉器官的客观事物的个别属性的反映。虽然人们在日常生活中很少有纯粹的感觉,但在特殊的情况下也能体验到它,例如,人们感觉到物体的颜色和气味、机体的疼痛和饥渴等。

感觉是人脑对作用于感觉器官的客观事物的直接的反映。一方面,如果没有作用于感觉器官的特定事物,便不会产生任何感觉。因此,记忆中再现的事物映象,幻觉中各种类似感觉的体验等都不是感觉。平时人们所说的"凭感觉""幸福感觉"等也不是这里所谈的感觉。另一方面,感觉离不开接受刺激的感官和形成感觉的神经系统,它受感觉系统生理状态的影响和制约。

相对而言,感觉是一种较简单的心理现象。通过感觉,我们只能知道事物的个别属性,然而一切较高级、较复杂的心理现象都是在感觉的基础上产生的。对于每一个正常的人来讲,没有感觉的生活是不可忍受的,这个问题已为"感觉剥夺"实验所证实。

第一个感觉剥夺实验是加拿大心理学家赫布(D. O. Hebb)、贝克斯顿(W. H. Bexton)等人于1954年进行的。一个典型的感觉剥夺实验是让被试躺在一张舒适的小床上,眼睛蒙上眼罩,耳朵被堵住,手也被套上,这样就将他的感觉基本剥夺了(如图3-1所示)①。感觉剥夺实验要求被试处在这样的条件下(除了进食与排泄),并要求实验的时间尽可能长些。结果,很少有人愿意在这种环境中生活一周。很多感觉剥夺实验的结果都表明,被试在实验期间注意力不能集中,不能进行连续而清晰的思考;有的人产生幻觉,有的人变得神经质,有的人莫名地恐惧,他们都感到时间过得特别漫长,令人难以忍受。有人对刚被释放出实验室的

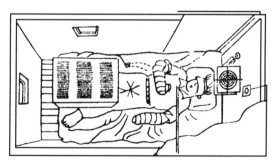

图3-1 感觉剥夺实验

---

① 托马斯·贝内特著,旦明译:《感觉世界——感觉和知觉导论》,科学出版社1983年版,第252页。

被试进行了心理测验,发现他们进行精细活动的能力、识别图形的知觉能力、连续集中注意的能力以及思维的能力均受到了严重的影响,而且很多天之后,这些人还不能进行正常的学习活动。感觉剥夺实验的结果表明,人们在日常生活中接受的刺激以及由此而产生的感觉是多么的重要。没有刺激,没有感觉,人不仅不会产生新的认识,而且也不能维持正常的生活。

## 二、感觉的种类

早在两千多年以前,古希腊先哲亚里士多德早已根据感觉器官的不同将感觉分为 5 种,即视觉、听觉、嗅觉、味觉和触觉。现代科学探明,感觉除上述 5 种以外,还有平衡感觉、运动感觉和内脏感觉等(如表 3-1 所示)。

表 3-1 感觉的种类

| 感觉名称 | | 感受器 | 适宜刺激 |
| --- | --- | --- | --- |
| 视觉 | | 眼球视网膜上的视细胞 | 光(电磁波刺激) |
| 听觉 | | 内耳耳蜗科蒂氏器中的毛细胞 | 声(声波刺激) |
| 嗅觉 | | 鼻腔上部黏膜中的嗅细胞 | 气体(挥发性物质) |
| 味觉 | | 舌头味蕾中的味细胞 | 液体(水溶性物质) |
| 肤觉 | 温觉 冷觉 | 皮肤、黏膜中的温点 冷点 | 热(电磁波刺激) 冷 |
| | 触觉 痛觉 | 游离神经末梢 压点 痛点 | 压力(机械刺激) 伤害性刺激 |
| 平衡感觉 | | 内耳前庭器官中的毛细胞 | 身体的位置变化和运动(机械刺激) |
| 运动感觉 | | 肌、腱、关节中的神经末梢 | 身体的位置变化和运动(机械刺激) |
| 内脏感觉 | | 内脏器官壁上的神经末梢 | 机械刺激、化学刺激 |

每一种感觉都有其相应的感受器和适宜刺激。在心理学上,作用于有机体并引起其反应的任何事物都被称为"刺激物",刺激物施于有机体的影响被称为"刺激"。由有机体外部给予的刺激叫外部刺激,如光、声、热等;由有机体内部的变化所引起的刺激叫内部刺激,例如,肠胃的痉挛可以引起疼痛。外部的刺激能够客观地测定,而内部的刺激往往不能从外部直接加以观察。在一般情况下,刺激主要指外部刺激。感觉就是在感觉器官受到刺激作用时产生的。但是,并非任何刺激作用于任何感觉器官都能引起感觉,例如,气味作用于耳朵就不会引起听觉,只有声波作用于耳朵才能引起听觉。大多数的感受器都只对一种刺激特别敏感而产生兴奋,它们同刺激的关系基本上是固定的,如眼睛视网膜的视细胞与光波、耳朵耳蜗的毛细胞与声波、鼻子的嗅上皮细胞与气味物质等。这种能够使某种感受器特别敏感并产生兴奋的刺激,就叫作该感受器的适宜刺激,而其他的刺激则叫作不适宜刺激。

在感觉器官中,直接接受刺激产生兴奋的装置叫感受器,它是感觉器官中的感觉细胞或感觉神经末梢本身。例如,眼睛中实际接受光刺激并产生兴奋的是视网膜上的视细胞,耳朵内实际接受声波刺激并产生兴奋的是内耳科蒂氏器上的毛细胞,皮肤上实际接受触压刺激并产生兴奋的是感觉神经元的神经末梢。感受器是感觉器官中最核心的装置,它将各种刺激能量转换成为神经系统中共同的生物电能——神经冲动,它是能量的转换器。环境信息只有经过感受器进行这种能量的转换,才能通过神经传导到大脑,从而形成感觉。

## 三、感觉与刺激

### (一) 感觉与刺激强度

每一种感觉都是在适宜刺激作用于特定的感受器时产生的,刺激强度太弱或过强都不会产生感觉。这就是说,使感觉得以产生的刺激强度有一定的范围。那种刚刚能够引起感觉的最小刺激强度就是这个范围的下限,称为感觉的"绝对阈限"或"下阈"(如表3-2所示)。以1000赫兹的声音为例,刚刚能够引起听觉的声音强度是0分贝,则0分贝就是此种情况下听觉的绝对阈限。而那种即使继续增强也不能使感觉进一步变化(甚至产生痛觉)的刺激强度则是这个范围的上限,称为感觉的"最大刺激阈限"或"上阈"。例如,120分贝以上的声音(音频为1000赫兹)不仅不再引起新的更强的听觉体验,而且会引起压、痛的感觉,故120分贝就是此种情况下听觉的上阈。

表3-2 主要感觉的绝对阈限

| 感觉种类 | 绝对阈限 |
| --- | --- |
| 视觉 | 看到晴朗夜空下30英里外的一支烛光 |
| 听觉 | 安静环境下听到20英尺以外的滴答声 |
| 味觉 | 可尝出两加仑水中加入1茶匙糖的甜味 |
| 嗅觉 | 能闻到一滴香水散布于3个居室中的味道 |
| 触觉 | 可感觉到从1厘米高处落到脸颊上的蜜蜂的翅膀 |

在可感觉的刺激范围内,感觉随刺激强度的增减而发生变化,但是如果刺激强度变化过小则不能被感觉到。此现象由德国生理学家韦伯(E. H. Weber)于1834年首次加以描述。他认为能被机体感觉到的刺激强度变化与原刺激强度之比是一个常数。例如,在举重实验中,如果原重量是100克的话,那么只有增加3克才能感觉到重量增加;如果原重量改为200克,则只有增加6克才能感觉到重量增加;而在原重量是300克时就要增加9克才能感到重量增加。韦伯将上述关系用数学公式表示,即为:$\frac{\Delta I}{I} = K$,其中I为原刺激强度,$\Delta I$为可辨别差值,K为常数。这个公式被后人称为韦伯定律。常数K即为感觉的"差别阈限"或"辨别阈"。它不是绝对的值,而是一个比率,任何刺激强度的增减只有超过差别阈限才能被感觉到。各种感觉的差别阈限都不相同(如表3-3所示)。而且韦伯定律也只适用于一定强度范

围内的刺激,刺激强度过大或过小,差别阈限都会发生显著的变化。

表 3-3 主要感觉的差别阈限

| 感 觉 | 差别阈限 | 感 觉 | 差别阈限 |
|---|---|---|---|
| 音高（2000赫兹） | 0.003 | 橡胶气味（200嗅单位） | 0.104 |
| 视明度（1000光子） | 0.016 | 压觉（5克/毫米$^2$） | 0.136 |
| 举重（300克） | 0.019 | 味觉（盐3摩尔/升） | 0.200 |
| 响度（1000赫兹,100分贝） | 0.088 | | |

### (二) 感觉与刺激时间

从刺激作用于感受器开始到最终形成感觉,有一短暂的潜伏期。在此期间,感觉逐渐增强,最后达到一个稳定的水平。味觉和肤觉的渐增期都比视觉的渐增期长,可达数秒至10秒。

刺激停止作用以后,感觉并不立刻消失,而是逐渐减弱,这种感觉残留的现象称为感觉的后效。肤觉中的痛觉后效特别明显,视觉的后效也很显著。视觉的后效即视觉后像。

视觉后像有两种:正后像和负后像。正后像保持刺激所具有的同一品质。例如,注意发光的灯泡几秒钟,再闭上眼睛,就会感到眼前有一个同灯泡差不多的光源出现在黑暗的背景上,这种现象叫正后像。正后像出现之后,如果我们将视线转向白色的背景,就会感到在明亮的背景上有黑色的斑点,这就是负后像。如果刺激是彩色的,如一个红色的对象,我们就会感觉到一个蓝绿色的后像。颜色的负后像是该颜色的补色。视觉后像残留的时间大约为0.1秒,与刺激的强度和作用的时间有关。一般来讲,刺激的强度越大,时间越长,后像的持续时间也越长。

## 四、感觉的现象

人们时刻接受着多种刺激而产生了复杂和综合的感觉,各种感觉共同构成了一个完整协调的感觉系统,以适应外界环境的变化。感觉系统的活动现象繁多,除上述的感觉后效之外,还有感觉适应、感觉补偿、感觉统合以及感觉相互作用等诸多现象。

### (一) 感觉适应

感觉适应是指同一感受器在同一刺激的持续作用下,其感受性发生变化而处于适应状态。人类的大多数感觉都存在适应现象,个体对新刺激的感觉一般在一开始时很强烈、很敏感,之后这种强烈度和敏感度逐渐降低,甚至感觉不到刺激的存在。感觉器官的这种适应机制有利于个体适应环境刺激的变化。

视觉的适应现象很明显,分为暗适应和明适应。暗适应是指人从明处进入暗处时,视细胞的感受性提高,需要过一段时间后视觉才恢复正常的现象;反之,明适应是指人从暗处进入明处时,视细胞的感受性降低,需要过一段时间(约几秒至1分钟)后视觉才恢复正常的现象。此外,嗅觉、味觉和肤觉的适应也特别明显。古人云:"如入芝兰之室,久而不闻其香;如入鲍鱼之肆,久而不闻其臭。"说的就是嗅觉的适应现象。

## (二) 感觉补偿

感觉补偿是指由于某种感觉器官的感觉缺失或机能不足,会自动促进和提高其他感觉器官的感受性或感觉机能而起到弥补作用。例如,盲人因丧失视觉,其听觉、触觉和嗅觉等就会显得特别灵敏。聋人因丧失听觉,其视觉、振动觉就特别灵敏。感觉补偿有利于个体,特别是残疾个体的心理发展,尤其是对个体的整体认知发展有重要作用。

## (三) 感觉统合

感觉统合是指个体的多种感觉器官(如视觉、听觉、触觉、嗅觉等的感受器)受到外界各种刺激所产生的感觉神经信息汇聚到大脑中枢神经系统得到整合而产生认知意义的过程。感觉统合对各种感觉的综合与整合,有利于个体产生正确的知觉,以适应比较复杂的环境变化。人们非常重视儿童的感觉统合训练,触觉、前庭感、平衡感和本体感是感觉统合训练的重要内容。

## (四) 感觉相互作用

"尖锐的声音""冰冷的颜色",这些日常用语表明,我们的感觉并不孤立,而是相互作用、相互影响的。感觉的相互作用可分为同一感觉之内的相互作用和不同感觉之间的相互作用。

同一感觉之内的感觉相互作用可由刺激作用的时间顺序不同而引起,也可由同一感受器官的各部分受到不同刺激而引起。前者如前面说的视觉适应现象,后者如感觉的对比、融合等现象。

对比是同一感觉器官在不同刺激物的作用下,感觉在强度和性质上发生变化的现象。视觉上的对比是很明显的。例如,白色的对象在黑色的背景上就会显得特别明亮,而在灰色背景上就要显得暗一些。这是无彩色对比。此外,还有彩色对比。例如,灰色的对象在红色的背景下,看起来就带有青绿色。彩色对比在彩色背景的影响下,向背景色的补色方面变化。刺激的性质相反而在空间或时间上接近时,往往会产生非常突出的对比效应,在空间上接近产生同时对比,在时间上接近产生继时对比。由于产生对比,感觉向邻近的或以前的感觉相反的方向变化。嗅觉、味觉、听觉等都存在对比现象。

融合是两个以上的刺激同时作用而产生一个新感觉的现象,如图3-2所示的味觉的融合。温、苦和甜彼此相互作用能产生一种融合的感觉,冷、酸

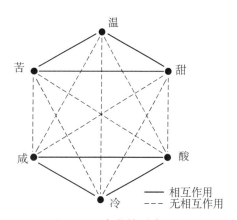

图3-2 味觉的融合图解

和咸彼此相互作用也能产生一种融合的感觉。

不同感觉之间的相互作用主要在不同感受器官同时受到刺激时发生。例如,同时用针刺某些穴位可以减轻某些病痛(感觉的掩蔽现象),看电影、电视时产生的视听效果,等等。

一种感受器官受到刺激而产生一种特定感觉的同时,又产生另一种不同的感觉,此种现象称为联觉。例如,尖锐的声音会使人起鸡皮疙瘩并产生冷觉。一种特殊的联觉现象叫色听现象,即特定的音调可以引起特定的色彩感觉。具有色听能力的人称为色听者。一般是低音产生深色,高音产生浅色。现代的激光音乐与色听现象有关。

## 第二节 几种主要的感觉

### 一、视觉

#### (一) 视觉过程

视觉的适宜刺激是波长为380纳米到760纳米之间的电磁波,也叫可见光。可见光只占整个电磁波范围的一小部分(如图3-3所示)。超出可见光谱两端的电磁波,即短波中的紫外线和长波中的红外线,是人眼通常感受不到的光波。但在特殊情况下,例如,在高能量光线的照射下,眼睛感受的范围可扩展到313纳米到950纳米波长。

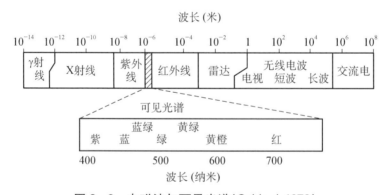

图3-3 电磁波与可见光谱(Geldard,1972)

视觉的绝对阈限很低,1个光子可以使1个视杆细胞兴奋,5个光子就可以引起视觉[①]。

视觉的器官是眼球(如图3-4所示),按功能可分为折光系统和感光系统两部分。折光系统包括角膜、水晶体、玻璃体等,它的功能是将外界物体所反射的散光聚集在视网膜上形成一个清晰的视像。

眼球的感光系统是视网膜,是眼球感受光线最重要的装置。视网膜上的视细胞是直接感受光刺激并将其转换成神经冲动的光感受器。

---

① 休斯著,刘文龙等译:《生物物理学概论》,上海科学技术出版社1983年版,第270页。

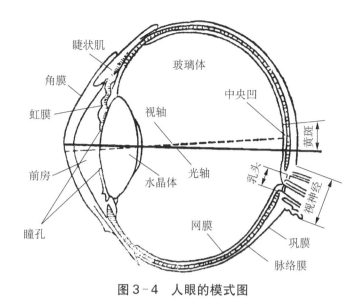

图3-4 人眼的模式图

视觉形成的过程如图3-5所示:外界物体所反射的光线(A),通过眼球的折光系统投射到视网膜上(B),视细胞将光能转换成电能——神经冲动,并由视神经传递至大脑(C),最后在大脑皮质视觉中枢形成这一物体的视像(D)。

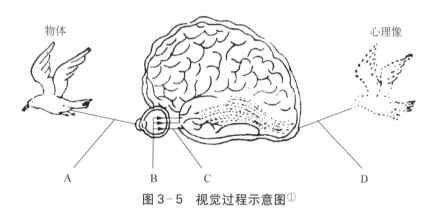

图3-5 视觉过程示意图①

## (二)颜色视觉

颜色视觉是由不同波长的光刺激引起的。正常人在光亮条件下能看到可见光谱的各种颜色,表3-4是各种颜色的波长和光谱的范围。

白光(如阳光)不是单色光,它是各种色光的混合光线。白光通过三棱镜的折射可以将各种色光分离开来。

除了发光体外,物体的颜色只有在光线照射时才呈现出来,受到光源条件的影响。因此,物体的颜色主要是由不同的光照条件下物体所反射的光线决定的。

---

① 孙汝亭等主编:《心理学》,广西人民出版社1982年版,第229页。

表 3-4 光谱颜色、波长及范围①

| 颜色 | 波长（nm） | 范围（nm） | 颜色 | 波长（nm） | 范围（nm） |
| --- | --- | --- | --- | --- | --- |
| 红 | 700 | 640—750 | 绿 | 510 | 480—550 |
| 橙 | 620 | 600—640 | 蓝 | 470 | 450—480 |
| 黄 | 580 | 550—600 | 紫 | 420 | 400—450 |

### 1. 彩色与非彩色

所有的颜色可以分为彩色和非彩色两大类。非彩色包括黑色、白色以及处于两者之间的深浅不同的灰色。彩色是除了黑、白、灰以外的所有颜色。

颜色有三种属性，即明度、色调和饱和度。明度是彩色和非彩色的共同属性，它是由物体表面的反射系数决定的。反射系数大，明度就大；反射系数小，明度就小。例如，白纸的反射系数可达 0.8，因此使人感到很明亮；黑绒的反射系数只有 0.033，使人觉得很暗。色调是彩色的最重要的属性，它决定了颜色的主要性质和特点，是由物体所反射的光线中占优势的那一种光线决定的。饱和度是颜色的另一个属性，它是色调的表现程度，由物体表面所反射的占优势的那一种光线与整个反射光线的比例所决定。优势光线所占的比例越大，饱和度越大，反之越小。

### 2. 颜色混合的规律

在日常生活中引起颜色视觉的光线绝大多数是不同波长的光波混合在一起的混合光。各种混合光的颜色都是由红、绿、蓝这三种原色按各种比例混合而成的。

$$红色 + 绿色 = 黄色$$
$$红色 + 蓝色 = 紫色$$
$$蓝色 + 绿色 = 青色$$
$$红色 + 绿色 + 蓝色 = 白色$$

色光混合用的是加色法。颜料的混合与色光的混合不同，用的是减色法，而且其三原色也不同，是青、品红、黄（又称减红色、减绿色、减蓝色）。颜料的混合可用下式表示。

$$青色 = 白色 - 红色$$
$$品红色 = 白色 - 绿色$$
$$黄色 = 白色 - 蓝色$$

颜料混合的减色法和色光混合的加色法虽然是两种不同的混色法，但其规律是基本相同的，因为颜料的颜色是由颜料吸收了一定波长的光线后所反射的光线混合而成的。例如，黄色的颜料就是它吸收了阳光中的蓝光，由反射出来的其他色光混合而成的。

---

① 荆其诚等编：《色度学》，科学出版社 1979 年版，第 38 页。

颜色混合的规律有三：

（1）互补律。

每一种颜色都有另一种同它相混合而产生白色或灰色的颜色，这两种颜色称为互补色。例如，色光混合的三原色红、绿、蓝就分别是颜料混合的三原色青、品红、黄的补色。

（2）间色律。

混合两种非补色，能产生一种新的介于两者之间的中间色。例如，红色和黄色混合以后可以得到介于它们之间的橙色。

（3）代替律。

混合色的颜色不随被混合色的光谱成分而转移，不同颜色混合后产生的相同的颜色可以彼此互相代替。例如，黄光和蓝光混合产生灰色，而用红光和绿光混合而成的黄光再与蓝光混合后也可产生灰色。因此，只要在感觉上颜色是相似的，便可以互相代替而得到同样的视觉效果。

代替律只适用于色光的混合。

## 二、听觉

### （一）听觉过程

听觉的适宜刺激是频率为 16—20000 次/秒（赫兹）的声波，也叫可听音。声波是一种机械波，它是声源的振动在介质中的传播，因此传播的速度与介质的特性有关。在 0℃ 空气中，声波的速度为 331 米/秒。在此基础上，温度每增高 1℃，声速就增加 0.6 米/秒；声波在水中的速度比在空气中快 5 倍。

如图 3-6 所示，听觉的感受性在 1000—4000 赫兹的声波范围内最高。在这种情况下，听觉的绝对阈限一般定为音强 0 分贝。500 赫兹以下和 5000 赫兹以上的声波则需要大得多的强度才能被感觉。16 赫兹以下和 20000 赫兹以上的声波，在一般情况下是听不见的。不同年龄的人听觉有所不同，例如，幼儿能听到 30000—40000 赫兹的高音，50 岁以上的人则只能听到不超过 13000 赫兹的高音。当音强超过 120 分贝时，声波便不再引起听觉的进一步变化，产生的是压、痛觉。因此，120 分贝是听觉音强的上阈。听觉的差别感受性较高，能觉察几赫兹的声波差异，但对不同频率的声波，其差别阈限有所不同。例如，1000 赫兹的声波，差别阈限是 3 赫兹，更高频的声波，差别阈限则增高，400 赫兹左右的声波，差别阈限最低。

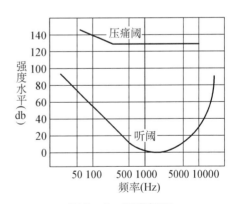

图 3-6 听觉阈限

听觉器官耳朵（如图 3-7 所示）由外耳、中耳和内耳三部分组成。其中最重要的部分是

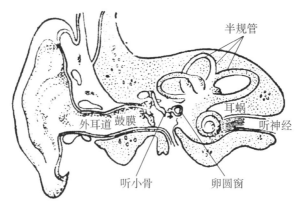

图 3-7 人耳结构示意图

内耳的耳蜗。听觉的感受器毛细胞就在耳蜗科蒂氏器上。

## (二) 音高、响度和音色

听觉的主观体验为音高、响度和音色，它们分别对应于物理学上声音的三个基本量度，即频率、强度和振动形式。

音高是由声波的频率决定的。频率越大，声音的音调就越高；频率越小，音调就越低。例如，男子声带厚而长，振动缓慢，说话时的振动频率约为95—142赫兹，声音较为低沉；女子声带薄而短，振动较快，说话时的频率可达272—653赫兹，比男子的声音高得多。

响度与声波的物理强度相对应，声波越强，振幅越大，声音就越响；声波越弱，振幅越小，声音就越轻。感觉上声音的响度与声波的强度之间的对应关系是对数关系。通常，响度用音压级（SPL）来表示，它的单位叫分贝（db）。

音色是指将基本频率和强度相同，但附加振动成分不同的声音彼此区分开来的特殊品质。音色是由构成复合音的各个部分声波的相互作用所决定的。在复合音中，频率最低、振幅最大的声波叫基音，其余的叫陪音。各种基本频率相同的声音，其音色之所以不同，各具特色，是由它们的陪音的数目、频率、振幅各不相同造成的。

## (三) 乐音和噪音

根据声波物理性质的不同，音波可分为纯音和复合音两类。如图3-8所示，纯音是单一的以正弦曲线形式运动的声波，也是最简单的声波。纯音在日常生活中较为少见（如音叉的声音），但却是实验室常用的声音。

日常生活中的声音几乎都是复合音，它们是由多个频率的不同声波所组成的。复合音又可按其是否具有周期性分为两类，呈周期性振动的复合音叫乐音（如图3-8所示），如乐器的声音和语言中的元音等；呈非周期性振动的复合音叫杂音，如噪音和语言中的辅音等。噪音还可以从社会的和心理的意义来定义，即人们不需要的声音是噪音。如果音乐妨碍个体的工作、学习或休息时，也可被认为是一种噪音。

20 世纪 70 年代初,国际标准化组织已把噪音污染列为公害的首位。目前在我国,噪音也成为城市的第二大公害。

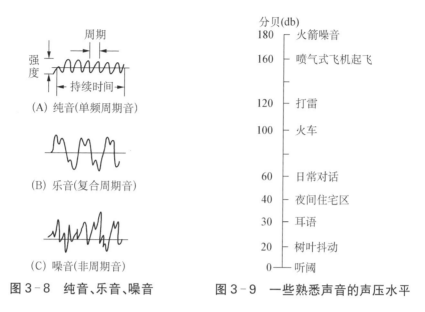

图 3-8 纯音、乐音、噪音　　图 3-9 一些熟悉声音的声压水平

如果将日常生活中的各种声音按强度大小的顺序排列的话,大致可得出图 3-9 这样的一个序列。研究表明,如果长期在 95 分贝的噪音环境里工作和生活,大约有 29% 的人会丧失听力;即使噪音只有 85 分贝,也还有 10% 的人会患耳聋。120—130 分贝的噪音能使人感到耳内疼痛,更强的噪音就会使听觉器官受到损伤。中国科学院声学研究所高声强实验室的实验表明,165 分贝的噪音可以使大白鼠在 5 分钟后死亡。噪音还会使人疲劳,产生消极情绪。一般来讲,80 分贝以上的噪音就会影响人的情绪,100 分贝以上还会使人产生生理性的不良影响。

## 三、其他感觉

### (一) 皮肤感觉

皮肤感觉包括触压觉、温度觉和痛觉等。它们的感受器散布于全身体表,是感觉神经元分布在皮肤中的神经末梢器,也叫感觉点。在体表的同一部位,痛点最多,压点其次,温点最少;从全身来看,鼻尖的压点、冷点和温点最多,胸部的痛点最多。

当物体与皮肤接触时,由于给予压点的刺激形状、强度和方法的不同,会引起痒感、接触感和压迫感等程度不同的触压觉。但是,引起触压觉的并不是压力,而是使神经末梢变形的压力差。例如坐在水池边,把腿浸入水中,你就会发现压觉并非来自所浸入的部位,而是来自空气和水的交界处。触压觉的敏感度在全身各部位是不同的。舌尖、唇部和手指等处较高,背部、腿部和手背等处较低。

温度觉包括冷觉、温觉和热觉,它们是冷点和温点在 -10℃—60℃ 的温度刺激作用下产生的,超过这个范围的温度刺激不再产生温度觉,而会引起痛觉。由于皮肤表面的温度是30℃左右,故30℃左右的温度刺激不产生冷或热的感觉。这个温度叫生理零点,温度超过此点使人感到温暖,低于此点使人感到寒冷。热觉是由42℃以上的温度刺激引起的。但是,用42℃以上的温度刺激冷点并不产生热的感觉,而是产生强冷的感觉,这叫矛盾冷觉。因此,所谓的热觉是冷点的冷觉和温点的温觉两者融合的体验。

痛觉的感受器除了皮肤上的痛点外,几乎遍布于身体的所有组织中。电刺激、机械刺激、化学刺激、极冷或极热都能引起痛觉。痛觉是以上几种刺激达到对有机体起破坏作用的程度时的感觉,是机体的一种保护性的机能。

触压觉、温度觉和痛觉虽然各不相同,但它们常常混在一起,因为神经冲动的发放常常是触觉、冷觉、温觉等的组合所引起的,因此在感觉上将它们严格地区分开来是相当困难的。

## (二) 嗅觉和味觉

嗅觉和味觉都是对化学物质的感觉。虽然嗅觉是由化学气体的刺激引起的,味觉是由含有化学物质的液体刺激所引起的,但两者互相影响,互相配合,关系非常密切。当嗅觉功能发生障碍时,味觉功能也会随之减退,例如,感冒引发鼻炎,嗅觉降低,同时,味觉下降,食欲减退。

人的嗅觉相当敏锐,能闻出成千上万种不同的气味。嗅觉的适应现象很显著,长时间闻一种气味会使嗅觉对此气味的感受性显著下降。如"入芝兰之室,久而不闻其香"。同时闻两种气味会产生一种新的气味,而且这种新气味比原来任何一种气味都要强烈。

基本的味觉有甜、酸、苦、咸四种,舌尖感觉甜,舌的两侧感觉酸,舌根感觉苦,舌尖和舌的周围感觉咸。由于口腔里除了味蕾外还有大量的触觉和温度觉感受器,而且味觉往往有嗅觉的参与,因此味觉往往是多种多样的复合感觉。味觉中的对比现象很显著,例如,吃了甜的东西以后再吃酸的东西就会感到特别酸。

## (三) 运动觉和平衡觉

运动觉的感受器在肌肉、肌腱以及内耳的前庭器官中。人在运动时,由于肌肉的主动收缩或被动拉长,以及关节转动等,使运动觉的感受器兴奋并向大脑发放神经冲动,引起身体运动和位置的感觉。

平衡觉的感受器在内耳的前庭器官中。前庭的椭圆囊和球囊内有感受器——毛细胞。毛细胞的纤毛穿插在椭圆囊和球囊的耳石膜内。在头部处于正常位置时,耳石膜与毛细胞之间维持一定的压力关系。当头部的位置改变时,耳石膜与毛细胞的相对位置也随之而变化,从而使耳石膜向不同的方向以不同的程度牵拉毛细胞,引起毛细胞兴奋并向中枢发放神经冲动,产生身体的位置感觉和平衡感觉。前庭器官的半规管中充满了淋巴液,当人进行加速或减速运动时,其中的毛细胞就在淋巴液的惯性作用下发生兴奋并向中枢发放神经冲动,产生身体的运动感觉和平衡感觉。

## (四)内脏感觉

内脏感觉的感受器是分布在内脏壁上的神经末梢。这些感受器将内脏活动等信息传到中枢系统而产生了如饥、饱、渴、便意、恶心、疼痛等全身性的感觉。虽然内脏感觉的性质和定位通常难以确定,甚至被其他感觉所掩蔽,但是内脏感觉是个体不可或缺的重要感觉。内脏在正常情况下一般不会产生什么感觉,但在遇到过强的精神刺激或伤害性物理刺激的情况下,会产生牵拉或疼痛的感觉。

# 第三节 知觉概述

## 一、知觉的含义

知觉同感觉一样,也是人脑对作用于感觉器官的客观事物的直接反映,但知觉不是对事物个别属性的反映,而是对事物各种属性和各个部分的整体反映。通过感觉,我们只知道事物的个别属性,通过知觉,我们才能对事物有一个完整的映象,从而知道它的意义。然而,事物又总是由它的许多属性所组成的,不知道一个事物的个别属性,就不可能知道这个事物是什么,只有对事物的属性感觉得越丰富,才能对事物知觉得越完整、越准确。因此,感觉是知觉的基础,知觉是感觉的深入。在日常生活中,我们总是以知觉的形式直接反映事物,很少有纯粹的感觉。所以,人们往往又把感觉和知觉统称为感知觉。感觉系统与知觉系统融为一体,形成复杂而又协调的感知系统,为个体的高级认知活动和行为奠定了基础。

知觉需要各种感觉系统的联合活动。现代神经心理学的研究表明,知觉过程是一个复杂的机能系统,这个系统依赖于许多皮质区域的完整复合体的协同活动。例如,视知觉过程始于视网膜上所产生的兴奋传到初级的视觉皮质(视觉中枢)的时候,产生于视觉皮质附近的以及视觉皮质与听觉皮质、躯体感觉皮质交界处的联合区。大脑的额叶也参与了知觉的组织活动,这些部位的损伤会造成各种知觉障碍[1]。

知觉不仅受感觉系统活动的影响,而且极大地依赖于一个人过去的知识和经验,受人的心理特点,如兴趣、需要、动机、情绪等制约。艾森克(M. Eysenck)指出:"感觉与知觉是有区别的。感觉是呈现于感觉器官的,未经整合的信息;而知觉是有组织地对感觉进行整合和赋予意义。总的说来,知觉在感觉之后。但必须注意,在时间上,感觉和知觉的过程经常是重叠的。"[2]

## 二、知觉的现象

建立在感觉系统之上的各种知觉,如视知觉、听知觉、触知觉、身体知觉等共同构成了一个完整协调的知觉系统,这为个体适应复杂的环境变化奠定了认知基础。相对于感觉系统

---

[1] 卢里亚编:《神经心理学原理》,科学出版社1983年版,第96—105页,第228—240页。
[2] 艾森克主编,阎巩固译:《心理学——一条整合的途径》,华东师范大学出版社2000年版,第210页。

而言,知觉系统的心理活动现象更复杂,具有更多更深的认知意义。除知觉选择、知觉组织(详见后文阐述)等知觉现象以外,这里再介绍以下几种知觉活动现象。

### (一) 知觉适应

知觉适应是指个体的知觉系统能够适应环境变化的过程。知觉适应的基础是感觉适应,当个体面对较复杂的环境变化时,所产生的知觉在一开始时处于不自然、不舒适的状态,随后逐渐变得自然、舒适起来,最终对环境变化产生适应状态。同感觉适应一样,知觉适应有利于个体适应环境的变化。

### (二) 知觉学习

知觉学习是指由训练引起的知觉阈限或知觉成果甚至知觉能力发生持久变化的过程。知觉学习可分为三种水平:毫无目的、没有控制的无意知觉,是知觉学习的低级水平;短暂时间的、无明确计划的有意知觉,是知觉学习的一般水平;有目的、有计划的比较持久的有意知觉,是知觉学习的高级水平。

知觉学习与观察有着密切关系。巴甫洛夫的座右铭"观察,观察,再观察",所指的就是知觉学习的最高级水平,这要求个体在观察时还必须进行积极的思维活动。知觉学习是观察学习的心理基础,知觉学习寓于观察学习活动中。有效的观察应设法让更多的感觉器官参与,并有目的、有计划、有系统地进行有意知觉。良好的观察能力是在实践中经过一定的训练而获得的,教师和家长应督促儿童在观察活动中尽可能地调动各种感觉器官,并积极思考,力求做到最高水平的有意知觉学习。

### (三) 知觉加工

知觉加工是指人脑对感觉信息进行编码、选择、组织和解释等一系列连续的信息加工过程。知觉加工分为自下而上加工和自上而下加工两种过程。自下而上加工是指从外界环境获取的感觉信息发送到大脑中枢过程中的信息加工;反之,自上而下加工是指人脑根据自己已有的知识经验和内部信息去识别外界环境变化或事物的信息加工。根据知觉信息加工过程的规律和特征,教师可以更好地开展教学活动,处理好教学内容呈现与教学组织方式两者之间的关系。

## 三、知觉的基本特征

### (一) 知觉的整体性

知觉是对当前事物的各种属性和各个部分的整体反映。当我们感知一个熟悉的对象时,只要感觉了它的个别属性或主要特征,就可以根据以前的经验知道它的其他属性和特征,从而知觉它。如果感知的对象是没有经验过的或不熟悉的话,知觉就更多地以感知对象的特点为转移,将它组织成具有一定结构的整体。这种现象叫做知觉组织,即指个体根据已有的知觉经验与原则，对客观事物的刺激信息进行组织加工以形成有意义的心理表征的过程。知觉有接近、相似、闭合、连续、好的形态等组织原则（如图3-10所示）。图3-10中(A)的9根直线由于距离上的接近，每两根被知觉为一个整体；(B)中的几根直线和曲线之间虽然距离相等，但相似的直线和曲线往往各被知觉为一个整体，除了形状外，对象的大小、颜色等相似都容易被知觉为一个整体；(C)中的直线排列同(A)一样，两根在距离上接近，但并不被知觉为4组2根并列的直线，而被知觉为1根直线和4个长方形，这是因为闭合的因素使人忽视长方形轮廓所缺少的部分而仍然将它知觉为一个整体；(D)中的曲线虽然有断离之处，但由于它们是好的连续，因此就被知觉为一根完整的曲线；

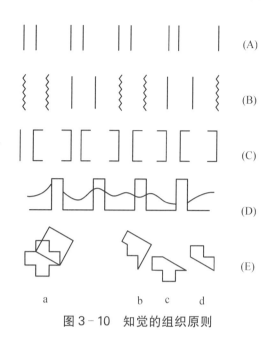

图3-10　知觉的组织原则

(E)中的a按好的形态的因素被知觉为1个十字和1个正方形，而不会被知觉为b、c、d几部分。知觉的整体性为格式塔心理学的"整体大于部分之和"理论提供了依据。

## (二) 知觉的选择性

在日常生活中，作用于我们感觉器官的客观事物是多种多样的。但是在一定时间内，人不能感受到所有的刺激，而仅仅感受能够引起注意的少数刺激。此时，注意的对象好像从其他事物中凸显出来，出现在"前面"，而其他事物就退到"后面"去。前者是知觉的对象，后者成为知觉的背景。在一定的条件下对象和背景可以相互转换。如图3-11中的图像既可被知觉为黑色背景上的白色花瓶，又可被知觉为白色背景上的两个黑色侧面人像。在一般情况下，面积小的比面积大的、被围的比包围的、垂直或水平的比倾斜的、暖色的比寒色的，以及同周围明度差别大的东西都容易成为知觉的对象。例如，教师在黑板上写字时，字就是学生知觉的对象，黑板则是字的背景。掌握知觉的这些特点对于实践有重大的意义。例如，将灯塔、栏杆、路标等漆上黑白相间的条纹可以使它们更醒目，让人们在各种环境下都能看清楚。与此相反，军事上的伪装则是设法消除背景与对象的差别，掩人耳目。据德国心理学家梅茨格(W. Metzger)的研究，伪装有以下几种：①性质相同造成的伪装，如对象与背景的颜色、形状等性质相类似而不易区分；②结构的相同所造成的伪装，如使对象的结构与背景相似进行伪装；③共同运动造成的伪装，如使对象跟随背景一起运动，从而难以与背景相分离；④改变光

图3-11　对象和背景转换双关图

和阴影所造成的伪装,如尽可能地减少引起立体感的光和阴影的作用进行伪装;⑤由分散所造成的伪装,如将对象的外貌分为几个部分融合到周围的背景之中,通过破坏对象的整体性来达到伪装的目的;⑥由连续所造成的伪装,如使对象表面的花纹与背景的花纹成为一个连续体从而不易区分。以上伪装方式综合使用,伪装效果更好。

从客观方面来看,影响知觉选择性的因素有刺激的变化、对比、位置、运动、大小程度、强度、反复等;从主观方面来看,有经验、情绪、动机、兴趣、需要等。

## (三) 知觉的理解性

图 3-12 上面画的是什么?

知觉受个人知识和经验的影响,具有理解性。在一般情况下,人对任何事物都是根据已有知识和过去的经验来理解和领会的。对事物的相关知识与经验是知觉的必要条件,而言语提示有助于激活相关知识与经验,对知觉起促进作用。人在知觉某一事物时,通常要在内心说出它的名称,即将感知对象归入一定的范畴之内,用词来概括它,使它具有一定的意义。因此,言语提示(如命名)能唤起过去的经验,理解感知对象的意义。例如,图 3-12 上的一些黑色斑点,初看时难以知觉出它是什么东西,但只要提示说这是小孩和狗的图形,言语提示就会立刻使人理解黑色曲线的意义,而将它们知觉为小孩和狗在奔跑。

## (四) 知觉的恒常性

由于知识和经验的参与,知觉往往并不随知觉条件的变化而改变,而表现出相对的稳定性。这就是知觉的恒常性。在视知觉中,知觉的恒常性非常明显。例如,看同样的一个人,由于距离的远近不同,投射在视网膜上的视像大小可以相差很大,但我们总是认为他的大小没有什么改变,仍按他的实际大小来知觉。这就是大小的恒常性(如图 3-13 所示)。

图 3-13 知觉的恒常性

视知觉的恒常性还包括形状的恒常性、亮度的恒常性、颜色的恒常性等。由于知觉对象的大小、形状、亮度、颜色等特性的主观映象与对象本身的关系并不完全服从物理学的规律,而是在经验的影响下保持一定的稳定性,因此,知觉往往不受观察条件,如角度、距离等的影响。这种稳定性对于人在不同的情况下始终按事物的真实面貌来反映事物,从而有效地适应环境是不可缺少的。知觉的恒常性是后天学习的结果,个体对事物的丰富感知经验是知觉恒常性发展的重要基础。

## 第四节 几种主要的知觉

世界上的一切物体都在一定的空间和时间中运动着,物体存在的空间特征和时间特征以及物体的运动特征被人们所感知,就形成了对客观事物的空间知觉、时间知觉和运动知觉。

### 一、空间知觉

我们的双眼如同照相机,视网膜上所投射的外界物体实际上是倒置的视像,但是我们并不感到外部的世界是一个颠倒的世界,这是为什么呢?

19世纪末,施特拉顿(Stratton)做了一个著名的实验。他设计了一种能将视像倒转180°的眼镜,戴上后外界的一切事物都颠倒了。他戴上这种眼镜后,开始非常不适应,视觉和触觉、动觉之间发生了矛盾,用手触摸物体、在空间行动都发生了困难。例如,想拿上面的东西,手却伸向下方;想拿左边的东西,手却伸向右方;写字也不能依靠视觉而只能靠触觉和记忆来写。这种异常的体验,还会使人感到头痛和恶心。但8天以后,他的视觉逐渐与触摸觉、动觉协调起来,不再感到外部是一个颠倒的世界,能够比较完善地适应新的空间关系,周围的景象看起来正常了,行动也自如了。不过,摘掉眼镜后,他又重新经历了适应空间环境的过程。实验表明,对客观世界的空间知觉并不是天生就有的,而是通过后天学习获得的,是将许多感觉器官所得到的信息,如视觉信息、触觉信息、动觉信息等综合分析以后产生的。在空间知觉中,视觉起主要作用。

### (一) 形状知觉

形状知觉是靠视觉、触摸觉和动觉来实现的。要知觉物体的形状,首先必须辨别对象的轮廓(即边界)。视觉形状就是由轮廓从视野上将其他部分隔开来的部分。如果视野中两个部分的亮度不同,轮廓就会把视野分成两个具有不同形状的区域。如果亮度相同或差不多,即使颜色不同,轮廓也会变得模糊,形状就不容易确定了。因此,形状知觉首先要求有一个亮度不同的清楚的轮廓。

在眼睛注视对象时,对象在网膜上投射的形状、眼睛观察物体时沿着对象的轮廓进行运动的动觉都给大脑提供了对象形状的信息,加上以往经验的作用,就形成了形状知觉。

### (二) 大小知觉

大小知觉也是靠视觉、触觉和动觉来实现的。在视觉中,大的物体在网膜上的视像大,小的物体在网膜上的视像小,因此可根据网膜上视像的大小来知觉对象的大小。然而,由于网膜视像的大小与对象的距离成反比,因此远距离的大物体与近距离的小物体在网膜上的视像可能是相等的(如图3-14A所示),或者远处大物体在网膜上的视像反而小于近处小物体的视像(如图3-14B所示)。但是,在实际的知觉中,人仍然能比较正确地反映不同距离的对象的实际大小。这就是说,知觉往往能保持大小恒常性。不过,在距离过远时,大小知觉的恒常性就会降低,而网膜视像大小的作用就会逐渐增大。

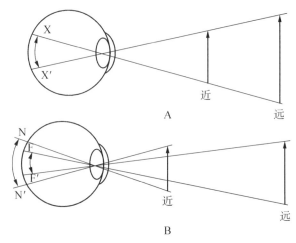

图3-14 物体距离与网膜视像大小的关系

在一般情况下,对象是在比较熟悉的环境中被知觉的。因此,各种熟悉的物体也提供了对象距离和实际大小的各种线索。这些线索同视觉、触摸觉、动觉所提供的信息结合在一起,就形成了大小知觉。可见,经验是知觉稳定性的重要条件。

## (三) 方位知觉

方位知觉是对物体所处的空间位置和方向的知觉,是靠视觉、触摸觉、动觉、平衡觉以及听觉而获得的。

个体对外界事物的方位知觉是以自己为中心来定位的。前、后、左、右的方向反映的就是外界物体与观察者的关系。不过,上、下两个方向既以个体自身为标准,也以天地的位置为参照点。

在一般情况下,人主要靠视觉来定向,即根据对象在网膜上投像的位置而感知它的方向。触摸觉、动觉、平衡觉则常常对视觉定向起补充作用。个体在定向时总是以环境中的某些熟悉的物体为参照点,离开了这些参照点,定向往往无法完成。

在很多情况下,人还依靠听觉辨别声源的方向来判断发声体的位置。由于人的耳朵位于头的两侧,所以一侧声源发出的声音到达两耳所经的距离就不同。两耳的距离差就造成了声波对两耳的刺激强度、时间以及位相的差别,这些差别就成了知觉声源方向的主要依据。

在日常生活中,视觉观察对象的所在,听觉感知对象声音的方位,触摸觉、动觉和平衡觉则探索自己身体与客体的空间关系,人将各种感知信息综合起来便形成了方位知觉。

## (四) 深度知觉

深度知觉也就是距离知觉和立体知觉。外部世界的网膜上的投影是二维平面的视像，但却能被知觉为三维的图像，并对图像的远近距离作出正确的判断。人所赖以形成深度知觉的各种条件，叫深度线索。

### 1. 生理线索

（1）眼睛的调节。

人眼在观察对象时，为了在网膜上获得清晰的视像，水晶体就在眼球肌肉的作用下调节和变化，在看远物时比较扁平，在看近物时逐渐凸起。眼球肌肉的这种紧张度的变化，是估计对象距离的依据之一（如图3-15所示）。但是，眼睛的调节只在10米的距离范围内起作用，而且不太精确，对于远距离的物体，调节作用就失效了。

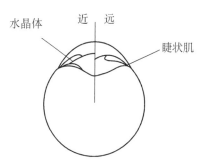

图 3-15 眼睛的调节作用

（2）双眼视轴的辐合。

眼睛在看东西时，两眼的中央凹都会对准所看的对象，以保证对象能投射到网膜感受性最高的区域，获得最清晰的视像。眼睛在对准对象的时候，双眼的视轴就完成了一定的辐合运动，即看近物时视轴趋于集中，看远物时视轴趋于分散。这样，控制双眼视轴辐合的眼肌运动就向大脑提供了关于对象距离的信号。但视轴辐合只在几十米的距离范围内起作用，对于太远的物体，双眼视轴接近于平行，对估计距离就不起作用了（如图3-16所示）。

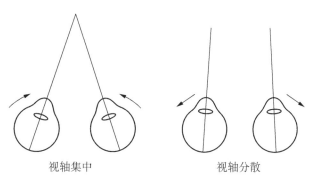

视轴集中　　　　　　视轴分散

图 3-16 双眼视轴的辐合

### 2. 双眼线索

由于人的两眼相距6—7厘米，因此两眼是从不同的角度来看东西的。这样，左眼看到左边的多一点，右眼看到右边的多一点，从而使两眼的视觉稍有不同，这种差异叫双眼视差。这两个不同的视觉信息，最后在大脑皮质的整合作用下合二为一，就造成了对象的立体知觉或距离知觉。双眼视差是深度知觉的主要线索。

### 3. 单眼线索

许多深度线索只需要一只眼睛就能感受到,这些线索也叫经验线索。

(1) 对象的大小。

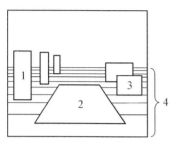

图3-17 深度知觉的单眼线索

按照视角规律,同样大小的物体在近处要比远处的网膜视像来得大(如图3-14B所示)。因此,对几个大小差不多的物体,可以根据网膜上的视像判断出它们的远近距离。视像大,距离就近;反之就远(如图3-17中的3和1所示)。

(2) 对象的重叠。

物体的互相重叠或遮挡,是判断物体前后关系的重要依据。如果一个物体部分地遮挡了另一个物体,那么我们就会感到前面的物体要近些(如图3-17中的3所示)。依靠物体的重叠来判断物体的前后关系完全取决于物理条件,因此产生错误的可能性较小,但靠它来判断物体之间的距离则是困难的。

(3) 明暗和阴影。

在一般情况下,光亮的物体显得近些,灰暗或阴影中的物体显得远些。由于生活中光源一般是从上往下照射的,所以表面较亮的部分容易被看成是凸出来的,表面较暗的部分容易被看成是凹进去的。

(4) 空气透视。

由于空气中灰尘的影响,远处的对象就不如近处的对象来得清晰,因此对象清晰就被知觉得近些,对象模糊就被知觉得远些。这种清晰度也是深度知觉的一个重要线索。

(5) 线条透视。

线条透视是空间对象在平面上的几何投影。由于近处的对象占的视角大,看起来较大,远处的对象占的视角小,看起来较小,因此,向远方伸展的两根平行线看起来就趋于接近,最后几乎合为一点。这种线条透视的效果能帮助我们知觉对象的距离(如图3-17中的2所示)。

(6) 结构级差。

知觉对象表面的结构因距离的远近不同,会产生近处稀疏和远处密集的密度级差。这种视觉效果也是距离知觉的重要依据(如图3-17中的4所示)。

(7) 运动视差。

虽然远近两个物体以相等的速度朝同一方向运动,但人们往往觉得近处的物体比远处的物体横越过视野的速度要快。这种角速度的差异也是深度知觉的一个线索。

在实际生活中,空间知觉是各种感觉器官协同活动的结果,所以深度知觉除了依靠上述各种视觉线索互相配合外,还依赖于经验中的触摸觉、动觉等的验证。

## 二、时间知觉

时间知觉是对客观现象的延续性和顺序性的反映。这种反映通常是通过某种媒介进行的,如依靠时钟和日历来判断时间。在没有计时工具的情况下,人们根据自然界的周期现象,如昼夜的循环交替、月亮的亏盈和季节的变化等来估计时间。但是,即使在没有上述条件或上述条件很少的情况下,人也能大致地估计时间。这是因为人体内部的各种生理过程如心跳、呼吸、消化、排泄等都有一定的节律。一般来说,人体内的物理变化和化学变化都是有节律的,这些节律性的变化就是"生物钟"的机制。人除了依靠客观外界的各种节律性变化外,还依靠体内的生物钟来估计时间。人体内部的生物钟以及自然界的各种节律属于宇宙节律,而宇宙间万物的运动都是有节律的。这些节律性的变化时刻都在不知不觉地影响着人们,成为知觉时间、估计时间的各种依据。

人对时间的估计,即对时间长短的判断可以分为两种,一是直接靠知觉对"现在"时间间隔的判断,二是靠回忆对过去持续时间的估计。所谓"现在",指的是主观意识到、感知到的一种心理上的时间。由于物理上继起的几个事件(如报时的几个继起的钟声)可以在心理上被感知为同时发生的,所以它们在心理上便被当作是现在发生的一个事件,这种心理体验上的时间就是心理上的"现在",心理上的"现在"让人产生"存在"感。心理上的"现在"的长度(范围)一般为1/6秒到2—3秒,短于1/6秒的时间感知不到它的长度,而被称为"瞬间"。长于2—3秒的时间仅靠直接知觉就比较困难了,一般要靠回忆来估计它的长短。

研究表明,对于心理上的"现在"时间长度的估计,1秒钟左右最为精确(有的认为0.7秒为无差别点,但个体差异较大),短于1秒钟时容易产生高估的现象,长于1秒钟时容易产生低估的现象。有的研究还表明,对心理上的"现在"的估计还受刺激的物理特性以及主体的态度、注意等影响。例如,个体对时间估计越注意,就会觉得时间越长。

对于超过心理上的"现在"范围的时间的长短,除了参照钟表、环境以及体内生物钟所提供的时间信息进行估计之外,主要靠回忆来估计,这种估计受记忆中所保持的信息数量的影响。例如,时间过去越久,就会感到经过的时间越短。一个人关于时间的知识,例如,完成一件工作需要多少时间,经过多少空间,完成多少工作等,都对时间的估计起重要作用。此外,情绪和态度对于时间的估计也有很大的影响。例如,努力、紧张或感兴趣的工作所经过的时间,当时感到很短,时间过得很快,但是以后回想起来却感到很长;而空虚、无聊地度过的时间或做单调、无趣的事情所经过的时间,则与此相反,当时感到很长,时间过得很慢,以后回想起来则感到很短。

## 三、运动知觉

运动知觉是对物体空间位移的知觉,它依赖于物体运动的速度、运动物体离观察者的距离以及观察者本身所处的运动和静止状态等,它与时间知觉和空间知觉有着不可分割的关系。

运动知觉通常是通过多种分析器协同活动实现的。我们可以按照某一种分析器在运动知觉中所起的主要作用,将运动知觉分为视觉性运动知觉、听觉性运动知觉以及触觉性运动知觉等。然而运动知觉是十分复杂的、相对的,实际运动的物体可以被知觉为不动的,实际不动的物体也可以被知觉为运动的,所以一般可按照人所知觉到的各种运动现象的形成条件,将运动知觉分为真动知觉、似动知觉等。

## (一) 真动知觉

真动知觉是观察者处于静止状态时,物体的实际运动连续刺激视网膜各点所产生的物体在运动的知觉。在眼睛转动或头部转动追随运动物体的情况下,尽管视网膜上的图像是静止的,眼球和头部的动觉仍能使人知觉到物体在运动。然而,如果物体运动的速度非常慢,如钟表时针的移动,人就感知不到它在运动。如果物体运动的速度太快,人也同样不能感知到它的运动,而只能看到一条光带,得到一道模糊的印象,此即所谓的带形运动。研究表明,刚刚能够觉察出物体在运动的运动知觉下阈是角速度1—2分/秒(Gordon),因速度太快而不能辨认出物体在运动的运动知觉上阈是角速度53度/秒(Brown)[①]。

真动知觉与空间知觉的关系非常密切,知觉到的物体的运动速度与实际的物体运动速度常常很不一致。出现这种差异与运动物体距观察者的距离有关,即运动物体距离近,看起来感到速度快,运动物体距离远,看起来感到速度慢。这种差异也与物体运动所在的空间有关,即物体在广阔的空间里运动看上去速度慢,在狭窄的空间里运动看上去速度快。这种差异还与物体运动的方向有关,即物体在垂直方向上运动比在水平方向上运动看上去速度要快得多。

## (二) 似动知觉

似动知觉是实际上不动的静止之物,很快地相继刺激视网膜上邻近部位所产生的物体在运动的知觉。这是一种错觉性的运动知觉。

### 1. β运动

图 3-18 似动现象的实验

最有代表性的似动现象叫做β运动。如图3-18所示,在不同的位置上有两条直线A和B,如果以适当的时间间隔依次先后呈现A和B,就能看到C那样的A倒向B的运动。实际生活中的电影画面的形成和霓虹灯的运动都属于β运动。据德国心理学家韦特海默(M. Wertheimer)的研究,β运动受两个刺激物先后呈现的时间间隔长度的影响。在一般情况下,间隔时间短于0.03秒或长于0.2秒都不会产生似动现象。间隔时间短于0.03秒,观察者会认为两个刺激物是同时出现的。间隔时间长于0.2秒,观察者认为两个刺激物是先后出现的。当间隔时间为0.06秒时,观察者能非常清楚地看到β运动,此时的似动现象叫做最适似动或φ现象。最适似动可用柯尔似动律来表示,即$\phi = f(s/ig)$。公式中φ为最适似动,s为两个刺激相距的空间距离,i为刺激的强

---

① 黄希庭编著:《普通心理学》,甘肃人民出版社1982年版,第243页。

度，g 为两个刺激先后呈现的间隔时间长度。柯尔似动律也表明，似动知觉与空间知觉和时间知觉是紧密相关的。

似动现象除 β 运动外，还有 α 运动、δ 运动、γ 运动、ε 运动等，这些似动现象不仅在视觉中会出现，在触觉和听觉中也会出现。

2. 诱导运动

诱导运动是实际不动的静止物体因周围物体的运动而看上去在运动的知觉现象，也是一种错觉性的似动知觉。

世界上的一切物体都处于不断地运动之中，动和不动是相对的。一个物体被知觉为在运动，是与其他物体相比较而言的，这种被比较的物体就叫作运动知觉的参照系。在没有更多参照系的情况下，两个物体中的一个在运动，人就有可能把它们中的任何一个看成是运动的。例如，在夜空中，我们既可以把月亮看成在云朵里穿行，也可以把云彩看成在月亮前移动。月亮的运动就是由云彩的运动所引起的一种诱导运动。在一般情况下，这种相对运动的现象不常发生，这是因为人们在生活中习惯于将知觉对象周围环境中的一切物体都作为参照系，而将知觉对象看成是在周围较大的静止环境背景中运动。

3. 自主运动

如果个体在暗室中注视一个静止的光点，过一段时间后便会感到它在不停地动来动去，此即自主运动。它又称沙蓬特错觉或游动错觉。此种错觉是造成飞机失事的原因之一。在完全黑暗的夜晚，为其他飞机导航的领航机的尾灯类似于上述实验室的光点，容易使人产生自主运动而导致失事。

自主运动的产生与黑暗中光点失去了周围空间的参照系，从而使它的空间位置不明确这一因素有关。据研究，它还与人的个性有关，例如，场依存性强的人比场独立性强的人更易产生自主运动的知觉。

## 第五节 错 觉

错觉是对客观事物的不正确的知觉。前面讲的似动知觉就属于错觉。它是在客观事物刺激作用下产生的一种对刺激的主观歪曲的知觉。人类很早就发现了错觉现象。例如，在我国春秋战国时期，荀子就分析过多种错觉现象[1]。《列子·汤问篇》中曾有两个儿童争论太阳初升时和升至中天（正午）时的远近，而孔子不能解答的故事。东汉学者王充对这个问题进行过研究。古希腊学者亚里士多德也注意过这个错觉（西方人将这类错觉称为月亮错觉）[2]。亚里士多德还提出过其他的错觉现象，例如，像图 3-19(A)那样将食指和中指交叉，中间夹一个圆珠子，就会产生有两个圆珠子的错觉。

---

[1] 潘菽、高觉敷主编：《中国古代心理学思想研究》，江西人民出版社 1983 年版，第 58 页。
[2] 同上书，第 202 页。

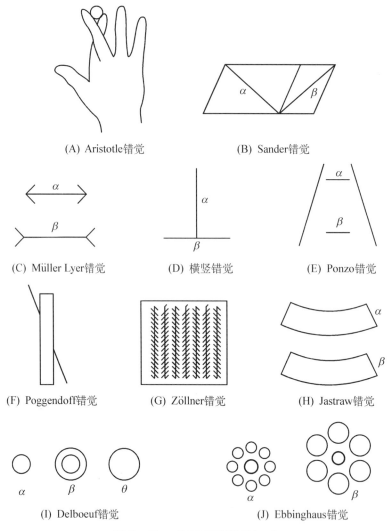

图 3-19 几何光学错觉(一)

## 一、错觉的种类

错觉的种类很多,最常见的是视错觉。在视错觉中研究最多的是几何光学错觉。图 3-19 中(B)—(G)是关于线条的长度和方向的错觉,(B)中的 α=β,但看上去 α>β;(C)中的 α=β,但看上去 α<β;(D)中的 α=β,但看上去 α>β;(E)中的 α=β,但看上去 α>β;(F)中的直线被切断而看上去成为两根错位的线段;(G)中的 7 根竖立的平行线在短斜线的影响下看上去不平行了。图 3-19 中(H)—(J)和图 3-20(K)是关于图形大小和形状的错觉,图 3-19(H)中的 α=β,但看上去 α>β;图 3-19(I)中的 α 与 β 的内圆大小相等,但看上去 β 的内圆大于 α,θ 与 β 的外圆大小相等,但看上去 θ 大于 β 的外圆;图 3-19(J)中 α 的内圆与 β 的内圆大小相等,但看上去 α 的内圆大于 β 的内圆。图 3-20(K)中的正方形在圆的影响下看上去发生了变化。图 3-20(L)中两根等长的横线在背景透视因素的影响下,看上去上边一根比下边一根长一点。著名的月亮错觉现象,即月亮接近地平线时显得大,在当空显得小(差别为 1.5 倍),也属于视错觉。

(K) Orbison 错觉　　　　　　(L) 透视错觉

图 3-20　几何光学错觉(二)

除上述几何光学错觉外,比较重要的还有形重错觉(例如,用手比较一斤铁和一斤棉花的重量,会觉得铁比棉花重得多)、运动错觉(如观看瀑布时感到附近景物在上升的错觉)以及前述的似动知觉、时间错觉,等等。

## 二、错觉产生的原因

错觉产生的原因十分复杂,往往是由生理和心理等多种因素引起的。例如,有人根据眼动理论认为,眼睛的运动中,上下方向的运动比左右的运动困难,人在看垂直线时眼球上下运动,看水平线时眼球左右运动,前者比后者费力,因此垂直线看起来就显得长些。但是有人认为这种解释只能说明少数错觉,即使是图 3-19(D)这样的横竖错觉也不能完全用眼睛运动来解释。[①] 一种为较多人所接受的解释是,人总是根据过去的经验来感知眼前的事物,只要知觉的对象与它的环境之间的关系不变,总是保持知觉的恒常性,当知觉的对象与它的环境之间的关系变化时,就会出现如图 3-20 那样的错觉。月亮错觉产生的原因更为复杂,目前一般认为其原因有:①月亮接近地平线时,为房屋、树木等物体所遮掩,便比它在当空无物遮掩时显得大。如果用卷起的纸筒看地平线上的月亮,便会感到其大小与当空的月亮是一样的。②月亮在地平线上受水蒸气和灰尘的影响,看起来比它在当空模糊,加上地平线处景物的影响,使人觉得地平线上的月亮比当空的月亮更远,于是根据深度知觉的经验(感知大小与感知距离成正比),便会认为月亮在地平线上比在当空大。③月亮在地平线上位置低,我们看它是平视的,眼睛视物保持正常状态。月亮在当空时,我们看它时必须仰视,由于头颈弯曲有限,眼睛看月亮是斜视的,此时眼睛肌肉的紧张度就会使人产生近的感觉,从而觉得月亮较小。如果躺在地上看,就会觉得当空的月亮比仰视时要大。

---

① 曹日昌主编:《普通心理学》,人民教育出版社 1964 年版,第 201—202 页。

## 名词解释

感觉  感觉的阈限  差别阈限  视觉后像  感觉适应  感觉补偿  感觉统合  三原色  知觉  知觉适应  知觉学习  知觉加工  知觉的恒常性  错觉

## 思考题

1. 举例说明感觉相互作用的心理现象。
2. 说明感觉和知觉在认识活动中的作用。
3. 说明感觉和知觉的区别和联系。
4. 知觉有何基本特征？为什么？
5. 举例说明知觉恒常性的作用。
6. 说明知觉学习与观察的关系。
7. 举例说明深度知觉的形成。
8. 时间知觉是怎样形成的？
9. 举例说明运动知觉的种类及其形成过程。

# 第四章 记　　忆

## 第一节　记忆概述

### 一、记忆的含义

记忆是人脑对过去经验的保持和重现。

人脑感知过的事物、思考过的问题和理论、体验过的情感和情绪以及练习过的动作等，都可以成为记忆的内容。例如，熟读了一首诗，过几天能把它背出来，就是通过记忆来实现的。

记忆是一个复杂的心理过程，从"记"到"忆"包括识记、保持和重现三个基本环节。识记是识别和记住事物，从而积累知识经验的过程。保持是巩固已获得的知识经验的过程。重现是在不同的情况下恢复过去经验的过程，表现为回忆或再认：经验过的事物不在面前，能把它重新回想起来称为回忆（再现）；经验过的事物再度出现时，能把它认出来称为再认。记忆过程中的三个环节是相互联系和相互制约的。没有识记就谈不上对经验的保持；没有识记和保持，就不可能对经验过的事物进行再认或回忆。因此，识记和保持是再认和回忆的前提，再认和回忆又是识记和保持的结果，并能进一步巩固和加强识记和保持。

记忆像一台电脑，记忆是信息的编码(encoded)、存储(stored)和提取(retrieved)的过程。学习与记忆是紧密相联的，一般认为，学习与记忆包括三个连续的阶段：编码阶段、存储阶段和提取阶段。这三个阶段是密切相联的，图尔文(Endel Tulving)等人提出"只有被存贮器贮存了的信息才能被提取，并且被提取的方式依赖于是如何存贮的"[①]。

记忆的重要性是十分清楚的。人有了记忆才能保持过去的反映，使当前的反映在以前反映的基础上进行，使反映更加全面和深入。研究表明，人的知觉如果没有记忆参与，就不可能实现；没有记忆也就不可能有思维活动。人有了记忆，才能积累经验，扩大经验。记忆是心理过程在时间上的持续。有了记忆，前后的经验才能联系起来，使心理活动成为一个发展的、统一的过程。人们通过记忆可以丰富自己的知识，并形成各自的人格。

人类具有惊人的记忆力。人脑可以贮存 $10^{15}$ 比特(bit)的信息，因此记忆的容量是十分巨大的，保持的时间也很长，有些记忆能保持七八十年或更长的时间。据说，我国古代学者蔡文姬能背诵她父亲（蔡邕）的 400 多篇文章。

自从德国心理学家艾宾浩斯(H. Ebbinghaus)在 1885 年发表了他关于记忆的实验报告后，记忆就成为心理学实验研究最多的领域之一。一些学者还进一步研究了记忆的生理和生化机制。近年来，认知心理学对记忆进行了大量的研究，取得了丰硕的成果。

---

[①] 艾森克主编，阎巩固译：《心理学——一条整合的途径》，华东师范大学出版社 2000 年版，第 259 页。

元记忆(metamemory)是"人对自己记忆活动的认识和控制"[①]。自1871年美国心理学家弗拉威尔(J. H. Flavell)提出这个概念以来,心理学界开展了不少的研究,并形成了几种观点。弗拉威尔认为:元记忆是个体对自己记忆过程和内容的了解和控制。布朗(A. L. Brown)认为:元记忆主要是对自己记忆过程的监控。伯雷斯利(M. Pressley)提出了具体的记忆模型,即良好策略使用者模型能提高记忆的效果,在模型中策略是核心成分。尼尔逊(Nelson)等认为,在记忆的整个过程中,包含着元记忆的监测与控制,个体的元记忆随年龄增长而发展。通过个体自身经验的积累,个体对自己的记忆活动及特点能有所认识,并可以判定自己记住了什么,产生了什么体验。个体在记忆活动中还能采用一定的策略和手段等。

## 二、记忆表象

感知过的事物不在面前,头脑中再现出来的形象,叫记忆表象。

表象具有直观性。表象是感知留下的印象,所以具有直观性的特征。但是,由于客观事物不在面前,而是通过记忆回忆起来的,所以它所反映的通常仅仅是事物的大体轮廓和一些主要特征,没有感知时所得到的形象那样鲜明、完整和稳定。例如,到过天安门的人会对天安门留下深刻的印象,但是这个印象总不如现场观察到的天安门那样鲜明、完整和稳定。

图4-1 遗觉象测验

有些儿童在观察一件东西之后,可以产生连细微情节都十分清晰的表象,好像还在继续知觉一样,这类表象称为遗觉象(eidetic imagery)。有些儿童的遗觉象十分清晰,它能非常清晰地保持30秒左右,好像投射在你前方的一张白纸上。在100个儿童中,约有8个有遗觉象。在遗觉象测验中,如图4-1所示,有个儿童能回答猫尾巴有几条,遗觉象一般在青春期消失。研究表明,成人很少出现遗觉象;遗觉象一般出现于儿童,尤其是在11—12岁儿童身上表现得最明显。

表象具有概括性,它反映着同一事物或同一类事物在不同条件下所经常表现出来的一般特点,而不是某一次感知的个别特点。例如,我们多次感知过天安门,但每次由于具体条件不同,会产生不完全相同的具体的知觉形象。然而,在我们头脑中回忆起来的天安门的表象,与每一个具体知觉形象都不完全相同,它是在多次知觉的基础上产生的概括形象,反映了天安门经常表现出来的那些特点。表象的概括性还表现在对于同类事物的概括上,如楼房、树木、宝塔等的形象。任何表象都具有概括性,但是,表象的这种概括性和思维时用语词来概括地反映客观事物是不同的。表象是形象的概括性,它所概括的东西含有事物的本质属性和非本质属性,而概念则只概括事物的本质属性,舍弃非本质属性。

---

[①] 荆其诚主编:《简明心理学百科全书》,湖南教育出版社1991年版,第644页。

在记忆过程中,表象占有重要的地位,是记忆的主要内容。在记忆过程中,回忆过去的事物,并且再认出曾经接触过的事物,主要也是依靠表象来实现的。

表象的直观性和概括性是密切联系在一起的。从表象的直观性来看,表象和知觉相似;从表象的概括性来看,表象又和思维相似。但是,表象既不是知觉,也不是思维,而是介乎知觉和思维之间的中间环节。将表象的这个特点应用于课堂教学,可以使学生更好地掌握知识和发展智力。例如,我国心理学工作者曾进行过幼儿园儿童加减法计算的研究。原来,儿童只能按实物计算,不能作口算或心算。后来,研究者要儿童先用实物计算,然后把实物遮起来,要儿童想着那里的实物计算,即利用表象计算,经过这个环节,儿童较快地就能进行口算或心算了。

相关的一项表象研究是科斯莱(S. M. Kosslyn)等人做的。根据科斯莱的理论,表象是一部分一部分构建起来的。如图 4-2 中(A)首先形成一只鸭子框架的表象;以后(B)在原来的框架表象中增加了鸭子的翅膀部分,等等①。

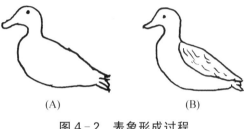

图 4-2 表象形成过程

## 三、记忆的分类

### (一) 按记忆过程中意识参与程度分类

按记忆过程中意识的参与程度,可以把记忆分为外显记忆(explicit memory)和内隐记忆(implicit memory)。

1985 年格拉夫(Craf)和沙克特(Schacter)把外显记忆和内隐记忆定义为"在任务的成绩需要有意识地回想已有经验时,表现的是外显记忆。……在没有有意识地回想的情况下,任务的成绩也能有所增进则表现的是内隐记忆"②。

长期以来对记忆的研究,几乎都局限于外显记忆,直至 20 世纪六七十年代,才开始了对内隐记忆的观察和研究。内隐记忆是在健忘症患者身上发现的。他们未能意识到自己已经表现出来的记忆效果,但是在测量结果中却显示了出来。后来,在正常人身上所做的记忆测量也发现了这种内隐记忆的存在。外显记忆和内隐记忆在识记和保持阶段没有什么不同(既可以无意识,也可以有意识),但是在回忆或再认时,两者便显示出差别:外显记忆是有意识的,内隐记忆是无意识的。内隐记忆在再认或回忆时不需要有意识。也就是说,内隐记忆是指在没有意识参与的情况下,过去经验对当前作业有影响时的记忆;外显记忆是指有意识地或主动地收集某些经验,来完成当前的任务时的记忆。

---

① 艾森克、基恩著,高定国、肖晓云译:《认知心理学》(第 4 版),华东师范大学出版社 2004 年版,第 402 页。
② 艾森克主编,阎巩固译:《心理学——一条整合的途径》,华东师范大学出版社 2000 年版,第 282 页。

1987年沙克特进一步指出,遗忘症病人在外显记忆测验中成绩很差,但在内隐记忆测验中成绩相当好。内隐记忆不涉及有意识回想。情景记忆与语义记忆都涉及外显记忆,而所有运动技能和重复启动效应几乎都涉及内隐记忆①。

## (二) 按记忆的内容分类

根据记忆的内容,可以把记忆分成下列四种。

### 1. 形象记忆

以感知过的事物形象为内容的记忆,叫做形象记忆。例如,我们去参观一个工业新产品展览会,会后对一台台新机器的形状的记忆,就是形象记忆。

### 2. 逻辑记忆

以概念、公式和规律等的逻辑思维过程为内容的记忆,叫做逻辑记忆。例如,我们对法则、定理或数学公式的记忆,就是逻辑记忆。

### 3. 情绪记忆

以体验过的某种情绪或情感为内容的记忆,叫做情绪记忆。例如,我们对第一天上大学时愉快心情的记忆,就是情绪记忆。

### 4. 运动记忆

以做过的运动或动作为内容的记忆,叫做运动记忆。例如,我们对蛙泳和自由泳一个接一个动作的记忆,就是运动记忆。

在实际生活中,上述四种记忆是相互联系着的,只是为了研究的需要,才作这样的分类。

## (三) 记忆的三个储存模型

根据记忆的加工的不同阶段,可以将记忆分为三个储存模型,每个模型又是对信息进行加工的一个阶段(如图4-3所示)。

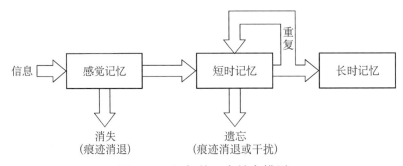

图4-3 记忆的三个储存模型

### 1. 感觉记忆

感觉记忆又叫瞬时记忆,是感觉信息到达感官的第一次直接印象。在感觉记忆中材料

---

① 艾森克主编,阎巩固译:《心理学——一条整合的途径》,华东师范大学出版社2000年版,第308页。

保持的时间很短,约为1秒左右。例如,听人唱完歌之后,好像耳朵里还有一点声音。看一个光点后,好像它在眼睛里还有个影子。外界信息首先经过感觉器官进入感觉记忆,信息按照感觉输入的原样在这里登记下来,所以感觉记忆又叫感觉登记。例如,视觉登记字母A即为两条斜线与一条水平线相交的图像。在感觉记忆中信息完全依据它具有的物理特征编码,有鲜明的形象性。例如,在视网膜上的映象与刺激非常一致,基本上是外界刺激的复制品。感觉记忆中保持的材料如果受到注意,可得到识别,进入短时记忆。如果没有受到注意,就会很快消失。

### 2. 短时记忆

短时记忆又称工作记忆,是指记忆信息保持的时间在一分钟以内的记忆。例如,我们从电话簿上查一个电话号码,然后立刻就能根据记忆去拨号,但事过之后,再问这个号码是什么,就记不得了。听课时,边听边记笔记,也是依靠短时记忆。

彼得逊(L. R. Peterson)等人要求被试依次在3、6、9、12、15和18秒后回忆由三个辅音组成的三音连串(如XJR,btr)等。三音连串是以声音的形式呈现的,下一秒钟开始,要求被试倒数数字,以避免对三音连串的复述。实验的结果如图4-4所示。这是一条短时记忆的保持曲线,从中可以看出,9秒钟后回忆的百分比就降到20%左右,以后下降的速度逐渐减慢。

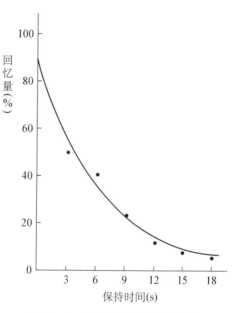

图4-4 短时记忆的保持曲线

短时记忆,它接受来自感觉记忆中的信息,并从长时记忆中提取信息,进行有意识的加工。例如,字母A不再是斜线和水平线交叉的图像,而是可以念出读音并有一定意义的字母A。短时记忆倾向于言语听觉编码。康拉德(R. Conrad)在实验中选用两组容易混淆的字母BCPTV和FMNSX为材料,发现记忆混淆经常发生在声音特性有关方面,发生在声音相似的项目间(如S和X)。但在短时记忆中还有其他方式的编码。例如,在记忆难以用言语描述的图画时,视觉编码就特别重要。

短时记忆的容量相当有限,大体上是7个,可以是7个无意义音节,也可以是7个彼此无关联的字母或7个单词,单位可以不同。如果把字母组成单词,被记住的字母就会增加。把小单位联成比较大的单位,这样组成的单位叫做"块"(chunk)。1981年西蒙(H. A. Simon)指出:"……被试在把刺激存入短时记忆之前就已经将它化成数目较少的块了。如果十个项目能够分两个块记录下来,那么,这十个项目都能记住。"[1]例如,电话号码2824713492,虽然

---

[1] Simon, H. A. : *The Sciences of The Artificial*, 1981.

数目超过9个,但把它分析为28(电话局)、2471(单位总机)和3492(办公室分机)三个单位,就能保持在短时记忆中。1974年西蒙以自己作被试进行测验发现,他能立刻正确再现单音节词、双音节词和三音节词6—7个,或者是4个由两个单词组成的词组,或者3个更长的短语。如果增加块的大小,短时记忆容量中块的数目也就会减少。因此,西蒙指出,把短时记忆广度定为7个,只能说大体上是对的[①]。

重复是短时记忆的重要保持机制。重复可以是文字材料,也可以是图形材料。信息得到重复后可以保持较长的时间,否则很快会消失。重复还可以使信息从短时记忆进入长时记忆。

### 3. 长时记忆

长时记忆是指记忆信息的保持从一分钟以上直到许多年甚至保持终身的记忆。长时记忆是一个真正的信息库,记忆容量极大,保持的时间长。

从信息来源来说,长时记忆是对短时记忆重复加工的结果,但也有些长时记忆由于印象深刻而一次形成。在长时记忆中,大量是以意义的方式对信息进行编码的。例如,给被试呈现一张词单:铅笔——橘子——床——狼——桌子——猫——苹果——毛笔——钢笔——梨——椅子——狗。当他回忆这张词单时,往往打乱原来的顺序,把铅笔——钢笔——毛笔,苹果——橘子——梨,桌子——椅子——床,狗——狼——猫,分别联系在一起,即按意义加以整理、归类储存和提取。人类的长时记忆大多数要经过言语加工,材料的组合依赖于概念的分类。

科林斯(A. M. Collins)和奎利恩(M. R. Quillian)假设,语义记忆可能组织成一个巨大的层次网络(如图4-5所示)。每个概念是个节点,它可以和上面、下面的概念相联。如"鸟

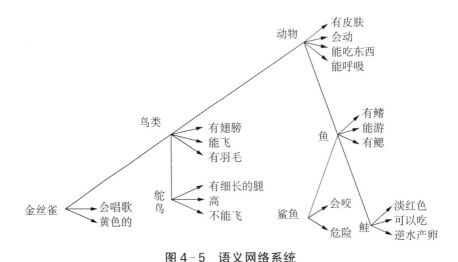

**图4-5 语义网络系统**

(资料来源:Collins & Quillian, 1969)

---

① 赫葆源编:《实验心理学》,北京大学出版社1983年版,第772—774页。

类"和"动物""金丝雀"相联;也可以和它的属性相联,如"鸟类"和"有翅膀""能飞""有羽毛"等属性相联。人们回忆时,从一个概念开始,可以联系上下左右的有关概念。另一种意见是,语义记忆以层次网络的形式组织起来的看法太死板,语义记忆是按语义相关性来组织的,各种相关概念之间产生激活和扩散。

材料的组织程度越高,也越容易被提取,高度组织起来的材料记忆得最好。鲍尔(G. Bower)要被试在一定的时间里记忆单词,他对一部分被试用图4-6所表示的层次树状形式呈现单词,而对另一部分被试则随机地呈现单词。结果表明:以层次树状组织呈现单词的那些被试能回忆起呈现单词的65%,随机呈现单词的那些被试只能回忆起呈现单词的19%。进一步研究表明:以层次组织作为有效提取信息的策略,回忆时充分运用这种层次排列来提取信息,就能较显著地提高记忆效果。从长时记忆系统中提取信息有一个搜寻过程,层次组织有利于这种搜寻。在上述例子中,被试可能作如下的搜寻:首先找出"金属",再向低一层的词组搜寻,再找出"稀有金属",进一步找出"金""银"和"铂"等。这种搜寻把大的搜寻分为小的系列,在进行小范围内的搜寻时,就可以避免在易混淆的词中转圈子。但是,在搜寻无组织的材料时,经常会出现在易混淆的词中转圈子的现象。

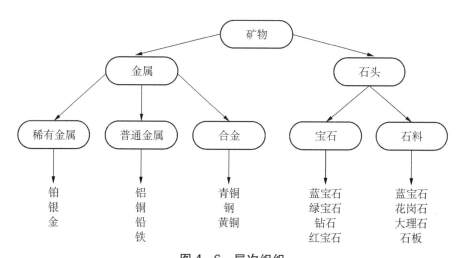

图4-6 层次组织

(资料来源:G. Bower, 1970)

**记忆天才**

苏联著名的心理学家、神经心理学创始人鲁利亚(A. P. Лурия)曾报导一个S先生的记忆力,S先生有"过目不忘"的记忆力。鲁利亚曾用很长的词表对S先生进行测试,但不论词表多长,S先生都能非常正确地背出来。S先生对外国诗歌、无意义音节和数学公式等的记忆情况同样优越。但S先生对解释一个简单句或回答一个具体问题则感到非常困难。

1981年,拉占·马哈德万(Rajan Mahadevan)曾背出了圆周率的31811位数,被收入吉尼斯世界纪录。但他对其他类型的信息记忆能力并不强。研究表明:拉占·马哈德万主要是在高强度练习后对数字使用了编码和存储策略。如把几个数字组合成一组,并使它成为有意义的组块,等等。

S先生和马哈德万是特例,每个人不可能也不必要成为这样的记忆天才。人有长时记忆能力,通过加强理解知识、记笔记、多复习和多讨论等方式来提高自己的记忆能力,就能够适应环境和改造世界。

库恩(D. Coon)博士询问了140位教授,请他们说说用什么策略可以提高记忆?教授们推荐最多的方法就是记笔记。可以说:不论何种专业的工作者,记笔记都是十分重要的。人们把每天重要的信息记下来,形成两个"信息库",如图4-7所示。记笔记可以使信息永远储存,在需要进行复习时及时并正确地提取,做好工作。在写专著和个人回忆录时,记笔记的帮助更大。

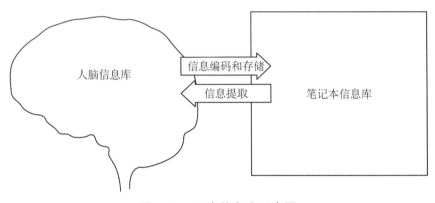

图4-7 两个信息库示意图

## 四、记忆的生理机制

巴甫洛夫学派认为,记忆的生理机制是大脑皮质上暂时神经联系的形成、巩固和重新活动。人类记忆与动物记忆有本质区别。由于词的参与,人们不仅可在具体事物之间形成暂时神经联系,还能够在词与词之间形成暂时神经联系,这使人的记忆内容丰富多样,并且容易进行;由于词的参与,人的记忆能自觉地、有目的地、有计划地进行。

记忆是整个中枢神经系统的功能,是不同神经部位参与的联合活动,但不同部位所起的作用是不同的。研究表明:信息的贮存多数发生在大脑皮质,但皮质下结构也具有贮存信息的功能。

大脑皮质的额叶与颞叶和记忆关系密切。加拿大神经生理学家潘菲尔德(W. Penfield)用电刺激癫痫病人的颞叶外侧部,发现该行为会引起患者对往事的回忆。病人说:"我听到了管弦乐队的音乐声。"重复刺激患者能听到同样的声音,并且病人会情不自禁地唱起来。颞叶区的这种回忆多半是视觉和听觉方面的形象记忆。人类对语词和抽象材料的复杂记忆在额叶部位。

潘菲尔德等人在给癫痫病患者做手术时,只要用电刺激患者脑的某些部位,患者就报告说似乎有某些情景浮现在眼前(如图4-8所示)。

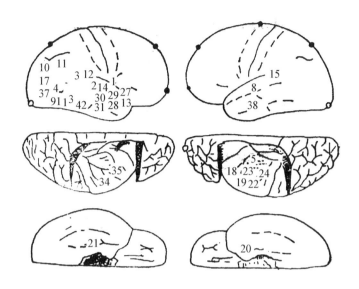

**图4-8 刺激人脑的侧部时所唤起的往事视觉形象**
(资料来源:Penfield & Jasper, 1954)

用电刺激图4-8上各点能引起与此相应的往事视觉形象:1—街道,2—人物,3—人物,4—物体,5—景色,7—人物,8—手持棒的人,9—朋友,10—机器,11—亲切的护士,12—景物,13—人物,14—景色,15—争吵的人,16—妇人,17—上楼的人,18—人物和景色,19—景色,20—景色,21—房屋,22—人物,23—人物,24—吸烟的人,27—景色,28—人物,29—在房间里的母亲和儿子,30—人物,31—物体,32—人物,33—时髦的人,34—物体,35—在家里的母亲,37—亲人发怒斥责的形象,38—孩童时代的女儿,41—带枪的小偷,42—小偷,45—在自己家院子里的兄弟。

海马与短时记忆有关。切除双侧海马的病人连刚看过的书、刚介绍过的人的名字都记不住,对新的记忆内容一般只能保持5秒钟,而对童年的许多细节却有着详细而清晰的回忆。海马好似"记忆的桥梁",很可能在短时记忆转为长时记忆时起关键作用。

在一系列学习活动后,人的神经元之间可能会形成新的突触联系,或突触部位发生变化(突触生长、突触间隙变窄等)使神经冲动容易通过。在神经元内,记忆的贮存可能需要脑内蛋白质的合成,但蛋白质的合成受一种叫做核糖核酸(RNA)分子的化学物质支配。瑞典神经生理学家海登(H. Hydén)发现被迫学习的白鼠脑细胞里的RNA在质与量上都发生了显著的变化。因此有的神经生理学家认为,记忆的产生与在RNA支配下脑内蛋白质的合成有关。一般认为记忆是整个中枢神经系统的功能,是中枢神经系统不同部位协同活动的结果。

## 第二节 识　　记

识记是记忆过程的开端,是保持的必要前提。要提高记忆效果,首先必须有良好的识记。

### 一、无意识记和有意识记

根据有无明确的目的,可将识记分为无意识记和有意识记。

#### (一) 无意识记

无意识记是事前没有确定识记目的,也不用任何有助于识记的方法的识记。

无意识记具有很大的选择性。一般地说,在生活中具有重大意义的事物,适合人的兴趣、需要、活动的目的和任务的事物,能激起人们情绪活动的事物,对人的影响就深,常常很容易被人们无意识记。例如,高考升学、入党入团、第一次登台演出等。人的许多知识是通过无意识记积累起来的。日常生活经验大多数是通过无意识记获得的。"潜移默化"就是指一些良好的素质可以通过无意识记获得。

无意识记不需要意志努力,消耗精力少。教师如果通过无意识记让学生接受良好的教育和积累知识,既能减轻学生负担,又能提高教育质量。但是,无意识记是一种事先没有确定目的的识记,由于它缺乏目的性,因此识记的内容往往带有偶然性和片断性,仅靠无意识记不能获得系统的科学知识。

#### (二) 有意识记

有意识记是明确了识记目的,并运用一定方法的识记。有意识记有时还需要一定的意志努力。

在日常生活、工作和学习过程中,有意识记更为重要。学生掌握系统的科学知识,主要依靠有意识记。在其他条件相同的情况下,有意识记的效果要比无意识记的效果好得多。许多研究表明:识记的目的性愈明确,就愈能集中注意,排除干扰,并且选择一定的方法将材料记住。由于没有明确的识记目的,多次感知的事物也记不住。彼得逊就识记目的对识记的影响做了对比实验,两组被试分别在有识记目的和无识记目的的要求下,学习16个单词,结果如表4-1所示。

表4-1　学习16个单词的对比实验

| 识记性质 | 当时回忆的记住单词数 | 两天后回忆记住的单词数 |
| --- | --- | --- |
| 无意识记 | 10 | 6 |
| 有意识记 | 14 | 9 |

在有意识记中，记忆的持久性与识记任务对记忆保持时间的要求有关，凡需长期保持的材料，记忆保持的时间就长一些；只需短期保持的材料，记忆保持的时间就短一些。例如，让学生记两段难易程度相同的材料，并且讲明第一段明天检查，第二段在一周后检查，而实际上都在两周后检查。结果表明，学生对第二段材料识记的效果远比第一段好，这是因为需要长久保持的识记任务，能引起更为复杂的智力活动和更高的活动积极性。

教师在教学中必须对学生的识记目的提出明确的要求。这样，学生就会知道他应该识记什么材料，并且知道这些材料应当识记到什么程度。否则，他们会不分主次，企图记住一切，不仅浪费精力，而且识记效果并不理想。

## 二、意义识记和机械识记

识记又可根据识记材料有无意义或学习者是否了解其意义，分为意义识记和机械识记。

### (一) 意义识记

意义识记是主要通过对材料的理解而进行的识记。

在意义识记时，学习者运用已有的知识经验，积极地进行思维，弄清材料的意义及其内在联系，从而将它记住。例如，要记住 s = vt 这个公式，就要弄清楚 s、v、t 的意义及它们之间的关系。s 代表距离，v 代表速度，t 代表时间，距离等于速度乘以时间。在了解了上述意义之后，记住 s = vt 这个公式，这样的识记方式就是意义识记。

### (二) 机械识记

机械识记是主要依靠机械重复而进行的识记。

在机械识记时，学习者只按材料的表现形式去识记，而不了解材料的意义及其关系。例如，在记 s = vt 公式时，不了解 s、v、t 代表什么，也不了解它们之间的关系，而照着它们的前后顺序去背，这样的识记就是机械识记。

生活经验和实验都表明，以理解为基础的意义识记在全面、快速、精确和巩固等方面，都比机械识记好。

艾宾浩斯把学习无意义音节和学习有意义材料的结果进行了对比。所谓无意义音节通常是两个辅音和一个元音的结合，如 DOQ、ZEH、XAB。无意义音节虽能读出音，但不代表任何意义，可以少受经验的影响，故常用作记忆实验的材料。艾宾浩斯发现，用英国诗人拜伦所作的《唐璜》诗中的六节作为有意义材料（约 80 个字音）进行学习，只需诵读 8 次就可以正确背诵，而对同样数量字音的无意义音节，则需要近 80 次诵读，才能正确背诵。由此可见，识记有意义材料容易得多。

金斯利 (Kingsley) 的实验将识记材料分为三类：无意义音节，由三个字母组成的孤立英文单词，彼此意义相关联的英文单词。实验被试有 348 人，每次测验呈现一个单词或音节，呈现两秒钟，练习一遍，要求被试默写出，结果如表 4-2 所示。

表 4-2  材料的理解对记忆效果的影响

| 材　　料 | 默写出的平均数 |
|---|---|
| 15 个无意义音节 | 4.47 |
| 15 个由三个字母组成的孤立英文单词 | 9.95 |
| 15 个彼此意义相关联的英文单词 | 13.55 |

从表 4-2 可以看出,彼此意义相关联的英文单词记忆效果最好;三个字母组成的孤立的英文单词次之;无意义音节最差。

意义识记之所以优于机械识记,是因为材料的意义反映了事物的本质及其内在联系,也反映了识记材料和学习者的知识经验的联系。意义识记新材料被纳入学习者已有的知识系统之中,记忆的效果好,且易于回忆。美国心理学家布鲁纳(J. S. Bruner)指出,在信息的任何组织中,如果信息嵌进了一个人业已组成的认知结构之中,而减少了材料的极度复杂性,那就会使这类材料易于恢复。

从识记的效果来看,机械识记不如意义识记,但是机械识记也是必要的。学习中总有一些材料是无意义的或者缺乏意义的,只能进行机械识记;有时材料本身虽然很有意义,但学习者的水平有限,一时难以理解,也只能先机械识记,以后逐步加以理解。

意义识记和机械识记是人们识记的两种基本方法。意义识记要有机械识记作基础,而机械识记也要靠意义识记来帮助,因为意义识记效果好,费力小。有些材料,如外语单词、电话号码、历史年代、数字等,可以和意义联系起来记忆。例如,816449362516941 这个十五位数,很难记住,但可理解为它是 9 至 1 的平方数排列,马上就能记住。日本富士山的高度是 12365 英尺,正好可以借用"十二个月三百六十五天"来识记。

## 第三节  保持与遗忘

### 一、保持

保持是记忆的重要环节。保持不仅是巩固识记,也是实现再认或回忆的重要保证。

经验在头脑中保持并不是静止的,它会发生质和量的变化。数量上的变化表现为保存量的减少,出现遗忘。质量的变化可表现为记忆内容的简化、概括,或者详细、合理,也可以表现为歪曲、替代等。这与个人的知识经验有关,也受后继输入的信息影响。

英国心理学家巴特莱脱(F. C. Bartlett)做了一个实验:拿一幅画给第 1 个人看后,要求他画出,然后将这个人画出的画给第 2 个人看,这样下去,直到第 18 个人,图 4-9 就是第 1、2、3、8、9、10、15、18 个被试画出的图形。我们从图中可以看到,记忆中图形有了显著的变化。

图 4-9 记忆过程中图形的变化

（资料来源：F. C. Bartlett）

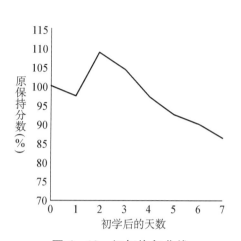

图 4-10 记忆恢复曲线

（资料来源：Ballard, 1913）

记忆的恢复也是保持内容变化的表现。美国心理学家巴拉德(P. B. Ballard)曾让12岁左右的儿童识记一首诗，结果发现延缓回忆的数量超过直接回忆的数量。这种现象称为记忆恢复现象。例如，以直接回忆定为100%，并在此基础上计算出延缓回忆的百分数，就能得到图4-10的结果，回忆成绩曲线上有一段隆起。

记忆恢复现象儿童比成人普遍；学习困难材料时比学习容易材料时更为常见；学习不充分时比学习纯熟时更易出现；并且记忆恢复的内容大部分处于学习材料的中间部位。

记忆恢复现象之所以发生是由于识记时抑制的积累影响识记后的记忆成绩。过了一定时间，抑制解除，回忆成绩可能增高。不过，产生这种现象的原因也可能由于记忆在识记之后需要有一个巩固发展的过程。

## 二、遗忘及其特点

遗忘是对识记过的内容不能再认和回忆，或者表现为错误的再认和回忆。

艾宾浩斯首先对遗忘现象作了系统的研究。他以自己为被试，用无意义音节作为记忆的材料，用节省法计算出保持和遗忘的数量。实验结果如表4-3所示，用表内数字制成一条曲线，即艾宾浩斯保持曲线（如图4-11所示）。

艾宾浩斯保持曲线，也可称为艾宾浩斯遗忘曲线。该曲线代表记忆保持的百分数，也表明了遗忘发展的一条规律：遗忘进程不是均衡的，在识记的最初时间遗忘很快，后来逐渐减慢，而一段时间过后，几乎不再遗忘了。即遗忘的发展是"先快后慢"。

研究表明，遗忘的进程不仅受时间因素制约，也受其他因素制约。

表 4-3　不同时间间隔后的记忆成绩

| 时间间隔 | 重学时节省诵读时间（%） |
|---|---|
| 20 分钟 | 58.2 |
| 1 小时 | 44.2 |
| 8—9 小时 | 35.8 |
| 1 日 | 33.7 |
| 2 日 | 27.8 |
| 6 日 | 25.4 |
| 31 日 | 21.1 |

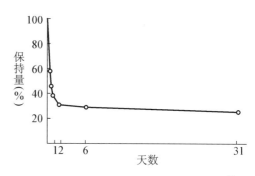

图 4-11　艾宾浩斯保持（遗忘）曲线[①]

（资料来源：H. Ebbinghaus，1885）

## （一）识记材料的意义和作用对遗忘进程的影响

识记材料的意义和作用对遗忘进程有很大的影响，最先遗忘的是对识记者来说没有重要意义的、不感兴趣的、不符合需要的、在工作和学习中不占主要地位的那些材料。

## （二）识记材料的性质对遗忘进程的影响

一般地说，熟练的动作遗忘最慢。贝尔（Bell）发现，一项技能掌握以后，一年后只忘记 29%，而且稍加练习即能恢复；形象的材料也比较容易记住。有意义的材料比无意义的材料遗忘得慢。戴维斯等人综合 18 个无意义和 24 个有意义材料的研究结果，发现随时间的推移，有意义材料的保持量比无意义材料的保持量下降得要慢（如图 4-12 所示）。

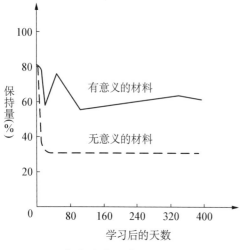

图 4-12　有意义和无意义材料的保持曲线
（资料来源：Davis & Moore）

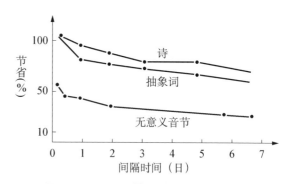

图 4-13　不同性质材料的遗忘曲线

---

[①] 通常称艾宾浩斯遗忘曲线，曲线代表保持量，因此也可称艾宾浩斯保持曲线。

另一项研究表明：熟记了的形象材料（如诗歌）、有意义的形象材料，比无意义的材料遗忘得慢，保持得好。如果学习的程度相等，各种材料的遗忘曲线如图4-13所示。

魏丹莱（Whitely）和麦克哥赫（McGeoch）曾研究了识记材料的性质对遗忘过程的影响。一般地说熟练的动作，遗忘最慢；熟记了的形象材料，也较易长久保持；有意义的语文材料比无意义的材料遗忘要慢得多。30天后的保持量：诗歌为42%，散文为50%。有意义的材料远较艾宾浩斯的无意义音节的保持量高（如图4-14所示）。

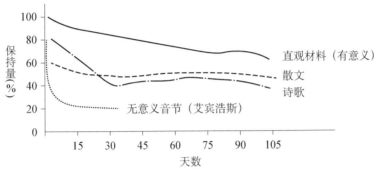

图4-14 不同性质材料的保持曲线

## （三）识记材料的数量对遗忘进程的影响

识记材料的数量对于识记效果有很大影响。一般地说，要达到同样的识记水平，材料越多，平均用时或诵读次数越多。艾宾浩斯的实验结果如表4-4所示。

表4-4 识记材料的数量对记忆效果的影响

| 无意义音节数 | 诵读所需次数 | 无意义音节数 | 诵读所需次数 |
|---|---|---|---|
| 12 | 16.5 | 36 | 55 |
| 24 | 44 | | |

识记有意义的材料时，平均用时的增加不像无意义材料那样显著，但增加的趋势是一致的。李昂（D. O. Lyon）研究了记忆不同字数的课文所用的时间，结果如表4-5所示。

表4-5 识记材料的数量与识记时间

| 课文字数 | 识记总时间（min） | 100个字平均时间（min） | 课文字数 | 识记总时间（min） | 100个字平均时间（min） |
|---|---|---|---|---|---|
| 100 | 9 | 9 | 2000 | 350 | 17.5 |
| 200 | 24 | 12 | 5000 | 1625 | 32.5 |
| 500 | 65 | 13 | 10000 | 4200 | 42 |
| 1000 | 165 | 16.5 | | | |

## (四) 学习程度对遗忘进程的影响

学习程度100%是指被试学习达到首次完全正确的背诵；学习程度150%是指原学习1小时后恰能正确背诵一次，再用半小时进行过度学习，或者是指学习10遍后恰能正确背诵一次，再学习5遍，其余类推。过度学习有利于识记材料的保持。

我国心理学工作者研究了被试对不同的无意义音节字表的不同程度的学习，回忆结果如表4-6所示。实验表明：学习程度越高，在4小时后的回忆百分数也越大。一般地说，学习程度在150%时，记忆效果最好；超过150%，效果不再有显著提高。

表4-6 学习程度对记忆的影响

| 学习程度 | 4小时回忆量（%） | 学习程度 | 4小时回忆量（%） |
|---|---|---|---|
| 150% | 81.9 | 33% | 42.7 |
| 100% | 64.8 | | |

克鲁格（W. C. F. Kruger）要求被试识记12个名词，学习程度分别为100%、150%和200%。在1到28天后，要他们重新学习，实验结果如图4-15所示。

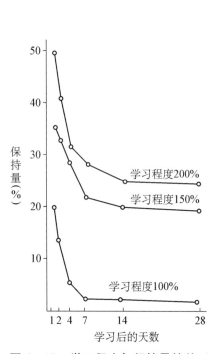

图4-15 学习程度与保持量的关系

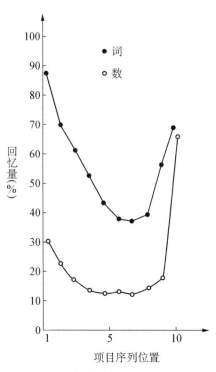

图4-16 小学生识记10个词和10个数的回忆曲线比较（呈现时间为5秒）

## （五）识记材料的系列位置对遗忘进程的影响

识记材料的系列位置不同,遗忘的情况也不一样。一般是系列性材料的开始部分最容易记住,其次是末尾部分,中间偏后一点的项目则容易遗忘。

天津师范大学沈德立等以序列识记后自由回忆的方法,研究小学生识记系列材料时的系列位置效应。实验发现,小学生识记单词时,前面部分识记效果最好,其次是后面部分,中间部分的识记效果最差;识记数字时,则后面部分效果最好,其次是前面部分,中间部分识记效果也最差(如图4-16所示)[1]。

加利福尼亚大学波斯特曼(L. Postman)等人的实验表明,一般情况下,中间项目遗忘次数相当于两端项目的三倍。范卡尔脱(M. Fancault)指出,中间偏后一点的项目记忆效果最差,可能是因为这些项目受前面来的抑制较多,联系很弱,从而更容易受后面来的抑制的影响。

## 三、遗忘的原因

遗忘可以分为暂时遗忘和永久遗忘两类。暂时遗忘是指已经进入长时记忆的内容一时不能提取,但只要有适当的条件还可能再认或回忆,经验还可以恢复;永久遗忘是指记忆的材料未经复习而消失。

心理学家研究了遗忘的原因,形成了各种不同的遗忘学说。主要的遗忘学说有以下几种。

## （一）干扰说

干扰说认为遗忘是由于记忆材料之间的干扰,产生相互抑制,使所需要的材料不能提取。这种学说强调了新旧材料之间的相互干扰。

## （二）消退说

消退说认为遗忘是由于记忆痕迹得不到强化而逐渐减弱,以致最后消退。这种学说强调了生理过程对记忆痕迹的影响。

## （三）压抑说

所谓压抑引起的遗忘乃是由于某种动机所引起的遗忘,因此又叫动机性遗忘。弗洛伊德等人认为,人们常常压抑痛苦的记忆以免引起焦虑。这种现象既不是痕迹的消退所造成的,也不是记忆材料之间的干扰造成的,因此通过催眠或自由联想等方式往往能够恢复被压制的记忆。一项实验研究表明:回忆中愉快的事约占55%,不愉快的事约占33%,平凡的事

---

[1] 沈德立、阴国恩、林镜秋、刘景全:《中小学生对于系列材料的长时与短时记忆的实验研究》,《心理发展与教育》1985年第2期。

约占 12%。对不愉快事件的回忆明显地少于对愉快事件的回忆。

## (四) 认知理论

信息加工的认知理论认为,感觉记忆的遗忘是由于记忆痕迹的消退;短时记忆的遗忘是由于痕迹消退和干扰;长时记忆的遗忘主要是由于干扰作用。某些心理学家认为,长时记忆中的信息是不会消失的,遗忘只是一种提取信息的障碍。干扰排除后,信息还能重新被提取出来。

## 四、前摄抑制和倒摄抑制

干扰效应表现为前摄抑制和倒摄抑制。

先学习的材料对记忆后学习的材料所发生的干扰作用称前摄抑制。

在无意义材料的记忆中,前摄抑制是造成大量遗忘的重要原因之一。有意义的材料,由于联系较多,较易分化,受前摄抑制的影响可能较少。安德华德发现,在学习字表以前有过大量练习的人,24 小时后,所学会的字表只记住 25%;以前没有这种练习的人,能记住同一字表的 70%。

斯拉墨卡(N.J. Slamecka)作了关于学习连贯意义散文时前摄抑制作用的研究。被试是 36 名大学生,材料是 4 个相当难的句子,每句都由 20 个字组成,而且内容很相似。实验表明,前摄抑制随先前学习数量的增加而增加,随保持时间的增加而增加,结果如表 4-7、表 4-8 所示。

表 4-7 先前学习次数的前摄抑制作用

| 先前学习次数 | 前摄抑制(%) | 先前学习次数 | 前摄抑制(%) |
| --- | --- | --- | --- |
| 1 | 8 | 3 | 28.6 |
| 2 | 18.1 | | |

表 4-8 不同保持时间的前摄抑制作用

| 保持的时间 | 前摄抑制(%) | 保持的时间 | 前摄抑制(%) |
| --- | --- | --- | --- |
| 15 分 | 13.5 | 60 分 | 20.6 |
| 30 分 | 18.9 | | |

后学习的材料对记忆先学习材料所发生的干扰作用称倒摄抑制。

1900 年德国学者穆勒(Müller)和皮尔札克(Pilzecker)首先发现倒摄抑制。他们观察发现,被试在识记无意义音节之后,经过 6 分钟休息,可以回忆起 56% 的音节;在间隔时间内从事其他活动,只能回忆起 26%。

我们可以发现,在一段不活动的时间内(如睡眠状态等),识记材料由于没有倒摄抑制,只有很少的遗忘。詹金斯(J. G. Jenkins)和达伦巴赫(K. M. Dallenbach)曾经要两个被试先识记 10 个无意义音节,达到能够完满地背诵一次的程度,然后在 1 小时、2 小时、4 小时、8 小时的时间间隔,分别进行睡眠与清醒活动后的回忆比较,结果如图 4-17 所示。

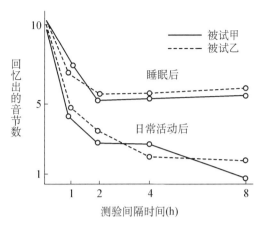

图 4-17 睡眠与清醒活动对记忆的影响

研究表明,倒摄抑制受前后两种学习材料的类似程度、难度、时间安排以及识记的巩固程度等条件所制约。

如果前后学习的材料完全相同,后学习即复习,不产生倒摄抑制;在学习材料由完全相同向完全不同逐步变化时,倒摄抑制开始逐渐增加;当材料的相似性到了一定程度时,抑制作用最大,以后抑制又逐渐减低;到了先后识记的材料完全不同时,抑制作用又最小。

在学习两种性质不同的材料时,如果后来学习的材料在难度上不同,倒摄抑制的作用也就不同。苏联心理学家斯米尔诺夫(A. A. Смирнов)的一次研究表明,当被试熟记词之后去解答困难的算术题时,结果对词的再现率降低 16%,而去进行较为容易的口算时,对同样的一些词的再现率又降低 4%。

前摄抑制和倒摄抑制一般是在学习两种不同的然而又彼此类似的材料时产生的。但是,在学习一种材料的过程中也会出现这两种抑制现象。例如,学习一个较长的字表或一篇文章,一般总是首尾容易记住,不易遗忘;中间部分识记较难,也容易遗忘。这是因为开始部分只受倒摄抑制的影响,末尾部分只受前摄抑制的影响,中间部分则受两种抑制的影响。

## 五、复习

孔子说:"学而时习之。"为了提高记忆的效果,避免或减少遗忘,必须根据心理活动规律,正确地组织复习。

### (一) 及时复习

由于遗忘一般是先快后慢地进行,因此复习必须及时,要在遗忘尚未大规模开始前进行。及时复习可以阻止通常在学习后立即发生的急速遗忘。俄国教育家乌申斯基认为,我们应该巩固建筑物,而不是修补已经崩溃了的建筑物。

斯皮泽(Spitzer)给两组被试学习一段文选,甲组在学习后不久进行一次复习,乙组不给予复习。结果表明,无论一天或一周后,甲组的保持量均较乙组为高。一天后,甲组保持 98%,乙组保持 56%;一周后,甲组保持 83%,乙组保持 33%(如图 4-18 所示)。

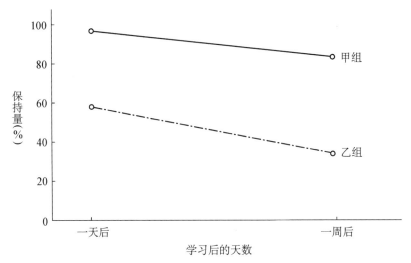

图 4-18 复习组和未复习组的记忆效果比较

有关对自然、地理、历史和文学等学科材料的记忆研究也证实了及时复习的重要性。教师在学生记住课文后,曾对部分学生进行一次复习性提问,结果如表 4-9 所示。

表 4-9 复习与教材的保持

| 有无复习 | 教材保持量(%) | | | | |
| --- | --- | --- | --- | --- | --- |
| | 时间间隔 | | | | |
| | 1天 | 3—4天 | 1个月 | 2个月 | 6个月 |
| 无复习 | 77 | 66 | 58 | 48 | 38 |
| 有复习 | 88 | 84 | 70 | 62 | 60 |

研究表明,识记后的两三天遗忘最多。外语学习最好在 24 小时内进行复习。如在晚上进行识记,第二天早晨复习效果较好。

## (二) 合理分配复习时间

复习时间的合理分配是复习获得良好效果的重要条件。相对集中一段时间学习同一个内容,识记的效果好。例如,要记住 50 个数字,重复 1—4 次,记住的数字不多;如果重复超过 4 次,记住的数字就急剧上升;重复 7 次后,差不多全记住了。

复习也要适当分散。苏联心理学家沙尔达科夫(М. Н. Шардаков)做了一个实验:五年级甲班和乙班成绩大体相同,学习自然时,一学期内甲班在讲完全部教材后,集中复习五节课,乙班则分四次进行复习,也用五节课。在其他条件(教材、教师和教学方法等)相同的情况下,两班学生的评分结果如表 4-10 所示。

表 4-10  集中复习和分散复习的效果对比

| 复习方式 | 成绩（%） | | | |
|---|---|---|---|---|
| | 劣 | 及格 | 良 | 优 |
| 集中复习（五甲） | 6.4 | 47.4 | 36.6 | 9.6 |
| 分散复习（五乙） | — | 31.6 | 36.8 | 31.6 |

道尔（Dore）和希尔加德（Hilgard）的实验为：第一组练习1分钟，休息1分钟；第二组练习2分钟，休息3分钟；第三组练习1分钟，休息11分钟；第四组练习3分钟，休息1分钟。等到各组练习总次数相等时，比较各组成绩，结果如表4-11所示。

表 4-11  四种复习的比较

| 组别 | 练习时间（min） | 休息时间（min） | 名次 |
|---|---|---|---|
| 一 | 1 | 1 | 3 |
| 二 | 2 | 3 | 2 |
| 三 | 1 | 11 | 1 |
| 四 | 3 | 1 | 4 |

在复习时，时间过分集中，容易发生干扰；过于分散，容易发生遗忘，都不利于记忆的巩固。复习时间的分配要适当，但没有一个统一的模式，受许多条件的影响。从识记与保持的一般关系来看，最初识记时，各次识记分布应该密一些，因为教材的初步识记所能保持的时间是较短的，以后各次的间隔可以逐渐延长。机械识记材料和技能学习，分散练习优越性比较明显，而学习复杂的、需要思考的材料，每次则需要较长的时间。材料愈容易，兴趣愈浓，动机愈强，应该集中学习。相反，材料难，缺乏兴趣，以及容易疲劳的情况下，则以分散学习为宜。复习时间的安排还要考虑学生的年龄特点，低年级学生每次学习的时间应该短些。

## （三）反复阅读和试图回忆相结合

反复阅读和试图回忆相结合就是通常所讲的"看一看，想一想"，这有利于提高复习效果。复习时单纯一遍一遍地阅读的效果不好。应该在材料还没有完全记住前就要积极地试图回忆。回忆不起来再阅读，这样容易记住，保持的时间长，错误也少。盖兹（A. I. Gates）的实验证实这是一种积极的复习方法。他要求被试识记16个无意义音节和5段传记文章，各用9分钟，其中一部分时间用于试图回忆。诵读和回忆的时间分配不同，记忆的效果也不同（如表4-12所示）。

盖兹认为，最好的比例是20%阅读，80%背诵。苏联心理学工作者伊凡诺娃的实验也获得了类似的结果（如表4-13所示）。

表 4-12　诵读时试图回忆的效果

| 时间分配 | 16个无意义音节回忆量（%） | | 5段传记文章回忆量（%） | |
|---|---|---|---|---|
| | 立刻 | 4小时后 | 立刻 | 4小时后 |
| 全部时间诵读 | 35 | 15 | 35 | 16 |
| 1/5 用于试图回忆 | 50 | 26 | 37 | 19 |
| 2/5 用于试图回忆 | 54 | 28 | 41 | 25 |
| 3/5 用于试图回忆 | 57 | 37 | 42 | 26 |
| 4/5 用于试图回忆 | 74 | 48 | 42 | 26 |

表 4-13　单纯重复与结合试图回忆两种识记方式的对比

| 识记方式 | 回忆的意义单位数量（%） | | |
|---|---|---|---|
| | 1小时后 | 24小时后 | 10天后 |
| 单纯重复学习四次 | 52.5 | 30 | 25 |
| 两次学习两次回忆 | 75.5 | 72.5 | 57.5 |

反复阅读和试图回忆相结合之所以能够提高记忆效果，是因为试图回忆是一种更积极的认知过程，要求大脑更积极地活动，同时它又是一种自我检查的过程，让人集中精力学习不能回忆的部分和改正回忆中的错误。

### （四）采用多样化的复习方法，动员多种感官参加复习

复习方法单调，容易使学生产生消极情绪和感到疲劳，从而降低复习效果。采用多样化的、新颖的复习方法，能够引起和加强学习者的注意，激发他们的兴趣，调动积极性，从而提高复习效果。例如，儿童学习字词时，一般不应要求单纯地、大量地抄写或背诵，而可采用填词、造句、写出同义词和反义词等多种方式进行复习。

动员多种感官参加复习活动，也是提高识记效果的一个重要条件。有人让学生用三种方式识记10张图片，结果如表4-14所示。

表 4-14　三种识记方式效果的对比

| 组别 | 识记方式 | 识记效果（%） |
|---|---|---|
| 1 | 视觉识记 | 70 |
| 2 | 听觉识记 | 60 |
| 3 | 视听结合识记 | 86.3 |

一般认为，80%以上的信息是通过视觉识记的，10%以上的信息是通过听觉识记的。因此，动员多种感官参加复习，首先要把视觉和听觉动员起来。视听结合能提高记忆的效果。

言语材料和视觉形象结合是储存大量信息的基础。巴拉诺夫曾指出,鲜明的形象是材料特别是困难材料回忆的支柱。在应用图片时,外语词汇能识记92%,在翻译性解释的情况下,同样的词汇只能识记76%。

## (五) 活动有助于记忆

在教学过程中,把识记的对象作为活动的对象或活动的结果,能使学生积极地参加活动,记忆效果就会明显地提高。

苏联心理学家查包洛塞兹(A. B. Запорожеч)等人做了如下实验:把学生分成两组,让一组学生用一个装好的圆规画画,用后把圆规拆散,交给另一组学生,让他们把它装配起来。这些工作完成后,出其不意地让两组学生尽量准确地画出他们刚才用过的圆规。结果,使用装好的圆规的一组学生画得不准确,漏画了许多重要零件;使用由零件装配成圆规的第二组学生,画得比较准确(如图4-19所示)。

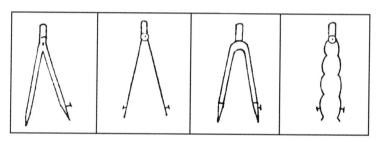

没有装配活动任务组回忆出的图形

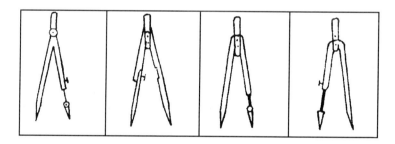

有装配活动任务组回忆出的图形

**图4-19 活动有助于记忆的实例**

苏联心理学家陈千科(П. И. Зинченко)有一个实验:要求三年级学生解答5道现成的和5道自编的算术题,经过一定的时间后,要求学生回忆这些习题中的句子。结果被试对自编的习题的回忆量比现成习题的回忆量多两倍。

陈千科等人给被试15张图片,图片上除画着物体外,在角上明显地写着两位数。在一个实验中,要求被试将画在图片上的物体分类,在另一个实验中,要求被试依照图片上的数字递增的顺序将图片排列起来。回忆结果如图4-20所示。

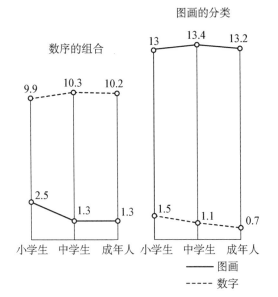

图 4-20　活动的任务对记忆的影响

从图 4-20 可以看出,数序组合组中成年人平均识记 10.2 个数字,1.3 张图片;图画分类组中成年人平均识记 13.2 张图片,0.7 个数字。中小学生有类似的情况。这说明不同的活动要求对识记效果有影响。

# 第四节　再认和回忆

## 一、再认

再认是指经验过的事物再度出现时,能把它认出来。例如,考试中的选择题就是通过再认来完成的。

再认的速度和确定性主要取决于下述两个条件:①对旧事物识记的巩固程度。保持巩固,再认就容易;保持不巩固,再认就困难。②当前出现的事物与以前识记过的有关事物的相似程度。事物总是在变化的,如果变化不大,就有可能再认;如果事物发生了很大的变化,就难以再认。

在再认发生困难的情况下,就转化为回忆。这时,开始只是对目前呈现的事物产生一种熟悉感,还不能确认这一事物同以前所经验过的事物是否一样。后来,通过回忆,发现了这一事物同先前的印象有共同特征,这时就再认了这一事物。

再认要依靠各种线索(事物的部分、特点等)来进行,这些线索可以唤起对其他部分的记忆。例如,再认一个人的姓名时,常常依靠记忆中的这个姓名和他的面貌、举止、声调乃至职务等形成的联系,面貌、举止等就是再认一个人的线索。

## 二、回忆

回忆是指经验过的事物不在面前时，能把它重新回想起来。例如，考试中的问答题就是通过回忆来完成的。

根据回忆是否有预定的目的任务，可以把回忆分为有意回忆（随意回忆）和无意回忆（不随意回忆）。

有意回忆指有回忆的目的、任务，自觉地去追忆以往的某些经验。例如，学生在考试时为解答问题回忆以往学过的材料；汇报工作时回忆完成任务的情况，等等，都属于有意回忆。心理学中把那种根据有关线索，使用一定的策略，通过不断的推论和探索，在意志努力下完成的有意再现称为追忆。

无意回忆指没有预定的目的、任务，只是在某种情景中自然而然地想起某些旧经验。例如，一件往事偶然涌上心头，"触景生情"等，都属无意回忆。

根据回忆是否需要中介，可以将回忆分为直接回忆和间接回忆。

直接回忆不需要以其他事物为中介即可提取有关信息。例如，对背熟的乘法表或十分熟悉的外语单词，通常可以直接地回忆起来。

间接回忆则需要以其他事物为中介，并经过一系列推理过程，提取有关信息。例如，唐诗云："十年离乱后，长大一相逢。问姓惊初见，称名忆旧容。"

在学生回忆发生困难时，教师应加以指导。在回忆时经常出现的干扰是：一种占优势的活动或情绪状态，由于负诱导而引起抑制，妨碍回忆。例如，我们写作时，有一个常用字怎么也回忆不起来，这是因为写作构思这种占优势的活动抑制了对那个字的回忆。又如，考试时有的学生怕考不好，引起情绪紧张，抑制了回忆的效果。当出现了干扰，一时不能回忆起需要的经验时，最简单的办法是转移注意，暂停回忆，过了一定的时间抑制解除之后，需要的经验往往会自然而然地回忆起来。

有时不能回忆起所需的内容，是由于回忆中有错误，或选择了错误的中介性联想。回忆是以联想为基础的。人们的回忆常常以联想的形式出现。两个事物在意识中形成联系，可以由一个事物想起另一个事物。客观事物是相互联系的，事物之间的不同关系反映在人脑中，就形成了各种不同的联想。联想在整个记忆过程中有重要作用，大量形成联想和充分利用联想是提高记忆效果的有效方法。

在心理学中，联想分为接近联想、相似联想、对比联想和因果联想几种形式。

空间或时间上接近的事物，容易形成接近联想。例如，由天安门想到人民大会堂，由春天想到播种。前一种联想是空间上的接近，后一种联想是时间上的接近。空间上的接近和时间上的接近又是经常联系在一起的。

性质上相似的事物，容易形成相似联想。例如，由李白想到杜甫，由春天想到繁荣。修辞中的比喻，一般借助相似联想来加强其形象性，例如，以傲雪的红梅比喻坚贞不屈。

事物之间不同的特点，容易形成对比联想。例如，由冷想到热，由苦想到甜，由小想到大,由黑想到白,由高想到矮。通过对比联想更容易看到事物的对立面,对认识事物有重要作用。

事物之间的因果关系,容易形成因果联想。例如,由大雪想到丰收,由天暖想到解冻。因果联想表现了人更复杂的思维活动。

### 三、再认和回忆的关系

再认和回忆是过去经验的恢复,即提取信息的两种形式。再认是比较简单的记忆现象。回忆包括从长时记忆存储中对信息的搜索和再认两个阶段。再认和回忆不能截然分开。能回忆的,一般都能再认;能再认的,不一定能回忆。要达到回忆程度,一般先要能再认,但又不能停留在再认的水平上,回忆是记忆效果的更有力的证明。艾契拉斯(E. M. Achilles)的研究表明,在无意义音节、字、寓言等方面,再认的效果比回忆的效果高2—3倍。

## 名词解释

记忆  识记  保持  回忆  再认  元记忆  记忆表象  形象记忆  逻辑记忆  情绪记忆  运动记忆  感觉记忆  短时记忆  长时记忆  无意识记  有意识记  意义识记  机械识记  遗忘  艾宾浩斯遗忘曲线  前摄抑制  倒摄抑制  联想

## 思考题

1. 记忆包括哪几个基本环节?
2. 试述记忆的三个储存模型。
3. 根据自己的学习实际,分享自己提高记忆效率的方法。
4. 试述内隐记忆和外显记忆。
5. 遗忘的特点和原因是什么?
6. 怎样有效地组织复习?

# 第五章 想　　象

## 第一节　想　象　概　述

### 一、想象的含义

想象是在人脑中对已有表象进行加工改造而创造新形象的过程。这是一种高级的认知活动。例如，即便我们没有到过大草原，但读到"天苍苍，野茫茫，风吹草低见牛羊"时，如果我们理解了这诗句，头脑中也就会浮现出一幅草原牧区的壮丽图景。

形象性和创造性是想象的两个基本特征。想象具有形象性，它是在记忆表象的基础上进行的，它以直观形式呈现，而不是以言语符号形式呈现。想象的基本材料是表象。记忆表象基本上是过去感知过的事物形象的重现。想象具有创造性，想象是对已有表象进行加工改造而创造出新形象。这种新形象可以是没有直接感知过的事物的形象，也可以是世界上还不存在或根本不可能存在的事物的形象。想象是新形象的创造。

想象是以组织起来的形象系统地对客观现实的超前反映。初看想象似乎是"超现实"的。但是，任何想象都不是无中生有凭空产生的。构成新形象的一切材料都来自生活，取自过去的经验。不管想象创造出的新形象多么新颖，甚至离奇，构成新形象的材料则永远来自对客观现实的感知。科技人员设计的新产品必须根据客观规律，并以过去感知过的事物为材料；作家所塑造的人物形象虽然可以虚构，但仍然要以生活中观察到的事实材料为依据。神话故事里的人物在客观现实中是不可能存在的，但塑造这些形象的素材仍取自客观现实生活。我国小说中的仙人，不外乎是现实生活中的童颜、白鹤、松姿等形象所组合而成的新形象。梦也是一种想象活动。梦中的形象有时可能是十分新奇甚至是荒唐的，但组成梦境的"素材"仍然是感知过的事物的形象。先天的聋人不能想象出优美的音乐，天生的盲人不能想象出春天的美景。

想象虽然是新形象的创造，但它的内容和其他心理过程一样，来源于客观现实，想象是反映客观现实的各种成分的形象之组合过程，想象同样是人脑反映客观现实的一种形式。

### 二、想象的生理机制

想象也是人脑的机能。人在感知客观事物的过程中，大脑皮质上留下许多痕迹以及痕迹之间的联系（即暂时神经联系）。暂时神经联系系统是动态的，它经常不断地在变化、补充和改造着。想象作为对已有表象进行加工改造而创造新形象的过程，其生理机制是大脑皮质上已经形成的暂时神经联系进行新的结合，即旧的暂时神经联系经过重新组合构成新的联系的过程。为了形成新的联系，必须分解已形成的联系，被分解开的联系作为环节纳入新的联系系统中去。

虽然表象具有形象性。但很多想象的形象，特别是创造想象的形象具有概括性。词对处于清醒状态下的人的暂时神经联系的重新组合起着重要的调节和支配作用，通过词的作用使形象清楚而富有内容。想象活动中新形象的创造，词起着重大作用。

想象不仅与大脑皮质的活动有关，而且与皮质下结构的活动有关。下丘脑—边缘系统与大脑皮质共同参与想象的形成。如果一个人的下丘脑—边缘系统损伤，可能会产生心理错乱，其行为不受一定程序的支配，不能拟定简单的行动计划，不能预见行动的后果，想象的主要作用也就会受到破坏。

## 三、想象和实践

想象是在实践活动中发生、发展起来的，同时也是人类实践活动的必要条件。人的想象首先是在生产劳动过程中发生的。生产劳动要求人们预见行动的后果，要求人们在劳动之前，在头脑中构成"做什么"和"怎么做"的表象。这种关于行动过程以及行动所要达到的目的的表象，乃是人类劳动的主要特点。马克思说："劳动过程结束时得到的结果，在这个过程开始时就已经在劳动者的表象中存在着，即已经观念地存在着。"[1]人们在实践活动中会遇到一些困难，出现一些新的需要，这种困难和需要促使人们去改变客观现实，从而创造新的东西。想象就是在这种实践活动的要求下发展起来的。

想象不仅在实践活动中发生和发展，同时其正确性也要受到实践的检验。

## 四、想象的作用和意义

想象在社会实践中的作用是十分巨大的。它既是在人类生产劳动过程中发生、发展起来的，又是人类实践活动的必要条件。研究表明，创造想象是人们进行一切创造性活动所必需的心理活动，它是进行科学发现、技术发明和文学创作活动的必要条件。离开了想象，人的任何创造性活动就不可能进行。实践活动中所包含的创造性成分越多，想象所起的积极作用也就越大。爱因斯坦曾指出："想象力比知识更重要，因为知识是有限的，而想象力概括着世界上的一切，推动着进步，并且是知识进化的源泉。严格地说，想象力是科学研究中的实在因素。"[2]

想象对人的整个精神生活的作用也是十分巨大的。想象力是人的智力结构中的一个重要成分，想象力的发展影响着人的智力发展。学生的再造想象是学习科学文化知识的重要条件，创造想象则是进行创造性学习的必要条件。

想象和其他心理过程有机地联系着。苏联心理学家鲁宾斯坦（С. Л. Рубинштейн）认为，每一种思想，每一种情感，哪怕是在某种程度上改变世界的意志动作，其中总有一些想象，其

---

[1] 马克思、恩格斯著，中共中央马克思恩格斯列宁斯大林著作编译局编译：《马克思恩格斯全集》第二十三卷，人民出版社1972年版，第202页。
[2] 爱因斯坦著，许良英、范岱年编译：《爱因斯坦文集》第一卷，商务印书馆1976年版，第284页。

至像人的知觉这种反映形式中,也包含有想象。想象和记忆交织在一起。亚里士多德认为,记忆和想象属于心灵的同一部分,一切可想象的东西在本质上就是记忆的东西。想象从记忆表象中提取素材才能进行活动,同时记忆表象在某种程度上被想象形象补充着,同想象结合着。想象参与思维过程,人如果没有同思维内容相联系的表象,思维就会发生困难。

在人的情感生活中,想象也有重大意义,想象的形象总是伴随着情感体验。杨沫在谈到创作《青春之歌》时说:"……我爱他们,尤其是卢嘉川。当写到他在牺牲前给林道静的那封最后的信时,我泪水滚落在稿纸上,一滴一滴地把纸都湿了。"想象不仅可以引起一些短暂的情绪体验,也可能成为深刻而牢固的情感的源泉;想象的形象可以成为一个人意志行动的内部动力。

想象对人格发展也起着巨大作用。理想是一种想象,理想也是人的一种人格倾向性。崇高的理想对人的人格发展和良好品德的形成起着重要作用。

### 五、想象的种类

根据产生想象时有无目的和意图,想象可划分为有意想象和无意想象。有意想象是有目的性和自觉性的想象。无意想象是没有预定目的和计划而产生的想象。例如,儿童听故事时不自觉地随着讲故事的人的讲述而想象故事中的情景;又如,人们看到天上的白云,自然地想象为人的面孔、奇峰或异兽等。

根据想象的创造性程度的不同,有意想象又可划分为再造想象和创造想象。幻想是创造性想象的一种特殊形式。

## 第二节　再造想象和创造想象

### 一、再造想象

#### (一) 什么是再造想象

再造想象是根据别人的描述或图样,在头脑中形成相应的新形象的过程。

在再造想象中,事物的形象都是再造别人想象过的事物,都是"再造"出来的新形象。"再造"一方面指这些形象不是自己创造出来的,而是根据别人的语言描述或图样示意再造出来的。例如,根据文学作品的描述再造出郭沫若剧本中的蔡文姬的形象;根据机器的图纸想象出机器的立体和运转的形象。这些想象都是再造想象。另一方面,再造想象是个人通过自己的大脑,根据当前的任务,在词的调节下,运用已有的知识经验再造出来的。例如,我们读"朝辞白帝彩云间,千里江陵一日还。两岸猿声啼不住,轻舟已过万重山"这首李白的诗时,每个人再造出来的形象各不相同,都按各自的方式形成新形象。由此可见,再造想象中也有创造性的成分。

要形成正确的再造想象,必须具备下述两个条件:第一,要正确理解词与图样标志的意义。再造想象就是由语言的描述或图样的示意所引起的,因此,必须正确地理解和掌握词与图样标志的意义。第二,丰富的表象储备。表象是想象的基本材料,表象愈多愈丰富,再造想象的内容也愈丰富。再造想象不仅依赖于已有表象的数量,而且也依赖于已有表象的质量,正确反映客观现实的直观材料愈丰富,再造出来的想象内容就愈生动、愈正确。

### (二) 再造想象在教育过程中的作用

再造想象对青少年良好品德的培养具有重要作用。在品德教育过程中,英雄模范人物的光辉形象和事迹在学生头脑里留下了不可磨灭的印象,这些好的榜样,指导着他们的行动。再造想象是榜样言行内化过程的一种形式。

再造想象在教学过程中也具有重要意义。它是理解和掌握知识的必不可少的条件。掌握知识必须有积极的想象参加。学校里传授的知识多半是教师通过书本中的词或图表、模型等介绍给学生的,通过教学让学生在头脑里形成与概念相应的形象,才能使他们理解和掌握知识,否则学生的学习只能停留在机械识记的水平上。因此,各门学科都要求学生具备丰富的想象力,以便深刻地领会教材,系统、牢固地掌握知识。

## 二、创造想象

### (一) 什么是创造想象

创造想象是根据预定的目的,通过词对已有表象进行选择、加工、改组,而产生可以作为创造性活动"蓝图"的新形象的过程。例如,文学家的写作、科学家的创造发明所依据的形象。

创造想象与创造思维密切联系着,它是人类创造性活动的一个必不可少的因素。人们往往能够结合以往的经验,在想象中形成创造性的新形象,形成劳动的最终或中间产品的心理模型,并且提出新假设,所以创造想象是创造活动顺利开展的关键。

教学活动是一种复杂的脑力劳动,需要创造想象。只有做到教师创造性地教,学生创造性地学,才能圆满地完成教学任务。

### (二) 发展创造性想象的条件

#### 1. 创造动机

人类在社会生活中会不断提出创造新事物、解决新问题的要求。这种要求反映在人的头脑中,成为创造新事物的需要和动机,成为创造想象的动力。

在文艺创作中,创作动机是很重要的。《红日》的作者吴强说:"许许多多英雄人物崇高的形象……激动着我的心……感到他们在向我叫喊,在我的脑子里活动翻腾,我要表现他们的欲望,是为时已久了。孟良崮战役以后,我的这种情绪,就更加迫切、强烈,而且也深深地感到这是一项不可推卸的责任。"[1]科学工作者的创造想象同样如此。

---

[1]《人民文学》1960 年第 1 期,第 117 页。

### 2. 扩大知识范围，增加表象储备

创造想象需要原料，没有相应的表象储备，有关的新形象是创造不出来的。鲁迅写道："……人物的模特儿也一样，没有专用过一个人，往往嘴在浙江，脸在北京，衣在山西，是一个拼凑成的脚色……"，托尔斯泰在《战争与和平》一书中创造的娜塔莎的形象，是在分析了他的妻子索菲亚·安得烈也芙娜和他的姊妹达吉娅娜两个熟人的性格和特点后塑造而成的。

### 3. 思维的积极活动

创造想象是严格的构思过程，受逻辑思维的调节。例如，写作前要严密地考虑文章的主题、所写的人物和事件等，这样才可能产生活生生的形象。如果不假思索，就不会有什么创造性成果。

### 4. 灵感

创造过程中新形象的产生有突然性，这种现象常常被称为灵感。灵感的出现往往"忽如一夜春风来，千树万树梨花开"。有些诗人在构思时，虽经长期酝酿，仍理不出思路，但在偶然受到某一事物启发时，却会豁然开朗，诗意像潮水般地涌来，一挥而就。

灵感的特征首先表现为人的注意力高度集中在创造的对象上。这时，意识处于十分清晰和敏锐的状态，思想活动极为活跃，工作有极高的效率。灵感的出现解决了长期探索的问题，所以常常伴随无法形容的喜悦。例如，古希腊阿基米德在一次入浴时，忽然有悟，起来在街上狂呼："我发现了！我发现了！"（即发现了关于浮力的阿基米德原理），简直达到狂喜的程度。这是成功的喜悦，胜利的喜悦。

唯心主义者把灵感看成是神灵的感应。其实灵感不是天上掉下来的，也不是人们头脑中固有的，它是人们长期劳动的产物，是在艰苦劳动之后出现的。爱迪生说得好："天才，就是百分之一的灵感和百分之九十九的血汗。"列宾指出："灵感是对艰苦劳动的奖赏。"这些都是很有道理的。

## 三、幻想

幻想是一种与生活愿望相结合并指向未来的想象。幻想是创造想象的一种特殊形式，与一般创造想象相比有两点不同。第一，幻想中所创造的形象，总是体现着个人的愿望，是向往的事物。例如，我们对祖国实现四个现代化以后的宏伟图景的想象，就是我们所向往、所期望的新形象。创造想象中的形象不一定是个人所期望的形象。例如，作家创造反面人物的形象，就不是作家所向往的形象。第二，幻想不与目前行动直接联系，而是指向于未来，但它又常常是创造活动的准备阶段。

幻想的品质与一个人的世界观或一般思想状态紧密联系着。幻想有两种，一种是在正确的世界观指导下，符合客观规律，是可能实现的，这种幻想就是理想；另一种是不符合客观规律，毫无实现可能的，这种幻想就是空想。

引导青年人逐步树立崇高的理想是一项特别重要的思想工作，崇高的理想对一个人的

良好品德的形成起着重大作用。

积极的幻想是学习和工作的巨大动力。幻想能把光明的未来展示在人们的面前,只有在幻想中看到了自己还没有取得的成果,人才会以无穷无尽的精力去从事创造活动,战胜困难,迎接胜利。

积极的幻想又是构成创造想象的准备阶段。今天还是人们幻想中的东西,明天就可能出现在人们创造性的构思中。幻想常常是科学发明和发现的先导,从某种意义上说,没有幻想,就没有科学的进步。

# 第三节 生物节律、睡眠和梦

## 一、生物节律

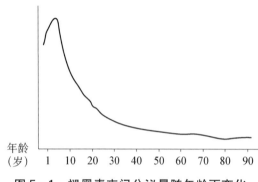

图 5-1 褪黑素夜间分泌量随年龄而变化

节律就是周期性变化。人的心理活动也存在着周期性变化。如白天工作,夜晚睡觉,这种节律称为生物节律。这表明:人类有机体内存在一个"生物钟"(bological clock)。人的生物节律大致相当于:1年、28天、24小时①、90分钟四种时间长短,近年来的研究表明:位于下丘脑的视交叉上核起着主要作用,它对松果腺的活动起着促进或抑制作用。松果腺分泌褪黑素(melatonin),褪黑素被认为是一种荷尔蒙,它起着调节睡眠等作用,对人类睡眠影响很大。研究表明:褪黑素在夜间的分泌量随年龄的变化而变化。这也是老人比儿童睡眠减少的原因之一(如图5-1所示)。

## 二、睡眠和梦

睡眠是机体自发产生的,睡眠是一种先天的生物节律(innate biological rhythm)。人的一生中大约有三分之一的时间处于睡眠状态,睡眠对人的健康和事业起着十分重要的作用。但对睡眠的研究,是近几十年的事。过去认为,人在睡眠中,是完全没有意识活动的,但近年来的研究表明人在睡眠中,意识并没有完全停止,人在睡眠时并不是完全没有反应。比如,睡眠时有人叫你的名字就会比较容易醒来。

人在睡眠时会经历一系列相对独立的睡眠阶段。睡眠不是单一的过程,而是有两种不同的时相:慢波睡眠(slow wave sleep)和快波睡眠(fast wave sleep)。

慢波睡眠时脑电波呈同步化慢波。人的夜间睡眠多数时间处在这种睡眠状态。成年人

---

① 人的日周期是25小时,一天24小时划分是人为的,用以适应每月30—31天。

的慢波睡眠可分成四个阶段:入睡期,浅睡期,中度深睡眠期和深度睡眠期。儿童睡眠的分期比较困难。

发生在快波睡眠的称快速眼动睡眠。快速眼动睡眠时脑电波呈去同步化快波。人的一生中,快波睡眠的时间所占的比例随年龄的增加而减少。新生儿的快波睡眠占整个睡眠时间的 50%,2 岁以内的婴儿的快波睡眠占睡眠时间的 30%—40%,青少年和成年人的快波睡眠占睡眠时间的 20%—25%,而老人的快波睡眠时间不到睡眠时间的 5%。

慢波睡眠时眼球没有或只有少数缓慢的运动,故又称非快速眼动睡眠;快波睡眠时眼球有快速运动(50—60 次/分),因此,快波睡眠又称快速眼动睡眠。

慢波睡眠和快波睡眠相互交替。成人的睡眠,先进入慢波睡眠状态,持续约 90 分钟,然后进入快波睡眠,约持续 20—30 分钟,接着又进入慢波睡眠。两种睡眠状态都可以直接进入觉醒状态,但从觉醒状态进入快波睡眠必须先经过慢波睡眠(如图 5-2 所示)。一个晚上整个睡眠期间这种反复交替约 3—5 次,越接近睡眠后期,快波睡眠的持续时间越长(如图 5-3 所示)。

图 5-2 觉醒与睡眠的交替示意

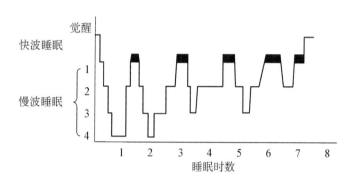

图 5-3 慢波睡眠与快波睡眠的转化

用脑电波①分析,可以相对地分为下列五个阶段(如图 5-4 所示)。

第一阶段为入睡期,脑电活动以 α 波为主。

第二阶段为浅睡期,脑电在 θ 波活动的背景上出现 σ 频率。是慢波睡眠的主要部分。

第三阶段为中度深睡眠期,脑电出现 δ 波。

第四阶段为深度睡眠期,脑电以 δ 波占优势。

快波睡眠(即快速眼动睡眠)脑电出现了越来越多的 α 波,最有特征的行为是眼睛快速运动。在后半夜占睡眠周期的比例增大。

从个体发展史看,婴儿每天睡 20 小时,一般是 2 小时一个睡眠觉醒周期,或 4 小时一个周期。随着年龄增长,白天还需要睡一个小觉,最终建立起每天稳定的睡眠节律。50 岁以上的人,平均每夜只睡 6 小时(如图 5-5 所示)。

---

① 脑电波是用电极在人或动物头皮表面记录到的自发电位变化。主要有 α 波(频率为每秒 8—13 次);β 波(频率为每秒 14—30 次);θ 波(频率为每秒 4—7 次);δ 波(频率为每秒 1—3 次)等。

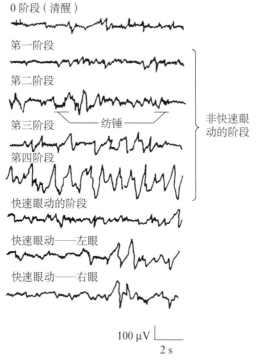

图5-4 睡眠的阶段

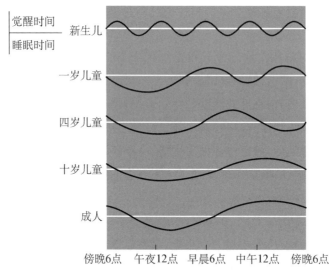

图5-5 睡眠模式随年龄的变化

（资料来源：D. Coon，2004）

从种族发展史看：人和动物在每天 24 小时中的某个阶段都有睡眠。但睡眠的形式和时间等有很大的差异。动物学家在研究大量的各种动物后，发现各种动物的睡眠与人类睡眠有不同的模式（如图 5-6 所示）。

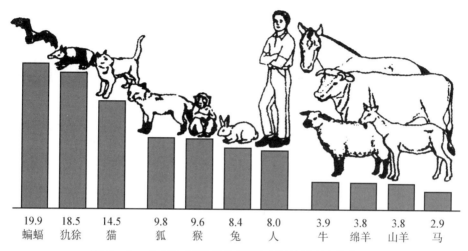

图 5-6 人类和各种动物睡眠时间的比较（单位：h）

（资料来源：Kalat，1988）

梦是在睡眠状态下进行的一种想象活动，是无意想象的极端形式。做梦是人脑的正常活动，是人脑处于睡眠状态时一定时相一定部位的兴奋活动。做梦是必不可少的，而且每个人每夜都做梦，只是有的人记得清楚，有的人记不清楚。克莱特曼（N. Kleitman）指出："有些人断言，他们极少做梦，或从来不做梦。但是，所有被试……在适当时间被唤醒时，都报告说，他在做梦。所以，可以相当肯定地说，每天晚上，每个人都反复地做着梦。"[①]一项实验研究表明，191 个被试在快波睡眠期间被唤醒，报告正在做梦的有 152 人，占 80% 左右；160 个被试在慢波睡眠期间被唤醒，报告正在做梦的只有 11 人，占 7% 左右。

慢波睡眠和快波睡眠状态所做的梦，在内容上是不同的。慢波睡眠期间所做的梦，概念性较强，内容涉及最近生活中所发生的事；快波睡眠期间所做的梦，知觉性（特别是视知觉）较强，内容生动、古怪。由于快波睡眠状态大部分发生在下半夜，因此整个睡眠时所做的梦，一般是从上半夜较多概念化的内容向下半夜较多知觉化的内容过渡。

相关的研究表明，生长素分泌的高峰在慢波睡眠期间，慢波睡眠有利于促进生长发育和恢复体力。快波睡眠是神经细胞活动增高时期，它与儿童的脑、神经系统发育与成熟有密切关系。

睡眠对于心理活动的正常进行是十分重要的。1966 年 8 月，日本东京大学对 23 岁的男青年 H. M 进行了剥夺睡眠的实验，时间达 101 小时 8 分 30 秒，图 5-7 是 H. M 剥夺睡眠

---

① 汤普森主编：《生理心理学》，科学出版社 1981 年版，第 367 页。

图 5-7 H.M君剥夺睡眠 87 小时的照片

87 小时的照片。在剥夺睡眠期间,他的生理指标没有明显变化,但是心理活动受到相当的影响。被试的心理活动通过多种心理测验,他的成绩明显下降。通常在剥夺睡眠两天后,被试很难集中注意力,并且出现错觉和幻觉。近期剥夺睡眠的研究表明,剥夺睡眠对心理的影响个体差异较大。威廉姆斯(Williams)等人的实验表明,剥夺睡眠时间短,对被试的心理活动影响小;剥夺睡眠的时间长,对被试的心理活动影响大;剥夺睡眠的人,仍能做好短时间的工作,在长时间的工作中,则出现很多错误[①]。哈特曼(Hartmann)根据剥夺睡眠的研究指出,睡眠在集中注意力以及与注意相联系的学习和记忆方面具有意义,睡眠对于保持情绪正常和适应环境的能力方面可能起一定的作用。

有人认为做梦也许是人脑的一种工作程序,对白天所接受的信息进行去芜存菁的筛洗。哈钦森(Hutchinson)和弗卢努瓦(Flournoy)等人指出,做梦有时会有助于问题的解决。例如,法国文学家伏尔泰在睡眠状态时完成一首诗的构思,德国化学家凯库勒在梦中发现了苯分子的环状结构(如图 5-8 所示)。

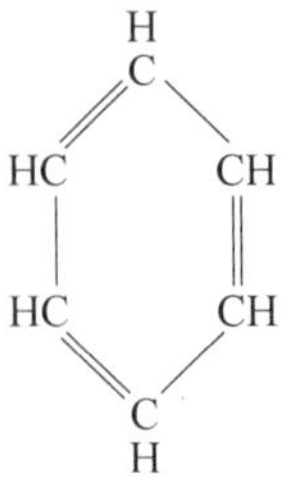

梦境有时是很奇怪的,但构成梦境的一切内容都是做梦者经历过的事物,所以,梦仍然是客观现实的反映。外界的刺激和身体内部的生理变化都能引起梦。例如,风吹树叶的沙沙声,可能产生下雨的梦境;睡眠时若手压在胸部,可能会做噩梦。

图 5-8 苯的环形结构

霍尔(C. Hall)研究了许多梦,他收集并分析了一万多个梦,发现大多数梦反映的是日常事件。人们梦中最常出现的场所是熟悉的房间和朋友、父母或老板等(D. Coon,2004)。表 5-1 是对梦境内容的分析。

表 5-1 梦境内容

| 被试 | 视觉 | 听觉 | 触觉 | 味觉 | 嗅觉 |
| --- | --- | --- | --- | --- | --- |
| 133 个梦 | 85% | 58% | 5.3% | 0 | 1.5% |
| 165 个梦 | 77% | 49.1% | 8.5% | 0 | 1.2% |
| 151 个梦 | 100% | 90% | 13.5% | 12% | 15% |
| 150 个梦 | 72% | 54.6% | 6% | 2.7% | 27% |

苏联心理学家卡萨特金在 276 名被试中,对梦进行了 1300 多次观察和 460 次实验,得出结论:"视觉分析器机能完好者所做的梦,有视觉形象的占 100%,……那些不可能有外部世

---

[①] Hilgard,E. R.,et al. (1979). *Introduction to Psychology*. Harcourt: Harcourt Brace. p.161.

界的视觉形象的生而盲者却从来不说他们的梦里有视觉的形象,……生而聋者也自称,从来没有在睡梦中听见什么。"①大部分人到 70 岁时会做 15 万次梦。这些梦的内容主要是关于每天发生的事,例如去超市,在办公室里工作,准备一顿晚餐②。据布伦纳斯(C. Brenneis)和温格特(C. Winget)的统计,在梦中的活动,男子多在室外,女子多在室内。图 5-9 是一个儿童的梦境,儿童在梦中进入一个迷宫或玻璃走廊。

图 5-9 一个儿童的梦境

胎儿也能做梦,1968 年比利时医生对一万多名孕妇进行实验,结果发现,在母亲做梦的同时,8 个多月的胎儿也随着母亲进入梦乡。胎儿的身体一动也不动,但眼球却迅速移动着。不仅人类会做梦,其他哺乳动物也可能做梦。卢克莱修(Lucretius)在狗睡眠前放置食物,睡眠过程中狗会有咀嚼等动作。动物越是高级,做的梦也就越多越复杂。

科学家们对睡眠的本质有两种不同的看法:一种看法是将睡眠看成是一个被动的过程,睡眠是由于网状结构上行激活系统活动减弱,不能维持觉醒的结果。这种看法过分简单了。另一种看法认为,睡眠是中枢神经系统主动的过程。它又分为两种意见,巴甫洛夫学派认为,睡眠是一种主动的抑制过程,当抑制过程在大脑皮质内广泛扩散,并扩散到皮质下中枢时,就出现睡眠;另一种意见则认为在中枢神经系统内存在触发睡眠的中枢,这些中枢神经细胞的活动导致了睡眠。

现代研究表明,睡眠是一种复杂的过程,由中枢神经结构和递质协同活动来实现。

---

① 高觉敷:《心理学与无神论》,《南京师范学院学报》1964 年第 1 期。
② 罗伯特·费尔德曼著,梁宁建等译:《心理学与人类世界——无处不在的心理学》,机械工业出版社 2011 年版,第 92 页。

催眠是类似于睡眠但对刺激尚保持多种行为反应的心理状态[①]。催眠有很多学说,但至今没有一个学说得到公认。有的人容易进入催眠状态,有的人则几乎不能进入催眠状态。

图 5-10 是人在催眠下的僵直,被催眠者在催眠前睡在两个架子支起的一块木板上,由于催眠暗示的作用,在催眠状态下就进入僵直状态,所以抽掉木板,被催眠者仍能躺直。在医学上催眠术是一种治疗的手段,需要经过专门训练的催眠师来进行。

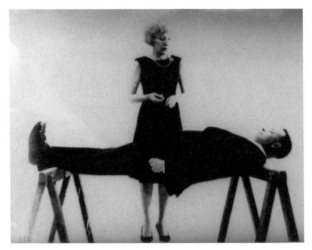

图 5-10 催眠僵直

## 名词解释

想象　再造想象　创造想象　幻想　生物节律　慢波睡眠　快波睡眠　梦

## 思考题

1. 为什么说想象也是人脑对客观现实反映的一种形式?
2. 再造想象和创造想象在人的实践活动中有什么作用?
3. 积极的幻想有什么作用?
4. 怎样运用想象的规律来提高自己的学习和工作质量?
5. 怎样科学地解释睡眠和梦?

---

[①] 荆其诚主编:《简明心理学百科全书》,湖南教育出版社 1991 年版,第 69 页。

# 第六章 思　　维

## 第一节　思维概述

### 一、思维的含义

思维是人脑对客观现实间接和概括的反映,是揭示事物本质特征及内部规律的理性认知过程。思维与感觉、知觉一样,是人脑对客观现实的反映。思维是认知的高级形式。感觉和知觉只是对客观现实的直接反映,所反映的是客观事物的外部特征和外在联系,而思维则是对客观事物间接的、概括的反映,它所反映的是客观事物共同的、本质的特征和内在联系。以对三角形的认识为例,感知觉只能反映各种三角形的形状和大小,而思维则能舍弃三角形的具体形状和大小等非本质的特征,把任何三角形都具有三条边、三个角以及三个内角之和为180°这些共同的、本质的特征概括出来。

人的思维过程具有间接性和概括性等重要特征。思维的间接性就是指人凭借已有的知识经验或以其他事物为媒介去理解或把握那些没有直接感知过的,或根本不可能感知到的事物,以推测事物的过去进程,认识事物的现实本质,推知事物的未来发展。现实生活中体现人脑对客观事物间接反映的事例数不胜数。例如,早晨起来,推开窗户,看见屋顶潮湿,人们便推想"夜里下过雨了"。这时,人并没有直接感知到下雨,而是通过屋顶潮湿这个媒介,间接地推断出来的。医生能通过测量病人的体温、脉搏,化验病人的血液,断定病人某一内部器官的状态;脑生理学家能通过条件反射、脑电图间接地了解人脑的活动;物理学家通过实验可以间接地推算出不能直接感知到的运动速度,如光速。正如列宁所说的:"表象不能把握整个运动,例如,它不能把握秒速为30万公里的运动,而思维则能够把握而且应当把握。"①

思维的概括性既指把同一类事物的共同特征和本质特征抽取出来加以概括,也指将多次感知到的事物之间的联系和关系加以概括,得出事物之间的内在联系或规律。例如,山川、树木、车船等都可以用简洁的词句来概括,得出"树为木本植物""船是水上的交通工具"等概念。多次看到"月晕"要"刮风",地砖"潮湿"要"下雨",人们就能概括出"月晕而风""础润而雨"的结论。可见,思维的概括性不仅表现在它反映某一类客观事物共同的、本质的特征上,也表现在它反映了事物与事物之间的内在联系和规律上。一切科学的概念、定义、定理、规律、法则等都是通过思维概括的结果,都是人对客观事物的概括的反映。概括既有感性的概括,也有理性的概括。概括的水平,无论是从个体发展或是从种族发展来看,都是随着语言的发展、经验的丰富、知识的增加,由低级向高级发展的。概括的水平越高,就能越深

---

① 列宁著,中共中央马克思恩格斯列宁斯大林著作编译局编译:《列宁全集》第三十八卷,人民出版社1959年版,第246页。

入地反映事物的本质特征和内在联系。

思维的概括反映和间接反映是密切联系的,因为思维的间接性往往是以人对事物概括性的认识为前提的。间接性和概括性是人的思维的两大本质属性。除此之外,从思维品质特征来看,人的思维还表现为深刻性、灵活性、创造性、批判性、敏捷性等五大品质特征。从人的实际思维的心理机制来看,可逆性是人的思维的最核心的本质属性。如皮亚杰认为,人的思维存在反演可逆性和互反可逆性这两种基本的可逆性。

虽然思维和感知觉有着本质的不同,但两者密不可分。思维是在感知的基础上产生和发展起来的。正确的思维不但不能脱离客观事物,而且应该更加接近客观现实,使人更深刻、更准确地认识现实。感性认识的材料如果不经过思维加工,就只能停留在对事物表面现象的认识上,而不能认识客观事物的规律和本质。毛泽东指出,"理性认识依赖于感性认识,感性认识有待于发展到理性认识"[①]。这正是感性认识与理性认识的辩证关系。

心理学家们对于思维的定义看法不一。除了主要从哲学理论上对思维本质作阐述外,有些心理学家从解决问题的角度,将思维看成是寻求问题的答案,或寻求达到实际目的的过程。信息论和控制论把人脑当作一个复杂的信息加工器官,认为思维就是人脑对信息的分析、综合、贮存、检索并作出决定的过程。科技工作者以这种理论为基础创制了新一代高智能电子计算机及人工智能设备,生产出了模拟人的思维的机器人。但是,电子计算机只是在模拟人的逻辑思维规律的基础上设计出来的,其计算活动与人脑思维活动之间还存在很大的一段距离,还不能完全替代人脑。

## 二、思维的种类

### (一)动作思维、形象思维和抽象思维

根据思维过程中的凭借物或思维水平的不同,思维可分为动作思维、形象思维和抽象思维三大类。

**1. 动作思维**

动作思维是在思维过程中以实际动作为支柱的思维。动作思维也称操作思维或实践思维,其特点为:任务是直观的,是以具体形式给予的,思维过程要借助实际动作。

3岁前的儿童的思维常常是伴随着动作进行的。他们不能脱离动作来默默思考,更不能计划自己的动作,预见动作的结果。他们的思维在活动中展开。例如,他们骑在小椅子上,同时会说"开汽车了""骑马了"等。当丢开小椅子玩其他玩具时,"开汽车""骑马"等思维活动也就让位于其他的思维活动了。

成人也有动作思维,比如,为了找出屋里电灯不亮的原因,看看灯泡的钨丝是否断掉,保险丝是否烧掉,灯头与线路的接触点是否良好等,都要通过动作来解决问题。但成人的动作

---

① 毛泽东著,中共中央毛泽东选集出版委员会辑:《毛泽东选集》第一卷,人民出版社1967年版,第268页。

思维与没有完全掌握语言之前的幼儿的动作思维是不同的,前者是借用动作进行思维,后者是使用动作替代思维,两者不能混为一谈。

### 2. 形象思维

形象思维是以事物的具体形象或表象为支柱的思维,其基本单位是表象。

这种思维在幼儿期(3—6、7岁)有明显的表现。例如,儿童进行计算时,算出 3+4=7,但实际上他们并不是对抽象的数字进行加算,而是靠头脑中的3个苹果和4个苹果,或3粒糖和4粒糖等实物表象相加而计算出来的。即使在小学低年级学生中,思维的具体形象性的特点也明显存在。

成人的思维,主要是借助概念来实现的,但也不可能完全摆脱形象思维。当人们用已有的直观形象来解决问题时,特别是在解决比较复杂的问题时,形象思维就表现出来了,鲜明、生动的客观形象有助于思维的顺利进行。艺术家(如画家)、作家、导演、工程师、设计师等更多地运用形象思维。爱因斯坦承认自己经常在进行形象思维。

成人的形象思维与幼儿的形象思维有着本质的不同。例如,画家所创造的鲜明而富于表现力的形象和音乐家所创造的音乐形象,都是"物质化了"的概念,是概括的形象思维。成人的形象思维水平并不低于抽象思维水平。幼儿所运用的表象仅仅是笼统地感知个别对象后留存的图式、不充分的形象,是具体的形象思维。

### 3. 抽象思维

抽象思维以概念、判断、推理的形式来反映客观事物的运动规律,是对事物的本质特征和内部联系的认知过程。例如,学生要证明数学中某一命题或定理,就要运用数学符号和概念来进行推导和求证。

## (二) 非逻辑思维和逻辑思维

根据思维时是否具有或遵循明确的逻辑形式和逻辑规则,思维又可以分为非逻辑思维和逻辑思维两大类。

### 1. 非逻辑思维

非逻辑思维是指不具有明确的逻辑形式或不遵循明确的逻辑规则的思维。动作思维、形象思维属于非逻辑思维,直觉思维也是非逻辑思维。

直觉思维是指不经过严密的逻辑推理过程,迅速对问题的答案作出合理的猜测、设想或突然领悟的思维,又称"灵感"或"顿悟"。例如,一百多年前,达尔文观察到植物幼苗的顶端向太阳照射的方向弯曲,就直觉地猜想幼苗的顶端含有某种在光照下跑向背光的一侧的物质。但是在当时他的这种假设没有办法得到证明,后来经过许多科学家反复实践和研究,终于在1933年找到了这种物质——植物生长素。直觉思维并不神秘,它是脑功能处于最佳状态时,在有关某个问题上持续进行自由联想或猜想活动中,旧的神经联系突然沟通形成新联系的表现。

#### 2. 逻辑思维

逻辑思维也称分析思维,是指有明确的逻辑形式,并遵循一定的逻辑规则的思维。逻辑思维往往与严密的推理和分析有关。例如,在解决数学、物理等学科问题过程中所用到的分析、推理过程就是逻辑思维过程。

### (三) 集中思维和发散思维

根据思维过程中的指向性不同,思维可分为集中思维和发散思维。

#### 1. 集中思维

集中思维也叫聚合思维、辐合思维、求同思维,是指思考问题时信息朝一个方向聚敛前进,从而形成单一的、确定答案的思维过程。即利用已有的信息,达到某一正确结论。集中思维的主要功能是求同。

#### 2. 发散思维

发散思维也叫分散思维、辐射思维、求异思维,是指思考问题时信息朝各种可能的方向扩散,并引出更多新信息,使思考者能从一种设想出发,不拘泥于一个途径,不局限于既定的理解,尽可能作出合乎条件的多种解答。发散思维的主要功能是求异与创新。例如,提问者要求列举砖头的各种用途。可能的答案是造房子、砌围墙、铺路、刹住停在斜坡上的车辆、当作锤子、压纸、代替尺划线、作书架等。这些答案把砖头的用途发散到了各种领域,每一个答案都是对的。思维的流畅性(对信息很流畅地作出反应的能力)、变通性(对信息随机应变的能力)、独特性(对信息作出不寻常的反应,具有新奇的成分)是发散思维的三个重要特点。

此外,根据方向性不同,思维还可以分为纵向思维和横向思维。纵向思维也叫垂直思维,是由点到点的单一直线式的思维。逻辑思维、抽象思维、聚合思维、严密推理思维等是纵向思维。横向思维也叫平行思维、水平思维,是由面到面的平行式的或曲面式的思维。非逻辑思维、形象思维、发散思维、灵感、顿悟等是横向思维。横向思维有利于思维的创新。

## 三、思维与语言

马克思曾经指出:"语言是思维的直接现实。"[1]自从人掌握语言之后,人的思维主要是借助于语言来进行的。语言与思维的这种关系是由语言本身所具有的概括性、间接性、社会性的特点决定的。语言是为全体社会成员共同理解的一种符号。通过这种物质形式的符号,才能把某一类事物的共同的、本质的特性和它们之间的联系确定和巩固下来。例如,"灯"这个词,尽管世界上有各式各样的灯,它们各有特点,但是它们都有共同的本质——照明。语言的这种概括性为人类对客观现实的概括提供了可能。如果没有可以标志一般的符号——语言,人类的抽象思维是不可能的。因此,人类的抽象思维是以词为中介对现实的反映。

---

[1] 马克思、恩格斯著,中共中央马克思恩格斯列宁斯大林著作编译局编译:《马克思恩格斯全集》第三卷,人民出版社 1960 年版,第 525 页。

思维和语言是有区别的。首先,语言是人们交流思想的工具,思维本身并不具有这一特点。其次,思维与客观事物的关系是反映和被反映的关系,其间有本质的、必然的联系,而语言同客观现实的关系是标志和被标志的关系,两者之间则没有必然的联系。我们可以用不同的词代表同一事物。再次,语言中的词与思维中的概念并不完全等同。概念用词来表达,但一个词可以表达不同的思想。例如,"风"可能是作风、吹风、刮风等。反之,同一思想可用不同的词来表达,例如,"信息论"可以用中、英、俄、日等国语言来表达。最后,语言的语法结构与思维规律之间既有联系,也有区别,不同民族的语法结构不全相同,但思维的规律都是相同的,都是从感性上升到理性,从具体到抽象,思维的基本过程也是分析与综合、比较、抽象与概括、具体化等。

## 四、思维发展与思维训练

思维发展是指个体的思维随年龄增长而发展变化的历程。个体的思维是发展着的,从简单到复杂,从具体到抽象,从低水平向高水平持续不断地发展变化。根据皮亚杰认识发生论,思维起源于动作,依次经历感知动作思维、前运算思维、具体运算思维和形式运算思维这四个发展阶段,而思维发展的动力就是"双向建构"过程,即包含"动作内化"的"同化于己"的"内化建构"过程和包含"格式外化"的"顺化于物"的"外化建构"过程,这两种过程密不可分。思维发展理论告诉我们,对于儿童的思维教育要注意关键期,要基于儿童切身的操作实践,重视在活动中学习。

思维训练是指根据思维发展规律及儿童的实际需求,制定适宜的思维教学目标与教学内容,并系统地实施思维教学活动计划的过程。大多数心理学家都认为思维是可以训练的,例如,英国著名心理学家爱德华·德·波诺(Edward de Bono)认为,思维作为一种技能可以被直接传授。他所创制的CoRT思维课被世界多个国家和地区使用。此外,吉尔福特(J. P. Guilford)的发散思维训练,利普曼(Matthew Lipman)的PFC儿童哲学方案,符尔斯坦(Reuven Feuerstein)的FIE思维工具强化课,斯腾伯格(Robert J. Sternberg)的ICT智力成分训练项目,以及国内学者创制的R:APOK可逆性思维训练教程等在儿童思维训练实践领域都取得了显著成效。教育者们应借鉴这些思维训练方案的理论观点和训练内容,以更好地开展儿童的思维教学实践。

## 第二节 思 维 过 程

人类思维活动的过程表现为分析与综合、比较、抽象与概括和具体化。其中,分析和综合是思维的基本过程,其他过程都是从分析、综合派生出来的,或者说是通过分析、综合来实现的。心理学对思维的研究已经从思维的静态特征分析向思维的动态过程验证转变。也有研究认为,人类的基本思维过程可概括为四种:注意过程、计划过程、操作过程和知识获得过程。对思维过程的验证研究有助于揭开人类智慧之谜。

## 一、分析与综合

分析是在头脑中把事物的整体分解为各个部分、个别特性或个别方面。综合是在头脑中把事物的各个部分或不同特性、不同方面结合起来。任何一个事物,不论是简单的还是复杂的,总是由各个部分组成,而且具有各种不同的特性。我们在认识某一事物时,就要不断地对它进行分析与综合。比如,我们要弄清楚某种机器的运转方式,首先要分出这个机器的不同组成部分,然后,再把所分出的各部分互相比较,并确定它们之间的联系,从而加以综合。

思维过程是从对问题的分析开始的。思维分析可以有过滤式分析和综合性分析两种形式。前者通过若干尝试对问题情境作初步的分析,并淘汰那些无效的尝试。后者是通过把问题的条件和要求综合起来而实现的分析,这种分析带有指向性,是思维分析的主要形式,是思维活动的主要环节。例如,给被试提出如下问题:"用六根火柴作出四个等边三角形,使三角形每边都由一根火柴构成。"在解决这个问题时,由于一般三角形常是平面的,材料也在平面上出现,大多数被试都在平面上作种种尝试。这是过滤式分析。在多次尝试失败以后,被试逐渐将分析与条件和要求相联系。有的被试发现:"三角形有三个边,四个三角形有十二个边。但火柴只有六根,这意味着每个边都是公共的。"这就是综合性分析。

分析与综合是方向相反而又紧密联系的过程,是同一思维过程中不可分割的两个方面,分析中有综合,综合中有分析。分析总是把部分作为整体的部分分出来,从它们的相互联系上来分析,而综合则是对分析出的各个部分、各个特性的综合,是通过对各部分、各特性的分析而实现的。分析为了综合,分析才有意义;综合中有分析,综合才更完备。任何一个比较复杂的思维过程,既需要分析,也需要综合。例如,我们在分析"I am a teacher, you are students"这类句型时,同时对连系动词、表语的成分进行了综合。

分析与综合的能力最初是在游戏或实践活动中形成并得到发展的。儿童首先在自己的活动中有了对具体事物进行分析与综合的实际经验,然后才能不直接依赖具体事物而在头脑中进行抽象的分析与综合活动。随着年龄的增长和知识经验的丰富,人的分析与综合的水平也逐渐提高。低年级学生善于对具体事物的分析与综合(拼七巧板,边拼边凑),高年级学生则善于运用概括的知识,即用语词、专门符号、图解、图表和公式中的概念去解决问题。这属于抽象的、理性的分析与综合,是分析与综合的高级水平。但是,高年级学生在分析与综合遇到困难时,也仍然需要具体事物作支柱。教师在教学中应根据学生的思维发展特点进行教学,为发展学生的综合能力,应把学生的注意力引向整体,做综合性的思考练习;为发展学生的分析能力,应把学生的注意力引向细节部分,必要时可作图解。

## 二、比较

比较是在头脑中把对象和现象的个别部分、个别方面或个别特征加以对比,确定被比较对象的共同点、区别及其联系。比较是在两个事物的某一方面或某个事物的两个方面之间进行比较。为了确定几个对象的异同,人们在认识上把每个比较对象分解为部分,区分出某种特征,这就是进行分析;同时把它们相应的部分联系起来考虑,确定它们在哪些方面是相同的,在哪些方面是不相同的,这就是进行综合。因此,比较离不开分析与综合,分析与综合是比较的基本过程。

比较对认识世界起着重要作用。有比较,才有鉴别。人们认识一切客观事物,都是通过比较来实现的,没有比较就不能认识事物。比较也是重要的学习策略。教师在教学中广泛地动用比较,有利于学生对知识的理解与记忆。教师常常通过把某一事物和与它十分相似的事物进行比较,找出它们之间的不同点;又把这个事物和与它差别很大的事物进行比较,找出它们之间的相同点。这样做的目的是使学生较容易地明确这个事物的本质特征,帮助学生突破学习上的难点。

教学中经常使用的比较形式有两种:同类事物的比较和不同类却相似、相近或相关的事物之间的比较。各种圆的比较、种子发芽的各个阶段的比较等是同类事物的比较。人们正是通过这类比较,把对象的本质特征和非本质特征区分出来。"虚词"与"实词""质量"与"重量""代数式"与"方程式""岛"与"半岛"的比较,是不同类但却相似、相近或相关事物之间的比较。通过这类比较,不仅使相比的对象的本质特征更加清楚,而且有助于认识它们之间的联系和区别,便于对知识的理解与记忆。

在教学上运用比较,可采用两种不同的方法,一种为顺序比较法,即把要学习的材料和过去学习过的材料加以比较;另一种为交错对照比较法,就是同时交错地把两种要学习的材料加以比较。研究表明,这两种比较方法的教学效果是不同的。在一般情况下,交错对照比较法优于顺序对照比较法,但是最好用熟悉的知识与不熟悉的知识相比较。在对两个相似的字、词、概念、法则都还不熟悉的情况下,立即进行交错对照比较,有时反而容易产生混淆。

### 三、抽象与概括

抽象是在头脑中抽出同类事物的本质特征,舍弃非本质特征的思维过程。

概括是在头脑中把同类事物的本质特征加以综合并推广到同类其他事物的思维过程。概括有两种水平。一种是根据事物的外部特征,对不同的事物进行比较,舍弃它们互不相同的特征,对它们共同的特征加以概括,这是对外部特征的概括,是概括的初级水平;另一种是根据某一对象和现象或某一系列对象和现象的本质方面加以概括,这是对内在联系的概括,是概括的高级水平。概括的作用在于使人的认识由感性上升到理性,由特殊上升到一般。只有通过概括认识才能得到深化,从而更正确、更完全、更本质地反映事物。

抽象与概括是彼此紧密联系的。抽象是概括的基础,如果没有抽象就不可能进行概括。概括中有抽象,因为概括就是把分析、比较、抽象的结果进行理性的和抽象的综合,形成概念。任何一个概念、规律、公式或原则,都是抽象与概括的结果,人类的各种科学知识都是抽象与概括的产物。

## 四、具体化

同抽象相反的过程是具体化。具体化是将通过抽象与概括而获得的概念、原理、理论应用到实际,以加深、加宽对各种事物的认识。在教学中,具体化常常表现为引证具体事例来说明理论问题,或者运用一般原理来解决特殊问题。不过,这里需要注意的是,教师在提供具体化的例子时,不能使它脱离一般的事物,而应该指出这个特殊事例所说明的普遍问题,只有这样举例才是成功的。

# 第三节 概念及其掌握

## 一、什么是概念

### (一) 概念的含义

概念是人脑对客观事物和现象的一般特征和本质属性的反映。比如,"人"这个概念反映的不是人的高、矮、胖、瘦、黄、黑等表面现象,它已舍掉了男人、女人、大人、小孩、中国人和外国人等的区别,只剩下了区别于其他动物的特点。这个特点就是人所具有而其他动物所不具有的、反映人的本质的、关键的东西——人是会制造工具并使用工具来进行劳动的高等动物。

每一个概念都有它的内涵和外延。所谓"内涵"是指概念的含义,即概念所反映的事物的本质属性;所谓"外延"则是指概念的范围。概念外延的大小是由它的内涵所决定的。例如,"笔"这个概念的内涵主要是"用来写字、画图的工具",它的外延包括各种各样的笔。"钢笔"除了具有笔的一般特点外,还增加了"笔尖用金属制成、用墨水书写"这一特点。也就是说,"钢笔"这个概念的内涵比"笔"的内涵丰富,而"钢笔"的外延比"笔"的外延要小,它把毛笔、铅笔、圆珠笔等都排除在外。由此可见,一个概念的内涵越多,它的外延就越小,而概念的内涵越少,它的外延就越大。

概念是人们认识客观世界的历史产物。它是在人们长期的实践活动中形成的,也随着社会发展、科学水平的提高而不断发展变化。以"宇宙"这一概念为例,古代人认为天圆地方,而随着人们的实践活动、科学技术的发展,宇宙的概念也不断得以修正和发展。显然,宇宙的概念也还将随着对太空的探索、开发而不断得以修正和丰富。自然科学的概念是这样,社会科学的概念也同样如此。

概念属于思维,词属于语言,因为思维和语言密切联系着,所以概念和词也是分不开的。概念的形成必须借助于词和词组成的语句来实现,同时也需要用词来表达、巩固和记载。词的意义不断充实的过程,也就是概念的不断扩大和深化的过程。可以这样说,没有词,概念就不存在,没有概念,词也不存在。但是,就像思维不等于语言一样,概念不等于词。同一概念可以由不同的词来表示,同一个词也可以表示不同的概念。

## (二) 概念的种类

### 1. 具体概念和抽象概念

根据概念反映客观事物属性的抽象与概括程度，概念分为具体概念和抽象概念。具体概念是指人脑按客观事物的外部特征或外在属性形成的概念。抽象概念是指人脑按客观事物本质特征或本质属性以及内在联系形成的概念。具体概念往往是对具体事物的概括，而抽象概念往往是对具体概念的进一步抽象。例如，"苹果""香蕉"是具体概念，代表具体事物；而"水果"是抽象概念，代表一类事物，它是对"苹果""香蕉"等这类事物的抽象与概括。

### 2. 合取概念、析取概念和关系概念

根据概念反映的客观事物属性的数量及其相互关系，概念分为合取概念、析取概念和关系概念。合取概念是指两个或两个以上本质特征同时存在并相互连接的概念。例如，"水果"这个概念中同时存在"含水分的"和"植物果实"这两个特征和属性。合取概念是一种普遍的概念，其特征和属性之间遵循相加的规则。析取概念是指既可以同时具备两个或两个以上的属性，也可以只涉及其中某一个属性的概念。例如，"好学生"既可以指品学兼优，也可以单指品行好或学习好。关系概念是指根据客观事物之间的关系而形成的概念。例如，"上下""左右""大小"等概念中体现着客观事物之间的相对关系或内在联系。

### 3. 日常概念和科学概念

根据概念掌握的途径，概念分为日常概念和科学概念。日常概念又称前科学概念，是指个体在日常生活中通过人际交往和经验积累而形成的概念。例如，"动物""植物""人类"等是日常概念。科学概念又称明确概念，是指在科学研究中经过假设和检验后逐渐形成的，反映客观事物本质特征及内在联系的概念。例如，"勾股定理""万有引力""相对论"等是科学概念。

### 4. 自然概念和人工概念

根据概念的人为性，概念分为自然概念和人工概念。自然概念是指在人类历史发展过程中自然选择形成的反映客观事物本质特征的概念。例如，"雷""电""雨""爸爸""妈妈"等是自然概念，其内涵和外延由客观事物本身的特征和属性决定。人工概念是在实验室条件下人为地将客观事物的属性或特征结合起来而产生的概念。例如，"Reber 人工语法""有一定规律的空间位置关系"的概念是人工概念。人工概念是用来探究概念形成的过程、条件及影响因素而人为定义的。

## 二、概念的掌握

概念的掌握跟概念的形成不同。概念的形成是人类在历史发展过程中进行的，它是人类长期实践、长期思维活动的产物，经历了漫长而曲折的道路。而概念的掌握是指个体在发展过程中获得和运用人类已经积累起来的、现成的经验。儿童掌握概念不必经过人类形成概念所走过的复杂而漫长的道路，但掌握概念并不是一个简单的传递过程，而是一个主动

的、复杂的、在头脑中进行分析与综合的过程，必须通过主体的思维活动才能实现。

掌握概念的途径多种多样，但主要有两条。一条途径是不经过专门教学，通过日常交际和积累个人经验而获得概念，主要属于日常概念。这类概念往往受到狭隘的知识范围的限制，因此常有错误和曲解。在这类概念的内涵中有时包括了非本质的特征，或忽略了本质特征，概念之间的关系与区别也常有混淆。另一条途径是在教学过程中有计划地使学生在熟悉有关概念内涵的条件下掌握概念，主要属于科学概念。

日常概念对掌握科学概念有重大影响。这种影响可能是积极的，也可能是消极的，取决于日常概念的含义与科学概念的含义是否一致。当日常概念的含义与科学概念的含义基本一致的时候，日常概念对掌握科学概念起积极作用；当日常概念的含义和科学概念的含义不一致时，前者对后者就会产生消极的作用。

一般说来，教学过程主要是积累概念的过程。教师在帮助学生掌握概念的过程中，必须注意以下几点。

### （一）提供必要的感性材料

当学生缺乏感性知识和经验时，必须给学生提供必要的感性材料，作为揭露事物本质特征的基础。教师向学生提供感性材料，可以通过两种方式进行。一种是组织学生观察事物，即向学生演示直观教材或进行参观访问、社会调查，以形成感知觉；另一种是通过学生回忆或再造想象的表象。实验证明，由感知觉所提供的感性材料比较完整、清楚、正确，通过回忆形成的表象容易发生错误，因此，在条件许可的情况下，应该尽量多地用感知觉来提供感性材料。

### （二）运用变式对概念加以说明

变式是指事物的本质特征或非本质特征发生了改变后的呈现形式。在提供感性材料时，为了克服感性材料的片面性，应运用变式，从各个不同角度、不同情况对概念加以说明，这样做能使本质特征凸显出来。例如，教师在讲"垂线"时，不仅用正放的⊥符号，而且还用斜放的或倒置的⊥符号。在讲"三角形"时，不仅讲等腰三角形，还要讲等边三角形和直角三角形。在提供感性材料时，不用变式或变式用得不正确、不充分，就会引起两种错误：不合理地缩小概念或不合理地扩大概念。当学生认为"昆虫不属于动物"或"蘑菇不属于植物"时，就是由于他们把非本质的特性包括到概念的内涵中去，造成了不合理地缩小概念的错误。当他们把"蝴蝶等会飞的昆虫归为鸟类"的时候，就是把非本质的特征（会飞）包括到鸟的本质特征（羽毛等）中去，造成了不合理地扩大概念的错误。研究表明，教师不仅要运用肯定例证的变式，而且要运用否定例证，以促进学生概念的掌握。

### （三）突出本质特征，减少或消除非本质特征

大量的实验研究和教学经验表明，概念的关键特征越明显，学习越容易，无关特征越多、越明显，学习越难。例如，德怀尔（F. M. Dwyer）在1967年以大学生为被试，通过对心脏解剖

结构的学习,研究概念的特征对概念学习的影响。他将被试分成四组,每组都听有关心脏知识的录音讲解,但使用的辅助手段不一样。第一组一边听录音,一边在屏幕上看录音中提到的心脏各部位的名词;第二组一边听录音,一边看屏幕上有关心脏各部位的轮廓图;第三组一边听录音,一边看屏幕上有关心脏各部位的较详细的解剖图;第四组一边听录音,一边看心脏的照片。实验结果如图6-1所示。由于轮廓图突出了关键特征,消除了无关特征,因此,教学效果最佳;而实物照片增加了无关特征,掩盖了关键特征,所以效果最差。

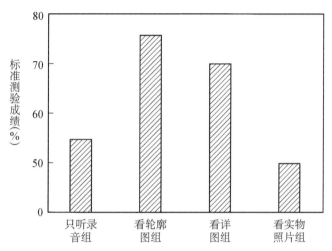

图6-1 突出有关特征与无关特征对概念学习的影响

## (四) 适时给概念下定义

下定义就是指用简明的语言来表述概念的内涵。下定义在解释概念内涵的本质特征中起着组织、整理和巩固概念的作用。一般地说,具体概念可以在学生直接观察具体事物的同时加以定义。抽象概念的定义不宜过早提出,应在学生具有充分感性知识经验的基础上才提出来。下定义一定要适时。过早下定义,将使学生死记硬背尚未理解的概念,这样,概念掌握就流于形式,就不能及时收到组织、整理概念的效果。

## (五) 在实践中运用概念

掌握概念不仅是从具体到抽象的过程,而且也包括从抽象到具体的过程,只有经过这样的反复才能真正掌握概念。从抽象到具体的过程就是概念的运用过程。

掌握概念的目的就是在实践中运用概念。学生通过运用概念,不仅能提高掌握概念的积极性,而且还能使概念具体化。而概念的每一次具体化,都会使学生对概念的认识进一步丰富和深入,对概念有更全面、更深刻的理解和掌握。例如,数学概念就必须通过练习才能真正掌握,如果学生只听讲,不做习题,就不能掌握数学的定理、公式和运算规则等知识。

在教学过程中,使概念具体化通常采用具体事例来说明问题,即举例子说明、解释一般原理或者运用概念来解决实际问题。

# 第四节 问题解决

## 一、问题解决的过程

问题解决是指由一定的问题情景引起的，经过一系列有目的和指向性的思维操作，使问题得到解决的过程。例如，在解决数学应用题时，题中描述的已知条件和设问构成了问题情景，由此引发了一系列的认知（思维）操作，最终获得答案，问题得到解决。一般来说，问题解决过程要经历如下四个阶段。

### （一）提出问题：发现问题和明确问题

提出问题是问题解决的第一阶段。思维是从问题开始的。问题就是矛盾，矛盾到处都有，时时都有。找出问题的过程也就是发现矛盾的过程。这个阶段的主要任务是找出问题的本质，抓住问题的核心。爱因斯坦说："提出一个问题比解决问题更重要，因为后者仅仅是方法和实验的过程，而提出问题则要找到问题的关键、要害。"发现问题和明确问题是解决问题的起点，而且也是解决问题的一种动力。发现问题和明确问题依赖于以下三个条件。

1. **主体的活动积极性**

一般而言，主体活动量越大，接触面越广，思考和探究世界的积极性越高，就越能发现问题和提出问题。能发掘平常人所不注意的问题的人往往是那些从事研究、经常向未知世界探索的研究者。

2. **主体的求知欲**

求知欲在发现问题和明确问题中起着重要作用，它是人类追求某种现象或弄清某个问题的内部动因。求知欲高的人能在别人发现不了问题或在已有公认解释的地方提出问题。他们不满足于对事实的一般解释，一定要打破砂锅问到底，非把问题弄个水落石出不可。

3. **主体的知识经验**

发现问题和明确地提出问题也和人的知识经验联系着。一个人知识不足，对任何事物都感到新奇，都要问个究竟，会促使个体提出许多问题。例如，4—5岁的幼儿特别好问，他们会向大人提出"天上有人吗""月亮为什么跟人走"等一系列的问题。但知识缺乏不容易提出复杂的问题，不能抓住问题的主要矛盾，也就不能提出深刻的问题。所以，钻得愈深，了解得愈多，提出的问题也就愈多，愈重要，愈深刻。屈原在《天问》中一口气提出了天文、地理、人类等各个方面的172个问题，发人深省。善于解决问题的人都具有慎思、审问的能力。

### （二）分析问题：分析问题的性质与条件

问题解决的第二阶段是分析所提出问题的性质与条件。这个阶段的主要特点是搜集与问题有关的材料。比如，马克思创作《资本论》就研读了1500本以上的各种著作。这个阶段需要运用图形和符号等进行视觉上和结构上的问题分析,还需要弄清楚用什么概念来整理问题。正确分析问题的性质与条件是提出正确假设的前提。

## (三) 提出假设:考虑解答方法

问题解决的关键是找出解决问题的方案——解决问题的原则、途径和方法。要做到这一点,先要提出假设。假设是科学探索的动因,在人的认识中起着重要的作用。恩格斯说:"只要自然科学在思维着,它的发展形式就是假设。"[1]在科学发展中,提出假设几乎是必经之路。提出新的假设是顺利解决问题的关键,而假设的提出要依靠已有的知识经验,并且和前一阶段问题是否已经明确和正确理解相联系。明确了问题的性质,就有可能使思维过程有一定的方向,能把问题纳入一定的原则,按照这些原则来构思解决问题的办法。

## (四) 检验假设:获得正确方法和结果

问题解决的最后一步是检验假设。实践是检验真理的唯一标准。只有通过实践才能把主观和客观联系起来。假设成立与否必须有科学实验的证明或社会实践的证明。如果经过证明假设是错误的,就需要寻找新的解决问题的方案,重新提出假设。正确的新假设的提出有赖于对以前失败的原因是否有充分的了解。分析假设不成立的情况对找到新的正确的解决问题的方案有很大的帮助。

应当特别指出的是,问题解决的四个基本过程不能截然分开,顺序也不能固定不变,有时是交错地进行着的。

## 二、影响问题解决的因素

影响问题解决的因素有主观和客观两个方面,而这两方面的因素又是相互联系、相互影响的。影响问题解决的因素除了问题本身的难度和问题情境的复杂程度以及问题解决者本身的能力水平以外,还受到以下几方面因素的影响。

## (一) 迁移

迁移是已经学过的知识在新情境中的应用,或者是已有的问题解决经验对解决新问题的影响。

迁移一般可以分为两种类型。一种是正迁移,表现为一种知识、技能促进另一种知识、技能的掌握;另一种是负迁移,表现为一种知识、技能干扰另一种知识、技能的掌握。会说普通话的学生在学习英语国际音标时,容易掌握的是三对爆破音[p][b]、[t][d]、[k][g]和元音中的[i:][ə:][u:][ɑ:]等,这是学习的正迁移。有些方言的语音会对普通话的发音产生干扰,阻碍了对普通话语音的掌握,这是学习的负迁移。

一般地说,知识概括化的水平越高,迁移的范围和可能性越大;知识概括化的水平越低,

---

[1] 恩格斯著,中共中央马克思恩格斯列宁斯大林著作编译局编译:《自然辩证法》,人民出版社1971年版,第218页。

迁移则越难,不容易举一反三、触类旁通。

## (二) 原型启发

新形象的形成,新假设的提出,是顺利解决问题的关键,而启发对于新假设的提出,顺利解决问题起着很大作用。启发是通过观察其他事物的发展、变化,找出解决问题的途径,它可以使人的认识发生飞跃。对解决问题能起到启发作用的事物,叫做原型。

任何事物或现象都可以作为原型,如自然现象、日常用品、机器、示意图、文字描述、口头提问等。但某一事物能否起启发作用,不仅取决于事物本身的特点,而且还要看解决问题者当时思维活动的状态如何。解决问题者的思维活动处在一种积极而又不致抑制其他思路的状态时,有利于原型的启发作用。在紧张工作之后适当休息或转换活动,使思路开阔,有利于问题解决。

原型启发在创造性地解决问题中起着很大的作用。原型启发的事例在创造发明的历史中屡见不鲜。瓦特受壶盖被沸水蒸气顶起的启发,发明了蒸汽机。鲁班受丝茅草能割破手指的启发,发明了锯子。上海铁路局中心医院的医生郑一仁试制人工角膜经历了100多次失败,后来受到汽车驾驶盘的启发,研制出具有三根平分的半径线、像米粒大小的人工角膜。原型之所以具有启发作用,主要因为原型与所要解决的问题有某些共同点或相似点,通过联想能找到解决问题的新方法。但是,有的时候原型也会限制人的思维的广阔性。一般说来,原型越接近要解决的矛盾,它的限制越会成比例地增加。

## (三) 功能固着

功能固着是指个体在解决问题时只看到某事物通常的功能,看不到它可能存在的其他方面的功能,从而干扰问题解决的思维活动。功能固着是一种将某种物体的功能固定化的心理倾向。例如,只知道砖头是用来砌墙的,而不知道砖头还可用来铺路、垫物体,甚至可用来防身或当作枕头。

著名的功能固着实验是由德国心理学家邓克尔(Duncker)做的。在实验中,他将两支蜡烛、五颗图钉、一根线条和一盒火柴放在桌上,要求被试将蜡烛固定在墙壁上,并要求当蜡烛燃烧时,烛油不能滴在地板上或桌子上。结果发现,许多被试在规定的时间内不能解决这个问题,原因是他们想不到利用装图钉的盒子作为蜡烛的支持物,而只把它的功能归于只能盛放图钉。这个实验说明,物体的功能固定化的心理倾向干扰了问题解决中的思维活动。功能固着的反面是功能变通,即能从客观事物的一个常见方面变通到另一个方面,从物体的一种常见功能变通到另一种功能。功能固着对常规的问题解决影响较小,但很不利于创造性地解决问题。要突破功能固着的影响,就要培养善于功能变通的能力。

## (四) 心理定势

心理定势是指心理活动的一种准备状态,它影响着解决问题时的倾向性。心理定势的生理基础可能是大脑神经系统的动力定型。心理定势会无意识地影响问题解决,有时有助于问题的解决,有时则妨碍问题的解决。

例如,科斯的实验,给出 $\genfrac{}{}{0pt}{}{lecam}{12345}$ 五个英语字母,要被试组成一个词,被试很快用 3,4,5,2,1 的顺序来编排拼成 camel。做了十五次以后,他再给 pache 五个字母,要被试组成词。被试仍然会以 3,4,5,2,1 的顺序来做,拼成 cheap,而不会拼成 peach。

在陆钦斯(Luchins)的实验中(如表 6-1 所示),解答问题 1—5 的顺序是 B-A-2C。在定势的影响下,被试解决问题 6—9 时,仍会按 B-A-2C 的顺序进行,而不会简单地按 A-C 或 A+C 的顺序来完成。

表 6-1 陆钦斯的实验

| 问题 | 给予以下的空瓶作为量具 (ml) | | | 要求测量出来的水的体积 (ml) | 绘画说明 |
|---|---|---|---|---|---|
| | A | B | C | | |
| 1 | 21 | 127 | 3 | 100 | |
| 2 | 14 | 163 | 25 | 99 | |
| 3 | 18 | 43 | 10 | 5 | |
| 4 | 9 | 42 | 6 | 21 | |
| 5 | 20 | 59 | 4 | 31 | |
| 6 | 23 | 49 | 3 | 20 | |
| 7 | 15 | 39 | 3 | 18 | |
| 8 | 28 | 59 | 3 | 25 | |
| 9 | 14 | 36 | 8 | 6 | |

## (五) 情感与动机

人们在解决问题时,往往带有情感和处于某种动机状态,而这些状态又必然会影响解决问题的效果。在解决问题过程中,情感的作用表现为:解决的问题越困难,所作的努力越大,情感也就越强烈;而当有所发现,找到了解决问题的办法和解决了问题后,会给人们带来巨大的喜悦和自豪感。这种积极的情感能激励人们给自己制定新的、更加复杂的任务,并满怀信心地去着手解决新问题。解决问题时遇到失败和挫折会引起苦恼的情感。这种体验可能是下一步智力活动的障碍,但对于坚强的、有明确工作和生活目标的人而言,失败又常常会成为激励他去进行新的探索的力量。

动机对解决问题的作用也是明显的,它是促使人去解决问题的动力。动机的性质影响到整个解决问题过程的进展。动机愈有意义,为解决问题而作的探索就愈积极、愈顽强。动机的强度与解决问题的关系,可以描绘成一条"倒转的 U 形曲线"(如图 6-2 所示),即动机

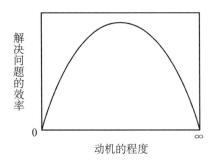

图 6-2 动机的程度与解决问题的效率

过弱不能激起解决问题的积极性；在一定范围内，动机增加，解决问题的效率也随之增加，直至达到一个最高点；超过这一点，动机强度的提高会造成解决问题能力的降低。应当指出，这条曲线的形状和顶点是因人而异的。对个体而言，动机水平处于中等强度时，问题解决的效率最高。

### （六）人格

人格和问题解决能力的发展有着密切的关系。研究证明，科学家、发明家、文学家、艺术家一般都具有强烈的解决问题的欲望，有好动脑筋的习惯，有积极的进取心、强烈的求知欲以及坚定的意志力等人格特征。这些人格特征是解决问题的内部动因。

## 第五节 创造性思维

### 一、什么是创造性思维

创造与人类文明、社会发展息息相关，人类文明史就是一部创造史。人类的创造活动是创造性思维的外在体现。创造性思维是人类心理活动的高级过程，虽然其本质和过程相当复杂，但是创造性思维以其独有的魅力一直吸引着各类科学家去探索和研究其真谛。

#### （一）创造性思维的性质

创造性思维是指以新颖独创的方法解决问题，或者产生新颖独创的思维成果的思维过程。简而言之，创造性思维就是指有创见的思维。它不仅能揭示客观事物的本质及其内在联系，而且能指引人们去获得新知识或以前未曾有过的对问题的新解释，从而产生新颖的、前所未有的思维成果。它给人们带来新的、具有社会价值的成果，是智力高度发展的表现。创造性思维一般要求个体的思维具有灵活性、独创性、敏捷性和可逆性。

#### （二）创造性思维的特点

创造性思维不同于一般性思维活动，其主要特点是：

**1. 既需要发散思维，又需要集中思维**

创造性思维更多地表现在发散性上。但是发散思维和集中思维要有机结合才能更好地产生创造性思维。创造性思维更多地体现为发散思维、横向思维、可逆性思维等形式，同时也要结合集中思维、纵向思维、逻辑思维等，共同交织为创造性思维。

**2. 创造性思维是持久紧张的用脑过程**

创造性地解决问题是一种顽强的、精细的、孜孜不倦的脑力活动。这种活动要求人将全部精力投入高度紧张的工作,许多心理活动在最高的紧张水平上进行着,而且所需要的时间也比一般问题解决的时间长得多,如几个月、几年,甚至几十年。巴甫洛夫的著作《动物高级神经活动(行为)客观研究二十年实验》的书名本身就说明他为建立新的科学理论耗费了多少时间和精力;《史记》是我国第一部伟大的纪传体历史著作,司马迁花了十多年才写成;歌德写世界名著《浮士德》花了六十年;爱因斯坦创立相对论历时二十年。科学上的定律、理论的形成和发展,往往需要几代人的顽强努力,从某种意义上可以说是一个"无限过程"。

### 3. 迷恋和目的指向性是创造性思维的重要特征

需要解决的创造性问题就像磁石般吸引着人,使人着迷,也使人忘掉周围的一切。对创造着了迷的人,创造就是生活的目的。普希金说:"我忘了世界。"俄罗斯作家陀思妥耶夫斯基说:"当我写什么东西的时候,吃饭、睡觉以及与别人谈话时,我都想着它。"牛顿专心研究问题的时候,竟把怀表当作鸡蛋放在锅里。如果创造的成果得到整个社会的承认,这种迷恋会更加高涨起来。

### 4. 灵感状态

灵感状态是创造性思维的典型特点。灵感是指人在创造性思维过程中突然出现某种新形象、新概念和新思想的心理状态。灵感的特点是,一方面在灵感状态的背景上,整个认知过程进行得特别富有成效;另一方面是人的精力更加充沛,人的思想和形象具有高度灵活性、鲜明性和丰富性。灵感状态总是出现在热烈而顽强地致力于创造性地解决问题的人身上。柴可夫斯基说:"灵感是这样一位客人,他不爱拜访懒惰者。"我国荣获戴维逊奖的青年数学家侯振挺有这样一段生动的自述:"我一头扎进了对'巴尔姆断言'的证明。一次又一次似乎到了解决的边缘,但是一次又一次都没有达到最终的目的。我早起晚睡,夜以继日,利用了全部可以利用的时间,吃饭、睡觉、走路,头脑中也总是萦绕着'巴尔姆断言'。难啊,确实是真难!……时间一天天地过去,一个证明的轮廓逐渐在头脑中形成了,但是一些问题还证明不了,又像一座大山挡住了去路。我把已经得到的进展整理成一篇文章。当时我正在外地实习,就托一位同学带回学校去请教老师。我送那位同学去火车站。就在火车将要开动之前,在我那始终考虑着这个证明的头脑里闪过了一星火花,似乎在那挡路的大山里发现了一条幽径。于是,我把那篇文章留下,立刻在车站旁的石条上坐下来,拿出笔推导起来。果然一星火花照亮了前进的道路,曲折的幽径越走越宽。十几分钟以后,这最后一座大山终于抛到我的后面去了,'巴尔姆断言'完全得到了证明。啊,好容易,只十几分钟就完成了。"这是一个灵感状态自我报告的典型例子。

### 5. 创造性思维需要创造性想象的参与

有了创造性想象参与后,思维能够结合过去的经验,在想象中形成创造性的新形象,提出新的假设,这是创造性活动顺利开展的关键。无论是艺术创作,还是科学发明,都需要创造性想象。正如列宁所指出的:"幻想是极其可贵的。有人认为,只有诗人才需要幻想,这是没有理由的,这是愚蠢的偏见!甚至在数学上也是需要幻想的,甚至没有它就不可能发明微积分。"①

## 二、创造性思维的培养

创造性思维是在一般思维的基础上发展起来的,它是后天培养与训练的结果。培养学生的创造性思维是学校教育的重要任务之一。培养学生的创造性思维,主要应抓住以下几个环节。

### (一) 激发学生的学习动机、求知欲和好奇心

激发学生的好奇心和求知欲,调动学生学习的积极性和主动性是帮助学生形成与发展创造性思维的重要条件。

学生的学习动机和求知欲,学习的积极性和主动性不会自然涌现,它取决于教师所创设的教学情境。教师创设的教学情境一般有注入式教学和启发式教学两种。注入式教学是学生所进行的学习完全依赖教师的讲解,被动地学,根本谈不上对创造性思维的启发。启发式教学则是创设问题的情境,调动学生思维活动的积极性和自觉性,使学生的学习过程成为一个积极主动的探索过程。通过启发式教学,学生不仅能获得现有的知识和技能,而且能进一步探索未知的新情境,发现未掌握的新知识,甚至创造前所未有的新事物。启发式教学可以采用不同的方式进行,如"发现法""研究法""解决问题法"等。例如,有的物理教师讲"阿基米德定律"时,上课一开始就问学生:"木块放在水里为什么总是浮在水面上?铁块放在水里为什么总是下沉?"学生说:"因为铁重。"教师接着问:"那么一斤重的铁块和一斤重的木块都放在水里,为什么铁块沉下去了,木块却浮上来了呢?""由铁制成的巨轮很重,为什么能浮在水面上?"这一问,学生对"因为铁重而下沉"产生了怀疑。教师在讲这个定律以前,先把疑点这么一摆,激起了学生的求知欲和好奇心,学生就会开始动脑筋,积极思维去寻找答案。学生通过分析与综合,加上教师演示实验,很快便会发现,物体在液体里都会受到一个向上托起它的力,这种力叫做浮力,它的力量等于物体排开的液体的重量。这样一来既有效地提高了课堂教学效果,又很好地培养和发展了学生的创造性思维。

### (二) 培养发散思维、集中思维和横向思维

研究证明,一个创造性活动的全过程,要经过从发散思维到集中思维,再从集中思维到发散思维的多次循环才能完成。所以教师在培养学生的创造性思维时,既要注重学生的发散思维训练,又要下功夫进行集中思维训练。集中思维主要是要培养学生抽象、概括、判断和推理的能力。教师不应简单地要求学生从字面上明白或记住科学的结论,而应有意识地帮助学生对提供的典型材料进行分析与综合、抽象与概括,以形成概念,并引导学生分析情况。运用原理进行推理来解决问题,不仅可以使学生掌握各科知识,而且也能使他们学到一

---

① 列宁著,中共中央马克思恩格斯列宁斯大林著作编译局编译:《列宁全集》第三十三卷,人民出版社 1957 年版,第 282 页。

些思维的知识与技能,逐渐提高集中思维的能力。

流畅性(指分散的量)、变通性(指分散的灵活性)和独特性(指分散的新奇成分)是发散思维的三个维度,这三个维度又是创造性思维的重要内容。因此在进行学生的发散思维训练时,应该加强这三个维度的训练。比如,训练思维的流畅性可采用头脑风暴法(brainstorming)。在进行"头脑风暴"训练时,要学生像夏天的暴风雨一样,迅速地抛出一些观念来,不能迟疑,也不要考虑质量的好坏或数量的多少,质量的评价可放在结束后进行。联想越快表示思维越流畅,联想越多表示思维流畅性越高。这种自由联想训练,对于学生思维的质量和流畅性都有很大的帮助,可以促进创造性思维的发展。教师在组织教学时还应当拟出具有多种恰当答案的题目,旨在获取各种各样不同的正确答案,而不是只要一个正确答案,学生可以在不同的解题过程中发展出思维的创造性。

另外,学生平时在解决数学、物理等问题时,更多的在使用纵向思维,而很少运用横向思维,这样不利于学生的创造性思维的培养。教师应该更多地引导学生进行横向思维。

### (三) 发展直觉思维、形象思维和灵感状态

直觉思维是创造性思维活跃的一种表现,它既是发明创造的先导,也是百思不解之后突然的顿悟,在创造发明的过程中占有重要的地位。为了培养学生的创造性思维,教师应当有意识地帮助学生发展直觉思维。①直觉思维必须以社会和个人的无数次实践为基础,直觉思维本身也是实践的产物。要培养学生的直觉思维,首先要引导学生大胆实践,勇于实践。多让学生取得运用知识解决问题的经验,有助于学生缩简思维的过程和依据某些线索迅速作出直觉的判断。②直觉思维总是以熟悉的有关知识及其结构为根据的。要发展学生的直觉思维,就要教育学生认真掌握每一门学科的基本理论(概念、原理)和体系,这是发展直觉思维的根本。③鼓励学生对问题进行推测或猜想,培养他们良好的直觉"习惯"。当然,继猜想之后,教师要尽量引导学生作出证明。即使学生猜错了或猜得不完全,教师也只能加以引导,绝对不能以讽刺、挖苦等手法去挫伤学生直觉思维的积极性。④自信心、勇气和冲劲是学生有效进行直觉思维所不可缺少的心理品质,培养这些心理品质,是发展学生直觉思维的必要条件。⑤对学生直觉思维的发展起直接影响的乃是教师运用直觉思维的情况。如果教师在解答问题时能经常有效地运用直觉思维的方法提出多种不带结论的设想,就会对学生起示范或潜移默化的作用。

灵感、顿悟都是创造性思维的特殊状态。在众多的直觉思维过程或状态中,形象和表象起着非常重要的作用。发展形象思维有利于为创造性思维提供丰富的形象和表象基础。

### (四) 培养创造性人格

在研究创造性时,学者们普遍发现,创造性不仅受认知因素的影响,而且还受人格特质的巨大影响。比如,独立性、冲动性、幻想性、自制性、有恒性等都是创造性人才共同的人格特质。同时,研究还显示,凡是具有高度创造性的人,在其早年的家庭经验中,都有充分的独

立和自由,有较多的解决问题的机会。那些屈服于父母威势的儿童,则很容易接受权威性的主张,行为循规蹈矩,避免越轨,避免尝试新的经验,更不会有什么创新的表现。因此,对创造性人格的培养必须在儿童生活早期就引起注意。

良好的创造性人格是多组相互对立的人格品质的和谐统一,在培养独立性、强烈的兴奋性、高度的冲动性和想象性时,必须同时培养坚韧、稳定性、自制性和现实性等人格特征。

## 名词解释

思维　动作思维　形象思维　抽象思维　直觉思维　集中思维　发散思维　横向思维　分析与综合　比较　抽象与概括　概念　概念的掌握　变式　问题解决　迁移　原型启发　功能固着　心理定势　创造性思维　灵感状态

## 思考题

1. 思维的主要特征是什么?
2. 思维和语言的关系怎样?
3. 为什么说思维是认知的高级形式?它与感知觉、记忆、表象等基础认知的关系是什么?
4. 举例说明概念掌握的过程,并说明概念掌握要注意哪些条件。
5. 试说明创造性思维的特征及其培养。
6. 试说明动机的强度与问题解决效率之间的关系。

# 第七章　情绪和情感

## 第一节　情绪和情感概述

### 一、情绪和情感的含义

情绪和情感是人的心理生活的一个重要方面，它是伴随着认知过程而产生的。它产生于认识和活动的过程中，并影响着认识和活动的进行。但是，它又不同于认知过程，它是人对客观事物的另一种反映形式，即人对客观事物与人的需要之间的关系的反映。

大家知道，当外界事物作用于人时，人对待事物就会有一定的态度。当他采取肯定的态度时，就会产生爱、满意、愉快和尊敬等内心体验；当他采取否定的态度时，就会产生憎恨、不满意、不愉快、痛苦、忧愁、愤怒、恐惧、羞耻和悔恨等内心体验。因此，情绪和情感是人对客观事物是否符合人的需要而产生的体验。

在日常生活中，情绪与情感常被混用，或者被看作是同义词。但在心理学中，原始的情绪是与生理的需要满足与否相联系的心理活动，而情感是与社会性需要满足与否相联系的心理活动。

所谓需要是指人的生理的和社会的需求在人脑中的反映。人的需要是多种多样的，一般来说，可以分为生理的（对于食物、水、空气、温暖、性、运动和休息等的）需要和社会性的（对于劳动、交往、艺术、文化知识等的）需要两大类。当然，也可分为物质上的需要和精神上的需要。当生理上的需要得到满足时，人就有积极的情绪体验（如喜悦等）；当饥饿、口渴、疼痛时，人会有明显的消极的情绪体验（如愤怒、悲哀、恐惧等）。

人类最基本和最原始的情绪包括快乐、愤怒、恐惧和悲哀四种。比如，人们遇到黑暗、猛兽，或听到巨大的声音时会引起恐惧。当一个人遇到危险逃跑而遭到他人阻拦时，会发怒、抗争；无路可逃时会表现出恐惧和悲哀；能逃离危险则会快乐。这些都是不学而会的。

所谓快乐，通常是指盼望的目的达到后随之而来的紧张解除时的情绪体验。愤怒往往是在愿望不能达到或事与愿违，并一再受到妨碍的情况下产生的。如果遇到的挫折是由不合理的条件或他人恶意中伤造成时，最容易导致愤怒。恐惧是企图摆脱和逃避某种情景时的情绪体验，往往是由于缺乏处理或摆脱可怕的情景或事物的能力引起的。悲哀是与失去所热爱的人和事物或所盼望的重要资源有关的体验。无论是快乐、愤怒、恐惧和悲哀，都有强度上的不同。愉快和狂喜之间的区别，愤怒和狂怒之间的区别就属于强度上的区别。

情绪也往往与低级的心理过程（如感觉、知觉）相联系。它是个体意识发展的最初因素。例如，杂乱的环境使人不愉快，整洁美观的环境使人感到舒适；被人打骂时会很不高兴，被人爱抚地拍拍肩膀时却很愉快。一般而言，声音的感受较之光线的感受，与情绪反应的联系更为紧密和直接，它更能激起情绪的共鸣。正因为这样，音乐艺术陶冶人们的性情也就比视觉艺术更有力、更有效。

情绪是动物和人都具有的。但是，即使是人的最简单的情绪，也与动物的情绪有着本质的区别，因为人的生理需要受到社会生产、社会生活条件的制约。马克思曾经写道："……一定的外界物是为了满足已经生活在一定的社会联系中的人的需要服务的。"[1]人在吃、喝、穿等方面，总要考虑适当的方式和现实的可能性，在一定的社会所要求的时间和地点条件下享用。在饮食方面还要求有营养，有色、香、味，行为要讲文明。所以，人的情绪与动物的情绪有着本质的区别。由于人类生活在社会中，因此，人的情绪活动具有社会性。

情感是人所特有的。它同社会性的需要、人的意识（包括愿望、期待和目标）紧密相联。它是在人类社会发展的过程中产生的，因此具有社会历史性。在阶级社会中，某些涉及阶级意识的情感带有阶级性。例如，目前使人引以为豪的情感是能为振兴中华民族而贡献自己的一切。在社会主义新中国，劳动人民成为社会的主人，对积极劳动有一种光荣感，这是旧社会的劳动人民所没有的。

人们的社会性需要是客观影响积累的结果，处在不断地变化、发展之中。比如，幼儿需要玩具、图画书；儿童需要结伴游戏、学习；青年需要成家立业，重理想；成年人重事业。需要不同，情感也有区别。

由于客观事物和人的需要的复杂性，人的情感也极其复杂。同一事物在不同的时间和场合可能会引起相反的情感体验；或者在同一时间内，不同性质的情感体验交织在一起。比如，失散多年的父子相逢，既喜悦，又悲伤；听到亲人壮烈牺牲的消息，既有崇高的荣誉感，又有丧失亲人的悲伤感。"悲喜交加""百感交集"，说明了人具有"在满意中有不满意，不快中有快感"的矛盾情感。

产生情绪和触发情感的原因是客观事物本身，而不是主观需要。任何情绪和情感都是由一定的对象所引起的，都有其客观原因。从来没有无缘无故的爱，也没有无缘无故的恨。例如，愉快感可能是由爱抚所引起，也可能由身体的运动器官的感受（如有节奏的舞蹈、唱歌等）所引起，或者由外界事物的结构、颜色、形象、声音、味道、气味等所引起。恨可能是由别人欺侮了你，或者是自己犯了某种错误所引起。没有客观现实，便不会产生情绪和情感。但是，情绪和情感所反映的是客体对主体的意义，是主体和客体的关系，而不是客观事物本身。在不同的时间里，由于各种对象和现象的意义是不一样的，因而会产生这种或那种情绪体验。比如，在一般情况下，为了止渴喝下一杯水会感到愉快，但是，如果个体不感到口渴，而被强迫着喝水，那么他只能感到气愤和不愉快。在特殊情况下，哪怕再口渴，人们也会将水让给更需要的人喝，从而感受到内心的愉快。

## 二、情绪和情感的区别与联系

情绪和情感既有区别又有联系。情绪的表现一般不稳定，带有情境性。当某种情境消

---

[1] 马克思、恩格斯著，中共中央马克思恩格斯列宁斯大林著作编译局编译：《马克思恩格斯全集》第十九卷，人民出版社1963年版，第405页。

失时,情绪立即随之减弱或消失。情感与情绪相比,较为稳定,是比较本质的东西,是人对现实事物的比较稳定的态度。

情绪和情感的联系很紧密。一方面,情绪依赖于情感,即情绪的各种不同的变化一般都受制于已形成的情感及其特点;另一方面,情感也依赖于情绪,即人的情感总是在各种不断变化着的情绪中得以表现。离开了具体的情绪过程,人的情感及其特点就不可能现实地存在。因此,从某种意义上说,情绪是情感的外在表现,情感是情绪的本质内容。同一种情感在不同的条件下可以有不同的情绪表现。例如,有爱国主义情感的人,看到祖国日新月异的发展,会感到兴奋和喜悦;如果祖国受到敌人的蹂躏和侵犯,会无比愤怒和激动;在祖国处于危难的时刻,又会表现得十分忧虑。

由于情感常与社会事件的内容有关,情绪是情感的表现形式,因此,情感的发展变化也是通过情绪的变化来实现的,即任何稳定的情感都是在大量的(各种典型情境下的、正面的和反面的)情绪经验的基础上形成的。要改变一个人的情感也必须依靠情绪共鸣逐渐地达到,而不能迅速、随意地被唤起。

## 三、情绪和情感的生理基础

像其他所有的心理过程一样,情绪和情感也是脑的机能,是客观刺激物作用于大脑皮质的结果。

一系列的研究表明,情绪和情感的生理基础是复杂的。概括地说,它是大脑皮质和皮质下的神经过程协同活动的结果。一般认为,大脑皮质起主导作用,皮质下部位参与情绪反应,皮质部位参与情绪体验并控制着皮质下中枢的活动。

现代生理学的许多研究成果都证明,情绪反应的特点在很大程度上取决于下丘脑、边缘系统、脑干网状结构的机能。

下丘脑是自主神经系统的皮质下中枢,它在情绪反应中占有重要地位。研究表明,下丘脑与怒反应关系密切。美国的奥尔兹(Olds)等人的实验表明,如果用电极刺激老鼠脑的某些部位,它会以接近1000次/小时的频率按压活动杠杆15—20小时,直至精疲力竭。刺激下丘脑时这种反应特别明显。许多心理学家由此推断,在下丘脑里存在着"快乐"中枢。

边缘系统是多机能的综合调节区,它调节着皮质下如呼吸、心血管的血压、消化道、瞳孔和排泄等的低级中枢,调节着整个内脏活动,因而是调节着与有机体的生理需要相联系的情绪的区域。现已发现,边缘系统中的杏仁核与情绪反应的关系十分密切,切除双侧杏仁核,多半引起凶暴情绪反应的降低。

林斯利(D. B. Lindsly)提出了一种激活学说,以突出网状结构的作用。他认为,从外周感官和内脏组织来的感觉冲动通过传入神经纤维的侧支进入网状结构,在下丘脑整合与扩散,兴奋间脑的觉醒中枢,激活大脑皮质。这种激活作用包括对情绪的激活,使情感冲突尖锐化。网状结构的激活作用也是产生情绪的必要条件。

研究表明,皮质下各部位的机能与大脑皮质的调节作用是密不可分的。大脑皮质可以抑制皮质下中枢的兴奋,可以控制皮质下中枢的活动。大脑皮质直接控制和调节着人的情绪和情感。

1970年,凯蒂(Kety, S. S.)指出,情绪与脑部的生物化学物质的变化有关。研究表明,紧张型精神分裂患者有中枢神经系统内的乙酰胆碱增高的倾向;忧郁症是由于儿茶酚胺机能不足所致;躁狂症则是由于儿茶酚胺机能过盛所致。分布于边缘系统的5-羟色胺过低或过高也会引起忧郁症或躁狂症。研究还表明,多巴胺分泌量增多会使人神采奕奕,精神抖擞;反之,分泌不足会使人情绪低落、精神萎靡不振。

## 四、情绪的机能状态

情绪和情感是由一定的客观事物引起的,而且有其客观表现。例如,悲伤时流泪,高兴时手舞足蹈、捧腹大笑,痛恨时咬牙切齿,惧怕时手足无措,虔诚时合掌低头等,都是机体表现。

情绪刺激物的作用,可以引起呼吸系统、循环系统、消化系统和外部腺体(汗、泪)与内分泌腺活动(肾上腺素、胰岛素、去甲肾上腺素、甲状腺素)等方面的一系列变化,也可以引起代谢(血糖升高或降低)和肌肉组织(手舞足蹈等)的改变。所以,人的情绪在机体内部和外部有各种各样的表现。

据研究,人在愤怒时每分钟呼吸可达40—50次(平静时,每分钟呼吸20次左右);突然惊惧时,呼吸会发生暂时中断;狂喜或悲痛时,会有呼吸痉挛现象发生(如图7-1所示)。人在笑的时候,呼气快,吸气慢,呼气和吸气的比率低(约0.30)。人在惊讶时,吸气约是呼气的两到三倍。人在恐惧时,呼气和吸气的比率从一般状态(约0.70)上升到3.00或4.00。人在吃惊和恐惧时,心跳每分钟约增加20次,血压也会增高。

人在吃惊、恐惧、困惑或紧张时,皮肤电反应最为显著。这是因为人在受威胁的情境下,出汗量会增多,并由此引起皮肤电阻下降,从而使皮肤导电率提高,皮肤电阻反应(GSR)增强。比如,一个被试在看电影时,当银幕上出现两个扭斗者从悬崖上滚到急流中去的图像时(如图7-2所示),他的皮肤电阻降低至最低度。

此外,人在紧张和焦虑时,脑电波α波幅减低,波动增大,呈低幅快波——β波(如图7-3A所示)。如果有病理性的情绪障碍,则会出现高振幅的慢波——θ波。

人们常用多道生理仪来记录人的呼吸、心跳、血压、皮

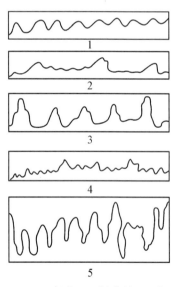

1. 高兴——每分钟17次;
2. 消极悲伤——每分钟9次;
3. 积极地动脑筋——每分钟20次;4. 恐惧——每分钟64次;
5. 愤怒——每分钟40次。

图7-1 各种情绪状态下呼吸的曲线

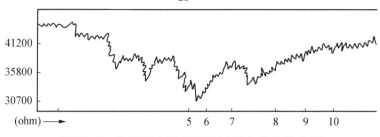

图 7-2 在观看电影故事片过程中的皮肤电图

(资料来源：П. М. ЯКобсон. Психология, Чувств, 1958, СТР. 288)

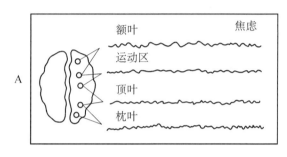

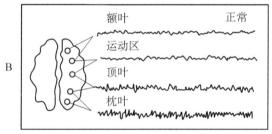

A 表示在焦虑状态下，α 波消失的脑电图记录。
B 表示在正常状态下，规则的 α 波的脑电图记录。

图 7-3 正常和焦虑状态下被试的脑电图

肤电反应和脑电波，以测定人的情绪反应。

有关情绪的机体表现的研究以对面部表情的研究为最多，其次是身段和言语表情的研究。面部表情是由脸部肌肉的收缩所决定的。脸部肌肉的收缩会使皮肤扭曲到人们用肉眼能观察到的表情。不同的脸部表情是由相应的某些肌肉群的收缩引起的。研究发现，最能表示一个人的情绪的面部表情主要是由眼、眉、嘴、颜面肌肉的变化所决定的。表示愉快或不愉快的面部表情主要使用的是前额的中部和后部的肌肉群，如皱眉肌、眼环肌、颧骨主要部位的肌肉群以及口环肌（如图 7-4 所示）。前额的肌肉能使前额起皱纹，皱眉肌引起皱眉以表示厌恶或反对，眼环肌能表示欢笑的特征，颧骨主要部位的肌肉群和口环肌能引起笑。当我们从消极的情绪转为积极的情绪时，会减少皱眉肌的活动，增加颧骨部位的肌肉和口环肌的活动。研究已经表明，喜悦与颧肌，痛苦与皱眉肌，忧伤与口三角肌有着特殊的关系。

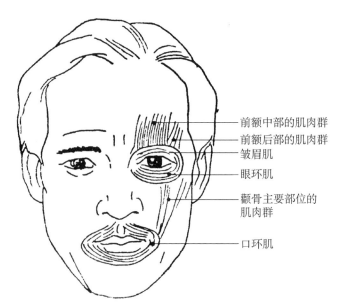

**图 7-4　表示愉快或不愉快面部表情的主要肌肉群**

例如,当人表示喜欢某人时会脸带微笑;当人生气时,人的眼睛会变小。教育者感知学生的情绪需要留意他们的面部表情。当然,他们的说话声音中也可能传达着微妙的情绪线索。

达尔文曾经通过大量的观察和调查,写成《人类和动物的表情》一书,指出现代人类的表情和姿态是人类祖先表情动作的遗迹。就其发生史来说,表情最初乃是适应对机体生命具有重要意义的情境而产生的。例如,愤怒时咬牙切齿,鼻孔张大等表情是人类祖先对将要进行搏斗的适应性动作。因此,达尔文认为,那些基本的或原始的情绪是全人类性的(如图7-5所示)。美国的埃克曼(Ekman)、弗里森(Frisen)和埃尔斯沃思(Ellsworth)在1972年对愉快、厌恶、惊奇、悲哀、愤怒、恐惧六种面部表情作了测定,发现不同民族的人对这六种面部表情的判断具有很高的一致性(如表7-1所示)。

**表 7-1　六种面部表情判断一致性(%)**

| 评判者 | 愉快 | 厌恶 | 惊奇 | 悲哀 | 愤怒 | 恐惧 |
|---|---|---|---|---|---|---|
| 99名美国人 | 97 | 92 | 95 | 84 | 67 | 85 |
| 40名巴西人 | 95 | 97 | 87 | 59 | 90 | 67 |
| 119名智利人 | 95 | 92 | 93 | 88 | 94 | 68 |
| 168名阿根廷人 | 98 | 92 | 95 | 78 | 90 | 54 |
| 29名日本人 | 100 | 90 | 100 | 62 | 90 | 66 |

身段表情是指身体各部分的表情动作。比如,欢乐时手舞足蹈,悔恨时顿足捶胸,惧怕时手足无措,狂喜时捧腹大笑,虔诚或沉痛时肃立低头,得意时摇头晃脑,无奈时摊手耸肩等表情动作均为身段表情动作。言语表情是指情绪发生时在言语的声调、节奏、速度方面的表

图7-5 这些照片描绘了六种主要情绪的面部表情。你能一一猜对吗？

答案：（从左上角按顺时针方向）：愤怒、恐惧、厌恶、悲哀、惊奇、愉快

情。一些研究（埃克曼等人，1976年；克劳斯等人，1976年）表明，当某人说谎时，平均音调（或基音）比说真话时要高一些。这些区别一般人是听不出来的，但用电子仪器来分析就能准确地将谎话与真话区别出来。这类表情动作在历史发展过程中已具有社会性的机能，即它已成为社会上通行的交际手段。所以，情感的表现方式——情绪，在很大程度上受到社会、文化方面的制约。外周的生理变化与特定的情绪活动之间并不是简单的一对一的关系。例如，两个人的目光接触，可以表示爱情、热情和极大的关心，也可以表示恫吓。心理学家在实验中曾发现，一个人"过于"或"故意"盯着对方的眼睛，很可能是说谎者用来掩盖谎言的表现。目光接触的这两种矛盾的含义——友谊（或爱情）和威胁（或伪装），主要取决于社会文化关系①。又如，男女都有悲哀之情，但由于男孩子从小受到"男孩子嘛，不要抽抽泣泣"之类的训诫，所以男人是不轻易哭泣的。中国古时的见面礼是作揖，现在的见面礼是握手，外国人见面时多是拥抱、亲吻。欧洲人用耸肩表示遗憾或惊奇，日本人以微笑表示抱歉，中国人以拍肩表示关心。总之，人可以自觉地利用面部和身段、言语的表情动作，乃至利用传统习俗、人际关系（人与人之间的间距）来表达自己的思想、情感。当然，在有些情况下他也可以把情绪的外表活动控制住，不予表现。

教师为了吸引学生的注意，鼓励学生或者对他们表示自己的不满，往往要利用表情动

---

① 实验研究表明，如果两个人正常交谈时，眼神的交流很频繁（平均每次四目相接的时间是一秒钟）；在非常专注、相谈甚欢时，眼神交流频率会增加（平均每次三秒钟）；情侣在深情对望时会超过五秒钟（每次）。说谎者为了掩盖自己的谎言，过于"用力"地注视对方眼睛，刻意延长对望时间，往往也会超过五秒钟（每次）。可见，刻意延长对望时间也可能是说谎者用来伪装的道具之一。

作,使语言表达得更为生动。同时,教师还可以通过学生的面部表情、身段表情和言语表情等方面来了解学生对问题理解的程度和情绪的激动程度。

## 第二节 情绪学说

有关情绪的学说从古到今约有数十种,在这里主要介绍下述五种学说。

### 一、詹姆斯—兰格的情绪学说

19世纪的美国心理学家威廉·詹姆斯和丹麦生理学家卡尔·兰格(C. Lange)分别于1844年和1885年提出了相似的情绪理论,后来被称为詹姆斯—兰格情绪学说。这种学说以情绪状态与生理变化之间的直接联系为基础,片面地夸大了外周性变化对情绪的作用,而忽视了中枢对情绪的作用。詹姆斯说:"我们一知觉到激动我们的对象,立即就引起身体上的变化;在这些变化出现之时,我们对这些变化的感觉,就是情绪。"[1]由此出发,他说:"我们因为哭,所以愁;因为动手打,所以生气;因为发抖,所以怕;并不是我们愁了才哭,生气了才打,怕了才发抖。"[2]根据詹姆斯的观点,哭泣、打人、发抖都是产生情绪的原因。兰格认为,"……任何作用凡能够引起广泛的在血管神经系统功能上的变化的,都有一种情绪的表现"[3]。他把情绪看作是一种内脏反应,如果"让他的脉搏平稳,眼光坚定,脸色正常,动作迅速而稳当,语气强有力,思维清晰,那么,他的恐惧还剩下什么呢?"[4]

詹姆斯和兰格的共同论点是:情绪似乎只是被那些内脏器官的变化所引起的机体感觉的总和而已。所不同的是,兰格认为全部的情绪由内脏变化所引起,而詹姆斯则认为情绪大部分或主要是由内脏变化所引起。总之,他们把产生情绪的原因归之为外周性变化,所以这种理论通常被称为"情绪的外周说"。

### 二、坎农的情绪学说

20世纪初美国生理学家坎农(W. Cannon)通过对猫脑的研究修正了詹姆斯的学说,认为生理唤醒和我们的情绪体验是同时发生的;在唤起情绪的刺激传到大脑皮质,引起主观的情绪体验的同时,神经兴奋又下传到丘脑,导致机体的唤醒。从而提出了情绪体验产生的机制是感受器接收的信息通过丘脑把神经兴奋上升到大脑皮质时,皮质感觉与丘脑兴奋的结合。并认为控制情绪者乃中枢神经而非周围神经系统。据此,他提出了情绪的"丘脑学说"[5]。

---

[1] 蓝德编,唐钺译:《西方心理学家文选》,科学出版社1959年版,第165页。
[2] 同上书,第166页。
[3] 同上书,第182页。
[4] 同上书,第180页。
[5] 孟昭兰主编:《情绪心理学》,北京大学出版社2007年版,第10页。

20世纪70和80年代的许多实验研究进一步表明,人为地操纵面部表情,大约只有12%的人报告有情绪的变化。对于大多数人来说,适当的面部表情并没有引起相应的情绪体验,甚至也没有引起任何其他的生理变化。

## 三、巴甫洛夫的情绪学说

按照巴甫洛夫的说法,情绪是大脑皮质上"动力定型的维持和破坏"。他认为,如果外界出现有关刺激使得原有的一些动力定型得到维持、扩大、发展,人就产生积极的情绪;如果外界条件不能使原来的动力定型得到维持,人就会产生消极的情绪体验。他举了很多例子,例如,一个有嗜好的人得到渴望已久的珍品时的高兴,亲人的团聚,观点一致者谈话的投机所产生的欢乐等,都是大脑皮质原有的动力定型得到维持的表现。而"在习惯的生活方式发生改变时,例如,失业或亲人死亡、信仰粉碎时,所经历到的沮丧情绪,其生理基础大半就是在于旧的动力定型受了改变,受了破坏,而新的动力定型又难以建立起来"[①]。当然,人的各种动力定型往往是相互制约的,某些次要的动力定型虽然遭到了破坏,但由于与人的思想意识相适应的更主要的动力定型得到了维持和发展,则同样会引起愉快的情绪。

动力定型的维持和破坏都会引起皮质上的兴奋通过扩散或诱导作用引起或改变皮质下中枢的活动。当皮质下中枢接受了皮质传来的兴奋后,就会引起一系列内脏器官和腺体等活动的变化(例如,心跳加快、呼吸加快、瞳孔放大、内分泌增加等),并引起骨骼肌的相应活动。所有这些变化又发出神经冲动,从皮质下中枢反馈到大脑皮质,并与正在进行着的动力定型的变化结合起来,这时我们就会体验到各种情绪。

## 四、情绪的认知学说

现代心理学理论以信息加工的观点分析情绪,强调了情绪的发生依赖于整个有机体过去和现在的认知经验,以及人对环境事件的评估、愿望、料想的性质。

### (一) 阿诺德的评价—兴奋学说

美国心理学家阿诺德(M. B. Arnold)在20世纪50年代把情绪的产生与高级的认知活动联系起来,提出了情绪与个体对客观事物的评估相联系的情绪评价—兴奋学说。她强调,来自外界环境的影响要经过人的认知评价与估量才能产生情绪,这种评价与估量是在大脑皮质上产生的。例如,人在森林里看到一头熊会引起惧怕,但在动物园里看到一头关在笼子里的熊却并不惧怕。这就是个体对情景的认知和评价在起作用。

阿诺德认为,情绪产生于大脑皮质与皮质下部位的相互作用。她具体地描述了情绪产生的神经学路径,包括大脑皮质高级神经系统、丘脑系统和自主神经系统联结网,认为情绪性刺激在皮质上产生对事件的评估,只要事件被评估为对机体有足够重要的意义,皮质兴奋

---

[①] 巴甫洛夫著,中国科学院心理研究室译:《条件反射演讲集》,人民卫生出版社1954年版,第383页。

即下行激活丘脑系统,丘脑系统改变自主神经系统的活动而激起身体器官和运动系统的变化。此后,自主神经系统的活动上行再次通过丘脑到达皮质,并与皮质的最初评价相结合,纯粹的意识经验即转化为情绪体验。按照她的描述,情绪的整个神经通路是大脑皮质兴奋的作用和结果。阿诺德的评价—兴奋学说,实际上包含着环境的、认知的、行为的和生理的多种因素。她把环境影响引向认知,把生理激活从自主神经系统推向大脑皮质。通过认知评价、皮质兴奋的模式,把认知评价与外周生理反馈结合起来。并据此强调,来自环境的影响要经过主体评估情境刺激的意义,才产生相应的情绪。

### (二) 情绪的认知激活学说

美国心理学者沙赫特(S. Schachter)认为,情绪的唤起首先必须经历生理唤醒的状态,但他更多地研究生理激活变量和认知的关系。他提出,情绪产生于下面三个因素的整合作用:刺激因素、生理因素和认知因素。所以此学说又称为情绪三因素说。他认为,认知因素中的对当前情境的估计和对过去经验的回忆在情绪形成中起着重要作用。例如,某人过去遭遇到某种险情,但平安度过了。当他再次经历这样的险情时,便会根据过去的经验泰然处之,并无恐惧或惊慌。也就是说,当现实事件与过去建立的内部模式相一致、活动平稳地进行时,人无明显的情绪反应。当现实事件与预期和愿望不一致,或预料为无力应付时,已建立的内部模式就会被打乱,就会产生紧张的情绪。情绪和情感正是通过认知活动的"折射"而产生的(如图7-6所示)。

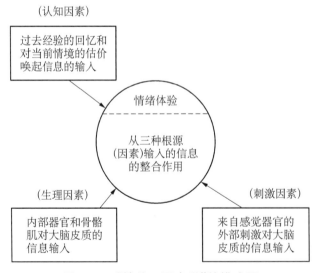

图7-6 "情绪三因素说"的模式图

### (三) 情绪的认知—评价学说

拉扎勒斯(R. Lazarus)认为,在没有任何生理唤醒出现时,情绪将视你如何理解或解释这个事件而定。他主张情绪是包括环境的、生理的、认知的和行为的成分在内的一种综合性反应。他强调，情绪是对意义的反应，这种反应是通过个体的认知评价来决定和完成的。也就是说，仅是对情境的认知评价也足以导致情绪反应。

拉扎勒斯等人1964年的实验说明了认知评价对情绪的影响。他们以皮肤电反应为指标来测验正在看一部紧张的电影的四组被试。第一组用声音来加强所看到的银幕上的残酷画面；第二组则用声音来否认此画面情境中的痛苦；第三组只出现一个超然的理性的描述；第四组是观看无声电影。结果如图7-7所示，显然，紧张的声音会增加对电影的情绪反应（皮肤电反应较明显）；否认和理性描述会降低对电影的紧张情绪反应（皮肤电反应较低），这时被试的情绪反应比肃静无声地观看电影组的紧张情绪反应更低。在拉扎勒斯看来，每一种情绪反应都是某种认知或评价的功能体现。

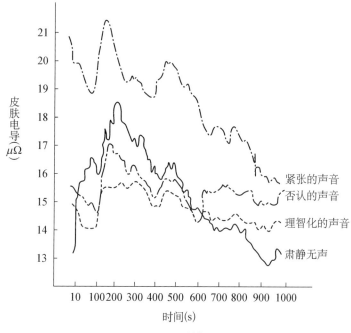

图7-7 认知对情绪的影响

## 五、情绪的进化学说

美国心理学家罗伯特·普拉契克(Robort Plutchik)于20世纪60年代初就提出过情绪进化论的观点。1980年他在《情绪：一种心理进化的综合物》一书中进一步从进化论的角度阐述了情绪的本质和发生、发展的过程，以及情绪的结构模式等内容。他指出，要全面、正确地认识情绪的本质，必须从情绪的种族发生和个体发展以及情绪的现实功能的角度加以考察。他认为，情绪是进化的产物，是有机体力求适应和控制生存环境所必需的心理工具。

普拉契克在谈到情绪的本质时指出，情绪是一个涉及多种因素的复杂概念。从发生的过程来看，情绪是由特定的刺激所引起的，又是经过有机体的认知评价、主观感受和行为反应等因素所组成的如下反应序列：刺激物→认知评价→主观感受→外显行为→适应功能。

例如，一个人在野地里碰上了狼，他的认知活动告诉他危险就在眼前。此刻，他感受到了恐惧，并同时产生适应性行为（逃跑），以保护自身的安全，即他对狼的反应序列是：狼的威胁→危险→恐惧→逃跑→保护。

普拉契克强调，情绪不仅指恐惧的主观感受，而且指整个反应序列。其主要的功能是调节人的活动以适应环境。他还指出，所有的有机体都普遍具有八种基本的适应性行为。在高等动物中，这种适应性行为是与情绪状态相一致的。描述这八种基本的适应性行为或基本的情绪状态的语言有多种，如刺激语言、认知语言、主观语言、行为语言、功能性语言等（如表7-2所示）。不过，普拉契克更倾向于使用功能性语言，因为他认为功能性语言能反映情绪的适应性作用。

表7-2 描述基本情绪的五种语言

| 刺激语言 | 认知语言 | 主观语言 | 行为语言 | 功能性语言 |
| --- | --- | --- | --- | --- |
| 威胁 | 危险 | 惧怕 | 逃跑 | 保护 |
| 阻碍 | 敌人 | 愤怒 | 打击 | 破坏 |
| 潜在的配偶 | 占有 | 快乐 | 求爱 | 再生 |
| 丧失重要的人物 | 孤独 | 悲伤 | 求救 | 再整合 |
| 本群体成员 | 朋友 | 接受 | 接纳 | 合作 |
| 恶心的物体 | 毒物 | 厌恶 | 排斥 | 拒绝 |
| 新领土 | "这儿会出现什么" | 期待 | 探索 | 探索 |
| 新奇事物 | "什么东西" | 惊奇 | 停止 | 定向 |

（资料来源：Emotion, *Pluchik and kelleraman*（ed.），p.16）

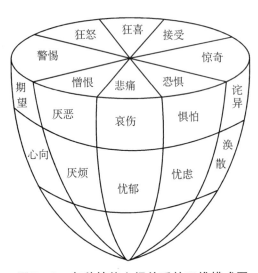

图7-8 各种情绪之间关系的三维模式图

普拉契克设想可根据强度、相似性和两极性这三种基本的特性，用主观语言来表示各种情绪之间的关系。图7-8是根据这三种特性绘制成的一个有八个扇面的倒立锥体，表示这八种基本情绪的三维结构。每一个扇面代表一种基本情绪，其垂直方向表示的是强度，从上至下强度逐渐减弱。例如，憎恨比厌恶强度高一些，厌恶又比厌烦强度高一些；悲痛比哀伤强度高一些，哀伤又比忧郁强度高一些。各基本情绪之间的相似性和对立性用扇面的排列位置来表示。例如，悲痛这一扇面是狂喜这一扇面的对立面；憎恨这一扇面是接受这一扇面的对立面。互为对角的情绪是彼此冲突的，而处于相邻位置的情绪则是相近似的。比如,和悲痛靠得近的情绪就和悲痛有近似之处。

在8种基本情绪的基础上,普拉契克又提出了非基本情绪的产生模式。他通过内省研究指出,8种基本情绪的二轴复合产生24种情绪,三轴复合产生32种情绪。例如,警惕+憎恨=讽刺;憎恨+悲痛=凄惨;悲痛+恐惧=羞耻;恐惧+惊奇=恐慌;惊奇+接受=好奇;接受+狂喜=爱;狂喜+狂怒=自尊;狂怒+警惕=攻击。上述的讽刺、凄惨、羞耻、恐慌、好奇、爱、自尊、攻击就是非基本的情绪,也叫混合情绪。

## 第三节 情绪状态

情绪状态是情感在实践活动中的表现,它对人的生活有着重大的意义。它可能提高人们的工作、学习效率,也可能降低人们的工作、学习效率;它可能有益于增进人们的身心健康,也可能损害人们的身心健康。人的一切心理活动都带有情绪色彩,根据情绪发生的强度、速度、紧张度和持续性,情绪状态主要可以分为心境、激情、应激和焦虑。

### 一、心境

心境是一种比较持久的、微弱的、影响人的整个精神活动的情绪状态。心境不是关于某一事物的特定的体验,它具有弥散性的特点。当一个人处于某种心境时,往往以同样的情绪状态看待一切事物。良好的心境使人有万事如意之感,遇事易于处理。因为良好的心境会使人的思维开阔起来,变得有活力和有创造性。不良心境则会使人感到凡事枯燥无味,容易被激怒,甚至草木皆兵,遇到困难也难以克服。中国的古语"忧者见之而忧,喜者见之而喜",说的就是心境。

心境可以由对人具有重要意义的各种情况而引起。工作的顺逆,事业的成败,人们相处的关系,健康的情况,甚至自然环境的影响,都可以成为某种心境的起因。但是,归根结底心境取决于个体的立场和观点。人们并非总能清楚地意识到心境的起因,有时对过去的片断回忆和无意向的浮想也会导致与之相联系的心境的重现。

心境对人的生活有很大的影响。积极、良好的心境有助于积极性的发挥,工作、学习效率的提高,有助于克服困难。消极、不良的心境使人厌烦、消沉,难以激起人的工作热情,影响人际关系与工作、学习效率。因此,努力培养和激发积极的心境,克服消极的心境很重要。我们应当学会做心境的主人,使自己经常保持良好的心境。

### 二、激情

激情是一种强烈的、短暂的、暴发式的情绪状态。激情通常是由一个人生活中具有重大意义的事件引起的。对立意向的冲突或过度的抑制也很容易引起激情。研究表明,当人遇到某些事情感到无助,产生不安全感或依赖感时,特别容易受到激情的冲击,更加渴望与另一个人相结合:这是一种激情爱。当一个人的自尊心受到威胁时,也可能容易陷入渴望得到激情爱的境地。社会心理学者还发现,生活中受到过度剥夺爱的人容易陷入激情爱之中,甚至会因爱错了人而导致犯罪。

诱发激情的因素很多,例如,长期的情感压抑、生活困苦、安全被威胁、资源被剥夺,以及尊严被蔑视等。在一定条件下,这些诱发源会使群体以狂暴的愤怒形式爆发出激情。激愤、暴怒、恐惧、狂喜、剧烈的悲痛、绝望等都是激情的表现。

激情发生时外部表现很明显:怒气冲天、咬牙切齿、面红耳赤、一身冷汗、手舞足蹈,有时甚至出现痉挛性动作。这时,人往往话多而快,语音尖锐。处在激情状态下的人,其认识活动的范围往往会缩小,控制自己的能力会减弱,往往不能约束自己的行为,不能正确地评价自己行动的意义及预见行为的后果。因此,有意识地控制自己不良的激情,转移注意力以缓解狂怒的程度,是一项十分重要的情绪调节技术。有的教师在被学生激怒时,往往先离开这位学生去做一些其他的事情,控制住自己的怒气,使自己平静下来,然后再理智地教导这位学生,以保证教育的顺利进行,这是控制激情的一例。因为狂怒会使人失去理智,出现越轨行为。但是,并非所有的激情都是消极的,有些激情是积极的,是推动人积极地投入行动的巨大动力,能激发人的上进心与斗志,调动人的身心潜在能力。在这种场合下,过分地抑制激情是完全没必要的,从人格培养的观点来看也是不利的。当然,某些积极的激情,比如,在取得好成绩时的狂喜,如果影响到其他同学的情绪,则仍然需要适当掩饰或控制。

## 三、应激

人在某种压力环境的作用下所产生的一种适应环境的情绪反应是紧张。紧张反应可能是适宜的、积极的,也可能是不适宜的、消极的。适宜的紧张能使人集中注意力,提高思维敏捷性和反应速度,提高工作和学习的效率。不适宜的紧张则会分散注意力,引起思维迟钝、动作反应减慢,降低工作和学习的效率。极度的紧张会干扰人的感知、记忆、思维等认知活动。

在意料之外的紧急情况下产生的极度紧张的情绪,称之为应激。例如,突然出现危险事故时,在地震、洪水等巨大的自然灾害发生时,人的激活水平迅速发生变化,心率、血压、肌肉紧张度发生显著的变化,情绪处于高度应激状态。在这种情况下,人们可能做出平时所不能做出的勇敢行为,也可能心绪紊乱,视野缩小,惊慌失措,难以做出适当的行为。人在这时究竟是产生适宜的、积极的紧张反应,还是产生不适宜的、极度紧张的反应,都取决于个体的适应能力,尤其取决于个体的意识水平。一个人自觉对某件事的控制力越少,这件事就越可能对他造成生理或心理上的困扰。如果一个人认为自己有能力并以积极的态度去应对某压力环境,其对该事件的控制力就越强。

长时间地处于应激状态,对健康是很不利的,有时甚至是很危险的。加拿大生理学家谢尔耶(G. Selye)认为,应激状态的延续能够击溃个体的生物化学保护机制,降低抵抗力。在应激状态下人体易受疾病所侵袭。长期处于应激状态会导致人体能量资源的枯竭甚至死亡。因此,人们必须学会调节自己的紧张度,及时控制好血压和心率,比如通过将注意力转移到自己最紧要的事情上,或者自己最乐意做的(如听音乐、做有氧运动等)事情上,从而转移大脑对应激事件的注意,使身心得以放松。或者立即离开此应激情境。

其实,这些调节自己身心紧张度的方法只是起到辅助作用,而真正有效的方法是改变自己的认知和让自己从心理上"放得下"。认知应付的一种有效方式是:重新评估,意指改变我们对扰乱生活的应激事件的思考或解释。然后在头脑中实际地规划出面对应激事件所应当采取的一个个实际步骤,并付诸行动。

## 四、焦虑

焦虑是一种伴随着某种不祥预感而产生的令人不愉快的一种复杂的情绪状态。它包含紧张、不安、惧怕、愤怒、烦躁、压抑等情绪体验。许多人说不出自己焦虑的原因,但研究已经表明,事情的不确定性是产生焦虑的根源。

焦虑一般分为特质焦虑和状态焦虑。特质焦虑是相当稳定的人格心理特征,高特质焦虑者在许多情况下都表现出状态焦虑,他们对未来的各种事情都感到担忧,心神不定。本节所讲的焦虑是指状态焦虑,即指一个人在特定的情境中所表现出来的焦虑状态。它是个体对环境变化暂时性的、随时间而波动的反应。这种反应伴随着个体能觉察到的自主神经系统的活动或唤醒的特征,如出汗、面孔潮红、呼吸短促、心悸、肠胃不适、疼痛和肌肉紧张。

美国科学家加德利(E. Gandry)和斯比尔伯格(C. D. Spielberger)对焦虑水平的研究表明,人在中等焦虑水平时行为效率是高的,过低和过高的焦虑水平都会降低行为效率。蒙塔古(E. K. Montagul)的研究表明,焦虑水平与作业的复杂性程度有关。学生在完成困难任务时,焦虑程度最高,而在完成容易的任务时,焦虑程度最低,高焦虑者在完成简单的学习任务时能提高成绩,低焦虑者在完成复杂的学习任务时能提高成绩。一般地说,如果焦虑水平不太高,学生的学习成绩会有所提高;如果焦虑水平太高,学习成绩则会下降。在重大的考试中,有些学生的成绩大大低于平时水平,其中一个原因就是由于他们渴望获胜的心情过于强烈。应当记住,保持适度的焦虑状态是完成各项任务必不可少的条件之一。

此外,焦虑水平对学习成绩的影响是以学生的学习态度和学习能力为中介的。学习态度好、学习能力中等的高焦虑者在学习时仍能取得好成绩;学习态度不好、学习能力中等的高焦虑者则可能会留级或退学。如果学生长时期地处于高焦虑状态,不仅会影响学习,而且会影响健康,甚至会引起行为异常和精神病变。

现代科学研究表明,情绪和健康的关系是非常密切的。情绪的骤然变化,如喜形于色、惊恐万状、焦躁不安、怒发冲冠等,都会引起一系列的生理变化。如果使一个健康的人处于舒适状态,并用语言暗示使之精神愉快,那么此人的动脉血压就可以下降20毫米汞柱左右,脉搏每分钟也可减少8次。而精神焦虑则会导致血压上升、脉搏加快、胆固醇升高,即使咀嚼食物也分泌不出唾液。

凡是乐观、开朗、心情舒畅的人,各种内脏功能正常地运转,对外来不良因素的抵抗力增强。只有在这种平静的情绪状态下,人才能持续地从事智力活动。忧郁、焦虑不安和烦恼的人,内脏器官功能活动会受到阻抑,这种情况如果反复出现,就可能引起身心疾病。古人认为"怒伤肝,喜伤心,思伤脾,恐伤肾"。临床也发现,急躁、易怒、孤僻、爱生闷气的人易患高血压病,沉默忧郁、多愁善感的人,容易生肺病。情绪的激烈变化,常常是许多疾病加剧和恶化的先兆。这是因为神经系统的正常机能是有机体健康的重要保证,一旦情绪剧烈变化,神经系统的功能失调,特别是大脑皮质细胞遭到破坏,必然会使机体的正常功能发生紊乱,从而导致疾病。为了健康长寿,保证工作、学习的顺利进行,我们必须始终保持乐观的情绪。

## 第四节 情感与情操

情感和情操都是在人类社会历史发展过程中形成的。它们体现着人类所特有的社会性,反映着人们的社会关系和社会生活状况,并对人的社会行为起着重要的作用。

人的情感多种多样,主要分为道德感、理智感和美感。情操是情感发展成熟的标志,是高尚的情感体验。

## 一、情感

### (一) 道德感

道德感是关于人的行为、举止、思想、意图是否符合社会道德行为准则而产生的情绪体验,是由那些能满足人的社会道德行为准则的需要而产生的。

道德感按其内容而言,包括对祖国的自豪感和尊严感,对阶级和民族的敌人的仇恨感,对社会的责任感、义务感,对集体的荣誉感,对同志的友谊感,以及国际主义情感,等等。许多道德感具有明显的阶级性。

道德感是道德意识的具体表现。一个人对现实的观点、态度和道德品质,常常以情感的形式表现出来。有经验的人民教师总是善于根据学生日常的行为举止中所流露出来的情感,来考察他们的道德品质。

道德感按其形式而言,可分为以下三种。

#### 1. 直觉的情绪体验

这是由某种情境的感知引起的、迅速而突然的情绪体验。例如,由于突然的不安而制止了某些不道德的行为(如偷窃、乱扔废纸等),由于一种突如其来的自尊感而激起了大胆而果断的行为。这种道德体验尽管缺乏自觉性,但它仍然与人的实践经验有关,或者说它是周围的舆论与个人对这种舆论的态度的反映。

周围的舆论以议论、褒贬、奖惩等形式反映个人与集体、小集体与大集体关系的言论和意见,它可引起人的情绪波动和思考,并促使人调整自己的行为。由于它具有迅速为道德行为定向的作用,作为一名教师,组织健康的舆论以及帮助青少年形成对待舆论的正确态度,便显得十分重要。舆论是荣誉感、自豪感产生的一个重要源泉,也是引起羞耻感、内疚感从而回避和纠正错误行为的一个重要原因。

当然,在不健康的舆论下,直观的情绪体验也会使青少年产生不良的道德行为。

**2. 与具体的道德形象相联系的情绪体验**

这是通过人的想象发生作用的一种情感。青少年,特别是少年的情感主要是和具体的对象相联系的。他们最容易被英雄人物的高贵品质和模范事迹所激励和鼓舞。因此,用榜样人物的实际范例来进行教育,很容易激起他们的道德感,激起他们对英雄人物的向往和爱慕,从而学习英雄,克服缺点。文艺作品如电影、戏剧、幻灯片、电视录像片等对培养道德感具有很大的作用。

道德榜样在青年学生的道德感形成中仍然起着十分重要的作用。它不仅容易激起学生道德体验上的共鸣,而且还能使他们更具体地领会共产主义道德要求和意义,从而使他们逐步形成无产阶级的道德观念和道德品质。所以,道德榜样是道德教育中的一种直观形式。

**3. 意识到道德理论的情绪体验**

这种体验在个体的青年期(14、15—24、25岁)的情绪生活中才开始占有重要的地位。它是在个体对重大的社会问题、广泛流行的社会观念和人生理想理解的基础上产生的。

青年人正处在世界观形成时期,从这个意义上说,青年期的道德感是由他的世界观所决定的。世界观是一种最概括而且比较深刻的道德感,是一种比较持久而富有强大动力作用的情感,与一个人的信念、理想紧密相联。当个体按照理想完成了符合要求的举动时,他会产生价值感、自豪感和自尊心。如果做出了与理想相反的消极的举动,则会产生懊悔、屈辱、丧失自尊的情感。这种情感可以成为行为的最重要的动机,也是自我监督的手段。

与一个人的信念、理想相联系的羞耻感是善心的忠实保卫者,是对卑鄙可耻的事物的一种强有力的抗毒剂。它可以使人坚决抵制任何人的怂恿和教唆,避免不道德的、违法的、犯罪的行为。与一个人的信念、理想相联系的自重感可以不断地鞭策个体前进。

所以,如果人们有了意识到道德理论的情绪体验,他的道德行为便具有较大的稳定性和灵活性,就能自觉地控制自己的行为,自我教育的意识也就出现了。

道德感的培养十分重要。它是使青少年把道德概念转化为道德行为,即言行一致的中间环节。如果道德知识不以道德情感和道德习惯为依据,那么它比表面行为更具有表面性,与之相应的行为也不易出现。这种道德知识有时甚至会像俄国教育家乌申斯基所说的那样,成为伪善和假仁假义借以藏身的屏风。所以,道德品质教育要注意道德情感的感染,要使道德观念和情感体验联系起来。例如,教师应以称赞、欣赏的词句讲述爱护集体利益的行为事迹,使学生产生荣誉、向往、羡慕的体验;应以指斥、责备的词句讲述不遵守纪律的事例,使学生产生羞耻、鄙视、不满的体验。学生对某种道德认识有了积极的情绪体验,就为其形成相应的信念打下了基础。同时,也只有通过实践活动,即通过情绪经验的积累才能培养和改变学生的情感。道德感的培养在道德教育中具有极其重要的意义。

此外,教育者还必须以深厚的无产阶级情感去点燃学生幼小的自尊心的火花。一个人丧失了自尊心，道德品质就会瓦解。教育者与受教育者之间一旦产生了对立情绪，教育就会失效。《学记》中所述的"亲其师，信其道"是符合心理规律的。

## （二）理智感

理智感是在人的智力活动过程中产生的情感体验，是和人的认知活动、求知欲、认识兴趣的满足、对真理的探求相联系的。它对人的智慧活动起着重要的指导作用。只有在理智感的激励下，人才会不懈地追求真理，使才智得到充分的发挥，如求学的热情、探索宇宙秘密的热情等，这类情感在人的智慧活动中所起的作用是巨大的。列宁曾说过："没有'人的感情'，就从来没有也不可能有人对真理的追求。"[①]热情是一种具有巨大鼓舞力量的情感，是人的活动的强大动力，是意志活动和情感因素的统一，它能激励人们积极地去从事智慧活动。

理智感的表现形式有：在人的智慧活动过程中有新的发现，找到了新的办法时，会产生喜悦感、愉快感；对科学研究进程中出现的新现象，会产生怀疑感或惊讶感；在不能作出判断时，会产生犹豫感，以及对真理的确信感等。

伟大的波兰科学家哥白尼曾说过，他对天文学问题孜孜不倦的探求是由于"不可思议的情感的高涨和鼓舞"。这种情感是他在观察和发现天体的奇妙时体验到的。一个人的思想只有被深厚的情感渗透时，才能得到力量，引起积极的注意、记忆、思考，并能克服一切困难。

学生的理智感主要表现为对他所学课程的兴趣、爱好和好奇心，并能体验到一种获得知识的乐趣。这也是激发人的智力的重要心理条件。这种爱好科学知识的情感，常常是从最初的愉快感发展起来的。当学生经过努力学习，成绩有所提高，并经常受到肯定时，他就更加热爱学习；如果学生经过努力，学习也获得一定的进步，但经常受到批评，或经常由于不及格、受惩罚、受讥讽而体验到失败和不愉快，就会厌恶或放弃学习。所以，为了唤起学生对科学的热爱，应当在学习过程中经常鼓励和满足他们的求知欲，尽力避免使他们产生不愉快的情绪体验。即使是学习成绩很差的学生，教师也应当满腔热情地帮助他们，注意选择恰当的时机激发他们的学习积极性，鼓励他们探求真理。

研究证明，教师对学生持期望的态度，会明显地提高他们的学习兴趣和学习成绩。教师的爱会促使学生产生积极的情绪体验，并能激发学生潜藏着的力量，使学生变得更聪明、更活跃。如果学生对教师有反感、惧怕或抵触情绪，则会分散精力，变得消极、迟钝和笨拙。

## （三）美感

美感是对事物的美的体验，是根据美的需要，按照个人所掌握的美的标准，对客观事物（包括内容和形式）进行评价时所产生的情绪体验。

美感是在欣赏艺术作品、社会上的某些和谐现象和自然景物时产生的。客观事物中符合美的需要的一切东西都能引起我们美的体验。审美时，主体具有一种自由的感受，所以美

---

[①] 列宁著，中共中央马克思恩格斯列宁斯大林著作编译局编译：《列宁全集》第二十卷，人民出版社1958年版，第255页。

感总是伴随着某种快感。美感的两个明显特点是：具有愉悦的体验和带有倾向性的体验。多次欣赏会达到迷恋的程度。但美感不等于快感，快感也不等于美感。美感比快感所具有的内容丰富得多，深刻得多，也高尚得多。欣赏悲剧时也会有美感。

美感具有直觉性，即物体的颜色、形状、线条以及声音方面的特点对美感的产生起着重要的作用。但是，美感的源泉不仅仅是事物的外部特点，起决定作用的是事物的内容，是外部特点与内容的统一。《巴黎圣母院》一书将这个问题表现得很突出。道貌岸然的神父、军官是假、恶、丑的化身，面貌丑陋的敲钟人反而是人们颂扬的真、善、美的代表。说明形式上的美应当服从于内容上的美。所以，一个人的真挚、诚实、纯朴和助人为乐、热情无私都会给人以美感，身残心不残的人也会给人以美感。这就是形式美和内容美的统一。

美感和道德感一样，也受社会生活条件所制约。美的需要总是反映了一定社会的美的标准。不同的社会历史阶段，不同的社会制度和不同的风俗习惯，影响着美的标准以及对美的感受和体验。

"美"产生于一定的历史文化背景，在我国，商代以前的社会生产力十分低下，衣食极其匮乏。羊长大以后，既是一种好吃的食物，羊毛制成的衣物也是驱寒蔽体的材料，于是"美感"油然而生。现在，人们对美的要求高得多了。例如，对人的审美不仅看是否长得健康、强壮，是否充满着青春活力，而且对语言、行动和内心世界也会产生美的感受。随着生产力的发展，审美的对象越来越多，大到宇宙太空，小至微观世界，甚至人体，都能引起美感。由于人类社会文化水平的提高，审美的标准也越来越高雅和多元。

世界上各民族由于政治、经济、文化、风俗习惯、传统观念以及所处的地理环境、气候条件等不同，形成了各自不同的民族特点和生活方式，这在很大程度上造成了审美的差异。不同的美感也可以相互交流，对于别国人民健康的审美我们应当借鉴，但是这种借鉴应当符合中国的民情和习惯，应当适合中国人民的民族风格和民族形式，符合中国现代社会的道德规范。

## 二、情操

情操是带有理智性的与正确的价值评价结合在一起的高级情感的综合体。它是社会主义精神文明的重要组成部分，是构成价值观的基础和人格特征的重要因素。由于个人的修养程度不同，情操有着明显的个别差异。

应当指出的是，那些按照不正确的价值标准进行评价所引起的情感体验，只能称之为低级的不健康的情趣，不属于高尚情操的范围。

高尚的情操主要包括理智的情操、道德的情操和美的情操。

### （一）理智的情操

理智的情操也称认识性或逻辑性的情操，是在评价事物真伪的过程中引起的体验。它不同于求知欲。这种情操不但要有对知识的渴求、足够的知识和高度发展的思维，而且要能不计较个人的利害得失,以客观真伪为准则来评价事物。

理智的情操经常在企图寻找理性的事物的行为中表现出来。例如,我国著名的经济学家孙冶方一生经历过种种磨难,但他始终坚持有关经济理论的研究。如在抗日救国中因发表《如何维护"民族工业"》《资本主义工业在中国》《中国当前的民族问题》等文章,曾被"口诛笔伐,蒙受不白之冤";晚年又遭受"无情"打击,但他继续研究我国的经济管理体制的改革,并写出了《社会主义经济论稿》《关于国民经济建设和国家资本主义》《社会主义经济的若干理论问题》《关于中国社会及其革命性质的若干理论问题》等著作。在他一生寻找社会主义经济发展规律的过程中所表现出来的"以确信和追求真理为荣","以为真理而奋斗为莫大的快乐和幸福"的高级情感体验,就属于理智的情操。

## (二) 道德的情操

道德的情操通常指与评价行为是否符合道德规范相联系的道德情感与操守的结合,是情操的核心部分。道德的情操以社会道德的准则作为区分是非、善恶、好坏的标准,它在不同社会和时代有不同的内容和要求。

"富贵不能淫,贫贱不能移,威武不能屈"(《孟子·滕文公下》)是中国古代的一种高尚的道德情操。现代中国高尚的道德情操是与为实现国家兴旺、民族复兴和人民幸福的目标相联系的,是与坚持社会主义核心价值观相联系的。

道德情操是每个教师践行教育使命的核心品质。因为教师是塑造灵魂的工程师,他们要塑造学生健全的人格,最终达成向善的教育目标。这就要求教师在言传身教的过程中,用自己的道德情操去感染学生,引导学生。

## (三) 美的情操

美的情操是与崇高的人类进步事业相一致的种种美的高级情感体验。它比一般的美的情感具有更高的稳定性和概括性。这种在美好的理想指导之下所体验到的美的音响、旋律、色彩、线条、画面会带给人们巨大的精神力量。因此,培养青少年美的情操与培养道德和理智的情操一样具有重要的意义。

**名词解释**

情绪　情感　心境　激情　应激　焦虑　道德感　理智感　美感　情操　理智的情操　道德的情操　美的情操

**思考题**

1. 试说明情绪和情感的区别和联系。

2. 简述有关情绪的五种学说,并谈谈你更倾向于哪一种或哪几种学说,为什么?

3. 为什么要控制消极的心境、激情和过度的紧张、焦虑?结合自己的生活经验,举例说明怎样调节其中的两种情绪状态。

4. 谈谈道德感、理智感和美感的作用及其培养。

5. 你认为,教师应当怎样自觉地利用表情动作来表达自己的思想情感;又怎么通过学生的面部表情、身段表情和言语表情来了解学生对问题理解的程度和情绪状态?

# 第八章 意　　志

## 第一节　意志概述

### 一、意志的含义

意志是自觉地确定目的，根据目的来支配和调节行为，从而实现预定目的的心理过程。

意志行动是人类所特有的。动物虽然也作用于环境（如挖洞、放出臭气迷惑敌人等），但是正如恩格斯所指出的："一切动物的一切有计划的行动，都不能在自然界打下它们的意志的印记。这一点只有人才能做到。"[①]"……动物仅仅利用外部自然界，单纯地以自己的存在来使自然界改变；而人则通过他所作出的改变来使自然界为自己的目的服务，来支配自然界。"[②]人不仅能够认识世界，而且能够改造世界。所以，如果说感觉是外部刺激向意识的转化，那么，意志则是意识向外部动作的转化。人总是在不断地追求目标（例如，改进工具，提高智力，学会本领等），改造着世界，人的生活意义正是在追求和改造之中。

但是，并非人的一切行动都是意志行动。比如，人为了清除气管内的障碍物而咳嗽，手遇火而缩回，以及一些无意识的动作（如吹口哨、摇头晃脑等），这些行动都没有预先确定的目的，所以不是意志行动。

只有预先确定目的，由目的所支配、调节的行动，才是意志行动。例如，当手烫伤后迅速涂上药物（为减少痛苦）；学生努力学习，遵守纪律，坚持每天写日记；教师克制自己的消极情绪，几十年如一日耐心地教育学生，……这些都是意志行动。

意志对行为的调节有发动和抑制两个方面。前者表现为推动人去从事达到一定目的所必需的行动，后者表现为制止与预定目的相矛盾的愿望和行动。意志调节作用的这两个方面在人的实际活动中并不是互相排斥，而是相互统一的。为了事业，人们可以抑制住憎恨和妒忌心，能控制住失败的痛苦、愤怒而发奋图强，坚持工作。正是通过发动和抑制这两种作用，意志实现着对人的活动的支配和调节。它不仅调节人的外部动作，而且还可调节人的认知活动和情绪状态等。

医学实践和生理学研究表明，心律的快慢、血压的高低、肠胃的蠕动，甚至脑电活动的节律，经过学习，即经过生物反馈的训练后，也可以被随意调节。

生物反馈，也称生物回授、内脏学习、自主神经学习。生物反馈法能使病人通过十分灵敏的电子仪器所显示的生理变化的情况，学会控制自己过去所不能控制的自主性反应，从而达到治疗的目的。1967年米勒（N. E. Miller）用操作训练的方法对各种内脏进行的控制研究

---

[①] 马克思、恩格斯著，中共中央马克思恩格斯列宁斯大林著作编译局编译：《马克思恩格斯选集》第三卷，人民出版社1972年版，第517页。
[②] 同上注。

获得成功。1969年夏比罗(D. Shapiro)做了血压变化的实验。1970年卡米亚(J. Kamiya)通过铃声的训练使一病人能控制脑电活动的节律。生物反馈的研究说明了人的意识能动作用已从改造客观世界发展到改造人体内部的生理活动。意志集中地体现了人的意识的主观能动性。

## 二、意志的特征

意志的特征可以概括为以下三点。

### (一) 意志行动有明确的预定目的

离开了自觉的目的，就没有意志可言。所以，冲动、盲目的行动是缺乏意志的行为。个体对任务、目的愈明确，愈是意识到这个目的的社会意义，他的意志愈坚定。可见，认识是意志的前提。

当然，意志行动的目的的确定始终受客观因素的制约。它是在反映客观现实的基础上产生的，是根据对客观现实的认识而确定的。也就是说，意志行动依存于对自然和社会发展规律的认识，并不是意志自由论者所认为的那样，一个人想干什么就可以干什么。

17世纪笛卡儿说过，灵魂的动作是由于灵魂愿望什么时，就迫使同它相联系的细小分泌腺进行必要的活动，从而引起同这一愿望相符合的动作。19世纪的德国哲学家尼采和叔本华鼓吹，人的自由意志主宰一切。19世纪末20世纪初英国的心理学家麦独孤(W. McDougall)断言，人的行为是由一种内在"驱力"所决定的，而这种驱力是基于机体的神秘本能。当代著名的神经生理学家J. C. 艾克尔斯也把人的意识和大脑看作两个彼此独立的实体，说什么"脑从意识精神那里接受到一个意志动作，转过来脑又把意志经验传给精神"。他认为意识精神、意志是"第一性的实在"，而其他一切事物是派生的，是"第二性的实在"[①]。这些既脱离脑，又脱离现实规律的绝对的意志自由论是唯意志论的玄想。把意志看作是脱离现实而独立存在的意志自由论是唯心主义的错误理论。

恩格斯在《反杜林论》里指出："意志自由只是借助于对事物的认识来作出决定的那种能力。"[②]所以，意志是自由的，又是不自由的。说它是自由的，是指人可以按照自己的意愿自主地、能动地确立目的，发动或制止某个行动，选择行为方式；说它是不自由的，是指人的一切行动都必须服从客观规律和人对客观规律的认识。因此，在相对的、有条件的意义上讲，意志是自由的。在绝对的意义上讲，意志又是不自由的。

### (二) 随意运动是意志行动的基础

所谓随意运动是一种受意志调节的、具有一定目的和方向性的运动，是学会了的、较熟

---

[①] 《脑和意识经验》，《自然辩证法杂志》1975年第1期。
[②] 马克思、恩格斯著，中共中央马克思恩格斯列宁斯大林著作编译局编译：《马克思恩格斯选集》第三卷，人民出版社1972年版，第154页。

练的动作。学生举手发言、用脚踢球、弯腰做操,画家持笔作画,科学家操作仪器,战士投掷手榴弹、射击等都属于随意运动。人们掌握随意运动的程度越高,意志行动越容易实现。

### (三)意志行动往往与克服困难相联系

简单的意志行动,如画圆圈、十字、三角形、正方形等,不需要克服困难,但复杂的意志行动是与克服困难相联系的。例如,在寒冷的冬天的早晨按时起床,身体不佳时坚持上学或完成一项艰巨的任务。意志的水平往往以困难的性质和克服困难的难易程度为衡量标准。

困难包括外部困难和内部困难,前者是指政治上、气候上、工作上的条件的障碍或对某种活动要求太高,以及受到他人的讽刺打击等外在条件的障碍;后者是指消极的情绪、犹豫不决的态度、懒惰的性格、没有独立克服困难的习惯、知识经验不足、能力有限、身体不佳或对采取的决定产生怀疑等主体障碍。一般来说,外部困难必须通过内部困难而起作用。因此,藐视困难和克服困难是锻炼人的意志的途径。有些学生品德方面的问题行为,往往是由于缺乏意志力和自我控制,受到怂恿唆使,不能战胜内外各种诱因所导致的。有些学生学习成绩较差也常常是害怕困难,缺乏必要的意志努力所致。因此,教师应创造条件,帮助学生克服困难,以培养坚强的意志。

## 三、意志的生理机制

意志过程与认知过程、情感过程一样,也是脑的机能。但意志过程的生理机制目前还没有完全被揭示。巴甫洛夫的研究证明,意志行动是通过一系列随意运动来实现的,大脑皮质的运动分析器对随意运动具有特别重要的意义,它感受和分析来自运动器官(如肌肉、肌腱、关节)的神经冲动,并调节运动器官的活动。

运动分析器的皮质部分有两种细胞:一种是运动感觉细胞(即动觉细胞),它位于中央后回,称为躯体感觉区,这个区域以感觉为主,运动为辅,主要任务是感受来自运动器官的冲动;一种是运动细胞(即效应细胞),它位于中央前回,称为躯体运动区,这个区域以运动为主,感觉为辅,主要任务是调节运动器官的运动。随意运动就是在这两种细胞之间建立联系的结果。同时,运动分析器的细胞也能与其他分析器的皮质末端建立联系。这种联系可以是兴奋性的,也可以是抑制性的。因此,内外界的各种刺激都可以通过暂时神经联系的机制引起皮质运动区神经细胞的兴奋和抑制,从而引起或抑制一定的运动。例如,当一个人按照乐谱学习弹钢琴或拉提琴时,刺激引起的兴奋由视觉细胞传到运动细胞;当你想做一个具有动觉概念的运动(如向左转)时,你就能进行这种运动。

由于返回传入,效应器的肌腱运动信息会返回到大脑皮质运动分析器,主体能够感觉到运动的情况,并依靠这种运动的反馈,不断地修正行为以符合当前现实的要求。

正常人如果蒙上眼睛走路,则难以保持笔直的轨迹。这说明即使是简单的动作也需要有反馈的参与。如果运动分析器的传入神经有所损害,运动的信息就无法进入中枢,运动便会失去控制。患有这种"运动失调症"的病人闭眼时不能用手指指向自己的鼻子。

随意运动是由感受和效应过程所组成的复杂的机能系统。每一个动作的完成,在很大程度上有赖于效应器官的返回传入。大脑皮质通过运动感受器返回传入以实现对运动过程的调节。大脑皮质运动分析器可以把极其复杂的运动分解为极小的动作,并对它们进行各种联合,借此以维持人们运动的多样性和精确性。

巴甫洛夫指出,语词是全部随意运动的高级调节者,它在人的意志行动中起着主导作用。例如,教师提醒学生"注意",可使分心的学生将注意力集中到听课上;在黑夜里行走时,高叫"注意"会使人立刻放慢步伐。一个意志坚强的人,在紧张或遇到困难时,常会用"努力试试""沉着一点""坚持到底"等话语给自己打气。

临床医学上为了防止癫痫病人的剧烈发作,通常用手术的方法切断病人大脑两半球胼胝体之间的联系。大脑两半球被切开的人便对自己的身体左侧失去意志的联系的控制。大脑左半球言语中枢是意志控制的场所,第二信号系统的联系犹如各种分析器的末端和脑的运动区之间的中间环节。正是由于这种言语内导作用才使人成为"唯一的、最高的、自我调节的系统"(巴甫洛夫语)。

研究证明,大脑额叶是形成意志目的并保证贯彻执行的器官。它维持和调节着大脑皮质的总紧张度,对组织随意运动或有意识的动作起着重要的作用。如果额叶区严重损伤,人就会丧失愿望,不能独立地产生行动计划,并且意识不到自己行动中的错误,不能适当地调节行动过程,不能把握和保持所需要的动作程序。更严重的会出现惰性运动定型,例如,要求病人依次画一圆圈、十字、三角形、正方形,他会在画了一个圈后仍然继续画圆圈。

儿童额叶的发育比大脑其他各叶发育成熟的时间晚,所以学前儿童的言语系统的机能较弱,自觉性和意志力也较差。

皮质顶枕叶保证着运动的空间定向。皮质颞叶接受着运动的指令、皮质运动前区保证着运动在时间上的连续展开,形成运动系列。

大脑皮质的前额区和顶-颞-前枕区的整合功能最终促进意志行动的实现。

## 第二节 意志行动的心理过程

意志通过行动表现出来,受意志支配的行为称为意志行为或意志行动。意志行动是复杂的自觉行动。它的心理过程包括:发生动机冲突,确定行动的目的,选择行为的方式和方法,作出实现意志行为的决定,以及通过意志努力实现所作出的决定。

### 一、动机冲突

意志行动是由一定的动机引起的,但由动机过渡到行动的过程可能是不同的。在简单的意志行动中,动机几乎是直接过渡到行动的。这时,行动的目的是单一的、明确的,通过习惯化了的行为方式就能实现。在较复杂的意志行动中,人的动机往往会非常复杂,在许多场合,人同时发生引向不同行为的几种动机。这时,如果它们彼此不相矛盾,就不会发生动机冲突,由动机过渡到行动也就不会发生内部障碍。如果这些动机是彼此对立的,或都只能在同一时刻实现,而事实上又不可能同时实现,那么就会发生动机冲突。

动机冲突在不同的情况下是不同的。如果相互矛盾的动机都不很强烈,而且不论作出何种选择对人都没有什么原则性意义,例如,是利用业余的一点时间在手机上打游戏或看微信,还是继续阅读尚未读完的一章书,这时,动机冲突并不激烈,持续时间不会太久,通常是较强的动机战胜较弱的动机。

有时,相互冲突着的动机都很强烈,而且作出这样或那样的决定对人具有原则性意义。例如,大学毕业后是到祖国最需要的边远地区参加建设,还是考虑到个人的切身利益留在大城市,通常要经过复杂的思想斗争过程才能作出最后决定。

动机冲突的过程是对各种动机权衡轻重,评定其社会价值的过程。这个过程可以明显地看出一个人的意志是否坚强。意志坚强的人善于原则地、深刻地权衡各种动机,并且及时选择正确的动机;意志薄弱的人,则会长久地处于犹豫不决的矛盾状态,作出的决定也很容易改变。一个人业已形成的信念、理想、世界观和道德品质对其动机冲突的过程起着制约的作用。

## 二、确定行动目的

每一个意志行动都有行动的最终目的,它是一个人行动之前预先提出来的。缺乏目的的行动因为没有适当的指向性而显得散漫。

在许多场合,人的动机是复杂的,常常同时有几个彼此不同甚至相互抵触的目的,但只能确定其中一个作为当前行动的目的。这就要求对各种不同的目的进行权衡比较。例如,选择职业时,几种不同的职业之间的冲突,各种不同目的之间的冲突,会使选择发生困难。这种冲突情境被米勒称之为接近—接近冲突,或称双趋冲突。不同的目的越是具有同等重要性,人对于每种目的所抱的态度越是接近,在这两种目的中选择出一种的困难就越大。当目的具有积极的特征时是这样,当目的具有消极的特征时也是这样。我们常会遇到这样的事情:当选择某一个目的时,就会失去另一个。这种失去就是所选择目的的消极特征。例如,课后是参加社团活动,还是抓紧时间完成学业,提高学习质量,二者对学生都有极大的吸引力,他们难以作出选择。生活在同伴的行为标准与父母的要求不一致的环境中的学生,既想受到同伴的欢迎,又想受到父母的赞许时,也会发生冲突,使其难以作出选择。这都是接近—接近冲突。

当个体必须在两个令人不快的选择对象之间作抉择时所产生的冲突,称为回避—回避冲突,或称双避冲突。例如,有的学生想改变某门功课不及格的局面,又想回避繁重的学业任务,就干脆去看电影或睡觉,以避开这种情境。当然,这种做法是不能最终解决回避—回避冲突的。

生活中的各种不同目的间的冲突往往是很复杂的。例如,是利用休假去旅游,还是在单位加班,以便取得加倍的工资;是隐瞒错误,还是考虑到集体事业的需要而诚恳地检讨自己的错误;在战斗中是为了替战友报仇而冒失地冲上去,还是从全局考虑暂时撤退下来。这些显然是一种复杂的接近—回避冲突情境,因为每一个目标都既有其积极的特征,又有其消极的特征。当一个客体或情境具有的特征既使人喜欢,同时又令人厌恶时,接近的倾向与回避的倾向便发生了冲突。这种冲突就是接近—回避冲突,或称趋避冲突。

在自己感到满意的目的和虽然不满意但为集体事业所必需的目的之间所作出的选择,常常能最明显地表现出一个人的意志品质。选择服从于集体事业需要的目的,可以最充分地表现出一个人坚强的意志品质。

目的可能是彼此冲突的,也可能是彼此并不冲突,但也不能同时实现。这就需要主体作出远近或主次的安排,先实现近的目的,再实现远的目的;或者先实现主要目的,再实现次要目的;或者先实现次要目的,准备条件,再集中力量实现主要目的。

## 三、选择方式和方法

行为方式和方法的选择,在不同的情况下是不同的。有时只要一提出目的,行为的方式和方法就可以确定。这种情形通常发生在熟悉的行动过程中。在许多情况下,达到同一目的的方式和方法不止一种,这时就需要进行选择。在选择之前要进行了解、比较各种方式和方法可能导致的结果及其优点和缺点。如果对情况了解不够或知识经验不足,主体就会犹豫不决,时而想采取这种,时而想采取那种方式和方法,从而不能很快作出决定。有时,某种方式和方法符合自己的愿望,但却是不适当的,而另一种方式和方法是必要的,却又违反了自己的愿望。有时,采取某种方式和方法是容易的,但缺点很明显,而采取另一种方式和方法是困难的,却是正当的。在这种情况下,主体选择行为的方式和方法也会遇到困难。例如,为了取得好成绩,是侥幸地采用作弊的方法,还是加倍地学习,保持诚信考试?面对这个两难问题,有的学生要经过激烈的内心斗争才能作出不作弊的决定。

## 四、作出决定

经过动机冲突,权衡行动目的和行为的方式、方法之后,接下来就要作出决定,即按照一定的标准从若干个方案中选择一个最佳方案或最满意的方案。

影响一个人作出某种决定的因素主要有:预测由刺激情境所引起的某种行为有多大的有效性,一个人当时的期望,外界环境的诱因价值(同一种外界诱因对每一个人的价值不一定相同),以及一个人所追求的目标。由于各人所追求的目标不同,在动机斗争中,是趋还是避,各人所作出的决定是不同的。一些企业的改革者比如我国华为创始人任正非等人之所以不怕艰难险阻,锐意进取,勇于改革,就是因为他们预见到了社会发展的方向,也期望自己能走在时代的前面,为社会作出贡献。

作出意志行动的决定也会有反复。如果作出的决定是经过深思熟虑,有充分根据的,反复就可能不发生或少发生。如果作出的决定没有经过仔细权衡和斟酌,或者害怕面临困难,随大流,或者不能抑制立即行动的冲动,就很容易推翻决定。如果没有经过深思熟虑就作出决定,那么在动机和目的或执行的方式、方法间又会进行反复的斗争。经过深思熟虑、有充分根据的决定是较自觉地作出的决定,是与完全理解所要采取行动的重要性、有效性和必要性的实质问题相联系的。例如,战斗英雄之所以能奋不顾身地躺地雷、炸碉堡,或深入虎穴获取情报,是因为他们清楚地知道一个人的生命价值与许多战友的生命价值孰轻孰重,清楚地意识到生命的真正价值在于奉献。随大流,或不能抑制冲动作出的决定是毫无根据的决定,往往是一个人意志薄弱的表现,是没有可靠的生活理想的表现。一些后进学生思想出现反复的原因往往就是他改正错误的意愿不够坚定。

### 五、实现所作出的决定

作出决定之后,实现所作出的决定便是意志行动的关键。即使行动的动机再高尚,行动的目的再美好,行动的手段再完善,但是如果不付诸实际行动,这一切也就失去了意义,不能构成意志行动。所以,实现所作出的决定是意志行动的最重要环节。

在复杂的意志行动中,为了实现所作出的决定,必须有达到目的所必要的计划。缺乏必要的计划,即使在目的和方法很明确的情况下,也不可能实现意志行动。意志行动有时需要将达到最终的目的的行动划分为若干个阶段,每个阶段又应当有必须达到的目标和实现的方式、方法,按阶段进行活动,最后完成规定的任务。

人们在实现决定的过程中,往往会遭受挫折或遇到各种各样的困难,包括内部困难和外部困难。例如,想学好外语,但原有的外语基础较差,或近来身体不好,记忆力变差,其他的工作、学习任务又很重。在此情况下,是垂头丧气,丧失追求目标的动机,还是制定切实可行的计划去对付困难,积极进取,去夺取胜利?如果能面对挫折,勇于克服困难,就能实现所定下的目标。意志力通常就表现在如何克服困难和面对挫折上。

实现所作出的重大决定必须克服各种困难,有时还需要改变原先的决定,根据新的决定采取行动。意志不仅表现在善于坚持贯彻既定的决定上,也表现在善于在必要时果断地放弃原来不符合客观情况的决定,采取新的步骤上。在实现决定的过程中起决定作用的是责任感和义务感,荣誉感也具有巨大的鼓舞作用。

## 第三节 动机及其激发

### 一、动因与动机

任何意志行动总是由一定的动机所引起的。为进一步了解什么是动机,首先必须区分动因(motive)和动机(motivation)这两个概念。

动因(做某件事的原因)指的是引起一个人开始参加某种活动的相当稳定的行为倾向,它只有在行为中才能得以实现。活动中的动机指的是有机体在某一时刻对于参加某种实际活动负有责任的状态,是实际引起人去行动或者抑制这个行动的一种内在推动力。动机同人的活动密切相关。动因在行动中得以实现时就是动机,然而它仅仅是决定一个人的动机的因素之一。情境的因素和生理性的需要对于人的动机起着同样重要的作用。人的活动动机是个人的内部因素和外部的情境因素相结合的结果。例如,学生的成就动机并不只依赖于他的成就动因(想要成为班上的尖子学生),也依赖于同班同学的竞争力以及他们对学习的态度和兴趣。人在同一个时期里可能会有不同的活动动机(成就动机、交往动机、亲和动机、表现才能的动机、兴趣爱好或有社会意义的动机),这些活动动机可能是相对立的,也可能是相辅相成的,但却是同时并存的。

主导的动机决定着意志行动的结果,决定着实现行动的方式和行动的坚持性。在个体的成长过程中,主导动机可能会发生变化。比如,对初入学的学生来说,学生这一角色本身就起着主导动机的作用,以后起主导作用的动机可能是他在集体中的地位,或者是准备从事未来职业的动机。

教师要提高教育质量,必须了解学生的学习动机和道德行为的动机,采取有效的措施,培养和激发学生良好的学习和道德动机,从而提高学生行为的自觉性和持久性。

## 二、动机强度与活动效率之间的关系

任何意志行动总是由一定的动机所引起的。动机不仅在性质上有所不同,在强度(即激活水平)上也有所不同。动机与活动效率之间的关系异常复杂。就动机强度而言,研究发现,它与活动效率之间的关系呈倒 U 形的函数关系。动机强度太低,会影响行为的效率;动机强度过高,会产生焦虑和紧张,干扰记忆和思维活动的顺利进行,使活动效率降低。所以,激发学生的活动动机,要保持适当的水平,不宜把他们的动机激发得过高或过低。

根据耶克斯—多德逊(R. M. Yerkes & J. D. Dodson)定律,动机的最佳水平随任务性质的不同而不同。面临容易或简单的任务时增强动机有利于提高活动效率,在执行困难或复杂的任务时则动机的最佳水平应低些(如图 8-1 所示)。

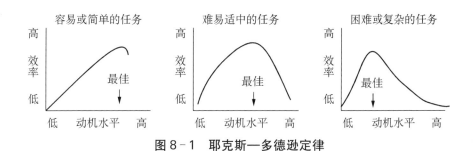

图 8-1 耶克斯—多德逊定律

## 三、内部动机与外部奖励

个体参加任何活动的动机一般都具有内部动机和外部动机。但是,由内部动机所激起的行为是指不接受任何一种外部奖励的行为,它本身就是一种有价值的行为。内部动机是由一个人发挥内在才能的需要,以及自我决定地对付环境的需要所激起的。为了获得外部奖励(如金钱、纪念品等)而激起的动机,称为外部动机。许多研究表明,内部动机比外部动机更能使人积极地奔向目标,持续作用的时间也更长。对于复杂性程度较高的活动而言,这种情况尤其明显。

具有内部动机的行为其重要的特征是,即使达到了目标,个体也还能保持自我能力感,动机水平并不下降;而外部奖励的行为,个体在达到了目标,获得了奖励之后,动机水平可能会降低。所以说,内部动机是一种积极的动机形式。

德西(E. L. Deci)明确指出,当人们在内部动机的推动之下从事某项活动时,其行为原因存在于人自身,即他们可能是因为很高兴从事这项活动或者是有能力从事这项活动。当人们主要是为了接受外部奖励而参加活动时,他们的行为就已经受外部因素控制了。这时,外部奖励就可能削弱内部动机。只有当奖励突出的是人的能力,能提高他们对自己的能力和自我价值的认识时,这种奖励才会加强内部动机。也就是说,这种情况下的奖励具有控制外部动机和内部动机两方面的作用。外部奖励对内部动机的作用主要依赖于实际情境中突出对个体的能力和自我价值的肯定。为了维持学生的内部动机,有的时候教师应当尽快撤去外部奖励。

1973—1975年间,格林(D. Greene)和莱珀(M. R. Lepper)以对绘画活动有高度内部兴趣的幼儿为对象进行的实验研究,证明了外部奖励与内部动机之间的关系。他们告知其中的一组被试,参加绘画活动会受到奖励(奖励的方式是发给一份有"金星"和"好画家"字样的证书),这一组称为期望奖励组。他们让另一组没有被告知的被试在完成任务之后,出乎意料地受到与第一组同样的奖励。这一组称为未期望奖励组。第三组被试,自始至终无奖励。一两周之后,让这三组被试在都不被告知参加绘画活动会有奖励的自由选择的情境下绘画,实验者观察他们对绘画活动的兴趣。结果发现,在自由选择的情境下,未期望奖励组和无奖励组的被试比期望奖励组的被试,对绘画有更高的兴趣。该研究证明,外部奖励对内部动机的影响主要取决于如何给予奖励,即在给予外部奖励的实际情境中突出的是哪一方面。如果因事先告知可得到奖励而去参加某种活动,一旦不给予奖励,人们就不会参加这种活动。如果一个人作出了成绩,为肯定其能力或品质而给予奖励,即对能力或品质方面加以肯定,则能激起他再次作出这种良好的行为。

## 四、归因理论和动机的激发

20世纪70年代以来,归因理论是非常活跃的研究领域。所谓归因,指的是人们对他人或对自己的某种行为或倾向的原因进行分析、解释的过程。所谓归因理论,就是人们用来解释自己或他人行为因果关系的理论。

美国心理学家韦纳(B. Weiner)指出,一般来讲,人们把成功或失败的结果主要归于以下四个因素:个人的能力、个人的努力程度、任务的难度和运气。他又按照稳定性和控制点这两个维度,把它们分为稳定的因素(能力、任务的难度)和不稳定的因素(努力、运气);内部的因素(努力、能力)和外部的因素(任务的难度、运气)。如果把某一行为结果归因于能力,就是归因于内部的、稳定的因素;如果把某一结果归因于努力,就是归于内部的、不稳定的因素,如表8-1所示。

表8-1 韦纳的归因分类

| 稳定性 | 控制点 | |
| --- | --- | --- |
| | 内部的 | 外部的 |
| 稳定的 | 能力 | 任务的难度 |
| 不稳定的 | 努力 | 运气 |

当一个人把自己的学习成绩差主要归因于能力差或努力不够时,往往乐于接受老师的帮助或主动去寻找老师的帮助,表示要继续努力,以求下次取得好成绩。当一个人把自己的学习成绩差主要归因于任务的难度、运气等外部因素时,他们会认为自己没有考出好成绩主要是"考题太难""老师教得不好""这门课程不能引起我的兴趣"等。他往往不愿意去寻找老师的帮助,也不愿作出努力,缺乏适宜强度的动机。

应当看到,努力这一因素对于激发动机具有特别重要的作用,因为它不同于能力、任务的难度和运气等因素,而是受意志控制的。不少实验研究表明,如果学生把过去的失败归因于自己努力的程度不够,往往能起到增强学习动机的作用。根据韦纳的理论,如果人们相信增加努力能带来成功,他们就会工作更长的时间,从而不断提高成绩。不少心理学家认为,当学生面临学业失败时,应当指导他们把失败的原因归结为自己的努力程度不够,以此来激发学生的动机。

当然,仅仅使学生认识到自己努力不够,或仅仅对学生强调要不断努力,并不一定能促使他们成功。要使学生取得成功,还应当不断地使他们感觉到自己的努力是有效的,并不断地给予他们成功的反馈。只有这样才能使他们的努力持之以恒,最后取得成功或不断地取得成功。如果缺少反馈,学生可能在取得一些进步时,仍然认为自己努力不够,或者怀疑自己的努力是否有效,从而减少学习的动力。

研究还表明,任务的难度往往会影响努力这一因素。在中等难度任务的情况下,学生的努力因素能起很大的作用。当任务难度加大到单靠学生的努力因素也不能完成时,能力等因素对学习成功的影响就显得十分必要了。所以,对于十分困难的任务,教师必须加强指导,并给予学生成功的反馈,使他们感到经过努力是可以完成的。只有这样才有助于提高学生的动机强度,增强他们的信心。

总之,在激发学生的动机时,一方面要使他们感到自己的努力不够,要不断地努力;另一方面,还要使学生不断地感到自己的努力是有效的。为了做到这两点,教师应当做到以下四点:①使学生有比较平衡的成功感和失败感,不能使他们始终只有成功感,也不能使他们始终只有失败感。②应根据学生的基础对学生作出适当的评价,每次评价既要指出学生的成功之处,又要指出其失败或不足之处,以激起他们不断努力的动机。困难程度的大小在一定程度上决定于那种使人采取某种行动的动机力量。动机力量充分,会使人感到困难程度变小;动机力量不足,则会使人感到困难程度加大。③对那些确实感到面临的任务难度很大的学生,教师必须热情地加以指导,或者可以适当降低任务的难度,让他们循序渐进地掌握知识和技能。④对每个学生,不仅应当有适合于他们学习基础的、恰当的期望水平,而且期望水平应随学生的努力和能力的提高而有相应的提高。

## 第四节 意志的品质与培养

### 一、意志的品质

任何一个想要不断地完善自己的人,都需要以一定的意志努力来克服自己的缺点。只有意志坚强的人才能战胜任何困难,才能在逆境中成长,在厄运面前创造奇迹。生活就像海洋,意志坚强,才能到达彼岸(马克思语)。

坚强的意志品质是克服困难、完成各种实践活动的重要条件。评价一个人的意志品质,应当与意志行动的内容和意识倾向联系起来,坚强的意志品质只有在具有社会价值的意志行动中才能表现出来。

坚强意志的基本品质是自觉性、果断性、坚韧性和自制力。

### (一) 自觉性

自觉性是指个体在行动中具有明确的目的性,并充分认识行动的社会意义,使自己的行动服从于社会的要求。这种品质反映着个体的坚定立场和信仰。它贯穿于意志行动的始终,也是产生坚强意志的源泉。具有强烈的责任感、义务感的人,看见陌生人落水,也会立即下水救人;一些有肢体障碍的人有了明确的生活目标之后,能克服难以想象的困难,顽强地生活、劳动。这些都是自觉性的表现。譬如,1975 年,26 岁的夏伯瑜第一次随国家队攀登珠峰,因为冻伤失去了双脚,43 年后(69 岁),成为中国第一位凭借假肢成功登顶珠峰的人。这就是他怀抱着自己的梦想自觉挑战不可能的结果。

具有自觉性的人,在行动中一方面不轻易接受外界的影响,另一方面也不拒绝一切有益的意见。

与自觉性相反的品质是受暗示性和独断性。受暗示性较强的人,只能在得到提示、命令和建议时才表现出积极性,而且他们很快屈从别人的影响,对别人的思想和行为会不加批评地接受。独断性较强的人,表面上似乎是独立地采取决定,执行决定,但实际上缺乏自觉性,不考虑自己采取的决定是否合理,固执己见,经常毫无理由地拒绝考虑别人的批评和劝告。受暗示性强和独断性强都是由于没有真正意识到行动的意义的缘故。

### (二) 果断性

果断性是一种明辨是非,迅速而合理地采取决定,并实现所作决定的品质。具有果断性的人能全面而又深刻地考虑行动的目的及其方法,懂得所作决定的重要性,清醒地了解可能产生的结果。具有果断性的人同样也有复杂而剧烈的内心斗争(包括对立的动机斗争和激烈的情绪感受),但在动机斗争时,没有多余的疑虑;需要行动时,能当机立断,不踌躇,敢做敢为,大义凛然;在不需要立即行动或情况发生变化时,又能立即停止已经作出的决定。

意志的果断性和智慧的批判性、敏捷性有着密切的联系,只有明辨了是非和利害关系,认识到行动有胜利的把握,才会坚决采取行动。但是,在复杂情境中所表现出来的高水平的果断性并不是每个人所固有的。果断性必须以正确的认识为前提,以大胆勇敢和深思熟虑为条件。

与果断性相反的品质是优柔寡断和草率决定。优柔寡断的人的主要特征是思想、情感的分散,他们没有能力解决思想和情感的矛盾,不能把思想和情感引上明确的轨道。他们在各种动机之间,在不同的目的、手段之间摇摆不定,迟迟不能作出取舍。由于患得患失、踌躇不前,他们常常怀疑所作决定的正确性,担心实行决定的后果,或者作出决定后又不能坚决执行。当他们必须作出选择的时候,又可能任意地遇上什么,就选择什么。

草率决定主要是由于懒于思考而轻举妄动。个体为了立即摆脱选择目的时所产生的使他不愉快的紧张状态,而不考虑主客观条件,也不考虑后果,贸然抉择。这都是意志薄弱的表现。

## (三) 坚韧性

坚韧性是指个体在执行决定时能坚持到底,在行动中能长期保持充沛的精力和坚韧的毅力,能勇往直前,顽强地克服达到目的过程中的重重困难等方面的品质。意志的坚韧性一方面表现在善于抵抗不符合行动目的的主客观诱因的干扰,做到面临千纷万扰,不为所动;另一方面表现在善于长久地维持业已开始的符合目的的行动,做到锲而不舍、有始有终。

和坚韧性相反的品质是顽固、执拗。顽固的人只承认自己的意见和论据,尽管这些论据是错误的或不好的,但是仍然一意孤行,缺乏纠正错误的勇气。然而,他们不能长期地控制自己的行动,一遇到困难就放弃或改变自己的决定。这种见异思迁、虎头蛇尾的品质,也是与坚韧性相反的意志薄弱的表现。

## (四) 自制力

自制力是指能够自觉、灵活地控制自己的情绪,约束自己的动作和言语方面的品质。自制力反映着意志的抑制职能。有自制力的人,能克制住自己的恐惧、懒惰和害羞等消极的情绪和冲动的行为,不论胜利还是失败都能激励自己前进。这就是通常所说的忍耐和克己。具有自制力的人,组织性、纪律性特别强,情绪较稳定,学习时注意力能高度集中,甚至臻于忘我的境地,记忆力强,思维敏捷。

与自制力相反的品质是任性和怯懦。前者不能约束自己的行动,后者在行动时畏缩不前、惊慌失措。这都是意志薄弱的表现。

自制力是意志很重要的品质,对于教育工作者而言尤为重要。因为他们必须不厌其烦、心平气和地向不守纪律的学生说明其行为的不当之处,鼓励学生改正缺点,追求上进。

## 二、意志的培养

坚强的意志品质不是与生俱来的,而是在后天的生活实践中、在教育的影响下养成的。因此,加强对学生意志品质的培养十分重要。培养学生坚强的意志品质应从以下几方面着手。

### (一) 加强目的性教育,注意培养道德情感

目的越高尚,理想越远大,行动中的意志就更能有良好的表现。也就是说,只有"最高品质"的定势才能引起意志的努力。所以,培养意志首先必须激起学生完成任务的强烈愿望,讲明提高成绩的远景。同时,要使远近目标结合起来。如果只有短、近的目标,生活缺乏意义,这样的个体是不可能具有坚强的意志品质的。有远大目标的人,才会胜不骄,败不馁,再接再厉,以求达到最终的目的。

此外,在意志行动中,无论是内外障碍的克服与否,或者目的的实现与否都会引起情感反应。情感在意志的支配下又可变为行动的动力,去促进人们克服困难和坚持实现目的。例如,对周围人的非议、谣言,有自信心和责任感的人会最大限度地与之斗争,以及为争取达到目的而努力;有集体主义情感的人,为了集体的荣誉可以动用自己的潜能去克服工作、学习中的一切困难。意志靠情感来推动,情感是意志的不可缺少的条件,它能加强意志。当然,反过来意志也可以控制情感。所以,为培养学生的意志品质,首先必须加强目的性教育,注意培养学生的道德情感。

### (二) 组织实践活动,使学生获得意志锻炼的直接经验

劳动、学习以及科技、文体活动都需要个体为达到一定的目的而表现出坚毅、顽强和果断的品质,在必要时还需要有勇气。那些对个体来说兴趣不大的、平凡的、情绪上不会带来愉快体验的或者困难较大的活动,更能使人的意志得到巩固和受到锻炼。意志力在克服困难中表现出来,在克服困难中提高。活动有利于意志品质的培养。当一个人负有完成任务的责任,需要报告完成任务的质量、时间以及其他指标时,他就必须作出意志努力。教师为培养学生坚强的意志品质,必须有目的地组织活动,对于一些常有越轨行为的学生也不能例外。如果怕这些学生越轨而禁止他们参加活动,将他们排斥在集体之外,对于他们意志品质的培养是极为不利的。例如,苏联教育家马卡连柯让一个曾有偷窃行为的青年去取一笔钱,一方面是信任他,另一方面也是在培养他的意志力。

为增强学生克服困难的信心和进一步锻炼意志的决心,在活动中教育必须辅之以必要的赞扬、勉励、提出榜样和介绍锻炼意志的方法,对他们进行具体的指导。赞扬、勉励可鼓舞勇气,提高信心,有利于意志的锻炼。必要时教师用限制、批评、惩罚的方法来阻止违反纪律的活动,以消灭不良行为,也可以锻炼一个人的意志。但是,应该以赞扬、勉励为主。

为锻炼意志,对学生的要求必须从克服小困难开始,随着活动的展开逐渐提高要求,直

到有效果为止。太难或太容易达到的要求,忽有忽无的要求都不能锻炼一个人的意志。

## (三) 针对学生的意志类型,采取不同的锻炼措施

对于十分执拗、顽固的学生,教师应从自觉性、目的性和原则性方面着手培养,使他们理解固执与顽强的区别;对于胆小而易受暗示,犹豫不决的学生,教师要培养他们大胆、勇敢、果断的品质;对于十分冒失而轻率决定的学生,教师要培养他们沉着、耐心的品质,使他们理解勇敢与蛮干、轻率的区别;对于过分活跃和缺乏自制力的学生,教师要提高他们控制行为的能力;对于缺乏毅力的学生应激发他们坚韧的精神。

## (四) 启发学生加强自我锻炼

学生的意志品质是在教师一贯的严格要求和监督下养成的,也是学生在日常平凡的生活中不断严格要求自己,经常作克服困难的意志锻炼的结果。因此,使学生养成自我检查、自我监督、自我命令和自我鼓励等习惯,培养他们自我锻炼的能力,也是十分重要的。有时,当学生感到很难开始行动时,可让他们自己给自己下命令,如"大胆些""不要怕""不要丧失信心""再坚持一下"等;也可以用"举一下手就开始""数到三就开始"等信号来激励自己行动。

## (五) 学校的纪律对于培养意志有着重大的作用

只有当一个人直接地用纪律约束自己的行动时,才有意志努力的可能性。所以,遵守学校的纪律对于培养学生的意志有重大作用。

## 名词解释

意志　随意运动　接近—接近冲突　回避—回避冲突　接近—回避冲突　动因和动机　归因

## 思考题

1. 说明意志的特征,并说明"意志自由论"的错误何在。
2. 试用实例说明意志行动的心理过程。
3. 说明动机强度与活动效率之间的关系,并说明怎样有效地激发学生的活动动机。
4. 运用韦纳的归因理论说明:为激发学生的活动动机,教师应当如何指导他们对成功和失败进行归因。
5. 你的意志有哪些优良品质?还有哪些缺点?你打算怎样锻炼自己的意志?

# 第九章 人格和人格倾向性

## 第一节 人格概述

### 一、人格的含义

人格是个体独特而相对稳定的心理行为模式。

人格包括内部的心理特征和外部的行为方式。《中国大百科全书·心理学》中写道:"人格是个体特有的特质模式及行为倾向的统一体,又称个性。"[1]从字源上讲,"人格"与"个性"都来源于英语的"personality",而"personality"一词又来源于拉丁文"persona",该词最初指演员的面具,即一个人的外部表现,后来不仅指一个人的外部表现,而且指一个人的内部特征,人格可以说明一个人的全体和整合。我国古语说的"蕴蓄于中,形诸于外"是人格的最好概括。[2]

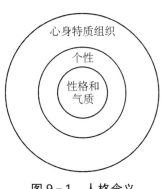

图9-1 人格含义

在心理学中,人格一词大致有三种观点,如图9-1所示。

一般认为,人格与个性同义,例如,《中国大百科全书》心理学和教育学卷中都认为:"人格也称个性。"(见图9-1中的中间一个圆)。本书采用人格与个性同义的观点。

广义的人格概念的外延比个性大,人格不仅包括心理方面的特质,也包括身体方面的特质。如图9-1中的最大圆上写着"心身特质组织",而个性只包括心理方面的特质。

狭义的人格指性格和气质。在图9-1中的最小圆上写着"性格""气质"。

从20世纪80年代开始,人格心理学发展迅速,"大五人格"的研究,如一阵春风,给人格心理学带来了希望。当代人格心理学研究已进入快速发展阶段。出现了跨领域、跨学科、跨文化、跨情境等特点。许多学科大量引用人格心理学的研究成果。众多的博士论文中对人格心理学的引证也很多。据万晓霞(2009)检索从美国出版的《科学引文索引》(SCI)中,人格心理学1999年仅占3.96%,2008年已占16.20%。

### 二、人格的特征

#### (一) 人格的整体性

人格是一个统一的整体结构。每个人的人格的组成部分并不是孤立的,它们相互联系、

---

[1] 中国大百科全书总编辑委员会《心理学》编辑委员会,中国大百科全书出版社编辑部编:《中国大百科全书·心理学》,中国大百科全书出版社1991年版,第270页。
[2] 荆其诚主编:《简明心理学百科全书》,湖南教育出版社1991年版,第384页。

相互制约,组成一个完整的系统。现代心理学把人格看作是由各个密切联系的成分所构成的多层次、多水平的统一整体。美国心理学家奥尔波特(G. W. Allport)指出人格是一种有组织的整合体。也有一些心理学家把它看作个人许多特征的简单总和。后来,人格研究中引入了结构的概念和系统论的观点,把人格看成一个统一的整体。

## (二) 人格的稳定性和可塑性

人格具有稳定性。所谓"江山易改,本性难移"就形象地说明了人格的稳定性。个人在行为中的偶然表现不能表征他的人格,只有在行为中比较稳定的、经常表现出来的心理行为才能表征他的人格。例如,一个处事稳重的人,偶然表现出轻率的举动,不能由此说明他具有轻率的人格特征。潘菽曾指出:"心理过程是指心理的一时动态表现,……个性指的就是一个人(或每个人)所有心理静态或较稳定的状况的全部内容。"[1]然而,人格的稳定性是相对的,并不是一成不变的,个性具有可塑性。人格是在主、客观条件相互作用下发展起来,同时又在主、客观条件相互作用下发生变化。儿童的人格还不稳定,受环境影响较大;成年人的人格比较稳定,但自我调节对人格的改变起着重要作用。人是一个高度自我调节的系统。例如,逆境可以使人消沉,但通过自我调节,人也可以使自己变得更坚强。人格是稳定性和可塑性的统一。

## (三) 人格的独特性

人与人之间没有完全相同的人格。人格的独特性是人格最显著的特征。俗语说:"人心不同,各如其面。"世界上没有两片完全相同的树叶,也没有两个人的人格完全相同。每一个人的人格都由独特的心理、行为所组成。即使是同卵双生子,他们的人格也不完全相同。因为人格是在遗传、环境、成熟和学习许多因素的影响下发展起来的。人格的独特性并不是说人与人之间在人格上毫无相同之处。人格既包括人与人之间在心理、行为上的相同方面(共同性),也包括人与人之间在心理、行为上的不同方面(差异性)。人格中包含有人类共同的特点、民族共同的心理特点等,还包含每个人与其他人不同的特点。

## (四) 人格的社会性和生物性

人的人格不仅受生物因素的制约,而且还受社会因素的制约。在人格的形成和发展中,既有生物因素的作用,也有社会因素的作用,不能将人格形成和发展的原因归结为一种因素,也不能将这两种因素的作用等量齐观。生物因素只给人格发展提供可能性,社会因素才能使这种可能性转化为现实。如果离开了人类的社会生活,人的正常心理就无法形成和发展。人格是遗传因素和社会因素交互作用的结果。人在社会交往过程中,逐渐形成和发展自己的人格,人格既是社会化的对象,也是社会化的结果。对人格形成和发展起决定作用的是社会生活条件。

---

[1] 潘菽著:《潘菽心理学文选》,江苏教育出版社1987年版,第574页。

### 三、人格的心理结构

人格的心理结构包括两大部分：人格倾向性和人格心理特征。本章阐述人格的倾向性，人格的心理特征在本书的后几章阐述。

#### （一）人格倾向性

人格倾向性是人进行活动的基本动力，是人格结构中最活跃的因素。它决定着人对现实的态度，决定着人对认识活动的对象的趋向和选择。人格倾向性主要包括需要、动机、兴趣、理想、信念和世界观。它们较少受生理因素的影响，主要是在后天的社会化过程中形成的。人格倾向性的各个成分并不是彼此孤立的，而是相互联系、相互影响和相互制约的。其中，需要又是人格倾向性乃至整个人格积极性的源泉。只有在需要的推动下，人格才能形成和发展。动机、兴趣和信念等都是需要的表现形式。世界观居于最高层次，它制约着一个人的思想倾向和整个心理面貌，是人们言论和行动的总动力和总动机。人格倾向性被认为是以人的需要为基础的动机系统。

#### （二）人格心理特征

人格心理特征是指一个人身上经常地、稳定地表现出来的心理特点。它是人格结构中比较稳定的成分，主要包括能力、气质和性格。在人格心理发展过程中，这些心理特征较早地形成，并且不同程度地受生理因素的影响。

人格倾向性和人格心理特征之间也不是彼此孤立的，而是相互渗透、相互影响、错综复杂地交织在一起。人格心理特征受人格倾向性调节；人格心理特征的变化也会在一定程度上影响人格倾向性。

## 第二节 需　　要

### 一、需要的含义

需要是人脑对生理需求和社会需求的反映。

个体为了求得生存和发展，必须满足一定的需求，如食物、衣服、睡眠、劳动、交往等。这些需求反映在个体头脑中，就形成了他的需要。需要是个体的一种内部状态，或者说是一种倾向，它反映了个体对内部环境和外部生活条件的较为稳定的要求。

心理学家对需要大体上有两种用法：

① 重视需要的动力性，把需要看作是一种力或紧张。
② 重视需要的非动力性，把需要看作个体在某一方面的不足或缺失。

## 二、需要的作用

需要是个体行为和心理活动的内部动力,它在人的活动、心理过程和人格中起着重要的作用。

需要是个体行为积极性的源泉。各种需要推动人们在各个方面的积极活动。需要和人的活动紧密联系,需要越强烈,由此引起的活动也就越有力,它是个体活动的动力。没有需要,也就没有人的活动。研究表明:需要永远具有动力性,它不会因暂时的满足而终止。有些需要明显地带有周期性的特征,例如对饮食和睡眠等的需要;有些需要满足后,又会产生新的需要,新的需要又推动人去从事新的活动。而在活动中需要不断地满足,又不断地产生新的需要,使活动不断地发展。例如,学习科学文化的需要、欣赏艺术的需要,通常是每一次满足需要后又会产生新的需要。

需要又是人的认识活动的内部动力。人为了满足需要必须对有关事物进行观察和思考。可见,需要调节和控制着个体的认知过程的倾向。需要对情绪的影响很大,人对客观事物产生情绪,是以客观事物是否满足人的需要为中介的。凡是能满足人的需要的事物,能产生积极的情绪,否则产生消极的情绪。情绪是人对客观事物与人的需要之间关系的反映。需要推动意志的发展,人为了满足需要,从事一定的活动,要用一定的意志努力去克服困难。

需要又是人格倾向性的基础。人格倾向性的其他方面如动机、理想、信念等都是需要的表现形式。人格心理特征又受人格倾向性所调节。

## 三、需要的分类

### (一) 生理性需要和社会性需要

**1. 生理性需要**

生理性需要是个体为维持生命和延续后代而产生的需要,如进食、饮水、睡眠、运动、排泄和性等的需要。生理需要具有重要的生物学意义,它是保护和维持有机体生存和延续种族所必需的。如果个体在相当长的时间里,正常的生理需要得不到满足,个体就无法生存,也不能延续后代。生理性需要往往带有明显的周期性。

生理性需要是人类最原始、最基本的需要,是人类和动物所共有的。但是,人的生理需要和动物的生理需要之间有着本质的区别。人的生理需要受社会生活条件所制约,具有社会性。动物只能等待大自然的恩赐,只能依靠周围环境中的自然物作为满足需要的对象,而人类不仅以周围环境的自然物作为满足需要的对象,而且还在改造客观世界的过程中创造出需要的对象。人的进食不仅受机体的饥饿状态的支配,而且还要考虑各种社会行为规范。马克思指出:"饥饿总是饥饿,但是用刀叉吃熟食来解除的饥饿不同于用手、指甲和牙齿啃生肉来解除的饥饿。"[①]

---

[①] 马克思、恩格斯著,中共中央马克思恩格斯列宁斯大林著作编译局编译:《马克思恩格斯全集》第十二卷,人民出版社 1962 年版,第 742 页。

### 2. 社会性需要

社会性需要是人类在社会生活中形成，为维护社会的存在和发展而产生的需要。对求知、美、道德、劳动和交往的需要等都是社会性需要的表现。社会性需要是在生理性需要的基础上，在社会实践和教育影响下发展起来的，它是社会存在和发展的必要条件。例如，劳动是人类赖以生存的第一个基本条件。人类如果不劳动，就无法生存，人类社会就无法存在和发展。

社会性需要是人类特有的。它受社会生活条件所制约，具有社会历史性。不同的历史时期、不同的民族和不同的风俗习惯，人们的社会性需要也会有所不同。虽然在中国古代的封建社会，男子的衣着讲究穿长袍马褂，但是今天人们就不会再有这种需要了。当人的社会性需要得不到满足时，虽然不会威胁到机体的生存，但人会因此而感到难受，产生不舒服的感觉和不愉快的情绪。

## (二) 物质需要和精神需要

### 1. 物质需要

物质需要是指与衣、食、住、行有关的物品的需要，对劳动工具、文化用品、科研仪器等的需要。物质需要既包括生理性需要，又包括社会性需要。

### 2. 精神需要

精神需要是指认知需要、审美需要、交往需要、道德需要和创造需要等，它是人类特有的需要。在劳动过程中所形成的交往需要是最早形成的精神需要。所谓交往需要是指一个人愿意与他人接近、合作、互惠，并发展友谊的需要。交往需要在人类历史发展过程中起着十分重要的作用，也是个体心理正常发展的必要条件。长期缺乏交往需要会导致个性变态。随着社会进步和生产力的发展，人们的物质需要和精神需要都将不断地得到满足。充分满足人的各种需要是个性全面发展最重要的条件。但是，如果撇开劳动的需要，而其他各种需要又很容易得到满足的话，那么人的个性将变得懒惰和贪婪。

## 四、当代心理学的几种主要需要理论

### (一) 马斯洛的需要层次理论

美国心理学家马斯洛(A. H. Maslow)把人类的需要分为两大类：一类是基本需要。这类需要和人的本能相联系，与一个人的健康状况有关，缺少它会引起疾病。基本需要包括生理需要、安全需要、归属和爱的需要以及尊重需要。另一类是成长性需要。这类需要不受本能所支配，不受人的直接欲望所左右，以发挥自我潜能为动力。这类需要的满足会使人产生最大程度的快乐。它包括认知需要、审美需要和自我实现的需要。这两类需要根据对人直接生存意义及生活意义的大小，呈梯状排列(如图 9-2 所示)[1]。

---

[1] 叶浩生主编：《西方心理学的历史与体系》，人民教育出版社 2014 年版，第 570—571 页。

马斯洛认为，人类的需要具有层次性，人类的各种基本需要是相互联系、相互依赖和彼此重叠的，是一个按层次组织起来的系统。他指出，只有低级需要基本满足后才会出现高一级的需要，只有所有的需要相继满足后，才会出现自我实现的需要。马斯洛还认为，每一时刻最占优势的需要支配着一个人的意识，成为组织行为的核心力量，已经满足了的需要，就不再是行为的积极推动力量。

图9-2　马斯洛需要层次

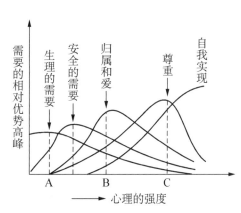

图9-3　需要层次和不同的心理发展时期

个人需要结构的发展过程像波浪式地演进，各种不同需要的优势由一级演进到另一级（如图9-3所示）。例如，个体在婴儿时期主要是生理需要，后来才产生安全需要、归属和爱的需要，青少年时期才产生尊重需要，等等。

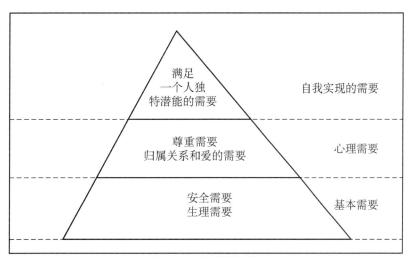

图9-4　需要的层次

图 9-5 马斯洛的需要层次论

（资料来源：R. J. Gerrig & P. G. Zimbardo, 2003）

在晚年，马斯洛又把需要概括为基本需要、心理需要和自我实现的需要三个大层次（如图 9-4 所示），还认为在自我实现需要之上还有一个超越需要①。

马斯洛在 1970 年系统地总结了这一理论，这是对动机更全面的表述。他认为，在自我实现需要之上，还有一个超越需要。位于超越需要的人，他们生活安全、被别人爱和爱别人、有信心、善于思考并有创造力、富裕，超越需要导致了更高层次的意识状态，超越自我和个人的潜力。马斯洛认为：很少有人达到这种境界（如图 9-5 所示）。

马斯洛将人类的需要分成由低级到高级不同的层次，并把它们纳入一个连续的统一体之中，形成一个按层次组织起来的系统。这种理论受到了人们的重视，并在实际工作中得到了应用。一些研究也表明，人类的各种需要之间确实存在着层次关系。马斯洛的需要理论在许多方面尚带有假设性质，缺乏实验依据和客观指标。近年来，有些心理学工作者设计了一些实验，用以证实马斯洛的理论，取得了一定的进展。

## （二）阿尔德夫的需要理论

阿尔德夫（C. P. Alderfer）对工人进行了大量研究，结果表明，一个人的基本需要不是五种，而是三种。并且他以三种基本需要的第一个英文字母作为名称，提出 ERG 理论。

E（existence）即生存需要。他认为，这是一个人最基本的需要，即对个人基本物质生存条件的需要，如对衣、食、住、行的需要等。

R（relatedness）即维持人际关系的需要。

G（growth）即生长需要，即人具有要求发展的内在愿望。

他认为，这三种需要并不是完全天生的，有的需要是通过学习产生的，需要并不是层次等级，而是一个连续体。他还认为，人类需要不一定按严格顺序由低级向高级发展，而是可以越级、倒退的。

阿尔德夫认为，各个层次的需要获得的满足越少，则满足这种需要的愿望越强烈；低级需要的满足，会增强对高级需要的追求；高级需要的缺乏，会加强对低级需要的追求。

有些心理学家认为，阿尔德夫的需要理论，修正了马斯洛需要理论的不足之处，并且更切合实际。

## （三）麦克莱兰的需要理论

麦克莱兰（D. C. McClelland）认为，个人在基本的生存需要得到满足之后，行为则取决于

---

① Psychology Today: An Introduction, 1979, 374.

另外三种需要的满足与否,即成就需要、权力需要和合群需要。这三种需要的排列层次和重要性对于每个人来说都是不同的。他认为,高级需要的人才可以通过教育来培养。他为了培养具有高成就需要的人才,已经取得了一定效果。

## 第三节 动 机

### 一、动机的含义

动机是由需要所推动,达到一定目标的行为动力。[①]

"动机"一词,来源于拉丁文"movere",即推动的意思,是一个解释性的概念,用来说明个体为什么有这样或那样的行为。人们从事任何活动都有一定的原因,这个原因就是人的行为动机。

动机可以是有意识的,也可能是无意识的。最早将动机概念引入心理学的是美国心理学家伍德沃斯(Woodworth),他认为动机是决定个体行为的内部动力。

引起动机必须有内在条件和外在条件。引起动机的内在条件是需要,动机是在需要的基础上产生的。如果说,人的各种需要是个体行为积极性的源泉和实质,那么,人的各种动机就是这种源泉和实质的具体表现。例如,学生的学习动机就是他们学习需要的具体表现。动机和需要密切联系在一起,离开需要的动机是不存在的。当需要在强度上达到一定水平,并且有满足需要的对象存在时,就引起动机。引起动机的外在条件是诱因。驱使有机体产生一定行为的外部因素称为诱因,它是引起动机的另一个重要因素。诱因可以分为正诱因和负诱因。凡是个体趋向诱因而得到满足时,这种诱因称为正诱因;凡是个体因逃离或躲避诱因而得到满足时,这种诱因称为负诱因。例如,对于饥饿的人来说,食物是正诱因,电击是负诱因。诱因可以是物质的,也可以是精神的。例如,教师对学生的表扬,就是一种激发学生学习的精神诱因,发给学生的奖品,则是物质诱因。个体的行为往往取决于需要和诱因的相互作用,只有需要和诱因相结合才能成为个体实际活动的动机。例如,对彩色电视机有需要的人,只有在商店中有彩色电视机出售的条件下,才会有购买彩色电视机的动机。

### 二、动机的功能

人类的动机好像汽车的发动机和方向盘,它既给人的活动以动力,又对人的活动的方向进行控制。动机具有活动性和选择性。具体地说,人类动机对活动具有引发、指引和激励等功能。

#### (一)引发功能

动机对活动具有引发功能。人类的各种各样的活动总是由一定的动机所引起的,没有

---

[①] 林传鼎等主编:《心理学词典》,江西科学技术出版社1986年版,第121页。

动机也就没有活动。动机是活动的原动力,它对活动起着始动作用。

## (二) 指引功能

动机像指南针一样指引着活动的方向,它使活动具有一定的方向,朝着预定的目标前进。

## (三) 激励功能

动机对活动具有维持和加强作用,强化活动以达到目的。不同性质和强度的动机,对活动的激励作用是不同的。高尚的动机比低级的动机更具有激励作用,动机强比动机弱具有更大的激励作用。

## (四) 制动功能

国内外的一些心理学家认为,动机不仅有激活功能,而且还有制动的功能。如艾森克指出,动机是一个过程,它以某种方式引发、促进、保持和中止指向目标的行为。[①]

## 三、动机的分类

人类的动机十分复杂,可以从各个不同角度,根据不同标准,相对地分类。

### (一) 生理性动机和社会性动机

根据动机的起源,可以把动机分为生理性动机和社会性动机。

#### 1. 生理性动机

生理性动机源于生理需要。它是以有机体的生理性需要为基础的,如饥、渴、性、睡眠等动机。人类的生理性动机也受到社会生活条件的制约,打上社会的烙印。

#### 2. 社会性动机

社会性动机又称心理性动机。它源于社会性需要,与人的社会性需要相联系,如成就、交往、威信、归属和赞誉等动机。社会性动机具有持久性的特征,是后天习得的。人与人之间的社会性动机存在着极大的个别差异。

成就动机和交往动机被认为是两种主要的社会性动机。

(1) 成就动机。

成就动机指个体在完成某种任务时力图取得成功的动机。成就动机对个人发展和社会进步都具有重要作用,它就像是一架强大的"发动机",激励人们努力向上,在前进道路上取得一个又一个的成就。

成就动机和一个人的抱负水平密切联系着。抱负水平指一个人从事活动前,估计自己所能达到的目标的高低。个人的成功和失败的经验通常会影响抱负水平的高低,成功的经验会提高个人的抱负水平,失败的经验会降低个人的抱负水平。如果一位学生估计自己能

---

① 艾森克著,阎巩固译:《心理学——一条整合的途径》,华东师范大学出版社 2000 年版,第 792 页。

考90分,但考试成绩低于90分,那么他下次再定的抱负水平可能会低于90分。

麦克莱兰认为,各人的成就动机都是不相同的,每一个人都处在一个相对稳定的成就动机水平。成就动机强的人学习和工作都很积极,能够控制和约束自己,不受社会环境不利因素的影响,并且善于利用时间。成就动机得分高的人比得分低的人更有可能取得优良成绩。他还把成就动机看作决定个体行为的根本原因,并且将一个民族的成就动机看作社会经济发展的决定力量。

阿特金森(J. W. Atkinson)认为,人在竞争时会产生两种心理倾向:追求成就的动机和回避失败的动机。每一个人的这两种动机的相对强度是不同的。一些人力求成功,另一些人力求避免失败。成就动机强的人倾向于选择做中等难度的工作,因为这种工作既存在着成功的可能性,也存在着挑战性,能够满足个体的成就动机。回避失败动机强的人则倾向于避免做中等难度的工作,倾向于挑选成功可能性极小的困难任务,也可能挑选容易的任务。他们回避中等难度的工作,是为了避免与别人比较工作的好坏;他们挑选成功可能性极小的困难任务,是因为大家都完不成,并非真正失败;他们挑选容易的任务,是因为这种工作成功的可能性很高,可以减少对失败的恐惧心理。

美国心理学家韦纳等人对成就动机进行了归因分析,从认知心理学角度研究了成就动机,提出了成就动机的归因模式。他认为,分析一个人成功和失败的原因是理解成就行为的关键。他把成败的原因分为三个维度:

① 内归因和外归因。努力、能力、人格等原因都是内源的,任务的难度、运气、家庭条件等原因都是外源的。

② 稳定的归因和非稳定的归因。任务的难度、能力、家庭条件等原因都是稳定的,努力、运气、心境等原因都是不稳定的。

③ 可控制和不可控制归因。努力等原因受个人意志控制,运气等原因都是不受个人意志控制的。

韦纳又把活动的成功和失败的原因归结为四个要素:努力程度、能力高低、运气好坏和任务难易。如将三个维度和四个要素结合起来,组成"三维度模式"(如表9-1所示)①。

表9-1 归因的三维度模式

| | 内部的 | | 外部的 | |
|---|---|---|---|---|
| 三维度 | 稳定的 | 不稳定的 | 稳定的 | 不稳定的 |
| | 不可控的 | 可控的 | 不可控的 | 不可控的 |
| 四要素 | 能力高低 | 努力程度 | 任务难易 | 运气好坏 |

影响成就动机的因素有:①成就动机的高低与童年所接受的家庭教育关系密切。父母

---

① 李伯黍、燕国材主编:《教育心理学》,华东师范大学出版社1993年版,第241—242页。

的价值观、父母的成就动机、父母对子女的要求和教养方式都影响着儿童的成就动机。一般地说,父母要求子女独立自主而又能以身作则,容易培养儿童的成就动机。相反,父母对子女过分保护,就会限制儿童的独立性,较难培养儿童的成就动机。严格而温和的教育方式对孩子的成长更为有利。②教师的言行影响学生成就动机的强弱。教师是学生学习的榜样,成就动机强的教师的言行有助于激发学生的成就动机。教师对学生的评语是激发学生成就动机的有效方法。③经常参加竞争和竞赛活动的人比一般人的成就动机强。④学生的学习成绩与其成就动机呈正相关。学习成绩优秀的学生通常成就动机强,学习成绩差的学生成就动机弱。⑤个人对工作难度的看法影响成就动机。个人如果认为工作过难或过易,都不易激发成就动机;认为工作难度适中,成功和失败的可能性各占一半时,成就动机最强烈。⑥个性因素影响成就动机。个人的理想、信念和世界观对成就动机有着深刻的影响。⑦群体的成就动机的强弱与自然环境和社会文化条件有关。当国家经济繁荣兴旺时,人民的成就动机就会提高。

(2) 交往动机。

交往动机又称亲和动机,指个体愿意与他人接近、合作、互惠,并发展友谊的动机。人类的交往动机反映了社会生活和劳动的要求。人要参加社会生活,要劳动,就必须与他人接近、合作、保持友谊关系。人际交往也是个体心理正常发展的必要条件,只有在社会生活过程中通过人际交往,个体心理才能得到正常的发展。

沙赫特的研究表明,高恐惧的人比低恐惧的人更有合群的意愿,越是恐惧,合群倾向越是强烈。赵尔诺夫进行的一项研究则是将被试分成高恐惧组、低恐惧组、高忧虑组和低忧虑组,实验时,主试使两个忧虑组没有任何恐惧的感觉。结果表明,恐惧与忧虑对合群显示出相反的效应,即高忧虑组的人较低忧虑组的人倾向于不合群,他们和别人在一起时会使忧虑增加,因此回避他人。可见,恐惧使合群倾向增长,忧虑使合群倾向减少(如图9-6所示)。

(3) 学习动机。

美国心理学家索里(J. M. Sawrey)和特尔福特(C. W. Telford)认为,学习动机是直接推动学生进行学习的内部动力。学习动机并不是单一的结构,而是由许多动力因素所组成的整体系统,其中包括学习需要、学习自觉性、学习态度、学习兴趣等。一般认为学习动机具有:引起学习、维持学习、强化学习、调整学习的作用。

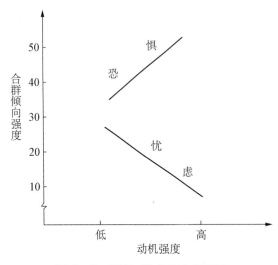

图9-6 恐惧、忧虑和合群倾向

## (二) 长远的、概括的动机和暂时的、具体的动机

根据影响范围和持续时间,动机可分为长远的、概括的动机和暂时的、具体的动机。前者来自对活动意义的深刻认识,持续作用的时间长,比较稳定,影响的范围也广;后者常由活动本身的兴趣所引起,持续作用的时间短,常常受个人的情绪影响,不够稳定。例如,一位大学生想要成为一名科学家,这种动机是长远的、概括的;而仅仅为了一次考试得高分,这种动机就是暂时的、具体的。人既要有长远目标,也要有近期目标,并且应该将这两种动机结合起来,使长远的、概括的动机成为主导动机。

## (三) 高尚动机和低级动机

根据动机的性质和社会价值,动机可分为高尚动机和低级动机。高尚动机能持久地调动人的积极性,促使他为社会发展作出贡献。低级动机违背社会发展规律与人民利益,不利于社会发展。

## (四) 主导动机和辅助动机

根据动机对活动作用的大小,可把动机分为主导动机和辅助动机。主导动机通常对活动具有决定作用,辅助动机则起到加强主导动机,坚持主导动机所指引的方向的作用。个体的活动为这两种动机所激励,由动机的总和支配。

## (五) 意识动机和潜意识动机

根据动机的意识性,可以把动机分为意识动机和潜意识动机。有一些动机人们并没有意识到,但却能影响人的活动,例如,定势就是这样一种潜意识动机。在人类的动机体系中,意识动机起着主导作用。

# 第四节 兴 趣

## 一、兴趣的含义

兴趣是个体力求认识某种事物或从事某项活动的心理倾向。它表现为个体对某种事物或从事某项活动的选择性态度和积极的情绪反应。例如,对物理学感兴趣的人总是首先注意有关物理学的著作、报道和仪器,他的认识活动优先指向与物理学有关的事物,并且表现出积极的情绪反应。我国古代学者翁森在他的名作《四时读书乐》里抒发出他对读书的浓厚兴趣。他赞美春季"读书之乐乐何如,绿满窗前草不除";夏季"读书之乐乐无穷,瑶琴一曲来薰风";秋季"读书之乐乐陶陶,起弄明月霜天高";冬季"读书之乐何处寻?数点梅花天地心"。字里行间流露出他对读书的浓厚兴趣。

人的兴趣是在需要的基础上,在活动中发生、发展起来的。需要的对象也就是兴趣的对象。正是由于人们对于某些事物产生了需要,才会对这些事物发生兴趣。在生理性需要的

基础上所产生的兴趣是暂时的兴趣。例如,一个人在口渴的情况下需要饮料,对饮料产生兴趣,而一旦需要得到满足,不口渴了,这种兴趣就减退了。稳定的兴趣是建立在社会性需要的基础上的,社会性需要的满足常常会引起更浓厚的兴趣。例如,读书的兴趣越来越浓厚,不论春夏秋冬对读书始终"乐陶陶"。许多心理学家阐述了兴趣和需要之间的密切关系。例如,瑞士心理学家皮亚杰(J. Piaget)指出:"兴趣,实际上,就是需要的延伸,它表现出对象与需要之间的关系,因为我们之所以对于一个对象发生兴趣,是由于它能满足我们的需要。"[1]

## 二、兴趣的作用

兴趣是认识和从事活动的巨大动力,是推动人们去寻求知识和从事活动的心理因素。兴趣在人的学习、工作和生活的一切活动中起动力作用。

兴趣是引起和保持注意的重要因素,人们对感兴趣的事物,总是愉快地、主动地去探究它。兴趣使人集中注意,产生愉快、紧张的心理状态,对认知过程产生积极的影响。无论是无意注意还是有意注意都与兴趣有关,若对某种事物不感兴趣,也就不能对它集中注意。孔子说:"知之者不如好之者,好之者不如乐之者。"[2]意思是说,对于学识,懂得它的人赶不上喜欢它的人,喜欢它的人又赶不上醉心于它的人。诺贝尔奖获得者丁肇中说过:"任何科学研究,最重要的是看对于自己所从事的工作有没有兴趣,换句话说,也就是有没有事业心,这不能有丝毫的强迫,……比如,搞物理试验,因为我有兴趣,我可以两天两夜,甚至三天三夜待在实验室里,守在仪器旁。我急切地希望发现我所要探索的东西。"[3]通过长期努力,丁肇中和他的同事们终于发现了"J 粒子"。

兴趣是开发智力的钥匙,对智力发展起促进作用。皮亚杰指出:"……所有智力方面的工作都要依赖于兴趣。"[4]美国拉扎勒斯等人研究了兴趣对学生学习的促进作用。他将高中学生按照智力和兴趣分为智力组和兴趣组。智力组学生的平均智商为 120,但对于语文的阅读和写作不感兴趣;兴趣组学生的平均智商为 107,但对于语文的阅读和写作很有兴趣。在学期结束时,智力组的成绩不如兴趣组(如表 9-2 所示)。

表 9-2 兴趣组和智力组的阅读和写作情况对比

| 组别 | 平均每人阅读的书(本) | 平均每人所写的文章(篇) |
| --- | --- | --- |
| 兴趣组 | 20.7 | 14.8 |
| 智力组 | 5.5 | 3.2 |
| 差 距 | 15.2 | 11.6 |

---

[1] 皮亚杰著,傅统先译:《儿童的心理发展》,山东教育出版社 1982 年版,第 55 页。
[2]《论语·雍也》。
[3]《光明日报》1979 年 10 月 7 日。
[4] 皮亚杰著,傅统先译:《教育科学与儿童心理学》,文化教育出版社 1981 年版,第 161 页。

兴趣是人们从事活动的强大动力。兴趣对于人的活动的作用有下列几种情况：①对未来活动的准备作用；②对正在进行活动的推动作用；③促进对活动的创造性态度。

兴趣的内容随社会的发展而变化，受社会历史条件所制约。就个体来说，随着生活领域的扩大以及年龄的增长，兴趣的内容也会发生变化。

## 三、兴趣的分类

人类的兴趣是多种多样的，可以从不同的标准对它们进行分类。

### （一）物质兴趣和精神兴趣

根据兴趣的内容，可以分为物质兴趣和精神兴趣。

1. 物质兴趣

物质兴趣表现为对食物、衣服和舒适的生活环境和生活条件等的渴望。对个人的物质兴趣必须加以正确指导和适当控制。如果物质兴趣得不到正确的指导和控制，往往会向畸形的方向发展。

2. 精神兴趣

精神兴趣主要指认识兴趣，例如，对学习和研究文学、艺术、哲学、数学等的兴趣。

人的兴趣指向于什么内容，是个性倾向性的重要表现。

### （二）直接兴趣和间接兴趣

根据兴趣所指向的目标，可以分为直接兴趣和间接兴趣。

1. 直接兴趣

直接兴趣是指对活动过程本身的兴趣，例如，对解几何题的兴趣、对开汽车的兴趣等。

2. 间接兴趣

间接兴趣是指对活动结果的兴趣，例如，对通过学习考取大学的兴趣、对工作后取得报酬的兴趣等。

年龄小的儿童，大多数是对活动过程本身感兴趣，年龄稍大的儿童才会对活动结果产生兴趣。在实践活动中，直接兴趣和间接兴趣都是不可缺少的。如果没有直接兴趣的支持，活动将变得枯燥无味；如果没有间接兴趣的支持，活动便不可能长久地持续下去。只有直接兴趣和间接兴趣正确地结合，才能充分发挥一个人的积极性。直接兴趣和间接兴趣在一定条件下可以互相转化。例如，开始学习外文，对学习本身不一定感兴趣，但认识到学习外语的重要性，这是间接兴趣；随着学习的深入，对学习本身也感兴趣了，这就是直接兴趣。

## 四、兴趣的品质

### （一）兴趣的广度

兴趣的广度指个体兴趣的范围。在兴趣的范围上，人与人之间的差异很大，有的人兴趣范围广,对许多事物和活动都兴致勃勃,乐于探求;有的人兴趣范围比较窄,只在单一的事物与活动中求得满足。一般地说,兴趣愈广泛,知识愈丰富,愈容易在事业上取得成就。历史上许多卓越人物都有广泛的兴趣和渊博的知识。例如,达·芬奇不仅是大画家,而且也是大数学家、力学家和工程师。郭沫若的兴趣也很广泛,他对文学、历史、考古、书法、自然科学等都有浓厚的兴趣。

良好的兴趣品质应在广泛兴趣的基础上有一个中心兴趣。否则样样都喜欢,样样都不专,结果往往是一无所长。人的兴趣既博又专,才能取得成就。

### (二) 兴趣的倾向性

兴趣的倾向性指个体对什么发生兴趣。在兴趣倾向性方面,人与人之间的差异也很大,有人喜欢数学,有人喜欢文学,有人喜欢体育等。有些兴趣倾向表现得较早,有些则表现得较晚,具有年龄阶段性。兴趣的倾向又有高尚和低级之分。前者对有益于人类社会的事物发生兴趣;后者对有害于人类社会的事物发生兴趣。兴趣的倾向性是人的生活实践和教育所造成的,并且受一定的社会历史条件所制约。

### (三) 兴趣的持久性

兴趣的持久性又叫兴趣的稳定性,指个体兴趣稳定的程度。在人的一生中兴趣必然会发生变化,但在一定时期内,保持基本兴趣的稳定性,则是个体的一种良好的心理品质。根据兴趣持续时间的长短,兴趣可分为短暂的兴趣和稳定的兴趣。人只有有了稳定的兴趣,才能把工作持续地进行下去,从而把工作做好,取得创造性的成就;如果没有稳定的兴趣,朝三暮四,则会一事无成。兴趣的持久性是可以培养的,它和一个人的理想、信念和意志品质密切联系着。

### (四) 兴趣的效能

兴趣的效能指个体兴趣推动活动的力量。根据兴趣的效能水平,兴趣可分为有效的兴趣和无效的兴趣。有效的兴趣能够成为推动工作和学习的动力,把工作和学习引向深入,促使个体能力和性格的发展。无效的兴趣不能产生实际效果,仅仅是一种向往。

## 第五节 理想、信念和世界观

### 一、理想

理想是个人对未来有可能实现的奋斗目标的向往和追求。

理想是一个人的奋斗目标,例如,少年儿童希望成为解放军、科学家等。理想中的奋斗目标是人积极向往和追求的对象,它体现着个人的愿望,并且指向未来。理想中的奋斗目标又以对客观规律的认识为基础,是符合客观规律的,因此是可以实现的。

根据理想的内容,理想可分为社会理想和个人理想。社会理想是对崇高的社会制度的理想;个人理想是关于个人未来的理想,主要包括道德理想、职业理想和生活理想。社会理想是理想的核心,制约着个人理想,居于最高层次;个人理想是社会理想的具体表现,两者紧密相联。在教育的影响下,社会理想随着年龄的增长逐渐发展起来。

根据认识能力的不同,理想可分为具体形象理想、综合形象理想和概括性理想。研究表明,小学高年级和中学低年级学生具体形象理想较多;中学高年级学生则概括性的理想明显增多①。

理想是受家庭教育、学校教育和社会环境的影响形成和发展起来的。韩进之指出:"这些因素在不同年龄阶段起的影响作用是不同的,其影响的发展趋势是:社会的影响和学习兴趣的影响随着年龄的增长而增大,而家庭和学校的教育作用随着年龄的增长而呈现下降的趋势。"②理想是个人动机系统的组成部分,一旦形成,就成为人们生活和工作的巨大动力。理想是人生的航标,为人们提供了奋斗目标,为人生的航船指明了方向。

## 二、信念

信念是坚信某种观点的正确性,并支配自己行动的人格倾向。

信念是通过三种方式形成的:一是直接经验,自信来自成功的经验,例如,"相信糖是甜的"是来自个人对糖的品味;二是间接经验,来自书本、报刊、电视等第二手资料的经验;三是推论,以直接经验和间接经验为基础作出的种种推论③。

信念具有坚信感,它表现为个人确信某种理论、观点或某种事业的正确性和正义性,对它抱有确信无疑的态度,并且力求加以实现。信念不仅是认识,而且具有深刻的情绪体验。信念是知、情、意的高度统一体。

信念具有稳定性,确立后就难以改变。个体已确立的信念,只有经过反复实验证实并确认是错误时,才有可能改变。

信念使个性稳定而明确,并且具有主动性和积极性。历史上无数革命先烈和英雄人物,出于对事业的坚定信念,抛头颅、洒热血,建立了许多可歌可泣的业绩。文天祥"人生自古谁无死,留取丹心照汗青"的诗句,表达了他的坚定信念,信念的坚定性说明它是人类具有巨大力量的行为动机。

## 三、世界观

世界观是信念的体系,即一个人对整个世界的根本看法。克鲁捷茨基(B. A. Крутецкий)指出:"如果信念形成为某种系统,它们就变成了人的世界观。"④世界观包括自然观、社会观、

---

① 韩进之等:《青少年理想的形成和发展》,《教育研究》1981年第11期。
② 朱智贤主编:《中国儿童青少年心理发展与教育》,中国卓越出版公司1990年版,第427页。
③ 荆其诚主编:《简明心理学百科全书》,湖南教育出版社1991年版,第576页。
④ 克鲁捷茨基著,赵璧如译:《心理学》,人民教育出版社1984年版,第72页。

人生观、价值观、历史观等。

每一个人都有自己的世界观,个人的世界观是个人意识的组成部分,主要是心理学研究的对象。心理学研究个人世界观在各种心理活动中的作用及其形成过程和规律。许多心理学家研究了世界观的结构。他们认为,世界观包括认知因素、观点因素、信念因素和理想因素四种成分,认知、观点、信念和理想的相互作用形成世界观,世界观反过来又影响个体的认知、观点、信念和理想的形成。

世界观是人格倾向性的最高层次,它是个人行为的最高调节器,制约着个人的整个心理面貌。世界观对人的心理活动的作用表现在:决定个性发展的趋向和稳定性、影响认识的正确性与深度、制约情绪的性质与变化、调节人的行为习惯[1]。燕国材教授指出:"世界观是心理结构的最高层次……个性结构的核心因素。"[2]

人生观是对人生的根本观点,它是世界观不可分割的部分。人生观萌芽于少年期,形成于青年初期。中学时期是一个人人生观从萌芽到形成的时期。林崇德教授认为,青少年的人生观从萌芽到形成,具有下列四方面的特点:①在青少年人生观的形成过程中,主要是要解决关于人生意义的问题。②人生观从萌芽到形成,是与青少年的世界观,即青少年对自然、社会和人生问题根本性的总观点相联系的。③青少年人生观的形成过程,是一个人人生价值的确立过程。价值目标的选择,是确立人生目的的基础。④青少年的人生观处于萌芽到形成的阶段,它的可塑性是很大的,但还不是很成熟、稳定,尚待继续形成和发展[3]。

理想、信念和世界观有机地联系着,它们受社会历史条件所制约。

## 名词解释

人格　人格倾向性　人格心理特征　需要　生理性需要　动机　生理性动机　社会性动机　成就动机　交往动机　学习动机　兴趣　直接兴趣　间接兴趣　理想　信念　世界观　人生观

## 思考题

1. 试述人格的基本特性。

---

[1] 车文博主编:《心理学原理》,黑龙江人民出版社1986年版,第176页。
[2] 燕国材著:《新编普通心理学概论》,东方出版中心1998年版,第313页。
[3] 林崇德著:《品德发展心理学》,陕西师范大学出版总社2014年版,第200—202页。

2. 述评马斯洛和阿尔德夫的需要理论。
3. 试述动机对人类活动的作用。
4. 良好的兴趣应具备哪些品质?
5. 世界观对人的心理活动有什么作用?

# 第十章　气质及其测量

## 第一节　气质概述

### 一、气质的含义

气质(temperament)是人心理活动的稳定的动力特征。

气质一词源于拉丁语,原意为"混合",后被用来描述人激动、兴奋或安静、平和等心理特性。

心理活动的动力特征主要指心理过程的强度(如情绪体验的强弱、意志努力的程度等)、心理过程的速度和稳定性(如知觉的速度、思维的灵活程度、注意集中时间的长短等)和心理活动的指向性(有人倾向于外部事物,有人倾向于内心世界)等方面的特点。

"性情""脾气"是气质的通俗说法。有的人脾气安静、稳重,如昆明湖水,波澜不兴;有的人脾气暴躁,如钱塘江潮,汹涌澎湃。气质不是推动个体进行活动的心理原因,而是心理活动的稳定的动力特征,它影响个体活动的一切方面。具有某种气质特征的人,在完全不同的活动中显示出同样性质的动力特点。它仿佛给个体的整个心理活动都涂上独特的色彩。例如,一个学生每逢考试就激动,上课时经常抢先回答教师的提问,等待朋友时坐立不安,参加比赛前沉不住气。根据这些表现,我们可以说,这个学生具有情绪容易激动的气质特征。巴甫洛夫指出:"气质是每一个人的最一般的特征,是他的神经系统最基本的特征。而这种特征在每一个人的一切活动上都打上一定的烙印。"[1]气质不仅包括情绪和动作方面的某些动力特征,而且包括认知过程和意志过程的动力特征。可见,气质是不以人的活动的动机、目的和内容为转移的,是人的稳定的心理活动的动力特征。

一般认为:气质表现为认识、情绪和意志方面的动力特征。当代一些研究也表明:气质和情绪、活动的关系更为密切。

### 二、气质的稳定性和可塑性

人生下来就表现出某些气质特征。有些婴儿好动、喜吵闹、不害怕陌生人;有些婴儿安静、平稳、害怕陌生人。

"托马斯(Thomas)等人对150名小孩从出生到10岁做了10年的追踪研究……结论是:每个婴儿都有不同的气质,而这些气质差异会持续至其成年。"[2]

黄希庭教授指出:"由于成熟和环境的影响,在个体生长发育过程中气质也会改变。例如,在集体主义教育下,脾气急躁的人可能变得较能克制自己;行动迟缓的人,可能变得行动

---

[1] 巴甫洛夫等著,戈绍龙编译:《高级神经活动研究论文集》,上海卫生出版社1956年版,第32页。
[2] 许燕主编:《人格心理学》,北京师范大学出版社2009年版,第52页。

迅速起来。一个人的气质具有极大的稳定性，但也有一定的可塑性。"①

一个急性子的人，不可能在短期内变成慢性子；一个多血质的人，不可能在短时期内变成一个抑郁质的人。俗话说："江山易改，秉性难移。"一个人的气质类型和气质特征是相当稳定的。但是，气质又不是一成不变的，气质在教育和生活条件影响下会发生缓慢的变化，以符合社会实践的要求。可见，气质既有稳定性的一面，又有可塑性的一面，是稳定性和可塑性的统一。

## 第二节 气质理论

人的气质普遍受到关注，国内外学者提出了许多理论，现选择主要的气质理论，阐述如下。

### 一、我国古代学者的气质理论

孔子把人分为"狂""狷"和"中行"三类。孔子说："不得中行而与之，必也狂狷乎！狂者进取，狷者有所不为也"②。孔子认为："狂"是激进的人，"狷"是拘谨的人，"中行"是行为合乎中庸的人。③

我国学者对气质问题的关注，可以追溯到远古时代，在中国的《黄帝内经》中虽没有提出气质概念一词，但在医学实践中，融合着丰富的气质论述，比国外的盖伦早三百余年。完全可以与西方气质理论相媲美。

### 二、气质的体液说

古希腊著名医学家希波克拉底（Hilppocrates）认为，人体内有来自不同器官的4种体液。血液出于心脏，黄胆汁生于肝脏，黑胆汁生于胃部，粘液生于脑部。机体的状态就决定于4种体液的混合比例。罗马医生盖伦（C. Galen）根据希波克拉底的学说，将人体内的体液的混合"比例"用拉丁语命名为"temperamentum"，这便是近代"气质"（temperament）概念的来源。盖伦将人的气质分成13种，后人又将之简化为4种：多血质、胆汁质、粘液质和抑郁质。每种气质都是某种体液占优势的结果，并有特定的心理表现。把体液看作是气质形成的原因和基础是缺乏科学根据的，但在日常生活中用4种气质类型来描述人们的气质特点，比较生动、形象，所以这4种气质类型的名称一直沿用至今（如图10-1所示）。

---

① 黄希庭著：《心理学导论》，人民教育出版社1991年版，第661页。
② 《论语·子路》。
③ 中国大百科全书总编辑委员会《心理学》编辑委员会，中国大百科全书出版社编辑部编：《中国大百科全书·心理学》，中国大百科全书出版社1991年版，第243页。

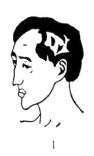   

1. 抑郁质　2. 胆汁质　3. 粘液质　4. 多血质

图 10-1　气质类型示意图

## 三、气质的激素说

气质激素说认为内分泌活动与气质类型有关，他们根据内分泌腺素来阐明气质及其类型。

激素（hormone）一词来自希腊文 hormaein，有刺激的意思。但是，现代科学研究表明，激素的作用不限于兴奋，有些激素有明显的抑制作用，而且同一激素在不同条件下，可以表现为兴奋作用，也可以表现为抑制作用。激素是由内分泌细胞分泌的高效能化学物质，在血液中的浓度极微，但对生理和心理活动有重大影响。人体的主要内分泌腺有脑垂体、甲状腺、甲状旁腺、胸腺、胰岛、肾上腺和性腺等，下丘脑的某些神经细胞、肾脏和消化管黏膜上的某些特殊细胞也具有内分泌的功能。在解释气质的生理机制上影响最大的有两个学派：一是以巴甫洛夫为代表的气质的高级神经活动类型理论，另一个是以伯尔曼（L. Berman）等人为代表的气质的激素理论。

伯尔曼认为人的气质特点是由内分泌活动所决定的。他根据人的某种内分泌腺特别发达而把人划分为甲状腺型、脑垂体型、肾上腺型、副甲状腺型、胸腺型和性腺型。不同类型的人有不同的气质特点，具体如下：

（1）甲状腺型。甲状腺分泌增多者精神饱满、不易疲劳、知觉敏锐、意志坚强、处事和观察迅速、容易动感情甚至感情迸发。甲状腺分泌减少者可能发生痴呆症。

（2）脑垂体型。脑垂体分泌增多者性情强硬、脑力发达、自制力强、喜欢思考、骨骼粗大、皮肤甚厚、早熟、生殖器发达。脑垂体分泌减少者身材矮小、脂肪多、肌肉萎弱、皮肤干燥、思维迟钝、行动懦弱、缺乏自制力。

（3）肾上腺型。肾上腺分泌增多者雄伟有力、精神健旺、皮肤深黑而干燥、毛发浓密、专横、好斗。分泌减少者体力衰弱、反应迟缓。

（4）副甲状腺型。副甲状腺分泌增多者安定、缺乏生活兴趣、肌肉无力。分泌减少者注意力不易集中、妄动、神经容易激动。

（5）胸腺型。胸腺位于胸腔内，幼年发育，青春期后停止生长，逐渐萎缩。如果成年胸腺不退化者，则单纯、幼稚、柔弱、不善于处理工作。

(6) 性腺型。性腺分泌增多者常感不安、好色、具有攻击性。分泌减少者则性的特征不显现,易成为同性恋,进攻行为少,容易对文学、艺术、音乐感兴趣。

尤尔特(G. Ewald)亦有相似的看法,他认为内分泌对神经系统起促进或抑制作用,其中甲状腺、性腺和胸腺等起促进作用,副甲状腺等起抑制作用。促进作用占优势者为多血质,抑制作用占优势者为抑郁质。如果内分泌腺中有一两种发生变异,则气质也会发生变异。

现代科学研究表明,内分泌腺分泌的激素对气质确有影响。激素激活或抑制着人体的不同机能,激素过多或过少对个体的情绪和行为确有影响。肾上腺特别发达的人会表现出情绪容易激动的气质特征,甲状腺分泌过多的人会表现出感觉灵敏、意志力强的气质特征。生物化学测定也表明,人在恐惧时,肾上腺素分泌增加,人在发怒时,去甲肾上腺素分泌增加。日本心理学家诧摩武俊指出,气质和内分泌腺等生理过程有非常密切的关系[①],但是,各个内分泌腺之间相互联系、相互制约,共同组成内分泌系统,不能简单地强调一两个内分泌腺体的作用,也不能孤立、片面地强调激素对气质的决定作用,因为神经系统是直接或间接地控制着内分泌腺的,因此,用单个内分泌腺的活动来解释气质,是简单化了。

## 四、托马斯和切斯的气质理论

最具影响的是托马斯和切斯(S. Chess)从 1956 年起持续几十年对气质进行的追踪研究。西方有人认为,这是"世界上最过硬的心理学研究",也有人称"他们对气质进行了创造性的研究"。研究发现,新生儿在几周内就有明显的、持久的气质特征,不大容易改变,一直到成年。

他们鉴别出气质的九个维度。

(1) 活动水平。活动水平指儿童在游戏、进食、穿衣和睡眠等过程中身体活动的数量。

(2) 生理活动的规律性。生理活动的规律性指儿童的睡眠、饥饿、大小便等生理活动是否有一定规律。

(3) 对新异刺激反应的害怕或抑制。儿童对新异刺激反应的害怕或抑制具有一定的稳定性。儿童的抑制现象在 1 岁左右表现得特别明显。有些儿童见到陌生人时,警惕性较小,拍手、微笑,没有抑制的表现。另一些儿童见到陌生人时,表现出警惕性,甚至哭起来,或停止游戏,变得安静起来。当然,这种抑制持续的时间是不长的,但它是儿童 2—3 岁时的一个稳定的特征。

(4) 对变化的适应性。对变化的适应性指儿童对新异事物是接近的还是退缩的。

(5) 对刺激的反应阈限。对刺激的反应阈限指儿童对光、噪声和其他刺激的敏感性,即多少刺激量或变化达到多大程度,才能引起儿童的反应。

(6) 对刺激的反应强度。

(7) 心境特点。心境特点指儿童愉快情绪或不愉快情绪的一般量;愉快行为和不愉快行

---

[①] 平凡社编:《新版心理学事典》,平凡社 1981 年版,第 140 页。

为经常表现,还是经常变化。

(8) 分心程度。分心程度指儿童注意力分散的情况。有些儿童的行为容易受外界刺激的干扰,有些儿童的行为不易受外界刺激的干扰。

(9) 持久性。持久性指儿童从事的活动在有或没有外界障碍时所持续的时间。

1977年,托马斯等人把儿童(主要是婴儿)划分为三种类型。

### 1. 平易型

这种类型的儿童人数较多(约占75%),生理活动有规律,容易适应新的环境,容易接近陌生人,容易接受新的食物。他们经常活泼,愉快,爱玩。这类儿童通常受到成人的关怀。

### 2. 麻烦型

这种类型的儿童人数很少(约占10%),生理活动没有规律,进食时烦躁不安,经常哭闹,睡眠也不规则,对新的环境表现出强烈的退缩和激动,适应迟缓。但这类儿童会慢慢地适应新变化。他们的心境是不愉快的,要花很大的气力才能接受成人的抚爱,和成人关系不密切,并且缺乏教育。这种类型的儿童具有发生心理问题的危险性。托马斯发现,一位这种类型的儿童与他的同学一起上了高中并且考进大学后,他在遇到复杂问题时,早先的一些消极气质倾向就会表现出来,但经过与托马斯的交谈后,他能够适应新的环境。

### 3. 行动缓慢型

这种类型的儿童人数不多(约占15%),他们对新环境和新事物适应缓慢,表现为安静和退缩。通过抚爱和教育他们可以逐渐培养起对新刺激的兴趣,慢慢地活跃起来。

布雷泽尔顿(T. B. Brazelton)把气质类型划分为三种:活泼型、安静型和一般型。这种划分与托马斯等人的看法相类似。

罗斯巴特(Rothbart)于1996年,在托马斯等人的研究基础上,又提出了一种婴儿气质模型,他将托马斯等人的气质维度中的"分心程度"和"持久性"合并为"注意广度和持久性",并增加了"易怒性"这一维度。[①]

托马斯与切斯用九个维度来说明气质,涉及面更全面,而且这九个维度都是针对活动的,更好地反映了气质的动力特性,有利于人直观地了解人的气质的含义。

## 五、气质的活动特性说

1970年代巴斯(A. H. Buss)和普洛明(R. Plomin)根据人们参加各种类型活动的倾向性不同,提出气质的活动特性说。他把人的气质划分为四种类型:

### 1. 活动型

活动型的人倾向活动,总是抢先接受新的任务,精力充沛,不知疲倦。这类人在婴儿期表现为手脚不停地活动,儿童期在教室里闲坐不住,成年时表现出有强烈的事业心。

---

① 桑标主编:《当代儿童发展心理学》,上海教育出版社2003年版,第341—346页。

### 2. 社交型

社交型的人倾向社交，渴望与他人建立亲密、友好的关系；婴儿期要求父母在他的身旁，对他爱抚，孤单时会大哭大闹；儿童期容易接受教育，容易受周围环境的影响；成年时与他人建立融洽的关系，和睦相处。

### 3. 情绪型

情绪型的人觉醒程度和反应强度都大。这类人婴儿期经常哭闹，儿童期容易激动，成年时经常喜怒无常，难以合作相处。

### 4. 冲动型

冲动型的人易兴奋，缺乏控制能力。他们在婴儿期等不得成人喂饭、换尿布等；儿童期注意容易分散，经常坐立不安；成年时行动带有冲动性。

在气质中，人的反应活动的特性处于醒目的位置。用活动特性来区分人的气质，这是近年来西方心理学中出现的一种新动向。

他们认为：人们虽然对人格特质知道很多，但对气质特质知道很少。气质主要表现在行为的过程与形式上，而不是表现在行为的内容上。

后来他们把四种气质类型归纳为三种气质倾向：情绪性（emotionality）、活动性（activity）和交际性（sociability），用三个词的英文第一个字母组成缩写词 EAS，称为 EAS 气质模型。

## 六、凯根的气质理论

杰罗姆·凯根（Jerome Kagan）在儿童对不熟悉情境的行为抑制性—非抑制性方面的研究，为气质研究提供了新的思路和方法。

凯根认为，行为抑制性（behavioral inhibition）是一种以焦虑的形式表示对不熟悉事件的先天倾向的反应，他尤其强调儿童在面对不确定性时的最初反应。凯根指出，在面对一个不熟悉的人、物或情境的最初几分钟内，意识要对闯入的信息进行理解，这时个体处在"对不熟悉事物的不确定"心理状态。个体以不同的方式对不确定状态作出反应。有的儿童非常安静，中断他们正在进行的活动，退回到熟悉人身边，或离开不熟悉事件发生的地点；与这类儿童具有相似智力和社会背景的另一些儿童的反应则大不相同，他们正在进行的活动没有明显改变，甚至可能会主动接近不熟悉事件。前者被称为行为抑制儿童，后者则被称为非抑制儿童。就是说，在面临陌生情境的最初一小段时间内（大约 10—15 分钟），儿童所表现出的敏感、退缩、胆怯的行为，即凯根所说的抑制行为，在类似情况下稳定地表现出这种特征的儿童即为行为抑制型儿童；而在这段时间内儿童所表现出的不怕生、善于交往、主动接近陌生情境的行为，即非抑制行为，稳定地表现出这种行为的儿童即行为非抑制型儿童。

在长期的追踪研究的基础上，凯根认为，在婴儿期气质结构中只有"抑制—非抑制"这一项内容可以一直保持到青春期以后而一直不变，只有"抑制—非抑制"才可能是划分气质类型的可靠标准。①

凯根认为,抑制和非抑制特征是可遗传的。在儿童期,同卵双生子比异卵双生子在害羞、腼腆等行为上的表现更相似。此外,抑制型儿童的父母比非抑制型儿童的父母更内向。虽然遗传对婴儿反应性和抑制、非抑制特点有中等程度的相关,但遗传并不是百分之百地起作用,它总是与经验共同起作用。凯根等的研究发现,那些直到3岁还表现出极端抑制的儿童,在3—6岁时很容易受同伴的支配,而且在同伴交往中有可能退缩。抑制性的行为风格导致了儿童在其儿童后期和青少年早期较少有积极的同伴关系,他们缺乏社交技能,与同伴关系不良,孤独和抑郁等。

随着凯根对行为抑制性研究的深入,各国心理学家也对这一问题进行了探讨。到目前为止,对行为抑制性的研究已从生理的、家庭的、社会的和文化的各个角度展开,对儿童行为抑制性的研究也不断深入,心理学家开始关注儿童的行为抑制性与同伴交往能力的关系。另外,行为抑制性与焦虑失调和行为问题之间的关系、行为抑制性—非抑制性的文化差异等也引起了研究者的兴趣。

## 第三节 气质的生理机制

研究表明,气质的生理基础是十分复杂的,苏联心理学家罗萨洛夫指出:"气质的生理基础不是某个个别的生理亚系统,而是人机体的整体结构,亦即人机体所有结构的总和。高级亚系统的结构和机能特点,即中枢神经系统的结构和机能特点与其他亚系统相比,在形成气质时更为重要。"②可见,我们不能以个别的某种生理亚系统作为气质的生理基础,高级神经活动类型与气质的关系较为直接和密切。

### 一、神经过程的基本特性

巴甫洛夫认为,高级神经活动有两个基本过程:兴奋过程和抑制过程。这两个神经过程有三个基本特性:神经过程的强度、神经过程的平衡性和神经过程的灵活性。

#### 1. 神经过程的强度

神经过程的强度是指个体的大脑皮质细胞经受强烈刺激或持久工作的能力。它被认为是神经类型的最重要标志,具有重要的意义。在一定限度内,强刺激引起强兴奋,弱刺激引起弱兴奋。但是,刺激很强时,并不是所有的有机体都能以相应的兴奋对它发生反应。兴奋过程强的人,对很强的刺激仍能形成和保持条件反射;兴奋过程弱的人,对很强的刺激不能形成条件反射,并抑制和破坏已有的条件反射,甚至会导致神经活动的"分裂"。抑制过程强的动物可以耐受不间断的内抑制达5—10分钟,抑制过程弱的动物则不能耐受持续15—30

---

① 叶奕乾、孔克勤、杨秀君编著:《个性心理学》,华东师范大学出版社2011年版,第76—77页。
② 罗萨洛夫:《气质的本质及其在人的个体属性结构中的位置》,《心理学问题》(俄文版)1985年第1期。

秒钟的内抑制。

2. 神经过程的平衡性

神经过程的平衡性是指个体的兴奋过程和抑制过程之间的强度是否相当。有的人这两种神经过程之间的强度是平衡的，而有的人是不平衡的，在不平衡中又有哪一种神经过程占优势的问题。

3. 神经过程的灵活性

神经过程的灵活性是指个体对刺激的反应速度以及兴奋过程与抑制过程相互转换的速度。人与人之间在兴奋和抑制的灵活性上也存在差异，有人灵活性强，有人灵活性弱。

神经过程的三个基本特性是变化的。例如，兴奋过程强而抑制过程弱的动物，经过训练有可能使抑制过程增强而与兴奋过程相平衡。神经过程灵活性是个体发育中最容易变化的一种神经过程的基本特性。

## 二、高级神经活动类型和气质

神经过程的三个基本特性的独特组合就形成高级神经活动的四种基本类型：强而不平衡的类型（兴奋型）；强、平衡而灵活的类型（活泼型）；强、平衡而不灵活的类型（安静型）；弱型（抑制型）。

巴甫洛夫认为，兴奋型相当于胆汁质，活泼型相当于多血质，安静型相当于粘①液质，抑制型相当于抑郁质。高级神经活动类型、气质类型及其心理特征如表10-1所示。

表10-1 高级神经活动类型、气质类型及其心理特征

| 高级神经活动类型 | 神经过程的基本特征 | | | 气质类型 | 心 理 特 征 |
| --- | --- | --- | --- | --- | --- |
| | 强度 | 平衡性 | 灵活性 | | |
| 兴奋型 | 强 | 不平衡 | | 胆汁质 | 急躁、直率、热情、情绪兴奋性高。容易冲动、心境变化剧烈、具有外向性 |
| 活泼型 | 强 | 平衡 | 灵活 | 多血质 | 活泼、好动、反应迅速、喜欢与人交往。注意力容易转移、兴趣容易变换、具有外向性 |
| 安静型 | 强 | 平衡 | 不灵活 | 粘液质 | 稳重、安静、反应缓慢、沉默寡言、情绪不易外露。注意稳定但不易转移、善于忍耐、具有内向性 |
| 抑制型 | 弱 | | | 抑郁质 | 行动迟缓，而且不强烈、孤僻、情绪体验深刻、感受性很高、善于觉察别人不易觉察的细节、具有内向性 |

---

① 亦有书籍用"黏"，鉴于《现代汉语词典》（第五版）（商务印书馆，2005年版）中关于"粘液"一词的解释（人和动植物体内分泌出来的黏稠液体）与本书表达的特定含义有出入，故采用"粘"，以示区分。

上述四种高级神经活动类型只是基本类型，还有许多过渡的或混合的类型。

巴甫洛夫有时把气质和高级神经活动类型两个名词交替使用，曾将高级神经活动类型和气质看作同一个东西。他指出，这些类型在人身上就是我们称之为气质的东西。实际上，气质和高级神经活动类型并不是同一个东西，气质是心理现象，高级神经活动是气质主要的生理基础。

当代的研究对巴甫洛夫学说与气质的关系有一些修改。他们主张研究高级神经活动的各种特性是主要的，而划分高级神经活动的类型是次要的。研究者强调气质特点的联合结构，他们认为气质包括：焦虑、内外向、行为僵化、冲动性和情绪性等。[①]

# 第四节 气 质 类 型

## 一、气质类型的特征

根据现有的研究，气质类型主要有以下几种特征：

### 1. 感受性

感受性指人对内外刺激的感觉能力。它是神经过程强度特性的一种表现。用感觉阈限的大小来测量。

### 2. 耐受性

耐受性反映人对外界刺激在时间和强度上的耐受程度。它也是神经过程强度特性的表现。

### 3. 反应的敏捷性

反应的敏捷性包括两类特性：心理反应和心理过程进行的速度（如思维的敏捷性、识记的速度、注意转移的灵活程度等）；不随意的反应性（如不随意注意的指向性、不随意运动反应的指向性等）。反应的敏捷性主要是神经过程灵活性的表现。

### 4. 可塑性

可塑性指人根据外界情况的变化而改变自己适应性行为的可塑程度。刻板性被认为是与可塑性相反的品质。可塑性主要是神经过程灵活性的表现。

### 5. 情绪兴奋性

情绪兴奋性是神经过程特性在心理上表现出的重要特性。它不仅表现神经过程的强度特性，而且还表现平衡性。例如，有人情绪兴奋性很强，而情绪抑制力弱，这就不仅表现了神经过程的强度，而且明显地表现出神经过程不平衡的特点。情绪兴奋性还包括情绪向外表现的程度。同样兴奋的人，有些人有强烈的外部表现，有些人则无强烈的外部表现。

---

① 荆其诚主编：《简明心理学百科全书》，湖南教育出版社1991年版，第363页。

6. 向性

向性包括外向性和内向性,其中外向性是兴奋过程强的表现,内向性是抑制过程占优势的表现。

## 二、气质类型的构成

上述各种特性的不同结合,就构成了各种不同的气质类型(如表 10-2 所示)。

1. 胆汁质

胆汁质的人感受性低而耐受性高,不随意反应性强,反应的不随意性占优势,外向性明显,情绪兴奋性高,抑制能力差,反应速度快而不灵活。

2. 多血质

多血质的人感受性低而耐受性高,不随意反应性强,具有外向性和可塑性,情绪兴奋性高而且外部表现明显,反应速度快而灵活。

3. 粘液质

粘液质的人感受性低而耐受性高,不随意的反应性和情绪兴奋性均低,明显内向,外部表现少,反应速度慢而具有稳定性。

4. 抑郁质

抑郁质的人感受性高而耐受性低,不随意的反应性低,严重内向,情绪兴奋性高并且体验深,反应速度慢,具有刻板性和不灵活性。

表 10-2 各种心理特征和气质类型的关系

| 气质类型 | 心理特征 | | | | | |
|---|---|---|---|---|---|---|
| | 感受性 | 耐受性 | 反应的敏捷性 | 可塑性 | 情绪兴奋性 | 向性 |
| 胆汁质 | - | + | + | + | + | + |
| 多血质 | - | + | + | + | + | + |
| 粘液质 | - | + | - | - | - | - |
| 抑郁质 | + | - | - | - | + | - |

这四种典型的气质类型在情绪、行为和智力活动方面具有不同特点和表现(如图 10-2 所示)。

苏联心理学家达维多娃曾用一个故事形象地描述了四种基本气质类型的人在同一情景中的不同行为表现。四个不同气质类型的人上剧院看戏,但是都迟到了。胆汁质的人和检票员争吵,企图闯入剧院。他辩解说,剧院里的钟快了,他进去看戏不会影响别人,并且企图推开检票员进入剧院。多血质的人立刻明白,检票员是不会放他进入剧场的,但是通过楼厅进场容易,就跑到楼上去了。粘液质的人看到检票员不让他进入剧场,就想"第一场不太精

图 10-2 四种典型的气质类型

彩,我在小卖部等一会,幕间休息时再进去"。抑郁质的人会说:"我运气不好,偶尔看一次戏,就那样倒霉。"接着,就回家去了。

具有四种气质类型典型特征者称为"典型型",近似其中某一类型者称为"一般型",具有两种或两种以上类型者称为"混合型"或"中间型"。在实际生活中,气质的一般型和两种类型的混合型的人占多数,典型型和两种以上类型混合型的人占少数。因此,在测定一个人的气质时,硬性地将他划入某种典型型是不可取的。

根据组合的规律,由4种典型气质类型可组合出15种气质类型。

$$C_4^1 + C_4^2 + C_4^3 + C_4^4 = 4 + 6 + 4 + 1 = 15$$

多血质、胆汁质、粘液质、抑郁质、胆汁—多血质、胆汁—粘液质、胆汁—抑郁质、多血—粘液质、多血—抑郁质、粘液—抑郁质、胆汁—多血—粘液质、多血—粘液—抑郁质、胆汁—粘液—抑郁质、胆汁—多血—抑郁质、胆汁—多血—粘液—抑郁质。

## 三、气质类型的分布

张拓基和陈会昌以他们自己编制的气质测验表对460名中等师范学生(男189名、女271名)进行测试,被试年龄平均为18岁,结果如表10-3所示。[1]

表 10-3 各种类型的气质所占人数和比例

| 气质类型<br>人数(%) | 胆汁质 | 多血质 | 粘液质 | 抑郁质 | 胆汁—多血质 | 多血—粘液质 | 粘液—抑郁质 | 胆汁—抑郁质 | 胆汁—多血—粘液质 | 多血—粘液—抑郁质 | 胆汁—多血—抑郁质 | 胆汁—粘液—抑郁质 | 胆汁—多血—粘液—抑郁质 |
|---|---|---|---|---|---|---|---|---|---|---|---|---|---|
| 男(189名) | 31 | 25 | 40 | 11 | 18 | 15 | 13 | 7 | 16 | 2 | 0 | 0 | 11 |
| % | 16.4 | 13 | 21.2 | 5.8 | 9.5 | 7.9 | 6.9 | 3.7 | 8.5 | 1.1 | 0 | 0 | 5.8 |
| 女(271名) | 39 | 28 | 57 | 15 | 29 | 28 | 30 | 7 | 15 | 8 | 3 | 2 | 10 |
| % | 14.4 | 10.3 | 21.0 | 5.5 | 10.7 | 10.3 | 11.1 | 2.6 | 5.5 | 3.0 | 1.1 | 0.7 | 3.8 |

---

[1] 张拓基、陈会昌:《关于编制气质测验量表及其初步试用的报告》,《山西大学学报》(哲学社会科学版),1985年第4期。

刘明等对儿童和青少年气质类型的分布进行了研究,被试是小学三年级、小学五年级、初中二年级、高中二年级的学生和大学生,共1105人。结果表明,在1105名儿童、青少年中,粘液质所占比例最大(18%);胆汁—多血质、多血质、胆汁质所占的比例亦大,在总体分布中共占41%;城乡和男女儿童青少年的气质分布大致和总体分布相近①。

安徽师范大学许智汉等人在1984年对四川大学、南开大学、第四军医大学、复旦大学和安徽师范大学等五所院校的二、三年级364名学生进行气质测定。被试年龄为17—24岁,男女各半。研究结果表明,被试中复合型气质的人多于单一型气质的人;文科大学生和理科大学生在气质类型分布上只有在胆汁—粘液质和胆汁—多血质上差异显著;男女大学生在气质类型上没有显著差异②。

### 四、气质类型发展的年龄趋势

保加利亚皮罗夫等人研究了儿童气质的发展,结果发现,在5岁至7岁这一年龄阶段的儿童中,神经活动兴奋型人数多见于5岁的儿童。随着年龄增长,神经活动的平衡性增加,兴奋型人数下降。到了青年期,兴奋型的人数又重新增多。青年期结束,兴奋型人数再次下降,由此可见,兴奋型的人数,随儿童年龄发展,似乎出现一个"U"形。

刘明等还研究了气质发展变化的年龄趋势③。研究表明,随着年龄增长,儿童青少年的气质类型亦发生变化,但各种气质类型的变化是不同的。其中,胆汁质可以认为是对年龄变化变量比较敏感的气质类型,抑郁质可以认为是对年龄变量十分迟钝的气质类型。该项研究还表明:各种气质类型的具体变化情况也是不同的(如图10-3所示)。

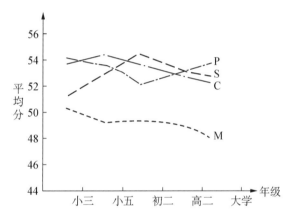

C表示胆汁质的平均分,S表示多血质的平均分,P表示粘液质的平均分,M表示抑郁质的平均分。

图10-3 各年级儿童青少年四种气质类型平均分

## 第五节 气质在实践活动中的作用

### 一、气质对智力的影响

气质不能决定一个人智力发展的水平。智力水平高的人可能具有不同的气质,相同气

---

① 朱智贤主编:《中国儿童青少年心理发展与教育》,中国卓越出版公司1990年版,第377—382页。
② 黄希庭、徐凤姝主编:《大学生心理学》,上海人民出版社1988年版,第234—235页。
③ 朱智贤主编:《中国儿童青少年心理发展与教育》,中国卓越出版公司1990年版,第377—382页。

质的人可能表现出不同的智力水平。著名的作家中四种气质的人都有。例如,李白和普希金具有明显的胆汁质特征,郭沫若和赫尔岑具有多血质的特征,茅盾和克雷洛夫属于粘液质,杜甫和果戈理属于抑郁质。他们在气质特征和气质类型上的不同,并不影响他们各自在文学上取得的杰出成就。

林崇德教授指出:"气质作为一种非智力因素,对能力发展有着不可忽视的影响。"[①]他还认为,影响智力活动的气质因素主要包括两个方面:①心理活动的速度和灵活性。这影响到个人的智力活动的快慢和灵活性的高低。研究发现,多血质和胆汁质类型的中小学生,解题速度和解题灵活性都明显超过粘液质和抑郁质类型的中小学生。②心理活动的强度。多血质和胆汁质的人,情绪感受和情绪表现都较强烈,而他们的抑制力又较差,故较难从事需要细致和持久的智力活动;而粘液质和抑郁质的人,其情绪感受和表现较弱,但体验深刻,能经常地分析自己,因此他们较适合从事需要细致和持久的智力活动。

气质影响智力活动的特点和方式。苏联心理学家列伊捷斯(H. C. Лейтес)曾追踪研究了两名同班的学生 A 和 B。他们具有不同的气质类型。A 具有明显的多血质和胆汁质的特征,B 具有明显的抑郁质的特征。弱的神经活动类型并没有妨碍 B 成为一位优秀的学生,不妨碍他的智力发展和毕业时获得金质奖章。A 在学习时精力充沛,很少见到他疲劳和有学习间歇,从事紧张的学习后只需要短暂的休息就能恢复精力;他能够关心很多事物,复杂的情况和变化不会降低他的精力;他对新教材感兴趣并充满热情,新教材使他感到满足和兴奋,但在复习旧教材时,他明显缺乏兴趣。B 在学习时,常感疲劳,需要休息或睡一会儿才能恢复精力;即使对于简单的作业,也要沉思和准备;在学习新教材时,常感困难和疲劳,但在复习旧教材时,表现出主动性,思维具有惊人的准确性和明晰性。A 反应迅速,容易转向新的智力活动,他似乎能立刻把他的潜能释放到最大限度。B 则表现为缓慢地、犹豫不决地解决问题,有时会出现停顿,但他能逐渐地更明确、更完整、更正确地弄清问题。B 思维的深刻性和细致性补偿了他思维的欠敏捷性。他的智力活动从数量方面看是效率不高的,但在质量方面与 A 相比毫不逊色。

## 二、气质对教育工作的意义

教师要了解学生的气质特征和气质类型,做到"一把钥匙开一把锁",采取有效的教育策略提高教育效果。

苏联心理学家克鲁捷茨基指出,在教育过程中不应提出改变学生的气质,这是因为神经系统类型特性的改造非常缓慢,而且改造的方法还没有充分研究出来,所以在实际上改变气质是不可能的,也是没有意义的。而且气质类型没有好坏之分,任何一种气质类型都能表现为积极的心理特征,也能表现为消极的心理特征。例如,多血质的人反应灵敏,容易适应新的环境,但缺乏适当的教育就可能导致肤浅,注意力不稳定和缺乏应有的沉思的倾向。胆汁

---

① 林崇德著:《学习与发展》,北京教育出版社 1992 年版,第 463 页。

质的人热情开朗、精力旺盛、刚强,但如果缺乏适当的教育就可能导致缺乏自制力、生硬急躁、经常发脾气的倾向。粘液质的人冷静、沉着、自制、踏实,但如果缺乏适当的教育可能导致对生活漠然处之的倾向。抑郁质的人情绪敏感、情感深刻稳定,但如果缺乏适当的教育可能完全沉浸于个人的体验,过分腼腆,等等。

教师应该采用不同的教育方式和方法,对待不同气质的学生。例如,对多血质的学生不能放松对他们的要求,不能使他们感到无事可做,要使他们在多种有意义的活动中培养踏实、专一和克服困难的精神;对胆汁质的学生要让他们学会抑制自己,耐心帮助他们养成自制、坚忍的习惯,平稳而镇定地工作;对粘液质的学生要热情,不能操之过急,要允许他们有充分的时间考虑问题和作出反应,引导他们积极探索新问题,并且鼓励他们参加集体活动,发展他们的灵活性和积极性;不要在公开场合指责、批评抑郁质的学生,要鼓舞他们拥有前进的勇气,让他们有更多的机会参加集体活动,在活动中培养意志的坚韧性、情绪的稳定性。教师要特别关怀抑郁质的学生,让他们在集体中获得友谊和生活乐趣。

教师还要重视学生气质的年龄特征。一般地说,少年由于兴奋过程强,抑制过程弱,在活动中表现出好动、敏捷、积极、急躁、热情等特点;壮年人由于兴奋过程和抑制过程趋向平衡,在活动中表现出坚毅、深刻、活泼、机智等特点;老年人由于兴奋过程弱,抑制过程强,在活动中表现出沉着、安静、迟缓等特点。

刘明等研究了气质发展变化的年龄趋势。研究表明,随着年龄增长,儿童、青少年的气质类型亦发生变化。但各种气质类型所发生的变化是不同的:胆汁质、胆汁—多血质、胆汁—粘液质、胆汁—抑郁质明显地受年龄因素的影响;其他大多数气质类型不因年龄增长而发生显著变化[①]。

## 三、气质对职业选择的意义

气质特征是职业选择的依据之一。一般地说,要求迅速、灵活反应的工作对多血质和胆汁质的人较为合适,而对粘液质和抑郁质的人则较不合适;要求持久、细致的工作对粘液质和抑郁质的人较为合适,对多血质和胆汁质的人则不大合适。但在一般的实践活动中,由于气质的各种特征之间可以互相补偿,因此对活动效率的影响并不明显。

有一些特殊职业,如飞行员、运动员、雷达观测员等,对人的气质特征有特定的要求。1988年我国心理学工作者对空军战斗飞行员进行了调查。他们发现,在战斗飞行员中,多血质占45%左右,胆汁质占20%左右,胆汁质与多血质混合型占15%左右,而没有抑郁质的人。

心理学家研究了人的气质类型对群体协同活动的影响。罗索诺夫(B. M. Русалов)的研究表明:两个气质类型不同的人在协同活动中,比气质类型相同的人配合所取得的成绩更好,还有利于团结。

---

① 朱智贤主编:《中国儿童青少年心理发展与教育》,中国卓越出版公司1990年版,第378—382页。

气质对人的实践活动的确具有一定的作用。但是,人的行为更多是由社会条件和教育影响下所形成的理想、信念和世界观所决定的。气质对人的行为的作用,毕竟只有从属的意义。

## 第六节 气质的测量

气质表现在个体的心理活动和行为方式中,可以通过对人的行为特征的观察和了解来评定一个人的气质,但不能凭对个体一时一事的行为特征的观察来确定个体的气质类型。由于气质的复杂性,有时个体的行为表现又会"掩盖"真实的气质特征。因此,对气质的测量应该综合运用观察、实验、问卷、个案研究等方法,多方面收集资料,然后从中综合概括出一个人的气质类型和气质特点。

### 一、观察法

具有典型气质类型的人,其气质特点在日常生活中比较容易观察出来。但是,用观察法确定不太典型或混合型的人的气质相当困难,只有用更多的时间观察个体在不同情况下的行为表现,才能将一个人的偶然的表现和稳定的气质特征区别开。

为了便于观察,陈仙梅等人提出了四种气质类型的观察指标[1]。例如,对胆汁质类型的人的观察指标是:①日常活动带有强烈的情绪色彩。情绪高时,学习、工作热情高涨,肯出大力;反之,对什么事都不感兴趣。②各项课外活动都积极参加。喜欢每一项新的活动,甚至喜欢倡导一些别出心裁的事,尤其喜欢运动量大和场面热烈的活动。③完成作业匆匆忙忙,比谁都快,考试交卷争第一。④工作效率高,想干的事未完成,饭可不吃,觉可不睡。⑤学习的理解能力和接受能力很快,但不求甚解,答题总是未想好就先举手。⑥说话快,喜欢与同学争辩,总想抢先发表自己的意见。⑦容易激动,经常出口伤人而自己不觉得。⑧喜欢在公开场合表现自己,坚信自己的见解。⑨姿态举动强而有力,眼光锐利而富有生气,表情丰富而敏捷。⑩喜欢看情节起伏、激动人心的小说和电影,不爱看表现日常生活题材的作品。这些观察指标可供我们观察时参考。

### 二、问卷法

问卷法要求被试对一系列经过标准化的问题作答,然后再分析被试的气质特征、神经过程特性和气质类型。主要的气质问卷有下列几种:

#### 1. 瑟斯顿气质量表

该量表是美国心理学家瑟斯顿(L. L. Thurstone)等人所编,测量气质的七种因素,即活动性、健壮性、支配性、稳定性、社会性、深思性和冲动性。全量表共140题,每20题测量一个

---

[1] 陈仙梅、杨心德著:《性格心理论》,湖南人民出版社1988年版,第138—139页。

气质因素。被试用"是""否""?"三选一的方式来回答。

瑟斯顿气质量表题目举例：

> (2) 你通常都是工作迅速而且精力充沛吗？（活动性）
> (7) 你爱体育活动吗？（健壮性）
> (16) 开会时，你喜欢做主席吗？（支配性）
> (18) 你能在嘈杂的房间里轻松地休息吗？（稳定性）
> (21) 你常常称赞和鼓励你的朋友吗？（社会性）
> (26) 你常因专心思考某一问题，以致忽略其他的事情吗？（深思性）
> (65) 你喜欢有竞争性的工作吗？（冲动性）

### 2. 气质类型调查表

张拓基和陈会昌根据四种气质类型编制的气质调查表，每种气质量表有15题，共60题。测验方法是自陈式，计分时：很符合的记2分，比较符合的记1分，介于符合与不符合之间的记0分，比较不符合的记-1分，完全不符合的记-2分。根据得分确定气质类型。该调查表简便易行，信度和效果均较高。

气质调查表举例：

> (1) 做事力求稳妥，不做无把握的事。
> (2) 遇到可气的事就怒不可遏，想把心里话全都说出来才痛快。
> (3) 宁肯一个人干事，不愿很多人在一起。
> (4) 到一个新环境很快就能适应。
> ……
> (45) 认为墨守成规比冒风险强些。
> (46) 能够同时注意几件事。
> (47) 当我烦闷的时候，别人很难使我高兴起来。
> (48) 爱看情节跌宕起伏、激动人心的小说。

### 3. 巴斯和普洛明的气质量表

巴斯和普洛明在1984年设计了适用于成人的EAS气质问卷，共20题。选项有：1. 根本不像我；2. 有些不像我；3. 既像我又不像我；4. 有些像我；5. 非常像我。记分时按5级记分。

他们把四种类型归纳为三种气质倾向：情绪性(emotionality)、活动性(activity)和交际性(sociabitity)，用三个词的英文的第一个字母组成缩写词EAS，称EAS气质模型，EAS气质问卷题目举例：

(1) 我喜欢跟人打交道。(交际性)
(7) 我喜欢总是忙忙碌碌。(活动性)
(9) 我经常有挫折感。(悲伤)
(13) 许多事实让我心烦。(生气)
(19) 比起同龄人来,我很少害怕。(恐惧)

## 名词解释

气质　神经过程的基本特性　高级神经活动类型　胆汁质　多血质　粘液质　抑郁质

## 思考题

1. 试分析自己的气质特征。
2. 简述气质的稳定性和可塑性。
3. 阐述我国古代学者的气质理论。
4. 简述托马斯和切斯的气质理论。
5. 阐述气质在实践活动中的作用。

# 第十一章　性格及其测量

## 第一节　性格概述

### 一、性格的含义

性格(character)是人在现实的稳定态度和在习惯化了的行为方式中所表现出来的人格心理特征。"性格"一词来源于希腊文,原意为雕刻,后来转意为印刻、标记、特性。例如,谦虚或骄傲、诚实或虚伪、勇敢或怯懦、果断或优柔寡断等都被认为是人的性格特征。性格就是由许多性格特征组成的统一体。

人在生活中偶然的表现不能被认为是他的性格特征。例如,不能根据一个人在一个偶然的场合表现出胆怯的行为而判定他具有怯懦的性格特征。一个人在某种情景中一反常态地发了脾气,仅凭这次观察也不能认为他具有暴躁的性格特征。只有那些经常性、习惯性的表现才能被认为是个体的性格特征。

人的性格具有稳定性,一旦形成是较难改变的。有人曾对知识的改变、态度的改变、个体行为的改变以及群体行为的改变进行了研究,结果发现,知识、态度、个人行为、群体行为的改变所需要的时间依次由短到长,改变它们的难度由容易到困难。性格虽然是稳定的,但又不是一成不变的。性格是在主体与客体的相互作用过程中形成的,同时又在主体和客体的相互作用过程中发生变化。因此,性格又具有可塑性。

性格是具有核心意义的个性心理特征。人与人之间在个性特征方面的个别差异首先表现在性格上。我们平时所讲的个性,主要指一个人的性格。一个人的性格总是和他的意识倾向和世界观相联系,体现了一个人的本质属性。人的性格具有社会历史制约性,在阶级社会中则具有一定的阶级色彩,并且与人的道德评价有关。

### 二、性格与气质的关系

性格和气质关系十分密切,它们都是人脑的活动,并且都是在人的生活实践中形成和发展的。有些心理学家认为性格包含气质。例如,科瓦列夫(А. Т. Ковалев)等人指出,气质不是人的性格中的某种外在的东西,而是有机地包含在它的结构之中的。

一般认为,性格和气质既有区别而又紧密联系。气质是个人心理活动的动力特征,高级神经活动类型是气质主要的生理基础。与性格相比较,它受先天因素的影响更大,并且变化比较慢,也比较难;性格主要是在后天因素影响下发展起来的,变化比较容易,也比较快。

性格和气质相互渗透、彼此制约。一方面,气质影响性格的动态,使性格特征涂上一种独特的色彩。比较明显的表现是在性格的情绪性和表现的速度方面。例如,具有勤劳性格特征的人,多血质的人表现为精神饱满,精力充沛;粘液质的人则表现为操作精细,踏实肯干,等等。气质还影响性格形成和发展的速度和动态。例如,粘液质和抑郁质的人比多血质和胆汁质的人更容易形成自制力这种性格特征。另一方面,性格可以在一定程度上掩盖或改造气质,使之符合社会实践的要求。例如,从事精细操作的外科医生应该具有冷静沉着的性格特征,这种要求在职业训练过程中有可能掩盖或改造容易冲动和不可遏止的胆汁质的气质特征。

具有不同气质类型的人可以形成同样的性格特征,具有同一气质类型的人可以形成不同的性格特征。

## 三、性格特征的分析

性格是一个十分复杂的心理构成体,它有多种不同的表现特征。

### 1. 性格的态度特征

人对客观现实的影响,总是以一定的态度予以反应。客观现实的对象和现象是多种多样的,人对客观现实的态度的性格特征也是多种多样的。这方面的性格特征主要是处理各种社会关系方面的性格特征。

(1) 对社会、集体和他人的态度的特征。

属于这方面的特征主要有:公而忘私或假公济私,忠心耿耿或三心二意,善交际或行为孤僻,热爱集体或自私自利,礼貌待人或粗暴,正直或虚伪,富有同情心或冷酷无情,等等。

(2) 对工作和学习的态度的特征。

属于这方面的特征主要有:勤劳或懒惰,认真或马虎,细致或粗心,创新或墨守成规,节俭或浪费,等等。

(3) 对自己的态度的特征。

属于这方面的特征主要有:自尊或自卑,严于律己或放任,等等。

### 2. 性格的意志特征

性格的意志特征,是指个体在对自己行为的自觉调节方式和水平方面的性格特征。

(1) 对行为目的明确程度的特征。

属于这方面的特征主要有:目的性或盲目性,独立性或易受暗示性,纪律性或散漫性,等等。

(2) 对行为的自觉控制水平的特征。

属于这方面的特征主要有:主动性或被动性,自制力或缺乏自制力,冲动性,等等。

(3) 在长时间工作中表现出来的特征。

属于这方面的特征主要有:恒心、坚韧性或见异思迁、虎头蛇尾,等等。

(4) 在紧急或困难情况下表现出来的特征。

属于这方面的特征主要有:勇敢或怯懦,沉着镇定或惊慌失措,坚决果断或优柔寡断,等等。

**3. 性格的情绪特征**

性格的情绪特征,是指人在情绪活动时在强度、稳定性、持续性和心境方面表现出来的性格特征。

(1) 强度特征。

情绪的强度特征表现为个人受情绪影响程度和情绪受意志控制的程度。例如,有人情绪体验比较微弱,容易用意志控制;有人情绪体验比较强烈,难以用意志控制。

(2) 稳定性特征。

情绪的稳定性特征表现为情绪起伏波动的程度。例如,有人不论在成功或失败时,情绪都比较平静,对情绪的控制也比较容易;有人成功时易冲昏头脑,失败时则垂头丧气,对情绪的控制也比较困难。

(3) 持久性特征。

情绪的持久性特征表现为个人受情绪影响时间久暂的程度。有人遇到愉快的事情,当时很兴奋,事后很快恢复平静;有人愉快的情绪则会持续很久。

(4) 主导心境特征。

主导心境特征表现为不同主导心境在一个人身上表现的程度。例如,有人经常是愉快的,有人经常是忧伤的;有人受主导心境支配的时间长,有人受主导心境支配的时间短。

**4. 性格的理智特征**

性格的理智特征是指人的认识活动特点与风格。

(1) 感知方面的性格特征。

这方面的个别差异有:主动观察型和被动观察型,记录型和解释型,罗列型和概括型,快速型和精确型,等等。

(2) 记忆方面的性格特征。

这方面的个别差异有:主动记忆型和被动记忆型,直观形象记忆型和逻辑思维记忆型,在识记上有快慢之分,在保持上有长短之分,等等。

(3) 想象方面的性格特征。

这方面的个别差异有:主动想象型和被动想象型,幻想型和现实型,敢于想象型和想象受阻型,狭窄想象型和广阔想象型,等等。

(4) 思维方面的性格特征。

这方面的个别差异有:独立型和依赖型,分析型和综合型,等等。

性格的各个方面的特征相互联系着,在个体身上结合为独特的统一体,形成不同于他人的独特性格。以上四个方面的性格特征中,性格的态度特征和性格的意志特征是最主要的两个方面。其中性格的态度特征又更为重要,因为它直接体现了一个人对事物所特有的、稳定的倾向,也是一个人的本质属性和世界观的反映。

## 第二节 性格的类型理论

性格的类型理论是一种性格的分类的理论。常见的分类理论有下列几种。

### 一、我国古代学者对性格的分类

我国古籍中有许多关于性格的论述。在春秋战国时期,第一个论述性格的是孔子。孔子说:"性相近也,习相远也。"[①]意思是人性是在先天"相近"的自然本性的基础上,由于后天习得而发展起来的不同的社会本性。

《尚书》中提出"九德",实际上把性格分为九类(如表11-1所示)。

表11-1 《尚书》中的九种性格类型

| 序号 | 性格类型 | 序号 | 性格类型 |
|---|---|---|---|
| 1 | 宽宏大量又严肃谨慎 | 6 | 正直不阿又态度温和 |
| 2 | 性格温柔又坚持主见 | 7 | 大处着眼又小处着手 |
| 3 | 行为谦虚又庄重自尊 | 8 | 性格刚正又不鲁莽行事 |
| 4 | 具有才干又谨慎认真 | 9 | 坚强勇敢又诚实善良 |
| 5 | 柔顺虚心又刚毅果断 |  |  |

受《尚书》的影响,刘劭在公元3世纪提出《人物志》,对性格作了系统的论述,他把人的性格划分为12种类型(如表11-2所示)。[②]

表11-2 刘劭所划分的性格类型和性格特征

| 类 型 | 性格特征 | 优 缺 点 |
|---|---|---|
| 强毅之人 | 狠刚不和 | 厉直刚毅,材在矫正,失在激讦 |
| 柔顺之人 | 缓心宽断 | 柔顺安恕,每在宽容,失在少决 |
| 雄悍之人 | 气备勇决 | 雄悍杰健,任在胆烈,失在多忌 |
| 惧慎之人 | 畏患多忌 | 精良畏惧,善在恭谨,失在多疑 |
| 凌楷之人 | 秉意劲特 | 强楷坚劲,用在桢干,失在专固 |
| 辩博之人 | 论理赡给 | 论辩理绎,能在释结,失在流宕 |
| 弘普之人 | 意爱周洽 | 普博周洽,弘在覆裕,失在溷浊 |
| 狷介之人 | 砭清激浊 | 清介廉洁,节在俭固,失在拘局 |

---

① 《论语·阳货》。
② 燕国材著:《中国心理学史》,浙江教育出版社1998年版,第259页。

续表

| 类　型 | 性格特征 | 优　缺　点 |
|---|---|---|
| 休动之人 | 志慕超越 | 休动磊落，业在攀跻，失在疏越 |
| 沉静之人 | 道思迥复 | 沉静机密，精在玄微，失在迟缓 |
| 朴露之人 | 申疑实硌 | 朴露劲尽，质在中诚，失在不微 |
| 韬谲之人 | 原度取容 | 多智韬情，权在谲略，失在依违 |

## 二、荣格的性格理论

瑞士心理学家荣格(C. G. Jung)等人提出的类型论，在心理学中最为著名。他认为，力比多(libido)①流动的方向决定人的气质类型。

个体的力比多活动倾向于外部环境，就是外向型(外倾型)气质；个体的力比多倾向于自己，就是内向型(内倾型)气质。外向型的人，重视外部世界，爱好社交、活跃、开朗、自信、独立性强、对周围一切事物都很感兴趣，容易适应环境变化。内向型的人，重视主观世界，好沉思、善内省，常常沉浸在自我欣赏和陶醉之中，缺乏自信、易害羞、寡言，通常较难适应环境的变化。

在现实生活中，绝大多数是兼有外向型和内向型的中向型，荣格也认为没有纯粹的内向型或外向型，只是在特定场合下，由于情境的影响，某一种倾向占优势。

荣格用力比多来解释内向型和外向型并未得到实证研究证明。但是，后人编制的测定个人内向型或外向型的量表简便而实用，已广泛应用到教育、医学、管理等领域中。

## 三、机能类型说

英国心理学家贝恩(A. Bain)和法国心理学家里巴特(T. Ribot)等人按照理智、情绪、意志在性格结构中何者占优势，将人的性格分为理智型、情绪型和意志型。

理智型的人，以理智来衡量一切并支配行动，依理论思考而行事；情绪型的人，不善于思考，情绪体验深刻，行动受情绪左右；意志型的人具有明确的目的，行事主动。除了上述三种典型类型以外，还有中间类型，如理智—意志型、情绪—意志型等。

## 四、独立性说

按照个体独立性的程度，人的性格可分为顺从型和独立型两种。顺从型的人，独立性差，易受暗示，容易不加批判地接受别人的意见，并且照别人的意见办事，在紧急情况下表现惊慌失措。独立型的人，善于独立地发现问题和解决问题，活动中不易受外界事物的影响，在紧急情况下不慌张，能充分发挥自己的力量，但易于固执己见，甚至喜欢把自己的意见强加于别人。

---

① 荣格认为，凡来自本能的力量称为力比多。

## 五、文化—社会价值类型说

### 1. 斯普兰格的类型论

德国斯普兰格(E. Spranger)等人用价值观来划分性格类型,提出文化—社会价值类型说。他将人的性格划分为六种类型的理论模型。具体的人通常主要属于一种类型并兼有其他类型的特点。他提出的六种性格类型是:理论型、经济型、审美型、社会型、权力型和宗教型。

理论型的人总是冷静而客观地观察事物,根据自己的知识体系来评价事物的价值,以追求真理为生活目的,但碰到实际问题时往往束手无策。经济型的人总是用经济的观点来看待各种事物,根据实际功利来评价事物的价值。审美型的人不大关心实际生活,总是从美的角度来评价事物的价值。社会型的人重视爱,认为爱别人具有最高的价值,以增进别人或社会的福利为其生活目的。权力型的人重视并努力去获得权力,总想命令别人,指挥别人。宗教型的人坚信永恒的绝对生命,生活在信仰之中。

### 2. 弗洛姆的类型论

德国出生的美国心理学家弗洛姆(E. Fromm)将人的性格划分为两大类型:生产倾向性和非生产倾向性[①]。生产性倾向是健康的性格,非生产倾向是不健康的性格。一个人的心理是否健康,决定于个人身上消极和积极的性格特征的比例。

生产倾向性的人是人类发展的一种理想境界或目标,与马斯洛提出的自我实现的人相似。弗洛姆指出,获得生产性倾向的唯一方法,就是生活在健全的社会中,生活在促进创造性的社会中。具有生产性倾向的人会充分发挥潜能,成为创造者,对社会作出创造性的贡献。他们首先创造了自我,这是最重要的产物,此外还创造了:创造性的爱、创造性的思维、幸福感和道德心。

弗洛姆又提出几种非生产倾向性。

他指出,这些性格类型只是"理想类型"。在实际生活中,每一个人的性格结构并非只有一种倾向性,而是几种倾向性的混合。

# 第三节 性格的特质理论

性格的特质理论是一种性格分析的理论。特质一词是英语 trait 的译名,这个英语单词也可以译作特性。性格特质论者认为,性格由一组特质所组成,特质是构成性格的基本单位,特质决定个体的行为。性格特质是所有的人共有的,但每一种特质在量上是因人而异的,这就造成了人与人之间在性格上的差异。

在西方心理学家中,主张和赞同特质理论的人很多,虽然迄今为止尚未有统一的特质理

---

① 倾向性(orientation),指一个人的普遍态度或观点。

论,但已形成了三点基本共识:①性格是由个体的特质所组成的,特质是构成性格的基本单位,特质决定个体的行为;②性格特质在时间上具有稳定性,在空间上具有普遍性;③通过对性格特质的了解,可以预测个体的行为。性格特质论者认为,性格特质是所有的人共有的,但每一种特质在量上是因人而异的,这就造成了人与人之间在性格上的差异。情绪稳定性、活动性、支配性、内倾性、外倾性和社交性,等等,都被认为是性格特质。

德雷格(Dreger)还将特质论者分为两大类:偏重于统计方法的和偏重于非统计方法的。①偏重于统计方法的特质论者。持这种方法的心理学家用统计分析划分特质,并且偏重于描述个体特质量的差异,他们比较强调特质和特质之间的相互依赖性。持这种看法的研究者以卡特尔、艾森克和吉尔福特等人为代表。②偏重于非统计方法的特质论者。持这种方法的心理学家用逻辑和语义分析来划分特质,并且偏重于描述个体各种特质的不同,他们比较强调特质之间的独立性。

## 一、中国学者的特质论

林传鼎教授在1937年曾用历史评估和心理测量法对唐宋至清代34位历史人物进行特质分析,得到10种类型下的50个特质,如:好奇、斗争、情绪、独断和志气等。[①]

在董仲舒的中国传统人格五因素理论基础上,燕国材教授和刘同辉教授进一步提出"仁、义、礼、智、信"的特征和内涵。[②]

王登峰教授用"词汇学假设"的研究方法,得出中国人的人格结构由七个因素组成:外向性、善良、行事风格、才干、情绪性、人际关系和处世态度。确立了中国人人格结构的"七大"因素模型,对"大五"模型提出质疑。编制了多种中国人人格量表。[③][④]

王垒教授运用新的方法,要被试自由想象出描述人格的词,动态化地分析人格结构。发现三个方面的人格因素:实际自我、理想自我和应该自我三大方面,每个方面又包括几个人格因素。[⑤]

杨波博士建立了265个中文人格特质术语表,得出中国古代四个人格因素:仁、智、勇、隐,组成古代中国人人格维度。其中以"仁"为核心。[⑥] 体现了儒家以"仁"为先,克己修身。

## 二、奥尔波特的特质理论

奥尔波特是美国著名心理学家、现代人格心理学创始人之一,也是特质理论的始创者。

---

① 林传鼎著:《唐宋以来三十四个历史人物心理特质的估计》,辅仁大学心理系1939年版。
② 燕国材、刘同辉:《中国古代传统的五因素人格理论》,《心理科学》2005年第4期,第780—783页。
③ 王登峰、崔红:《中国人人格量表(QZPS)的编制过程与初步结果》,《心理学报》2003年第1期,第127—136页。
④ 郑雪主编:《人格心理学》,暨南大学出版社2007年版,第129—130页。
⑤ 王垒:《人格结构的动态分析》,《心理学报》1998年第4期,第409—417页。
⑥ 杨波:《古代中国人人格结构的因素探析》,《心理科学》2005年第3期,第668—672页。

他在1929年的第九届国际心理学大会上发表了题为《什么是个性(人格)特质》的论文,提出将特质作为个性的基本单位。

### 1. 特质的含义

奥尔波特认为,特质是性格的基本单位,是测量性格的"活的单元"。特质是个人所持有的神经心理结构。由于有特质,很多刺激便等值起来,从而使人在不同情况下的适应行为和表现行为具有一致性。例如,一个具有强烈攻击性特质的人,对不同的情境会作出相类似的反应(如图11-1所示)。又如具有"谦虚"特质的人,对不同的情境也会作出类似的反应。与领导一起工作时,表现为留意、小心、顺从;在访友时,表现为文雅、克制、依从;在遇见陌生人时,表现为笨拙、尴尬、害羞;在和父母亲共同进餐时,表现为热情、迎合;在同伴给予赞扬时,表现为不愿露面、不愿为人注意,等等。

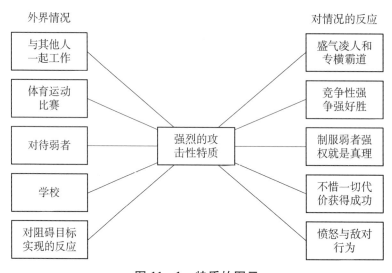

图 11-1 特质的图示

(根据 B. R. Hergenhahn,1980 年)

与此相反,具有不同特质的人,即使对同一刺激物,反应也会不同。一个具有友好特质的人和一个具有怀疑特质的人,对陌生人的反应是很不相同的。

奥尔波特认为,特质是概括的,它不只是和少数的刺激或反应相联系。一个特质联结着许许多多的刺激和反应,使个体行为产生广泛的一致性,使行为具有跨情境性和持久性。但是,特质又具有焦点性,即它与现实的某些特殊场合联系着,只有在特殊的场合和人群中才会表现出来。例如,具有攻击性特质的人,不会在任何场合对任何人进行攻击,如对亲戚朋友,一般就不会表现出攻击行为。

### 2. 特质的特点

(1) 特质是一种实际存在于个体内的神经心理结构。

(2) 特质比习惯更具有一般性。

习惯比特质更特殊,它常常是特质的具体表现,特质是对习惯整合的结果。例如,父母亲鼓励孩子刷牙,孩子天天早上和饭后刷牙,这是习惯。以后刷牙这一行动融化于更为广泛的习惯系统中,进一步又整合于个人的清洁倾向中,清洁就成为个人的特质了。

(3) 特质具有动力性。

特质具有指引人行为的能力,它使个人的行动具有指向性。特质是行为的基础和原因,它支撑着行为。奥尔波特认为,特质可以与动机等同。

(4) 可以由个体的外部行为来推测特质的存在,并且从实际中得到证明。

特质不能直接观察到,但可以从观察一个人多次重复的行为推测并证实特质的存在。

(5) 特质与特质之间只是相对的独立。

奥尔波特指出个性是一种网状的和重叠的特质结构,在特质和特质之间仅仅是相对的独立。不能把特质看作"孤岛"。

(6) 特质和道德判断或标准不能混为一谈。

(7) 行为或习惯与特质不一致时,并不能证明这种特质不存在。

这是因为一种特质在不同个体上可能具有不同程度的整合。同一个人可能具有相反的特质,刺激情景和一时的态度左右了行为,人的行为在短暂的时间内就可能和特质不一致。

特质具有独特性和普遍性两个方面,从特质的独特性来探讨,就是研究这种特质在某一个人的性格结构中的作用和意义;从特质的普遍性来探讨,则要确定人与人之间在性格方面的个别差异。

3. 特质的分类

奥尔波特首先把特质分为共同特质和个人特质两类。共同特质(common trait)是同一文化形态下群体都具有的特质,它是在共同的生活方式下所形成的,并普遍地存在于每一个人身上,这是一种概括化的性格倾向。个人特质(individual trait)为个人所独有,代表个人的性格倾向。他认为,世界上没有两个人具有相同的个人特质,只有个人特质才是表现个人的真正特质。他主张心理学家应该集中力量研究个人特质。

奥尔波特又把个人特质按照它们对性格的影响和意义不同,区分为三个重叠交叉的层次。①首要特质(cardinal trait)。这是个人最重要的特质,代表整个个性,往往只有一个,在个性结构中处于支配地位,影响一个人的全部行为。例如,创造性是爱迪生的首要特质,吝啬是葛朗台的首要特质。②主要特质(central trait)。这是性格的"构件",性格是由几个彼此相联系的主要特质所组成,主要特质虽不像首要特质那样对行为起支配作用,但也是行为的决定因素。奥尔波特认为,詹姆斯的主要特质是快乐、人道主义和社会性等。③次要特质(secondary trait)。这是个人无足轻重的特质,只在特定场合下出现,它不是个性的决定因素。例如,某某有恐高症等。

4. 健康的人

奥尔波特对人性的看法是乐观的。他选择健康成人作为主要的研究对象,很少涉及精神病人,他的理论体系是面向健康人的。他认为,健康人在理性和有意义的水平上活动,激励他们活动的力量完全是能够意识到的,是可以控制的。健康人的视线向前,它指向当前和未来的事件,而不是向后看,指向童年的事件。

奥尔波特指出,健康的人具有下列特征:

(1) 自我扩展的能力。

心理健康的人活动性很强,他们参与丰富多彩的活动,他们的活动范围极广。他们会参加到人际关系和对自己有意义的工作中去。他们有许多好朋友,有多种多样的爱好。个人所参加的活动越多,他的心理健康水平也就越高。

(2) 人际交往能力。

心理健康的人和他人的关系是亲密的,能够容忍他人的缺点和不足,并且富有同情心。这种人对他人温暖、理解,没有嫉妒心理和占有的欲望。

(3) 情绪上有安全感和自我认可。

心理健康的人能够接受生活中的斗争,容忍挫折,对自己也有积极的看法,他们具有一个积极的自我意象。这与那些充满自卑感和自我否定的人是不同的。

(4) 表现出现实的知觉。

心理健康的人能够准确、客观地知觉周围现实,而不是把它们看作自己所希望的东西。这种人善于评价情境,作出判断。

(5) 专注地投入自己的工作。

心理健康的人形成了自己的技能和能力,能全心全意地投入工作,能够在高水平上工作。许多心理学家都指出,专注地投入自己的工作是健康的人的一个重要特征。

(6) 现实的自我形象。

心理健康的人能够正确理解真实自我和理想自我之间的差别,也能知道自己对自己和别人对自己看法之间的差别。心理健康的人的自我形象是客观的、公正的,他们能够正确知道自己的优点和缺点,全面地了解自己。

(7) 统一的人生观。

心理健康的人有统一的人生观和价值观,并能够把它应用到生活的各个方面。他们面向未来,行为的动力来自长期的目标和计划。健康的人一生都遵循着经过考虑和选择的目标前进,有一种主要的意向。

奥尔波特的健康人格和马斯洛的自我实现的人有许多相似之处。

## 三、卡特尔的特质理论

卡特尔是出生于英国的美国心理学家,是著名的个性心理学家和特质论者。

卡特尔除了深受奥尔波特特质分类的影响外,麦独孤的本能说和情操说,以及门捷列夫的化学元素分类说,都对他的特质分类产生了很大的影响。

卡特尔认为,在个性中各种特质并不是彼此松散地存在。所有的特质都相互关联着,从而构成人格。

**1. 独特特质和共同特质**

卡特尔首先将特质分为独特特质和共同特质（相对于奥尔波特的个人特质和共同特质）。他认为共同特质是用因素分析法得到的共同因素；独特特质是用因素分析法得到的独特因素。共同特质指人类所有社会成员所共同具有的特质；独特特质指单个个体所具有的特质。虽然社会所有的成员具有某些共同特质，但共同特质在社会各成员身上的强度是不同的。即使同一个人身上的共同特质在不同时间里在强度上也是不相同的，个体的各种特质随环境的变化而表现出不同的强度。一个人在不同的时间里由于环境变化，特质在强度上的表现也不同。卡特尔与奥尔波特不同，他重视共同特质的研究，而不重视对独特特质的研究。

**2. 表面特质和根源特质**

卡特尔认为奥尔波特所列举的特质数目过于繁多，他在 1945 年将奥尔波特所收集的 10000 多个形容特质的词加以浓缩，归纳为 171 个，然后用群集分析法（cluster analysis）将 171 个特质合并为 35 个特质群（trait clusters）。卡特尔将这些通过群集分析法得到的特质群称为表面特质。他进一步对 35 个表面特质进行因素分析，得出 16 种根源特质。卡特尔认为，表面特质直接与环境接触，常常随环境的变化而变化，是从外部可以观察到的行为。根源特质隐藏在表面特质的后面，深藏于个性结构的内层，必须通过表面特质的媒介，用因素分析法才能发现。它是制约表面特质的潜在基础和个性的基本因素，是"建造个性大厦的砖石"。例如，大胆、独立和坚韧等个性特质可以在个体身上直接表现出来，都是表面特质，但它们在统计学上彼此有高的相关，经过因素分析可以得出它们的共同根源特质是"自主性"。图 11-2 表示自我、根源特质和表面特质之间的关系，自我居于中心位置，自我的外围是根源特质（5、6），根源特质的外围是表面特质（1、2、3、4）。卡特尔认为，根源特质各自独立，相关极小，并且普遍地存在于各种不同年龄的人和不同社会环境的人身上，但在每个人身上的强度是不同的，这就决定了人与人之间个性的不同。他进一步指出，各个根源特质的深度也不一样，根源特质越深刻，这些特质就愈稳定，对行为的效应也就愈全面。把特质划分为表面特质和根源特质这是卡特尔对个性心理学的一个重大贡献，得到许多心理学家的赞同。卡特尔及其同事经过长期的研究，确定了 16 种根源特质（如表 11-3 所示），并据此编制了 16 种个性因素问卷来测定每一个人的特质。

图 11-2　自我、根源特质和表面特质

表 11-3　卡特尔的 16 种根源特质

| 根源特质 | 低分者特征 | 高分者特征 |
| --- | --- | --- |
| 乐群性（A） | 缄默、孤独 | 乐群、外向 |
| 聪慧性（B） | 智力较差 | 智力较高 |
| 稳定性（C） | 情绪激动 | 情绪稳定 |

续表

| 根源特质 | 低分者特征 | 高分者特征 |
|---|---|---|
| 好强性（E） | 谦逊、顺从 | 固执好强 |
| 乐观性（F） | 严肃、稳重 | 轻松、愉快 |
| 有恒性（G） | 权宜、敷衍 | 有恒负责 |
| 敢为性（H） | 畏怯、退缩 | 冒险敢为 |
| 敏感性（I） | 着重现实，自持其力 | 感情用事 |
| 怀疑性（L） | 依赖随和 | 怀疑，刚愎 |
| 幻想性（M） | 合乎实际 | 富于幻想 |
| 世故性（N） | 直率、天真 | 精明能干 |
| 忧虑性（O） | 安详、沉着 | 忧虑 |
| 实验性（$Q_1$） | 保守 | 勇于尝试实验 |
| 独立性（$Q_2$） | 随群、附和 | 自立自强 |
| 控制性（$Q_3$） | 矛盾冲突 | 自律严谨 |
| 紧张性（$Q_4$） | 心平气和 | 紧张困扰 |

卡特尔编制了16种人格因素问卷，在国际上已广泛流行，用于全面评价被试的人格。图11-3是一组飞行驾驶员、艺术家和作家平均分数的人格剖面图。

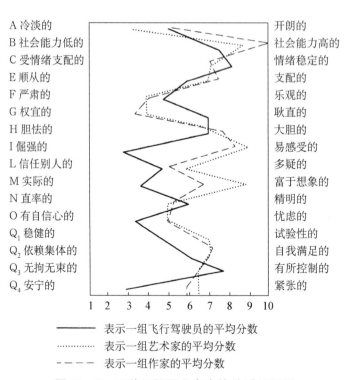

图11-3 三种不同职业者人格特质剖面图

## 四、艾森克的特质理论

艾森克是出生于德国的英国心理学家,以研究人格而著称,亦是一个著名的特质论者。他运用精神病临床诊断、问卷测验、客观性动作测验、身体测量等各种可能的方法收集素材,并对这些材料进行因素分析,提出了他独特的性格理论。

### (一) 个性维度

艾森克(H. J. Eysenck)和同事威尔逊(G. D. Wilson)等人对个性维度作了深入研究。他指出维度代表一个连续的尺度,每一个人都可以或多或少地具有某种特质,而不是非此即彼,通过测定,每一个人都可以在这个连续尺度上占有一个特定的位置。他曾提出五个维度(外内向、情绪性、精神质、智力和守旧性—激进主义),但主要的维度是三个。他认为外内向、情绪性和精神质是个性的三个基本维度,这不仅为数学统计和行为观察所证实,而且还得到了实验室内许多实验的证实。他在《个性的科学研究》一书中指出:"到目前为止所得出的维度都近似互相垂直,但在适当的时候,无疑是会分离和派生出其他的维度。"艾森克对个性维度的研究受到各国的心理学家重视,并且已广泛地应用到医疗、教育和司法等领域。

**1. 外内向**

艾森克的外内向与荣格的外内向含义不完全相同。多年来他对外内向维度作了广泛和深入的研究,取得了许多创造性成果。外向的人不容易受周围环境影响,难以形成条件反射,在个性上具有情绪冲动和难以控制、好交际、善社交、渴望刺激、冒险、粗心大意和爱发脾气等特点。外向的人从外表上看似乎是不大可靠的人。内向的人容易受周围环境影响,非常容易形成条件反射,在人格上具有情绪稳定、好静、不爱社交、冷淡、不喜欢刺激、深思熟虑、喜欢有秩序的生活和工作、极少发脾气等特点。内向的人从外表上看似乎是一个略带悲观色彩而可靠的人。

艾森克把外内向这一个性维度与大脑皮质的兴奋过程和抑制过程相联系(如表11-4所示)。

**表 11-4 外内向与神经过程**

| 神经过程<br>向　性 | 兴奋过程 | 抑制过程 |
|---|---|---|
| 外向的人 | 慢·弱·短 | 快·强·长 |
| 内向的人 | 快·强·长 | 慢·弱·短 |

从上表可以看出,外向的人兴奋过程强度弱、发生慢、持续时间短,因此难以形成条件反射;内向的人兴奋过程强度强、发生快、持续时间长,因此容易形成条件反射。

1976年雷维尔等人(Revelle, Amaral & Turriff)作了一项研究,他们推论内向的人在正常条件下,大脑皮质已经具有高度的兴奋水平,如果进一步提高他们的兴奋水平,那么就会降低被试的工作效果。外向的人在正常条件下，大脑皮质兴奋水平相对较低，若提高他们的兴奋水平，就会提高被试的工作效果。实验结果支持了艾森克的观点。内向的人在做言语能力倾向测验时，在放松的条件下（如不限制时间），他们得分高；但是给他们服用提高大脑皮质兴奋性的药物（如咖啡因）或在时间上加以限制，他们的得分就急剧下降。而外向的人则大不相同，他们在放松的条件下得分低，在时间压力（时间上加以限制）和兴奋性药物作用下，他们的得分就会提高。

外向的人追求刺激，内向的人回避刺激。我们在日常生活中经常能发现这种情况，外向的人一般喜欢吃刺激性和口重的食物，他们抽烟多喝酒也多，参加冒险性的活动，外向的人和内向的人在审美活动方面也有显著差别，外向的人一般喜欢深色，内向的人一般喜欢淡色。在药物作用方面，兴奋剂的作用相当于内向者的人格特点，抑制性药物的作用相当于外向者的人格特点。

### 2. 神经质

神经质又称情绪性。艾森克指出，情绪不稳定的人，表现出高焦虑。这种人喜怒无常，容易激动。情绪稳定的人，情绪反应缓慢而且轻微，并且很容易恢复平静。这种人稳重、温和，并且容易自我克制，不易焦虑。当外向性和情绪不稳定性同时出现在一个人身上时，很容易在不利情境中表现出强烈的焦虑。艾森克进一步指出，情绪性与自主神经系统特别是交感神经系统的机能相联系。

外内向和情绪性这两个维度，不是臆想出来的，而是已经得到证实的。近年来，卡特尔和吉尔福特等人的研究都强有力地支持这两个互相垂直的维度。艾森克指出，现在有理由说，在实验研究中几乎完全认可在人格测量描述系统中这两个因素处于醒目和稳定的地位。

艾森克认为外内向和情绪性是两个互相垂直的维度。以外内向为纬，情绪性为经，组织起他认为是基本的32种特质。并且与古希腊的四种气质类型相对应，成为许多个性心理学家所赞同的个性二维模型（如图11-4所示）。气质类型、组合类型和性格特质如表11-5所示。

图 11-4 艾森克的个性二维模型

表 11-5 气质类型、组合类型和性格特质

| 气质类型 | 组合类型 | 性格特质 |
| --- | --- | --- |
| 胆汁质 | 不稳定外向型 | 敏感、不安、攻击、兴奋<br>多变、冲动、乐观、活跃 |
| 多血质 | 稳定外向型 | 善交际、开朗、健谈、易共鸣<br>随和、活泼、无忧无虑、领导力 |
| 粘液质 | 稳定内向型 | 被动、谨慎、深思、平静<br>有节制、可信赖、性情平和、镇静 |
| 抑郁质 | 不稳定内向型 | 忧郁、焦虑、刻板、严肃<br>悲观、缄默、不善交际、安静 |

3. 精神质

精神质又称"倔强性",并非指精神病。它存在于所有人的身上,只是各人程度不同。得分高的人往往自我中心、冲动、冷酷、具有攻击性,缺乏同情心,不关心他人;得分低的人则温柔、善感等。

## (二) 人格的层次模型

艾森克认为,特质是观察到个体行为倾向的集合体,类型是观察到的特质的集合体。类型是某些特质的组织。许多心理学家都认为,在特质与类型的关系上,艾森克解决得相当出色。

图 11-5 中人的行为分为:类型、特质、习惯性反应和特殊性反应四个水平。外向或内向是上位概念,特质是下位概念,在特质之下又有习惯性反应和特殊性反应。

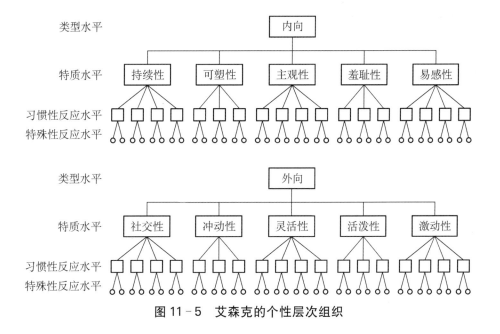

图 11-5 艾森克的个性层次组织

特殊性反应水平(specific response level)。这是个体在一次实验性试验时的反应或对日常生活经验的反应,可能是个体的特征,也可能不是个体的特征。

习惯性反应水平(habitual response level)。这是在同样环境中可以导致再次发生的特定反应,如重复实验就会产生同样的反应;如果生活情景重新出现,有机体会以相似的方式反应。

特质水平(trait level)。这是从观察一些不同的习惯反应的相互关系基础上得出来的。

类型水平(type level)。这是通过对观察一些不同特质的相互关系基础得出来的。

因素分析是为了发现为数最少的独立因素或独立变量,这些因素能对心理特征进行描述和分类。艾森克提出四种不同类型的因素:①普遍因素(general factors)。这些因素对所有的试验都是共有的。②群因素(group factors)。这些因素在某些试验中是共有的,在另一些试验中并不出现。③特殊因素(specific factors)。在特殊情况下才出现的因素。④误差因素(error factors)。只有在某一偶然机会才出现的因素。行为的四种水平和四种类型的因素是一致的。艾森克用因素分析法,得到四种不同类型的因素,代表了不同的行为水平,如表11-6所示。

表 11-6 因素与行为水平的对应

| 层次 | 因素 | 行为水平 |
| --- | --- | --- |
| 1 | 普遍因素 | 类型 |
| 2 | 群因素 | 特质 |
| 3 | 特殊因素 | 习惯性反应 |
| 4 | 误差因素 | 特殊性反应 |

## 五、吉尔福特的特质论

吉尔福特是美国心理学家。他是一位著名的人格测量学家,在特质分类上作出贡献,在智力和人格上也作出了贡献。

吉尔福特认为,研究人格的目的在于预测人的行为。他认为,预测人的行为必须掌握两个方面的信息:情境方面的信息和机体方面的信息。这是因为人的行为是个人所处的情境和机体方面的信息的交互作用的结果。

吉尔福特指出,人格是各类特质的模式,特质是个体间有所不同的可以辨认而持久的特性。特质可由个人行为的经常性和连续性推知。他又认为,特质是具有一定区分度,并使人区别开来的稳定方式。他把特质划分为七类:需要(need)、兴趣(interest)、态度(attitude)、气质(temperament)、才能(aptitude)、形态(morphology)、生理(physiology)。人格就是由这几类特质组成的统一体(如图11-6所示)。可以看出,吉尔福特对人格的理解是广义的,既包括心理方面的特点,又包括身体方面的特点。

吉尔福特把特质概括为三个水平:

单一特质。个体在少数情境中表现出来的某种一致性倾向。

基本特质。在一定范围内表现出来的一致性倾向。

类型。由基本特质组成,吉尔福特认为一个人可以有几种类型。

## 六、五因素模型

五因素起源于高尔顿首先提出的词汇假说,即凡是重要的个体差异在其自然语言中一定有相应的词汇来表示。

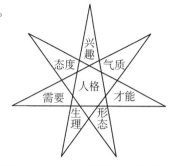

图11-6 吉尔福特的人格模型

五因素模型被称为新型的特质理论,为多数特质论者所认同。他们认为,人格的结构由五大因素构成,即所谓"大五"或称五因素模型(five-factor model,简称FFM)(如表11-7所示)。

不少研究者都提出了他们各自的五因素模型,五个因素的名称也不统一,珀文(L. A. Pervin)和约翰(O. P. John)主编的《人格手册:理论与研究》(1999年版)一书将大五特质标记为:

因素Ⅰ:外向性。活力、热情(E)。①

因素Ⅱ:宜人性。利他性、爱(A)。

因素Ⅲ:责任感。克制、拘谨(C)。

因素Ⅳ:神经质。消极情绪、神经过敏(N)。

因素Ⅴ:开放性。独创性、思想开放(O)。

取五个特质的第一个英文字母即"OCEAN",中译海洋(John,1990)(如表11-8所示)。

从因素Ⅰ到因素Ⅴ的序号,表示了这些因素在词汇研究中的相对占比大小。因素Ⅰ和因素Ⅱ在词汇中比例最大,其次是因素Ⅲ和因素Ⅳ,因素Ⅴ比例最小。② 因素Ⅴ最易引起争论。③

表11-7 大五人格因素和特质样例

| | |
|---|---|
| 开放性(O) | 守纪律的——冲动的 |
|  独立的——一致的 | 有组织的——紊乱的 |
|  想象的——实际的 | 宜人性(A) |
|  偏爱变化——偏爱常规 |  同情的——找茬的 |
| 神经质(N) |  友好的——冷酷的 |
|  稳定的——紧张的 |  感激的——不友好的 |
|  平静的——焦虑的 | 外向性(E) |
|  安全的——不安全的 |  能说会道的——安静的 |
| 责任感(C) |  爱闹的——严肃的 |
|  细心的——粗心的 |  善于交际的——退休状态的 |

资料来源:Pervin,1990;McCrae & Costa,1986.

---

① E,A,C,N,O分别是外向性(extraversion)、宜人性(agreeableness)、责任感(conscientiousness)、神经质(neuroticis)、开放性(openness to experience)英文字母的第一个。

② Pervin L. A. & John O. P. (1999). *Handbook of Personality: Theory and Research*. New York: The Guilford Press. 121.

③ 同上书,114。

表 11-8 大五因素的内涵

| 因　素 | 命　名 | 涉及的领域 | 因　素 | 命　名 | 涉及的领域 |
|---|---|---|---|---|---|
| Ⅰ | 外向性 | 生理 | Ⅳ | 神经质 | 情绪 |
| Ⅱ | 宜人性 | 人际 | Ⅴ | 开放性 | 智能 |
| Ⅲ | 责任性 | 工作 | | | |

(资料来源：许燕，2009)

性格的类型论根据某种原则，把所有的人的性格归入某种类型，以便直接地了解人的性格。类型论最早出于临床医学实践的需要，现已广泛地应用到许多实践领域。它是对群体间个性差异的描述性指标，可以通过人的行为直接观察到。但类型论把极端复杂的性格概括为少数几种类型，必然会忽视中间型，就会只注意这几种类型的性格，忽视其他类型的性格类型就会导致简单化和片面化。类型论也容易将人的性格固定化、静止化，忽视性格的形成和发展，特别容易忽视影响性格的形成和发展的环境因素。

性格的特质论用客观观察、主观问卷、实验和统计的方法，直接研究人的行为特点，具有一定的客观性。特质论者编制了大量的性格问卷，为研究性格提供了一个富有吸引力、简便易行的工具，已为人类实践各领域和各国广泛使用。其中，特质论者编著的大五因素性格问卷，为多数特质论者认同。特质论者缺乏对特质的理论探讨，他们提出的是解释模型，不能从理论上说明人究竟有几个特质，在实践中有些特质存在着显著的内在相关。特质论者从特质来预测行为，不如从特质和情境两个方面来预测行为。有些特质论者对遗传因素强调过多，对特质的稳定性、不变性强调过多，没有强调环境在性格形成和发展中的作用。从系统论观点看，性格是彼此联系的成分所构成的多因素、多层次、多水平的统一体，是一个"完整的构成物"，并不是几个特质的简单结合。特质论者倾向于用分离的特质来解释性格。他们还忽视各个特质的发展。

性格类型论和特质论是两种主要的性格理论。各有所长，也各有欠缺之处。从质和整体上表示性格的类型论和从量上分析性格的特质论结合起来，才能取长补短。现在这两种理论已经结合起来了。

# 第四节　性格的社会认知理论

社会认知论是用信息加工的观点来阐述人的行为模式。凯利、罗特、班杜拉和米契尔等都是社会认知论的主要理论家。本节主要阐述班杜拉和米契尔的性格理论。

## 一、班杜拉的性格理论

美国心理学家班杜拉(A. Bandura)强调模仿在形成新习惯和破除旧习惯中的作用，他的主要贡献就是对观察学习系统性的研究。

### 1. 观察学习

按班杜拉的观点,观察学习(observational learning)就是人仅仅通过观察别人(榜样)的行为就能学习某种行动。例如,儿童的游戏,学习歌曲,几乎和他的父母亲完全一样。班杜拉指出,观察学习的作用在人类历史文献中随时可以找到。如危地马拉的女孩通过观察成人的活动就能够学会纺织。女孩在直接观察后,即使是在第一次活动中也能够熟练地进行操作。班杜拉的观察学习,认为学习可以不依赖强化,是一种新的学习观点,这是对学习理论的重大的、突破性的贡献。观察学习是无尝试学习,学习者不需要通过尝试就能进行学习。班杜拉指出:"我认为观察学习基本上是认知过程。"学习活动必须包含内部的认知过程。学习者依靠内部的行为表象来指导自己的操作。

在班杜拉的理论中必须区分:"行为习得"和"行为表现"两个不同的概念。他认为榜样是否得到强化,只影响观察者以后的行为表现,不影响观察者对这种行为的习得。

班杜拉认为,模式(榜样)的呈现方式有多种,一种是行为模式,一种是言语指导。他认为,身教的效果比言教的效果好。布赖恩(Bryan)等人的研究表明,简单的说教和训诫似乎没有什么效果,效果远远不如成人的身教大。

观察学习不是简单的过程,并不是每个人在观察后都能学到榜样的行为模式,能否学到与榜样和观察者的特征有关。如榜样地位高、有威信,就容易被模仿。模仿的行为必须是显著的,如歌唱家的行为很难模仿,因为发声行为很难观察。又如,依赖性高的观察者,容易模仿各种行为的模式。

班杜拉指出,观察学习主要是由注意过程、保持过程、动作再现过程、强化和动机过程这四个系统控制的。个人在观察时,首先必须注意榜样的行为,保存有关信息,并将有关信息转换成适当的形式,然后在动机的驱动下,回忆出有关信息,转化成外在行动。最初观察到的行为一般是粗略的、近似的和不精确的,后来,逐渐将外在行为和观察中的行为对照,并且逐步加以调整,个人的行为逐渐发展和成熟起来,这样个性逐渐形成。

班杜拉早期将自己的理论称为"社会学习理论",后来,随着心理学对认知研究的重视及本人研究的发展,他将自己的理论改称为"社会认知理论"。

### 2. 三元交互理论

班杜拉提出交互作用论(reciprocal determinism)。他指出:在这三元交互作用的模型中,每两个因素之间都不断发生着交互作用。其中,个体内在因素包括认知、情感和生理活动,这些因素产生的影响,在不同的场合是不相同的(如图 11 - 7 所示)。

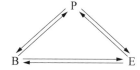

**图 11 - 7 行为(B)、个人(P)、环境(E)交互作用模式**

(资料来源:Bandura,1986)

### 3. 自我效能

按班杜拉的观点,自我效能(Self-efficacy)关心的"不是某人具有什么技能,而是个体用其拥有的技能能够做什么"。

自我效能的信息来源有:个体亲身获得的关于自身能力的经验;观察他人获得的经验;社会劝导可增强个人的自我效能;身体和情绪状况。个人自身的紧张、焦虑和抑郁,以及疲劳、喘息等都会改变个人的自我效能。

自我效能及其信念影响我们从事的活动。个体的自我效能不同,个人的思维、情感和行为也都不同。班杜拉等人的研究表明,自我效能有下列几项功能。

(1) 决定对活动的选择和坚持性。高自我效能的人倾向于选择富有挑战性的任务;低自我效能的人倾向于选择一般或要求较低的任务。在工作过程中,高自我效能的人遇到困难时能坚持下去;低自我效能的人则不能坚持。

(2) 影响活动情绪。高自我效能的人工作时情绪饱满;低自我效能的人工作时情绪消极,甚至充满恐惧、焦虑和抑郁。研究表明,自我效能信念强者在接受指导语、解决任务和评定自我效能期间经受的压力均比自我效能信念弱者少,这是通过心率测定得出的结论(如图11-8所示)。

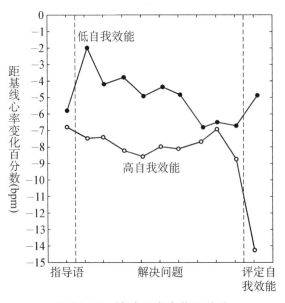

图 11-8 被试心率变化百分比

(3) 影响对困难的态度。高自我效能的人敢于面对困难,并力图克服困难;低自我效能的人缺乏自信,在困难面前徘徊。

(4) 影响对新行为的习得。高自我效能的人充满活力,容易习得新行为;低自我效能的人则相反。

(5) 影响健康水平。班杜拉的自我效能理论已经成功地用于健康心理学,个体自我效能的提高对健康有利。1985年,克雷门特的一项研究表明,高自我效能信念的人,容易成功戒烟。1986年,班杜拉发现,增强自我效能信念可以让个人坚持戒烟行为。1997年,麦杜克斯(J. E. Maddux)等人的研究表明,自我效能感长期低下的人有压抑感、易于沮丧、焦虑和抑郁。班杜拉等人发现,提高自我效能确实能增强免疫系统的功能。1990年威顿菲特(S. A. Wiedenfeld)等人在一项研究中对恐蛇症者进行高自我效能信念的培养,帮助他们克服了恐蛇症。研究开始时,不呈现恐惧的压力源(蛇);然后帮助被试获得应对效能,并让被试觉知到获得了自我效能;最后,被试已经建立起完善的应对效能,即觉知到最大的自我效能。这时抽取被试的血液,结果发现,被试的T细胞水平增加(如图11-9所示)。人体的T细胞对癌细胞和病毒有破坏作用。

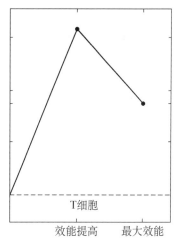

图11-9 自我效能提高与免疫功能关系

#### 4. 目标和行动

目标(goal)是有机体追求的终点的心理表征。

班杜拉认为,明确、现实、具有挑战性的目标对自我激励特别有用。

目标已成为当代人格心理学各学派的重要内容。当前心理学工作者将目标分为五种类型:①放松/娱乐;②攻击/权力;③自尊;④情绪/支持;⑤焦虑/降低威胁。

人格心理学的近期研究表明:

(1) 人们更愿为实现价值高、实现可能性大、与积极情感相联系的目标而努力工作。不愿为实现价值低、实现可能性小、与消极情绪相联系的目标而工作。

(2) 目标系统的功能与主观幸福感和健康有关。人们愿意实现具有可实现目标的工作,不愿实现没有目标或目标模糊、难以实现目标的工作。人们愿意实现更好健康水平和较高主观幸福感的工作。

(3) 目标系统的功能具有区分性和灵活性。人们能够区分并选择具体的目标,又能保持整体的目标结构。

班杜拉的实验证明,个体要有由近期、中期、较远期和远期目标组成的目标系统,这种目标系统对个体具有重大的自我激励作用。

#### 5. 自我调节

自我调节(self-regulation)就是个人使用认知过程来调节自己的行为。班杜拉指出,人一经社会化,就能依靠自己的内部标准来调节自己的行为,并奖励和惩罚自己。个人究竟是如何建立自我评价标准的?班杜拉认为是通过奖励和惩罚。他还认为榜样对儿童自我评价系统的形成起着重要作用。

## 二、米歇尔的性格理论

米歇尔(Walter Mischel)是出生于奥地利的美国心理学家。他和舒达(Y. Shoda)提出了认知—情感系统理论,在人格心理学中产生了重大影响。

1995年,米歇尔和舒达在多年研究的基础上提出了认知—情感系统理论(Cognitive-Affective System Theory of Personality,简称CASTP)。这种理论认为,每一个人都是一个独特的认知—情感系统,与周围环境发生交互作用,产生个人特有的行为模式。这种理论被认为是一个动态的、意识的、整合的大理论,在人格理论中产生了重大的影响,也解决了人格理论中的一些争议。

米歇尔认为性格结构主要由下列单元组成(如表11-9所示)。

表11-9 性格系统中的认知—情感单元

| |
|---|
| 1. 编码:对有关自我、他人、事件和情境(外部的、内部的)的信息进行编码,并加以归类 |
| 2. 期望和信念:涉及社会世界,涉及具体情境中的行为效果,涉及自我效能 |
| 3. 情感:情感、情绪和感情反应(包括生理反应) |
| 4. 目标和价值:期望的结果和感情状态;厌恶的结果和感情状态;目标、价值和人生计划 |
| 5. 能力和自我管理计划:个人可能表现出来的潜在行为和脚本,组织活动、影响结果以及个人行为、内部状态的计划和策略 |

### 1. 编码

面对同一情境,由于每个人采用的编码策略不同,所以有人注意了情境的某些方面而忽视了其他方面,而另外的人则可能刚好相反,这就造成了差异的出现。

### 2. 期望和信念

米歇尔认为,当对两种情境的预期不同时,行为就会有很大的不同,期望是影响人的行为的重要中介变量。人们对自己行为结果的期望强烈地影响着他的行为;对某些刺激所代表意义的期望,也会影响人的行为。

### 3. 情感

认知—情感单元指个体的情感、情绪和感情反应,也包括生理反应。

### 4. 目标和价值

个体对不同后果赋予不同的价值。由于主观上对刺激价值的看法不同,即使人们具有同样的期望,对事件的反应也会不同。主观性刺激价值的不同是相对稳定的,因此每个人就表现出不同的行为。

### 5. 能力和自我管理计划

米歇尔认为,虽然我们的行为受到来自外部奖赏或惩罚的影响,但同时也受到自己的目标和所达到的目标的计划的调节和支配,人类的行为不仅是"外控"的,而且也是"内控"的。个体确立起自己的目标后,便会为实现这些目标而选定自己的计划,在追求这些目标的过程中,个体会监测自己的行为,评价自己的成就,对成功的行为进行奖赏,对失败的行为加以惩罚。

米歇尔认为,该系统中的认知—情感单元并不是孤立、静止的,而是一个关系组织系统中动态联结的组成部分。当个体处于某种情境时,性格系统中的这些单元就会与情境发生交互作用,并影响最后的行为(如图 11-10 所示)。

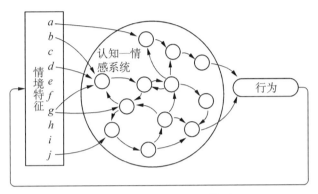

图 11-10　性格认知模型

近年来,米歇尔等人又研究了另外一些认知结构。

班杜拉重视认知变量在行为中的作用,不仅强调外部事件的作用,也强调内部事件的作用,他精心设计了许多实验,研究社会关心的问题,他重视人的因素在行为中的作用。班杜拉的社会认知理论、自我效能理论,不仅对个性心理学,而且对临床医学也有重大而深远的影响。班杜拉致力于科学创新。他提出了观察学习、三元交互理论和自我效能理论,对心理学的发展和许多实践领域都作出了重大的贡献,但同时也存在一定的局限。

首先,班杜拉重视观察和模仿在人类学习和人格发展中的作用,认为人可以通过观察进行学习。这对教育工作有一定的意义。但是,他过分强调模仿在学习中的作用。因为人类学习中的许多行为模式都需要通过多次实践才能形成,而不是通过一两次观察就能形成的。他特别强调模仿的作用,但忽视了人的主动性和创造性,只能培养缺乏开拓精神、人云亦云的人。他明确指出了人、行为和环境的交互作用,但没有重视遗传的作用。同时,班杜拉的理论也缺乏对性格个别差异的论述。正如艾森克(M. W. Eysenck)所指出的:"在具体性—普遍性这个连续体上,班杜拉走得太靠近具体的一端,以致没有对个体差异进行任何普遍性的论述。"

米歇尔强调情境的具体性,认为人遇到事件时会与一个复杂的认知—情感系统单元(指个体所有的心理表象)发生交互作用,并最终决定行为。他不仅强调外部事件的重要性,也强调内部事件的重要性,认为在交互作用中,不仅环境在塑造人,人也在塑造环境。他用认知结构的差异来解释人格的差异,还提出和研究了几个新的认知结构。

米歇尔的社会认知理论建立在科学实验研究的基础上。他重视实验和概念的界定,研究的课题都是人类的重要行为,不必再从动物研究资料来推论人的行为,这具有重大的社会意义。社会认知理论最近越来越强调认知和自我调节,不仅强调行为,而且强调认知和情绪,他们一直关注心理科学各方面的进展,随时调整自己的理论,以便与心理科学的发展配合一致。但是该理论还处于发展阶段,还没有一个清晰的模型,缺乏统一的理论架构,还不是一个整合的理论,他们的内在变量和语言的自我报告法等受到严谨的行为论者的批评,他们对性格心理学中的某些重要问题还缺乏研究,有些概念还有待于进一步界定。1995年,米歇尔和舒达又提出了认知—情感系统理论。这是一个新型、动态、整合的关于意识的大理论,解释了人类跨情境差异的实质和原因。这个理论提出了五个性格单元,强调认知,重视情感,其内涵比以前提出的社会认知理论的人格结构更丰富。

## 第五节 性格的形成和发展:遗传和环境

性格是遗传因素和环境因素交互作用的结果。其中,遗传因素是性格的自然前提,在此基础上,环境因素对性格的形成和发展起决定作用。性格是人在实践活动中,在人和环境的相互作用的过程中形成和发展起来的。性格是一个人的生活经历的反映。

刘明等人研究了我国儿童青少年性格特征的年龄发展趋势①。他们对2127人的性格的情绪特征、意志特征和理智特征进行了测查。该项研究表明,我国儿童、青少年的性格发展的水平随着年龄的增长而逐渐升高,表现出由低到高的发展趋势。但这种发展的速度是不平衡、不等速的。小学二年级至四年级发展较慢,四年级至六年级发展较快,小学六年级至初中二年级发展尤其缓慢,甚至出现相对停滞状态,初中二年级至高中一年级,又出现快速发展趋势(如图11-11所示)。该研究还表明,性格的三种特征发展趋势也是有差异的(如图11-12所示)。

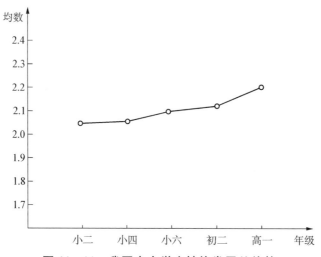

图11-11 我国中小学生性格发展总趋势

---

① 朱智贤主编:《中国儿童青少年心理发展与教育》,中国卓越出版公司1990年版,第396、400、469页。

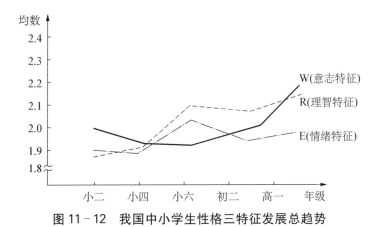

图 11-12　我国中小学生性格三特征发展总趋势

## 一、性格形成和发展的遗传因素

遗传是指亲代的某种特性通过基因在子代再表现的现象。基因(gene)是遗传的基本单元。

双生子研究法是人格遗传研究的常用方法。这是因为同卵双生子具有相同的基因,他们之间的差异可以归结为环境因素。异卵双生子基因不同,但在环境方面有许多相同。比较两类双生子的性格差异,就能大致上看出遗传因素对性格的作用。

拉什顿(J. P. Rushton)等人用两类双生子的五种特质进行研究,结果表明,同卵双生子的每一项特质的相关系数都高于异卵双生子的相关特质(如表 11-10 所示)。

表 11-10　两类双生子的相关系数

| 特质 | 相关系数 | |
| --- | --- | --- |
|  | 同卵双生子 | 异卵双生子 |
| 利他 | 0.53 | 0.25 |
| 同情 | 0.54 | 0.20 |
| 顾别人 | 0.49 | 0.14 |
| 攻击性 | 0.40 | 0.04 |
| 果断性 | 0.52 | 0.20 |

遗传和环境对个体发生、发展的影响程度是一个非常复杂的课题,受各种因素的影响。国外各个学派对此也有不同的看法,如特质论和生物学派重视遗传对个体发展的作用,人本主义学派、行为主义、社会认知论重视环境对个体发展的影响。

我国林崇德教授研究了性格特征各个方面的遗传作用[①]。研究表明:同卵双生子对社

---

① 林崇德:《遗传与环境在儿童性格发展上的作用——双生子的心理学研究(续)》,《北京师范大学学报》1982 年第 1 期。

会、集体和他人的态度方面的相关系数是 0.61;异卵双生子的相关系数是 0.54,两者差异是显著的;同卵双生子对自己态度的相关系数是 0.71,异卵双生子的相关系数为 0.60,两者差异也是显著的;同卵双生子在性格的情绪特征方面的相关系数是 0.72,异卵双生子的相关系数是 0.57,两者存在非常显著的差异;同卵双生子的性格的意志特征方面的相关系数为 0.67,异卵双生子则为 0.61,两者没有显著差异;同卵双生子和异卵双生子在品德方面也不存在显著差异,在研究过程中,并没有发现品德方面存在显著差异。由此可见,遗传因素对性格特征的各个方面的影响是不同的。

## 二、性格形成和发展的环境因素

在影响性格形成和发展的因素中,社会生产方式和经济水平是最重要的因素。一定的社会生产力和生产方式对性格形成起重要作用。生产力影响经济生活、科学和教育水平,从而影响性格的发展。

### 1. 家庭

社会对儿童的影响首先是通过家庭发生作用的。许多心理学家都认为,从出生到五六岁是性格形成的最主要的阶段。这个阶段的绝大多数儿童在家庭中生活,在父母的爱抚下成长。从教育的顺序上来看,首先是家庭教育,然后才是学校教育。家庭对一个人性格的形成和发展具有重要和深远的影响。

心理学研究者提出家庭系统观。"家庭系统观的主要观点是,认为家庭是一个复杂的、互动的社会系统,各个系统之间发生着双向的调节作用。"①家庭被认为是"制造人类性格的工厂"。

(1) 亲子关系。

亲子关系是父母与子女之间的人际关系。

在家庭诸因素中,父母对子女的教养态度对儿童的性格形成和发展具有重要作用。研究表明,小学生的自尊心与他们家庭的贫富程度以及社会地位无关,与父母的教养态度和方法有关。自尊心强的孩子,父母对他们是关心和爱护的。父母对他们要求严格,但严而不厉,经常用奖励的办法来引导他们的行为,而不是用惩罚的方式来约束其行为。他们的家庭气氛是民主的,孩子处理自己的事情有发言权,并且受到尊重。父母待人接物都有一定的规矩,并且要求孩子有良好的行为表现。

塞门斯(P. M. Symonds)根据多学者的研究,指出双亲对子女的教养态度,基本上可以用两个独立的轴来表示:接受与拒绝,支配与服从,并从中得出双亲对女子的四种态度(如图 11-13 所示)。

图 11-13 双亲养育态度类型

---

① 桑标主编:《当代儿童发展心理学》,上海教育出版社 2003 年版,第 353 页。

包德温(Baldwin)等人研究了母亲教养态度和子女性格的关系(如表 11-11 所示)。

表 11-11 母亲的教养态度和孩子性格的关系

| 母亲的态度 | 孩子的性格 | 母亲的态度 | 孩子的性格 |
|---|---|---|---|
| 支　配 | 消极、缺乏主动性、依赖、顺从 | 不关心 | 攻击、情绪不稳定、冷酷、自立 |
| 干　涉 | 幼稚、胆小、神经质、被动 | 专　制 | 反抗、情绪不稳定、依赖、服从 |
| 娇　宠 | 任性、幼稚、神经质、温和 | 民　主 | 合作、独立、温顺、社交 |
| 拒　绝 | 反抗、冷淡、自高自大 | | |

北京大学许政援教授研究了儿童的性格特点与家庭教育方式的关系。她与全国 10 个地区进行协作,用问卷法调查了 2254 名 3—6 岁幼儿的性格特征与父母教育方式之间的关系。研究表明,教育总平均分与性格总平均分之间相关显著,良好的教育方式对儿童性格的发展起积极作用(如表 11-12 所示)。

表 11-12 家庭教育方式与儿童性格特点相关

| | 性格 | 好奇心 | 对人的态度 | 自尊心 | 独立性 | 自制力 | 对困难的态度 | 对劳动的态度 |
|---|---|---|---|---|---|---|---|---|
| 教育总分 | .43** | .20* | .22* | .23* | .19 | .44** | .26** | .32** |
| 权威 | .45** | .08 | .26** | .24* | .15 | .46** | .21* | .36** |
| 取得权威方式 | .39** | .19 | .20* | .21 | .16 | .35** | .21* | .36** |
| 关心孩子 | .26** | .08 | .12 | .13 | .10 | .25* | .15 | .18 |
| 注意智力发展 | .39** | .03 | .01 | .00 | .00 | .00 | −0.3 | .00 |
| 培养独立性 | .42** | .16 | .17 | .19 | .27** | .39** | .23* | .32** |
| 尊重孩子 | .39** | .29** | .17 | .18 | .22* | .29** | .25* | .26** |
| 要求一致 | .33** | .17 | .13 | .14 | .12 | .22* | .15 | .16 |
| 表率作用 | .39** | .25* | .22* | .22* | .18 | .35** | .22* | .28** |
| 公正处理纠纷 | .04 | .07 | .03 | .05 | −0.1 | .05 | .02 | .05 |

注:* $P<.05$, ** $P<.01$。

日本性格心理学家诧摩武俊研究了母亲的教养态度与孩子性格的关系,结果如表 11-13 所示。

(2) 家庭气氛和父母榜样。

家庭气氛影响孩子性格的形成和发展。生活在宁静、愉快气氛的家庭中的孩子和生活在气氛紧张及冲突型家庭中的孩子相比,性格上有很大差别。宁静、愉快氛围家庭中的孩子,在家里有安全感,生活乐观、愉快,信心十足,待人和善,并能很好地完成学习任务。气氛紧张及冲突型家庭中的孩子缺乏安全感,情绪不稳定,容易紧张和焦虑,长期忧心忡忡,害怕

表 11-13 母亲的态度与孩子的性格①

| 母亲态度 | 孩子性格 |
|---|---|
| 支配 | 服从、无主动性、消极、依赖、温和 |
| 照管过甚 | 幼稚、依赖、神经质、被动、胆怯 |
| 保护 | 缺乏社会性、深思、亲切、非神经质、情绪稳定 |
| 溺爱 | 任性、反抗、幼稚、神经质 |
| 顺应 | 无责任心、不服从、攻击性、粗暴 |
| 忽视 | 冷酷、攻击、情绪不稳定、创造性强、社会性 |
| 拒绝 | 神经质、反社会、粗暴、企图引人注意、冷淡 |
| 残酷 | 执拗、冷酷、神经质、逃避、独立 |
| 民主 | 独立、爽直、协作、亲切、社交 |
| 专制 | 依赖、反抗、情绪不稳定、自我中心、大胆 |

父母迁怒于自己而受严厉的惩罚,对人不信任,容易发生情感问题和行为问题。

父母是孩子的第一任教师,是孩子学习的榜样。社会信仰、规范和价值观等首先通过父母的"过滤"而传给子女。父母的一言一行都潜移默化地影响孩子性格的发展。孩子随时随地模仿父母的行为。因此,孩子与父母的性格较为相似。

**2. 学校**

学校教育对学龄儿童的性格发展具有重要作用。学校是对学生进行有目的、有计划的教育的场所。学生在学校中不仅学习和掌握系统的文化科学知识,而且发展智力,接受政治和品德教育,形成优良的性格特征。如果学生在学校里形成了良好的性格,就能顺利地走向社会,适应社会生活。

学生通过课堂教育接受系统的科学知识,同时形成科学的世界观。学习是一种艰苦的劳动,通过学习可以发展学生的坚持性、顽强性、主动性和独立性等优良的性格特征。科学世界观的形成对发展学生良好的性格特征具有重要意义。

学校的基本组织形式是班集体。班集体、少先队、共青团组织对学生性格的形成具有重要意义。学生参加集体活动,使学生习惯于系统地、明确地工作,体验集体生活的乐趣,并得到克服困难的锻炼。集体生活有利于培养学生组织性、纪律性、合群、自制、勇敢、利他和坚强意志等优良的性格特征,也有利于克服自私、孤独等不良的性格特征。苏联教育学家马卡连柯指出,要在集体中,通过集体进行教育。每一个学生在班级里都处于一定的地位,扮演着各种不同的角色,这种角色地位必然影响学生性格的发展。有学者做了一项关于学校指导对角色加工的作用的研究:让教师在小学五年级学生中挑选出在班级中地位较低的 8 名学

---

① 据内敏著,谢艾群译:《儿童心理学》,湖南人民出版社 1980 年版,第 126 页。

生,要他们担任班委,并且给予指导。6个月后的观察发现,这些学生中,有些人在自尊心、责任感和安全感等性格特征方面有显著的改善。

教师是学生学习的榜样,教师的言行都对学生的性格产生潜移默化的作用。教师不仅对学生进行言教,而且还要对学生进行身教。一般地说,学生年龄越小,受教师的影响越大。

3. 社会风尚

儿童和青少年善于模仿,各种传媒和课外读物等,通过不同的渠道潜移默化地影响着儿童和青少年的兴趣、爱好、道德评价和行为习惯。例如,电影、电视、网络和文学读物等,其中一些英雄人物的形象都会鼓舞儿童和青少年,并有助于他们形成良好的行为和性格。

4. 社会实践

劳动是人最基本的实践活动。学生走上工作岗位后,职业的要求对性格发展也有重要作用。人长期从事某种特定的职业,社会要求他反复地扮演某种角色,进行和职业相应的活动,从而相应地形成不同的性格特征。例如,科技工作者实事求是,善于独立思考,一丝不苟;文艺工作者活泼开朗,富于想象,感情丰富;飞行员冷静、沉着,有高度的责任感,等等。对运动员的性格研究表明,各种运动项目对性格特征有一定的要求,也培养着一定的性格特征(如表11-14所示)。

表11-14 各项运动与性格特征

| 运动项目 | 主要品质 | 次要品质 | 更次要品质 |
| --- | --- | --- | --- |
| 跑、滑冰、滑雪、骑自行车、游泳、划船 | 顽强性 | 自我控制、坚定性 | 主动性、独立性、果断性、勇敢 |
| 艺术体操、技巧、举重、田径、跳跃、投掷、花样滑冰、射击 | 顽强性、自我控制 | 勇敢 | 主动性、独立性、果断性 |
| 滑雪、跳水、障碍、骑马、登山、摩托车、跳伞 | 勇敢、果断性 | 顽强性、自我控制 | 主动性、独立性 |
| 球类运动 | 主动性、独立性 | 顽强性、果断、勇敢 | 自我控制、坚定性 |
| 击剑、摔跤 | 主动性、独立性 | 果断性、勇敢 | 自我控制、顽强性、坚定性 |

5. 主观因素

性格是在人和环境相互作用的实践活动中形成和发展的,但任何环境都不能直接决定人的性格,它们必须通过人已有的心理发展水平和心理活动才能发生作用。社会各种影响只有为个人接受和理解,才能转化为个体的需要和动机,才能推动他去行动。个体已有的心理发展水平对性格形成的作用,随着年龄增大而日益增强。个体已有的理想、信念和世界观等对接受社会影响有决定性的作用。人是一个高度的自我调节系统,一切外来的影响都要通过自我调节而起作用。从这个意义上说,每个人都在塑造着自己的性格。布特曼(Bultmann)说:"每一个人都是他自己性格的工程师。"

## 第六节 性格的测量

由于性格的复杂性,测量性格时需要测量者把多种方法结合起来,交叉应用、互相补充、互相印证。观察法、谈话法、作品分析法、自然实验法、问卷法和投射法等都是测量性格的方法。下面介绍其中几种方法。

### 一、自然实验法

自然实验法是在日常生活情境中进行心理实验的方法。由于性格的复杂性,采用严格控制条件的实验室实验法是不适宜的。自然实验法兼有实验室实验法的控制条件和观察法的自然真实这两方面的优点,测量性格是相当有效的。目前采用比较多的自然实验法是教育性实验。教育性实验是把实验法运用于教育过程,在活动中了解学生,并研究有效教育措施的方法。进行教育实验时,实验者创设一定的情境,主动地引起被试的某种性格特征的表现,然后采取一定的教育措施,影响被试的行为表现,通过观察、分析来了解学生的性格特征及其变化。例如,苏联心理学家阿格法诺夫(Т. И. Агафонов)曾在保育院做了一个"拾柴禾"的实验,目的是研究儿童的勇敢性。实验者以保育院 40 个小朋友为对象,实验时把一些湿的柴放在离宿舍不远的地方,而把另外一些干柴放在山沟里。在冬天的夜晚,实验者要求儿童去取柴生火取暖。研究发现,有些孩子勇敢地到山沟里去取柴,但有的边走边埋怨,大部分孩子怕黑,宁愿就近取柴。后来,实验者对孩子进行一定的教育,去山沟里取柴的孩子逐渐多了起来,但仍有 20 多个孩子没有多大变化。在 9 个月的时间里,研究者观察到儿童在勇敢方面的差异,有的是勇敢的,有的是动摇的,有的是畏缩的、贪图方便的,有的是胆怯的。

苏联心理学家谢列布列亚科娃为了测定儿童的自信心,设计了一个教育实验,要求被试对三组难、易、中等程度不同的 9 道算术题有选择性地回答。一部分学生在挑选问题时是稳定而适当的,这些儿童被认为有自信心;另一部分学生挑选不能胜任的问题,这些儿童被认为是自负的;再有一部分学生不敢挑选稍难回答的问题,这些儿童被认为是缺乏自信心的。然后分别对他们进行了教育。

自然实验法结合教育进行,用以了解学生的性格,比较主动和自然,但要求教师善于设计实验和控制条件。

诺夫等人提出"多重环境、多重来源、多重工具"的综合法研究模式(如图 11-14 所示),要求研究者在三种家庭、学校、实验环境中进行,在每一种环境中,至少要有两个人提供资料;主试均采用两种测量工具进行测评,并且在每一种环境中,两个主试使用相同的测量工具。这样所提供的资料是多种具体情境中个人行为的概括。

### 二、问卷法

问卷上列出一系列问题由被试回答,其优点是能在短时间内调查很多研究对象,取得大

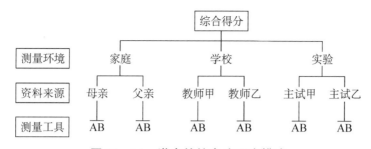

图 11-14 诺夫的综合法研究模式

量资料,能对资料进行数量化处理,经济省时。但是,被调查者由于各种原因可能对问题作出虚假或错误的回答。为了防止作假,有些问卷编制一些题目来测定被试回答的可靠性。问卷法一般可以个别测验,也可以团体测验。问卷法可以测量一个性格特征,也可以测量多个性格特征。问卷法是测量性格的一种常用方法,但要全面了解一个人的性格,还需要与其他方法结合使用。

**1. 明尼苏达多相人格问卷**

明尼苏达多相人格问卷(Minnesota Multiphasic Personality Inventory,简称 MMPI)由美国明尼苏达大学哈撒韦(S. R. Hathaway)和麦金利(J. C. Mckinley)编制,它可以同时测量性格的许多特征,又称为多相个性问卷。该问卷 1966 年修订版有 566 题。测验时,被试对每一个问题选择"是""否"或"不能回答"。该问卷几十年来一直被世界各国广泛应用。

美国 MMPI 标准化委员会对 MMPI 进行重大的修订,重新制定了常模,对一些项目也进行了修订。并于 1989 年由明尼苏达大学出版了《MMPI-2 施测与计分手册》。修订版仍包括 10 个临床量表,567 题。中国科学院心理研究所宋维真教授等在 1992 年基本完成了对该问卷的修订,并编制了简短式的 MMPI,称心理健康测查表,该表由 168 个题目组成。

MMPI-2 是由 567 个句子组成,它的常模样本人数比其他问卷的代表性多且好,是当今世界上应用最广泛的问卷之一(如表 11-15 所示)。

表 11-15 MMPI-2 的内容量表

| ANK | 焦虑 | ASP | 反社会行为 |
|---|---|---|---|
| FRS | 恐怖 | TPA | A 型行为 |
| OBS | 强迫观念 | LSE | 低自尊 |
| DEP | 抑郁 | SCD | 社会适应不良 |
| HEA | 关心健康 | FAM | 家庭问题 |
| BIZ | 想法古怪 | WRK | 工作干扰 |
| ANG | 发怒 | TRT | 对医生和治疗的负性态度 |
| CYN | 禁欲主义 | | |

(资料来源:Dahlstrom,1993)

MMPI-2 题目举例：

- 每种食物的味道都一样。
- 我的脑子有点问题。
- 我喜欢动物。
- 只要有可能,我总是避免去人多的地方。
- 我没有放纵自己去做奇特性体验。
- 有人想毒死我。
- 我经常做白日梦。

被试可以有三种反应："对""不对"或"无法回答"。

### 2. 加州心理问卷

美国加州大学教授高夫(H. G. Gough)设计了加州心理量表(California Psychology Inventory,简称 CPI)。该问卷于 1948 年编制,1951 年正式出版,1956 年再版时,扩充至 18 个量表。它比 MMPI 更强调正常。

该问卷由 480 个"是否型"的题目组成,可以个人施测,也可团体施测。它适用于 13 岁以上的正常人,有男性常模和女性常模。该问卷包含了人际关系的重要方面,它除测量被试现在的性格外,还可以预测被试今后的学业成绩、犯罪倾向和职业成功的可能性。加州心理问卷包含四大量表群：Ⅰ. 测验人际关系能力；Ⅱ. 测验社会化、成熟度、责任心和价值观；Ⅲ. 测验成就能力和智力；Ⅳ. 测验个人的生活态度和倾向。

国内宋维真教授在 1983 年把它译成中文,并作了修订。中文版有 230 个测题,一般在 45 分钟内完成,称"青年性格问卷"。杨坚博士和龚耀先教授在 1993 年完成对 CPI 的修订 (CPI-RC),包括 440 题。

国外 1996 年高夫和布拉德利(P. Bradley)将项目减至 434 个,分为 20 个分量表。

### 3. 卡特尔 16 种人格因素问卷

该问卷由美国伊利诺伊州立大学卡特尔(R. B. Cattell)编制。每一个题目都有三个答案供选择,这就避免了"二选一"不得不勉强作答的缺点。整个问卷能对被试的 16 种人格因素进行综合了解,从而全面地评定被试的人格。

卡特尔 16 种人格因素问卷的题目举例：

……

6. 我总是不敢大胆批评别人的言行：(A) 是的；(B) 有时如此；(C) 不是的。
7. 我的思想似乎：(A) 比较先进；(B) 一般；(C) 比较保守。
8. 我不擅长说笑话、讲有趣的事：(A) 是的；(B) 介于(A)、(C)之间；(C) 不是的。

该问卷供有高中以上阅读能力者使用,在 45—60 分钟内完成。答案与记分标准符合的记 2 分,相反记 0 分,中间者记 1 分。

#### 4. 艾森克人格问卷

该问卷由英国心理学家艾森克等人编制。有成人问卷和少年问卷两种,各包含 100 个左右题目。每种问卷都包括四种量表:外内向量表、情绪稳定性量表、精神质量表和效度量表。问卷采用是非形式,被试回答与规定答案相符合记 1 分,否则记 0 分。

艾森克人格问卷的题目举例:

成人问卷题目举例(陈仲庚等人修订版):

1. 你是否有广泛的爱好? ································· 是　否
2. 你的情绪时常波动吗? ································· 是　否

少年问卷题目举例(陈仲庚等人修订版):

1. 你喜欢在你周围有许多热闹的事情吗? ················· 是　否
6. 你总是立刻按照别人的吩咐去做吗? ··················· 是　否

#### 5. 五因素模型测量

卡斯塔和麦克雷在 20 世纪初开始编制用于测量三大人格维度(神经质、外向性和开放性)的 NEO[①] 人格量表。1992 年,发表修订后的 NEO 人格量表(NEO - P1 - P)加入了宜人性和责任感,从而包含五个维度,每一维度包括六个方面的内容,每种成分有八个项目,共 240 题。用来测量大五人格因素及其各个层面。该问卷采用五级记分。

五因素模型为多数特质论者认同,有人认为,人格范畴几乎可以用这五个因素进行完整地说明。[②] 大五因素具有跨时间的稳定性和跨文化的一致性。该问卷与卡特尔和艾森克所编著的问卷有很高的相关。该问卷涵盖了人类心理学方面。一般说来,该问卷是西方国家使用最广泛的人格问卷之一,已被广泛地运用于人格的测量和研究、临床心理学、工业和管理心理学等许多领域。并被翻译成多国文字。

人格心理学研究者有不同的看法。他们认为:大五因素是在没有什么理论的前提下得到的,它是一个描述模型,而不是解释模型,即不能从理论上说明特质仅仅是这五个因素。大五因素在实践中存在显著的内在相关,它并没有包括人格的全部和涉及人格的动态方面[③]等。

题目举例:

| 1. 迫切的 | 5 4 3 2 1 | 冷静的 |
| 2. 群居的 | 5 4 3 2 1 | 独处的 |

---

① NEO 是神经质、外向性和开放性英文字的第一个字母。
② Pervin L. A. & John O. P.（1999）. *Handbook of Personality*: *Theory and Research*. New York: The Guilford Press. 139.
③ 张兴贵、郑雪:《人格心理学研究的新进展与问题》,《心理科学》2002 年第 6 期。

| | | |
|---|---|---|
| 3. 喜幻觉的 | 5 4 3 2 1 | 现实的 |
| 4. 礼貌的 | 5 4 3 2 1 | 粗暴的 |
| 5. 整洁的 | 5 4 3 2 1 | 混乱的 |
| …… | | |
| 21. 容易分心的 | 5 4 3 2 1 | 集中注意的 |
| 22. 保守的 | 5 4 3 2 1 | 开放的 |
| 23. 适宜折中的 | 5 4 3 2 1 | 分清是非的 |
| 24. 信任的 | 5 4 3 2 1 | 怀疑的 |
| 25. 遵守时间的 | 5 4 3 2 1 | 拖拉的 |

研究者还编著了简版量表。

#### 6. 中国人人格量表

中国人人格量表(QZPS)由我国学者根据词汇学研究编制而成,该量表共180个题目,分为7个分量表(如表11-16所示),研究者在中国各省抽取大量样本编制了中国人的人格常模,并有简版量表。具有良好的信度和效度。

表11-16 中国人人格量表的分量表

| 编号 | 分量表的名称和内容 | |
|---|---|---|
| 1 | 外向性 | 活跃、合群、乐观 |
| 2 | 善良 | 利他、诚信、重感情 |
| 3 | 行事风格 | 严谨、自制、沉稳 |
| 4 | 才干 | 决断、坚韧、机敏 |
| 5 | 情绪性 | 耐性、爽直 |
| 6 | 人际关系 | 宽和、热情 |
| 7 | 处世态度 | 自信、淡泊 |

中国人人格量表举例:

| | |
|---|---|
| 1. 在社交场合,我总是显得不够自然。 | 1 2 3 4 5 |
| 2. 我有话就说,从来不憋不住。 | 1 2 3 4 5 |
| 3. 在集体活动中,我总表现得活跃。 | 1 2 3 4 5 |
| 4. 我是个表里如一的人。 | 1 2 3 4 5 |
| 5. 我做事总是坚持原则。 | 1 2 3 4 5 |
| …… | |

| | |
|---|---|
| 96. 和朋友聊天时,我常扮演逗乐的角色。 | 1 2 3 4 5 |
| 97. 即使在一些很随便的场合,我也表现得严肃。 | 1 2 3 4 5 |
| 98. 聚会中我总是表现得很主动。 | 1 2 3 4 5 |
| 99. 我的想法常常出人意料。 | 1 2 3 4 5 |
| 100. 我做事情总能坚持到底。 | 1 2 3 4 5 |
| …… | |

### 7. YG 性格问卷

日本原京都大学矢田部达郎等人以吉尔福特等人的几个量表为基础,创造性地编制了适合日本国情的性格测验,共 120 题。华东师范大学心理与认知科学学院孔克勤教授等人,对 YG 性格测验进行了修订。测验时,要求被试在与他实际情况符合的问题后面的"是"上画"○",在与他实际情况不符合的问题后面的"否"上画"○",不能确定时则在"?"上画"○"。在记分时,大多数题目被试答"是"记 2 分,答"否"记 0 分,答"?"记 1 分。也有一些题目的记分则相反,答"否"记 2 分,答"?"记 1 分,答"是"记 0 分。通过测验不仅可以显示出被试的性格特质,而且还可以进一步确定被试的性格类型。

### 8. 内外向测验

孔克勤教授等人修订了日本学者淡路的向性测验,共 50 题。下面是修改后的问题举例:

| | |
|---|---|
| (1) 能留心注意细微小事吗? | 是 ? (否) |
| (2) 能立刻下决心吗? | (是) ? (否) |
| (3) 对于麻烦的事情也肯花功夫去做吗? | 是 ? (否) |
| (4) 能在下了决心以后再加以改变吗? | (是) ? (否) |
| (5) 遇事经常认为"与其反复思考,还不如赶快行动"吗? | (是) ? (否) |

从题目中可以看出:凡带括号的代表外向;无括号的代表内向。测验时,要求被试根据自己的实际情况,如果与实际情况相符合的,在"是"上划"○";相反,就在"否"上划"○"。记分时,括号上划"○"的记 1 分;"?"上划"○"的记 0.5 分。将分数相加,除以 25,乘以 100,即被试的向性商数。

$$向性商数 = \frac{外向性反应总数 + \frac{1}{2} \times 不能确定总数}{25} \times 100$$

一般以向性商数 100 为中心,被试得分在 100 以上,可以认为是外向占优势,得分在 100 以下,可以认为内向占优势。

## 三、投射测验

投射测验是主试向被试提供无确定含义的刺激,让被试在不知不觉中把自己的思想感情投射出来,以确定其性格特征。投射测验有利于主试对被试作整体性的解释、探讨潜意识。但是投射测验计分困难,目前还缺乏方便、有效的信度和效度标准。

### 1. 罗夏墨渍测验

该测验由瑞士精神病学家罗夏(H. Rorschach)所创,共有10张墨渍图片(5张是黑白的、3张是彩色的、2张是黑白和红色的)。图11-15是墨渍图之一。

测验时逐张问被试"你看到什么""这像什么东西""这使你想到什么",允许被试转动图片,从各个角度观看。主试从下列四个方面记分:①反应的部位。被试对墨渍图的反应着重什么部位?是全体、部分、小部分、细节或空白?②反应的决定因素。被试进行反应的决定因素是什么?是墨渍的形状,还是颜色,把图形看成静的还是动的?③反应的内容。被试把墨渍看成什么?④反应的普遍性。被试的反应与一般人的反应相同,还是不相同?

### 2. 主题统觉测验

该测验由美国心理学家默里(H. A. Murray)和摩根(C. D. Morgan)所创,全套测验共31张图片(黑白图片30张和1张空白卡片),有些图片比较明显,有些图片比较模糊。例图如图11-16所示。

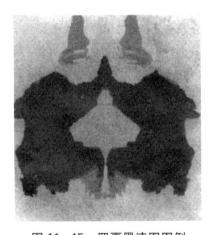

图11-15 罗夏墨渍图图例

图11-16 主题统觉测验图例

测验时,要求被试根据图画内容主题,通过想象活动,自由地编造一个故事。故事要求包括四个方面的内容:说出图画所描述的是什么?图画情境发生的前因后果是什么?图画中的人物有什么情感和思想?发展下去可能会发生什么结果?

## 名词解释

性格　外向型　内向型　共同特质　个人特质　表面特质　根源特质　外内向　神经质　精神质　五因素模型　观察学习　自我效能的功能　米歇尔的认知-情感系统理论　问卷法　投射测验

## 思考题

1. 试分析自己的性格特征。
2. 试述性格的类型理论和特质理论。
3. 简述性格的形成和发展。
4. 举一实例说明一个人的性格是怎样形成和发展的。
5. 简述五因素模型。
6. 简述社会认知论的性格理论。
7. 如何测量一个人的性格？

# 第十二章 能力及其测量

## 第一节 能力概述

### 一、能力的含义

能力(ability)是指人们成功地完成某种活动所必须具备的人格心理特征。

能力和活动紧密联系着。一方面,人的能力在活动中形成和发展,并且在活动中表现出来。例如,有经验的纺织工人能分辨出40多种浓淡不同的黑色色调,而一般人只能分辨3—4种;高级磨工能看到0.0005毫米的空隙,而一般人只能看到0.1毫米的空隙;长期生活在呼伦贝尔草原上的鄂温克族牧民,能够根据嗅觉来判断牧草的营养价值。另一方面,从事某种活动又必须以一定的能力为前提,能力是个体成功地完成某种活动所必须具备的人格心理特征。人的气质和性格虽然也对活动产生一定的影响,但它们并不是完成活动所必需的人格心理特征,如谦虚、骄傲、活泼、沉静就不属于能力范畴。节奏感和曲调感对于从事音乐活动是必不可少的;准确地估计比例关系对于从事绘画活动是必不可少的;观察的精确性、记忆的准确性、思维的敏捷性是完成许多活动所必不可少的。只有成功地完成某种活动所必需的人格心理特征,才称为能力。苏联心理学家克鲁捷茨基指出,如果一个人能够迅速和成功地掌握某种活动,比其他人较易于得到相应的技能和达到熟练程度,并且能取得比中等水平优越得多的成果,那么这个人就被认为是有能力的[①]。

能力是保证一个人顺利地完成某种活动的必要条件,但不是唯一的条件。顺利地完成某种活动所需要的条件是多方面的。个人的身体健康状况、活动动机的强度和有关的知识经验等,都是完成活动所必需的。但是,能力是成功地完成某种活动所必须具备的人格心理特征。

为了人成功地完成某种活动,多种能力的完备结合称才能。例如,数学才能包括:对数学材料的迅速概括能力,运算过程中思维活动的迅速"简化"的能力,灵活地从正运算过渡到逆运算的能力等。

天才并非天生之才,才能的高度发展就是天才,它是多种能力最完备的结合。单一的能力即使达到高度发展水平,也不能称为天才。天才是人在良好素质的基础上,通过后天环境、教育的影响,加上自己主观努力发展起来的。天才和天才人物,受社会历史条件的制约。社会的进步,时代的要求和实践的需要,会激发各种不同天才的能力的发展。

### 二、能力和知识

苏联教育家苏霍姆林斯基(В. А. Сухомлинский)指出,不要使知识和能力之间的关系失

---

[①] 克鲁捷茨基著,赵璧如译:《心理学》,人民教育出版社1984年版,第280页。

调,而是要正确认识和处理知识和能力之间的关系。历史上的两种教育理论不能正确阐述能力和知识的关系。形式教育论者认为,人类知识浩如烟海,不可能全部灌输给学生,教育与其灌输知识,不如发展能力,教育的主要任务在于用一些专门知识去发展学生的智力。实质教育论者认为,学生的心灵不过是一个容器,需要用各种具体知识来充实,学生掌握了知识,也就发展了能力,教育的主要任务在于使学生获得知识。这两种教育理论在处理能力和知识关系上都带有片面性。

现代心理学认为,能力和知识既有区别,又密切联系。

能力和知识是有区别的,不能把它们等同起来。第一,它们属于不同的范畴。知识是人类社会历史经验的总结和概括,能力则属于个体的人格心理特征。第二,知识的掌握和能力的发展不是同步的,能力的发展比知识的获得要慢得多,而且不是永远随知识的增加而成正比地发展的。人的知识在一生中可以随年龄增长而不断地积累,但能力随年龄的增长,有一个发展、停滞和衰退的过程。

能力和知识又是密切联系的。一方面,能力是在掌握知识的过程中形成和发展的。在组织得当、方法合理地掌握知识的过程中,能力同时得到了发展。能力是在学习和实践中获得的,离开了学习和训练,任何能力都不可能得到发展。孔子说:"好学近乎知。"①另一方面,掌握知识又以一定的能力为前提,能力是掌握知识的内在条件和可能性。一个人的能力影响着他学习和掌握知识的快慢、难易、深浅和巩固程度。智力水平高的学生,掌握知识又多又快;智力水平低的学生,掌握知识时常常有较大的困难。可见,能力既是掌握知识的结果,又是掌握知识的前提,能力和知识互相促进。应该说明的是,人的原有知识基础、学习态度、性格特征等都影响着人们获得知识的速度、深度和巩固程度,所以不能简单地、直接地根据个体的知识水平来确定他的能力水平的高低。

## 三、能力的分类

人类的能力可以根据不同的标准进行分类。

### (一) 一般能力和特殊能力

能力按照它的倾向性可以划分为一般能力和特殊能力。

#### 1. 一般能力

一般能力又称普通能力,指大多数活动所共同需要的能力。它是人所共有的最基本能力,适用的范围广泛,符合多种活动的要求。它和认识活动密切联系着,并保证人们比较容易和有效地掌握知识。观察力、记忆力、思维力、想象力、注意力都是一般能力。一般能力的综合就是通常说的智力。

---

① 《中庸·二十章》。

### 2. 特殊能力

特殊能力又称专门能力,指为完成某项专门活动所必须具备的能力。特殊能力在特殊活动领域内起作用,是完成某些活动必不可少的能力。数学能力、音乐能力、绘画能力、体育能力、写作能力等都是特殊能力。人们顺利地完成一种活动,既需要一般能力,又需要与某种活动有关的特殊能力。一般能力和特殊能力有机地联系着。一般能力的发展为特殊能力的发展创造了条件,特殊能力的发展也同时会促进一般能力的发展。

## (二) 认知能力、操作能力和社交能力

能力按照它的功能可划分为认知能力、操作能力和社交能力。

### 1. 认知能力

认知能力指个体接受、加工、储存和应用信息的能力,它是成功地完成某种活动最重要的心理条件,知觉、记忆、注意、想象和思维的能力都是认知能力。美国心理学家加涅(R. M. Gagné)提出三种认知能力:言语信息(回答世界是什么的问题的能力)、智慧技能(回答为什么和怎么办的问题的能力)、认知策略(有意识地调节与监控自己的认知加工过程的能力)。

### 2. 操作能力

操作能力指操纵、制作和运动的能力。劳动能力、艺术表现能力、体育运动能力、实验操作能力都是操作能力。

### 3. 社交能力

社交能力指人们在社会交往活动中表现出来的能力。组织管理能力、言语感染能力等均被认为是社交能力。社交能力中包含认知能力和操作能力。

以上三种能力在实践活动中相互联系,相互渗透。

## (三) 模仿能力和创造能力

能力按照它参与其中活动的性质可划分为模仿能力和创造能力。

### 1. 模仿能力

模仿能力指仿效他人的言行而引起的与之相类似的行为活动的能力。例如,儿童模仿父母说话、表情,成年人学画、习字时的临摹,等等。美国心理学家班杜拉(A. Bandura)认为,模仿是人们彼此相互影响的重要方式,是个体行为社会化的基本历程之一。他认为:通过模仿能使原有的行为得到巩固或改变,使原来潜在的行为表现出来,并且能习得新的行为动作。

### 2. 创造能力

创造能力指产生新思想、发现和创造新事物的能力。它是成功地完成某种创造性活动所必需的条件。研究表明,在创造能力中,创造思维和创造想象协同活动起着十分重要的作用。美国心理学家吉尔福特等人认为:发散性思维表现于外部行为就代表个人的创造力。

人们在进行创造思维时,整个过程反复交织着发散思维和集中思维。

创造能力包含两个基本特征:①独特性,②创造性。对这两个特征在创造能力中的相对重要性,各个心理学家有不同的看法。黑菲伦(J. W. Haefeie)等人认为,创造是提供对整个社会来说独特而有意义的活动,人具备了这种能力才能说有创造能力。罗杰斯(G. R. Rogers)等人则认为,创造的独特性和有价值性的标准应该是创造者自己,不必上升到社会高度。创造力的三种水平如表 12-1 所示。

表 12-1　创造力的三种水平

| 级别 | 创造力水平 |
| --- | --- |
| 高 | 社会水平的创造力 |
| 中 | 群体水平的创造力 |
| 低 | 个体水平的创造力 |

模仿能力和创造能力相互联系、相互渗透。创造能力是在模仿能力的基础上发展起来的,先有模仿,后有创造,在模仿中有创造。模仿可以说是创造的前提和基础,创造是模仿的发展。把能力划分为模仿能力和创造能力是相对的,模仿能力中包含有创造能力的成分,创造能力中包含有模仿能力的成分。

## 第二节　智力和智力理论

### 一、智力的含义

智力(intelligence)又称智能或智慧。智力是心理学工作者普遍关注的概念,目前心理学家对智力的定义众说纷纭,莫衷一是。"intelligence"的词源是拉丁文"inter legence",原意是"合起来"的意思。我国古代和古希腊一些哲学家在自己的著作中都已涉及智力的概念。在我国先秦诸子的著作中,"智"与"知"常常通用。在我国古代,《国语》把智力概括为"言智必及事"[①],这大体上和现代教科书中说的"能成功地完成活动任务"相似。在西方,直至英国心理学家高尔顿等人的著作中,才开始使用智力来表示人的心理能力。但由于智力的复杂性,至今还没有一个统一的定义。

### 二、智力和能力

目前对智力和能力的看法还没有统一的观点。国内外心理学工作者主要有下列三种看法。

---

① 《国语·周语》。

## (一) 能力包括智力

苏联部分心理学家倾向于认为能力包含智力。例如,苏联心理学家波果斯洛夫斯基等人把能力分为三类:①一般能力(智力),②专门能力,③实践活动能力。

我国张厚粲教授认为:"能力……它在多个方面都有表现,它可以表现在肢体或动作方面的能力,表现在人际关系方面即交际能力,表现在处理事物方面的才能,等等。而智力则只表现在人的认知学习方面。"①

## (二) 智力包括能力

西方部分心理学家倾向于认为智力包含能力,他们把智力理解为各种能力的综合。例如,美国心理学家瑟斯顿认为,智力包括七种平等的能力。

## (三) 智力和能力等同

我国心理学家林传鼎教授指出:"智力就是能力或智能。"②本书采用这种看法。

## 三、智力和创造力

有人认为,智力和创造力之间有很高的相关性,但事实并非如此。托伦斯(E. P. Torrance)等人的研究表明,智力与创造力之间有时相关较低。沃利奇(G. Wallach)等人在研究了151个五年级学生的智力和创造力后,发现有四种类型:

(1) 既聪明、创造力又高,创造力和智力在测量上都得高分。
(2) 聪明,但创造力得分低。
(3) 有创造力,但智力得分低。
(4) 创造力和智力得分都较低。

可见,智力与创造力测验并非完全相关,这是因为大多数智力测验重视集中思维,不能测验被试的分散思维,而分散思维与创造力关系更密切。

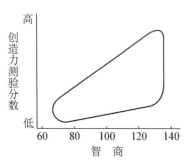

图 12-1 智力与创造力的关系

智力与创造力测验的分数倾向于正相关,即具有中等以上智力的人在创造力测验中也倾向有中等以上的分数。但超过一定的智力水平(智商约 120),则智力与创造性分数之间很少存在相关。有些人具有很高的智商,但在创造力测验中得分很低;有些人只有中等以上的智商,但在创造性测验中得分非常高,即分布在较高端显示出创造性独立于智商的特征(如图 12-1 所示)。低智商的人很少有高的创造力,智商高的人可能有低的创造力。智商是创造力的必要

---

① 张厚粲主编:《心理学》,高等教育出版社 2013 年版,第 130 页。
② 胡德辉等编:《心理学教学参考资料》,人民教育出版社 1981 年版,第 244 页。

条件,但不是充分条件。智商高的人不一定都有较高的创造力。特殊能力、强烈的动机和坚持性对创造活动是必要的,但智商低必然会阻碍创造活动的发展。

心理学工作者研究了创造力与人格特征的关系。吉尔福特用因素分析法得出六个创造性人格的主要特征:①对问题的敏感性,②思维的流畅性,③思维的变通性,④独创性,⑤重组能力,⑥概念结构的复合性。其中又以前三者为主要特征。

## 四、我国学者的智力理论

### (一) 刘劭的智力理论

刘劭是三国时魏国人,著有《人物志》。该书在1937年被美国学者施罗克(Shrock)介绍到西方。刘劭认为:智力与能力是两个独立的概念,既有联系,也有区别,他在多元智能的基础上,提出4种智力、10种能力和14种智能。①

刘劭的多元智能论比美国加德纳(H. Gardner)提出的多元智力理论早了两千年。他的智力理论被认为是古代心理学智力理论的高峰。

### (二) 朱智贤的智力理论

朱智贤教授认为,智力是一种综合的认识方面的心理特性,它主要包括:①感知记忆能力,特别是观察力;②抽象概括能力(即逻辑思维能力,包括想象能力)是智力的核心成分;③创造力,是智力的高级表现。智力不是单一的能力,而是一种综合的整体结构②。

朱智贤教授等进一步提出:"智力的核心成分是思维。"③并且全面而深入地探讨了思维的特点。

### (三) 林传鼎的智力理论

林传鼎教授把智力定义为:人们在获得知识和运用知识解决实际问题时所必须具备的心理条件或特征。他指出智力活动包括下列几个侧面:①思维;②创造力;③解决问题的能力;④元认知能力(指对个人认知活动的认知)④。元认知的作用大体包括三方面内容:元认知知识,元认知体验,元认知技能。

### (四) 林崇德的智力理论

林崇德教授认为,智力的核心成分是推理,最基本特征是概括。智力是由思维、感知(观

---

① 燕国材:《评刘劭的多元智能论》,《心理科学》2008年第1期。
② 朱智贤著:《儿童发展心理学问题》,北京师范大学出版社1982年版,第63—64页。
③ 朱智贤、林崇德著:《朱智贤全集—第五卷—思维发展心理学》,北京师范大学出版社1986年版,第11—20页。
④ 林传鼎著:《智力开发的心理学问题》,知识出版社1985年版,第61—78页。

察)、记忆、想象、言语和操作技能组成(如图 12‐2 所示)。

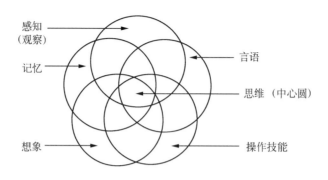

图 12‐2  智力模型

### (五) 我国公众的智力观

张厚粲教授和吴正在 1994 年对中国大众的智力观进行研究,他们采用调查分析法,对城市普通居民的智力观念和对高智力者的重要特征的评定情况作了调查。结果发现高智商成人和高智力儿童都具有:高思维能力、想象力、创造性、记忆力和强烈的好奇心五项特征。这与当代认知心理学理论相当一致。[①]

## 五、国外学者的智力属性和智力理论

国外学者关于智力的属性,也是众说纷纭,没有完全一致的意见。1921 年和 1986 年心理学家举行了两次著名的讨论会,专门讨论智力的属性,表 12‐2 是两次讨论会的结果。

表 12‐2  智力的属性

| 1921 年 | 1986 年 | 智力的属性 |
|---|---|---|
| 59% | 50% | 高级认知过程(如推理、问题解决、决策等) |
| 6% | 29% | 具有文化价值 |
| 7% | 25% | 执行控制过程 |
| 21% | 21% | 低级认知过程(如感觉、注意、知觉等) |
| 21% | 21% | 对新情况作出有效的反应 |
| 7% | 21% | 知识 |
| 29% | 17% | 学习能力 |

---

① 张厚粲、吴正:《公众的智力观:北京普通居民对智力看法的调查研究》,《心理科学》1994 年第 2 期,第 65—69 页。

续表

| 1921年 | 1986年 | 智力的属性 |
|---|---|---|
| 14% | 17% | 一般能力（解决所有领域的问题的能力） |
| 14% | 17% | 不易定义，不是一个结构 |
| 7% | 17% | 元认知过程（处理信息过程的监控） |
| 29% | 17% | 特殊能力（如空间能力、言语能力、听觉能力等） |
| 14% | 13% | 适应环境需求的能力 |
| 29% | 13% | 心理加工速度 |
|  | 8% | 生理机制 |

（资料来源：Sternberg & Detterman, 1986）

两次讨论会上各位心理学家所提出的智力的属性，是从各个不同方面阐述的。形式上虽不相同，但这些特性并不是互相排斥的，而且有时一个特性中包容了其他特性的内容。例如学习能力的含义很广，它包括高级认知过程，也包括低级认知过程等。从表中还可以看出：在两次讨论会上出现最多的是高级认知过程；出现最少的是：元认知过程、特殊能力等。

张厚粲教授指出：智力是一个复杂的概念，具有多种属性。大多数心理学家把它看作是人的一种综合认知能力，包括学习能力、适应能力、抽象推理能力，等等。[1]

国外心理学家大多数同意韦克斯勒（D. Wechsler）对智力的看法。他认为：智力是有目的的行动、理性的思维和有效地应付环境的整体能力。对1020位智力问题专家的调查表明，至少有3/4的人同意下列五个因素是智力的重要元素：抽象思维或推理能力、问题解决能力、知识获得能力、记忆力和对环境的适应能力。[2]

国外学者提出了多种智力理论，可以相对地划分为：因素论、结构论和智力的信息加工理论，等等。

## (一) 智力的因素理论

高尔顿、比奈和推孟等人都认为，智力是单因素的。他们编制的智力测验量表只提供单一分数，只测量一种智力。

### 1. 智力的两因素理论

英国心理学家斯皮尔曼（C. E. Speaman）在因素分析的基础上，于1904年发表论文《一

---

[1] 张厚粲主编：《心理学》，高等教育出版社2013年版，第130页。
[2] 丹妮斯·库恩著，郑钢等译：《心理学导论——思想与行为的认识之路》，中国轻工业出版社2004年版，第425—426页。

般智力》,被认为是二因素论的基础。① 他认为智力可以被分析为 G 因素(一般因素)和 S 因素(特殊因素)。智力由一种单一的一般因素和系列的特殊因素所构成。他认为:一般因素是智力的首要因素,它基本上是一种推理因素,它在相当程度上是遗传的。他认为有五类特殊因素:口语能力因素、数算能力因素、机械能力因素、注意力和想象力。后来,他提出,还可能有第六种特殊因素,即智力的速度。

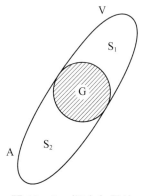

图 12-3 斯皮尔曼的二因素论

一般因素和特殊因素相互联系着,其中一般因素是智力因素的关键和基础。智力测验的目的就是通过广泛取样以求得一般因素,斯皮尔曼指出:个人要完成任何一种作业都是由 G 因素和 S 因素参与的。图 12-3 中的 V 代表词汇测验、A 代表算术测验。这两种测验结果出现正相关,因为每种测验中均有 G 因素(图中斜线部分),但它们不是完全相关,因为每种测验中都包含有 S 因素(图中 $S_1$、$S_2$)。

一般认为:二因素论是现代智力理论的开始。

后来,斯皮尔曼认为可能有群因素(group factor)存在,它的活动范围处于中间地位。但他没有放弃最初的 G 因素和 S 因素的观点。

### 2. 智力的群因素理论

美国心理学家瑟斯顿在 20 世纪 30 年代提出了智力群因素理论。他凭借多因素分析的方法,突破过去的智力因素理论的框架,提出了"基本能力"的概念。他认为,智力包括七种平等的基本能力,这些基本能力的不同搭配,便构成每一个独特的智力结构。

瑟斯顿所提出的七种平等的基本能力是:计算(N)、语词流畅(W)、语词理解(V)、记忆(M)、推理(R)、空间知觉(S)和知觉速度(P)。瑟斯顿的群因素论可用图 12-4 来表示。图上的椭圆形 $V_1$、$V_2$、$V_3$、$V_4$ 代表四种言语能力测验,椭圆形 $S_1$、$S_2$、$S_3$、$S_4$ 代表四种空间能力测验。各种言语能力测验和各种空间能力测验都有相当高的相关。图上的 V 和 S 分别代表语词理解能力和空间知觉能力,但这两种能力是分立的,彼此不相关。

瑟斯顿设计了许多测验,然而,测验的结果和他的设想相反,各种能力之间都有不同程

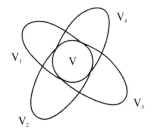 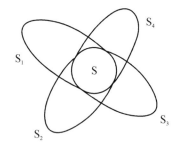

图 12-4 瑟斯顿的群因素论

---

① 高觉敷主编:《西方心理学的新发展》,人民教育出版社 1987 年版,第 3—214 页。

度的正相关。这就说明各种能力并非是独立的、彼此无关的。表 12-3 是六种主要心理能力之间的相关。

表 12-3 瑟斯顿"主要心理能力"之间的相关

|   | R | W | V | N | M | S |
|---|---|---|---|---|---|---|
| R | — | 0.48 | 0.55 | 0.54 | 0.39 | 0.39 |
| W | 0.48 | — | 0.51 | 0.47 | 0.39 | 0.17 |
| V | 0.55 | 0.51 | — | 0.38 | 0.39 | 0.17 |
| N | 0.50 | 0.47 | 0.38 | — | 0.19 | 0.22 |
| M | 0.39 | 0.39 | 0.39 | 0.19 | — | 0.15 |
| S | 0.39 | 0.17 | 0.17 | 0.26 | 0.15 | — |

根据瑟斯顿的设想，在智力中没有 G 因素存在。但后来的研究表明，有一种低等级的一般因素存在。对成人来说，心理能力之间存在较低的相关关系，对儿童来说存在较高的相关关系。但他指出，在评价一个人的智力时，分析特殊能力更有用。

瑟斯顿的研究在智力发展心理学中是明显的承前启后的重要中继环节。[①] 后来在心理学中形成智力等级系统和构建智力结构模型。

瑟斯顿著有：《向量心理学》(1935 年)和《多因素分析》(1937 年)等。

斯腾伯格在 1985 年指出：瑟斯顿在他的因素中没有包括智力的一般因素。但这七种基本心理能力是彼此相关的。如果对这七种因素进行分析，就会得到一般因素。

智力结构的二因素论和群因素论对认识个体的智力结构都起着积极的作用。但是，他们把一般能力和特殊能力绝对地对立起来。后来，斯皮尔曼和瑟斯顿都修改了自己的看法，观点趋于接近。斯皮尔曼的二因素说现在可以称为"一般因素——群因理论"，而瑟斯顿的群因素说，现在可以称为"群因——一般因素理论"。

夏克特(Daniel Schacter)等人指出：斯皮尔曼和瑟斯顿的理论均有其正确可取之处。心理学工作者经过对 1.3 万个被试的研究，认为过去半个世纪几乎所有的研究都能被纳入三个水平的层级结构之中(如图 12-5 所示)[②]。

从图 12-5 可以看出：顶部是一般智力，中间是群因素，底部是特殊因素。

### 3. 智力的因素分析理论

美国心理学家卡特尔(Raymond Cattell)等人在因素分析中发现了两个 G 因素：流体智力(fluid intellgence)和晶体智力(crystallied intelligence)。

卡特尔认为，有的 G 因素几乎可以参与到一切活动中去，所以称为流体智力。流体智力

---

① 高觉敷主编：《西方心理学的新发展》，人民教育出版社 1987 年版，第 226 页。
② 丹妮尔·夏克特等著，傅小兰等译：《心理学》，华东师范大学出版社 2016 年版，第 537 页。

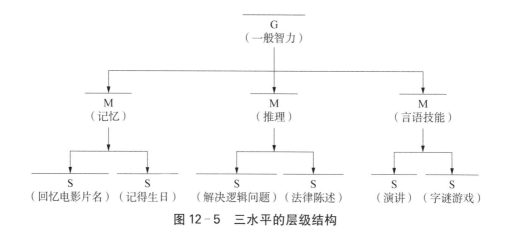

图 12-5 三水平的层级结构

是指与心理过程有关的能力。如知觉、记忆运转速度和推理能力。流体智力大部分是先天的,依赖于大脑的神经解剖结构,多半不依赖于学习。

晶体智力是经验的结晶,它是过去对流体智力应用的结果,大部分是习得的能力,如计算和词汇方面等的能力。

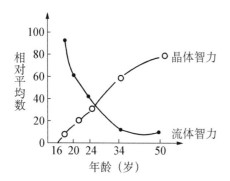

图 12-6 流体智力和晶体智力的发展

这两种智力通常都参与到任何一种活动中,它们紧密联系着。流体智力是晶体智力的基础。研究表明,二者有不同的发展曲线。流体智力随机体的衰老而减退,随生理成长而变化,在 14 岁左右达到顶峰,以后逐渐下降。晶体智力的衰退很慢,随着年龄增长,它不仅能够保持,而且还会有所增长,一般到 60 岁左右才开始缓慢地衰退(如图 12-6 所示)。霍恩等人提出了对流体智力和晶体智力的新见解:

霍恩(Horn)等认为流体智力是领会抽象关系和获得逻辑推理的能力,晶体智力是保持和使用通过经验获得知识的能力。

萨尔斯奥斯(Salthouse)将大脑看作是信息加工的装置,晶体智力指"信息"的部分;流体智力指"加工"的部分。

## (二) 智力结构理论

美国心理学家吉尔福特用因素分析法研究智力,否认 G 因素的存在,坚持智力因素的独立性。他认为,智力结构应该从操作、内容和产物三个维度去考虑。

智力的第一个维度是操作,即心理活动或过程。操作有六种:认知、记忆记录、记忆保持、分散思维、集中思维和评价。认知是发现或认识。记忆记录、记忆保持是指记录并保持已经认知的信息。分散思维(发散思维)是吉尔福特的创新,也是最富有特色的概念,它与创造力密切相关,分散意味着由一项给定的信息扩散而成多项信息,以答案的多元化为特征。吉尔福特把分散思维定义为:"由给定信息而产生信息,强调从同一个起源产生结果的多样化和数量,它往往体现出迁移的作用。"集中思维的起始条件比较严格,问题的要求也很明确,只能产生有限的结果。他认为,集中思维实际上是逻辑演绎能力,以答案的一元化为特征。评价是根据一定的标准进行比较的过程。

智力的第二个维度是内容,即信息材料的类型。内容有五种:视觉、听觉、符号、语义和行为。视觉是通过视觉器官获得的具体信息,听觉是通过听觉器官获得的具体信息,符号主要指字母、数字等,语义指言语含义或概念,行为指与人交往的能力。

智力的第三个维度是产物,即信息加工所产生的结果。产物有六种:单元、类别、关系、系统、转换和蕴含。单元指字母、音节、单词、熟悉事物的图案和概念,等等;类别指一类单元,如名词、物种等;关系指单元与单元之间的关系;系统指用逻辑方法组成的概念;转换指改变,包括对安排、组织和意义的修改;蕴含指从已知信息中观察某些结果。

从单元到蕴含是从最简单的产物到最复杂的产物。

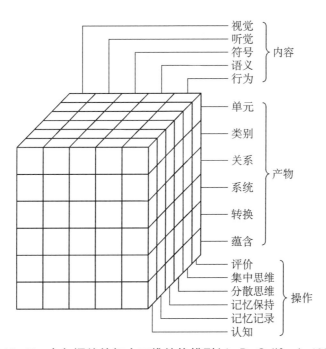

图 12-7 吉尔福特的智力三维结构模型(J. P. Guilford, 1988)

从图 12-7 可以看出,智力因素就有 180 种(5×6×6),①图上的每一小立方体代表一种智力因素。

---

① 1967 年吉尔福特提出智力三维结构模型包含 120 种智力因素;1982 年,他将"图形"划分为"视觉"和"听觉",1988 年,他又将"记忆"划分为记忆记录(memory recoding)和记忆保持(memory retention),至此,该模型包含 180 种智力因素。

与传统的智力结构理论相比,吉尔福特的智力结构理论能更好地说明创造性。在"操作"维度上包容"分散思维",为全面地理解人类的智力作出了贡献;他还为测量分散思维编制了新的测验,这就为研究人类的创造性提供了工具。他的智力结构理论引导人们去探索新的智力因素。但是,吉尔福特否定智力的普遍因素的存在,坚持智力因素的独立性,这一点受到心理学家的批评。

### (三) 智力的信息加工理论

这种理论是按信息加工取向而提出的智力理论。斯腾伯格的智力三元理论、加德纳的多元智力理论和智力的 PASS 模型等都属于这种理论。

#### 1. 智力的三元理论、成功智力和智力投资理论

(1) 智力的三元理论。

美国心理学家斯腾伯格在 1985 年出版的《超越 IQ》一书中,提出了智力的三元理论(triachic theory of intelligence)。他认为智力理论应该考虑智力与外在世界、内在世界和人的经验的关系。

该理论不仅在范围上超越了先前众多的智力理论,而且能够比绝大多数的一元的智力理论回答更多的问题。他还指出这一理论发端于成分理论(成分理论现在是三元理论的一个组成部分)。该理论包括下列三个亚理论。

① 成分亚理论。成分亚理论阐述解决问题时的各种心理过程,被认为是智力三元结构的核心。它又包括三个层次的成分:一是元成分,它对执行过程进行计划和监控,并对结果进行评价(它是最概括性的成分,它概括水平最高,参与面最广;更高层次的元成分控制其他层次的元成分);二是操作成分,它接受元成分的指令,进行各种认知操作,并提供信息反馈;三是知识获得成分,它学习选择解决问题的策略,学会如何解决新问题。

② 经验亚理论。经验亚理论在经验水平上考察智力在日常生活中的应用,特别是处理新情境的能力和心理操作的自动化过程,具体概括为:应对新异性的能力和自动化加工的能力。

③ 情境亚理论。情境亚理论说明智力在日常环境中具有适应当前环境,选择更恰当的环境和改造环境的功能。具体可概括为:适应、选择、塑造。[①]

智力的三元理论,可用图 12-8 表示。

(2) 成功智力。

成功智力(successful intelligence)是斯腾伯格 1996 年提出智力的三元理论 11 年后提出的。并著有《成功智力》一书。他创造性地赋予智力以新的含义。他指出:所谓成功智力就是用以达到人生主要目标的智力,它使个体以目标为导向,并采取相应的行动,它是一种对

---

① R.J. 斯腾伯格著,俞晓琳、吴国宏译:《超越 IQ:人类智力的三元理论》,华东师范大学出版社 2000 年版,第 313 页。

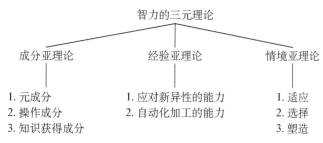

图 12-8 智力的三元理论

（资料来源：Sternberg，1985）

现实生活的智力。成功智力包括：①分析性智力，②创造性智力，③实践性智力。他指出，成功智力是一个整体，只有上述三个方面协调、平衡时才最为有效。

斯腾伯格还认为，成功智力是培养起来的。他指出，成功智力包含 20 个共同点。例如自我激励、能控制冲动、以产品为导向、为完成任务能坚持到底，等等。

(3) 智力投资理论。

智力投资理论(investment theory)是斯腾伯格和罗巴脱(Lubart)在 1991 年提出的智力理论。这是一种智力创造性的理论，能够测定人的创造性。他们认为创造性有六个因素：

① 智力过程：包括三元理论中的资源。

② 知识：知识太多会导致思维僵化。

③ 思维风格：他们认为，立法型的人和渐进型的人有利于创造。立法型的人喜欢自己编制规则；渐进型的人喜欢变化和创新。

④ 人格：能够容忍不确定性，愿意超越障碍和束缚，对新事物保持开放的人容易创造。

⑤ 动机：任务取向的人，有利于创造。

⑥ 环境：环境可以压制或激发创造思维。

他们认为，这六个因素是互相影响、相互制约的，对创造性来说是缺一不可的。[①]

斯腾伯格在智力理论的许多方向上都作出了创造性的贡献，推进了智力理论的发展。他对智力过程进行"组成要素的分析"，力图把认知心理学与智力理论联系起来。他的成功智力理论和智力投资理论，适应社会发展的需要，有利于人才培养和社会发展。

**2. 加德纳的多元智力理论**

1983 年美国心理学家加德纳指出：智力是个体用以解决问题和创造物质财富的能力。智力是复杂而多维的，因此他反对传统的一元结构论，认为智力是一个多元结构。他提出以下七种不同的智力，并认为每一种都很重要。

(1) 空间智力：这种智力用于导航或个体在环境中的移动，也用于看地图和绘画中。

(2) 音乐智力：这种智力用在演奏乐器、唱歌或欣赏音乐方面。

---

[①] M. 艾森克主编，阎巩固译：《心理学——一条整合的途径》，华东师范大学出版社 2000 年版，第 671—672 页。

(3) 言语智力:这种智力渗透在所有语言能力之中。包括语言和文字的理解和表达。

(4) 逻辑数学智力:这种智力在解决抽象逻辑/数学问题以及逻辑推理问题上特别重要。

(5) 人际智力:这种智力用于与人交往,对别人有同情心并且善解人意。

(6) 内省智力:这种智力对自己内部世界具有极高的敏感性。

(7) 身体运动智力:这种智力涉及控制精细的身体运动。

1999年,他还提出了第八种智力,即认识自然的智力。这种智力指认识自然,并对环境中各种事物进行分类的能力。

加德纳把人的智力划分为三个大类:第一大类是与客观相关的智力,包括逻辑数学能力、身体运动智力和空间智力;第二大类是与客观无关的智力,包括音乐智力、言语智力;第三大类是与个人相关的智力,包括内省智力、人际智力。

1993年,加德纳运用他的多元智力理论研究创造力,他认为20世纪初的杰出人物与不同智力对应的情况如表12-4所示。

表12-4　20世纪初的杰出人物举例

| 智　力 | 杰出人物 | 智　力 | 杰出人物 |
| --- | --- | --- | --- |
| 言语智力 | 艾略特 | 人际智力 | 甘地 |
| 空间智力 | 毕加索 | 内省智力 | 弗洛伊德 |
| 音乐智力 | 斯特拉夫斯基 | 身体运动智力 | 格拉汉姆 |
| 逻辑数学智力 | 爱因斯坦 | | |

加德纳进一步研究发现,这些杰出人物有共同特点:①童年没有遭受不幸;②家庭教育严格,对孩子要求很高;③勤奋;④具有远大抱负;⑤为了工作可以牺牲一切;⑥在取得伟大成就时,需要更多的肯定和支持;⑦常常表现出许多儿童的品质,好像是个"充满奇异思想的孩子"。

在这些杰出人才中,只有毕加索一个人在很小的时候就显示出绘画的天赋,其余六人甚至在20岁时事业尚未有杰出表现。

加德纳的理论一经提出就对教育实践产生了积极影响。加德纳的智力理论包容了更多的智力,丰富了智力的概念。加德纳的智力理论被证实确实存在。但他认为这些智力具有同等重要性,实际上,这七种智力彼此有正相关。他却认为这些智力是彼此独立的。[①]

### 3. 智力的PASS模型

加拿大心理学家达斯(J. P. Das)和纳格利里(J. A. Naglieri)在20世纪90年代提出智力

---

[①] M. 艾森克主编,阎巩固译:《心理学——一条整合的途径》,华东师范大学出版社2000年版,第666—668页。

的PASS模型。① 达斯等人认为："必须把智力看作认知过程来重新构造智力概念。"经过大量研究，他们认为个体的智力活动有三个认知功能系统。这三个认知功能系统相互联系，共同作用，又执行各自的功能。

（1）注意—唤醒系统。注意—唤醒系统起着激活和唤醒作用，处于心理加工的基础地位，使大脑处于合适的工作状态，影响个体对信息的加工等。

（2）编码—加工系统。编码—加工系统对信息进行同时性加工和继时性加工，是智力的主要操作系统，因为智力活动的大部分"实际动作"是在该系统中进行的。

（3）计划系统。计划系统是处于最高层次的认知功能系统，从事智力活动的计划性工作，与智力的三元理论中的元成分相似。在智力活动中确定目标、制定策略，并且起着监控和调节作用。

达斯等人还把三个认知功能系统分别与苏联心理学家鲁利亚所提出的脑的三个机能系统联系起来。

他们根据PASS模型编制了智力测验。称为DN认知评价系统（The DasNaglieri：Cognitive Assessment System）。它包括四个分测验，分别测定P、A、S、S，每个分测验由三组不同题目组成，全量表由12组题目组成。由于它是对各认知过程的测量，能提供更多的信息，被认为是一个"超越传统测验的能力测量"（如表12-5所示）。

表12-5  PASS认知评价系统的结构

| 分测验 | 调查内容 | 任务 |
| --- | --- | --- |
| 1 | 计划系统 | 视觉搜索 |
|   |   | 计划连接 |
|   |   | 数字匹配 |
| 2 | 注意—唤醒系统 | 表现的注意 |
|   |   | 寻找数字 |
|   |   | 听觉选择注意 |
| 3 | 同时性加工成分 | 图形记忆 |
|   |   | 矩阵问题 |
|   |   | 同时性语言加工 |
| 4 | 继时性加工成分 | 句子重复 |
|   |   | 句子问题 |
|   |   | 字词回忆 |

---

① PASS模型即计划—注意—同时性加工—继时性加工模型（Planning—Attention—Simultaneous—Successive Processing Model）。

一般认为,PASS模型是一种新的智力理论,致力于对信息加工过程的分析。这与当代认知心理学的研究是一致的,在一定程度上标志着智力理论和智力测验发展的新方向。但该模型认为这四个系统是人类智力活动中最基本的过程,把它们作为评价智力的指标,似乎简单了一些,分析内容也较简单。

### (四) 卡罗尔的智力理论

心理学家卡罗尔(John Carroll)收集了过去半个多世纪的关于智力的500多项研究中的智力测验成绩,得出存在八种相互独立的中层能力的观点:

(1) 学习记忆。
(2) 视知觉。
(3) 听知觉。
(4) 信息提取能力。
(5) 认知敏捷性。
(6) 加工速度。
(7) 晶体智力。
(8) 流体智力。[①]

卡罗尔还提出智力三级层次理论,认为智力由三个层次水平的因素组成:最高水平层由一般智力因素构成;中间水平层由上述八种因素构成;最低水平层由许多特殊因素构成。[②]

### (五) CHC 模型

前面提到夏克特等人认为:过去半个世纪,几乎所有的研究都能纳入三个水平的层次结构中。CHC 模型是傅拉克等人(Flanagan et al)提出的一个智力结构模型,用以调和当前智力的一种层次模型。该模型把卡罗尔的认知能力三层模型作为框架,与卡特尔-霍恩(Cattell-Horn)的晶体智力和流体智力的概念结合起来,因此称 CHC(Cattell-Horn-Carroll)模型,该模型被心理学工作者称为全面描述人类认知能力的最佳层次模型如表 12-6 所示。

表 12-6　CHC 模型的层次内容举例

| 层次 | 内容举例 |
| --- | --- |
| 最高层次 | 一般智力（如斯皮尔曼的 G 因素） |
| 第二级层次 | 群因素（如瑟斯顿的七种平等的基本能力） |
| 第三级层次 | 特殊因素（如阜南的特殊因素） |

---

[①] 丹妮尔·夏克特等著,傅小兰等译:《心理学》,华东师范大学出版社2016年版,第539—540页。
[②] 白学军著:《智力发展心理学》,安徽教育出版社2004年版,第53—54页。

## (六) 国外专家和公众的智力观

斯腾伯格等人用问卷法调查大众对一般智力、学术智力和日常智力的看法。然后由 65 位专家评定,并将其结果进行因素分析,结果发现了有关一般智力的三个主要因素。

因素Ⅰ:言语智力,即丰富的词汇、阅读时的理解能力、言语流畅、轻松自如地论谈问题,等等。

因素Ⅱ:问题解决,即能运用知识顺利地解决问题、作出好的决定、用最恰当的方法提出问题、事前作出计划,等等。

因素Ⅲ:实践智力,即对情境作出正确的估计、决定怎样达到目的、对周围世界的人有一个清醒的认识、对一般事物的浓厚兴趣,等等。

研究也表明,外行人与专家关于智力概念的看法非常相似,在智力特征的评价方面,两者之间的相关为 0.96;在特征的重要性评价方面,两者之间的相关为 0.85。

美国心理学家库恩(D. Coon)调查了 1020 位专家对智力的重要元素的看法,至少有 75% 的专家同意表 12-7 列出的元素。

表 12-7 专家对有关智力的重要元素的看法

| 重要元素 | 专家中认同的人数百分比 |
| --- | --- |
| 抽象思维或推理能力 | 99.3 |
| 问题解决能力 | 97.7 |
| 知识获得能力 | 96.0 |
| 记忆力 | 80.5 |
| 对环境的适应能力 | 77.2 |

## (七) 情绪智力

### 1. 情绪智力的含义

情绪智力指监控自己和他人的情感和情绪,对其加以识别并利用这些信息指导自己的思维和行为的能力。[①] 研究者确定了情绪智力的四个维度:感知表达情绪智力的能力;情绪促进思维的能力;理解情绪的能力;管理情绪的能力。[②]

人的认识影响人的情绪,同样人的情绪也影响人的认识。只有将一个人的认识与情绪结合起来,才能深刻地理解人的心理本质,特别是人的智力本质。美国心理学家米歇尔和舒达提出了人格的认知—情感系统理论。他们认为,每一个人都是一个独特的认知情感系统,与社会环境发生交互作用,产生个人特有的行为模式。

---

① P. Salovey & D. J. Mayer: Emotional intellgence, 1990.
② 同上注。

心理学工作者普遍认为,情绪智力是一种能力,它在人类的工作和健康中起着重要作用。并且在心理学中已经成为一个前沿的课题。自从萨洛维(P. Salovey)和迈耶(D. J. Mayer)1990 年发表论文《情绪智力》以来,情绪智力的研究在国内外心理学研究中已成为热点。虽然在我国起步较迟,但至今已有多部专著和 250 篇左右的硕士、博士研究生论文。

### 2. 情商智力量表

目前,国内外研究者已编著了多种情绪智力量表。以色列心理学家巴昂(Reuven Baron)在 1997 年出版的《巴昂情商量表》是世界上第一个测量情绪智力的量表。该量表适合 16 岁以上的人使用。由 133 个题目,15 个分量表和 4 个效度量表组成。量表平均分为 100,标准差为 15。130 分以上为情商极高、120—129 分为情商很高、110—119 分为情商高、90—109 分为情商一般、80—89 分为情商低、70—79 分为情商很低、70 分以下为情商显著低下。该量表具有较高的信度和效度。

### 3. 情绪智力的功能

人的心理活动是一个整体,情绪智力和认识智力①同样重要。它决定一个人在学习、事业和健康上是否成功。情绪智力低下的人,不可能在学习上优秀;情绪智力低下的人,可能会破坏一个人的正常工作,使人在事业上一无所成;情绪智力低下的人,还会导致抑郁、焦虑等疾病,降低免疫力,并使人饮食紊乱、缺乏自制,产生攻击行为,等等,影响人的健康。因此,教育不仅要培养人的认识智力,也要培养人的情绪智力。

## 第三节　遗传和环境在智力发展中的作用

关于遗传因素和环境因素在智力发展中的作用,在历史上经历过长期的争论。在不同时期,不同的心理学工作者各自强调遗传因素或环境因素的作用。20 世纪初提出的是一种非此即彼的观点。即遗传和环境哪一个起决定作用。遗传决定论(theory of hereditaty determination)和环境决定论(theory of environment determination)就是这一时期的产物。例如,英国心理学家高尔顿发表《遗传和天才》一书,他在书中写道:"一个人的能力,乃由遗传得来,其受遗传决定的程度,如同一切有机体的形态及躯体组织的受遗传一样。"美国心理学家华生是环境决定论者,他指出,除了达尔文所指出的某些情绪是通过遗传得来之外,其他的各种行为模式都是通过学习得到的,来自环境。我国心理学家郭任远也指出:"我们就提倡一种无遗传的心理学。"20 世纪中叶,心理学工作者开始认识到遗传因素和环境因素在智力发展中都是必不可少的,并开始研究各自的作用。随着心理科学研究的深入,越来越多的现代心理学家认为,遗传因素和环境因素在能力形成和发展中都是重要的,能力是两者交互作用的结果。

遗传决定论和环境决定论都有极大的片面性,不能正确解释能力发展问题。我国古代

---

① 认识智力指综合的认知能力,一般称智力。

哲学家、教育家荀子指出:"无性,则伪之无所加;无伪,则性不能自美。"[①]现代心理学研究表明,不能证实能力的发展只是由遗传或环境单一因素所决定。美国心理学家阿纳斯塔西(A. Anastasi)指出:"二三十年前,遗传和环境关系的问题曾经是人们激烈争论的中心,但这已为今天的许多心理学家所忘却。现在大家普遍认为,遗传和环境两者共同影响着人的全部行为。"[②]"有些能力先天成分较多,有些能力后天学习成分较多,它往往是遗传和学习二者相互作用的结果。"至于遗传和环境如何相互作用,它们各自对智力的影响有多少,这是一个非常复杂的问题,远远还没有搞清楚。

遗传因素和环境因素的作用是无法分离的,两者相互依存,彼此渗透,致使能力得到发展。没有环境,遗传的作用是无法体现出来的;没有遗传作为最初的基础,环境无法产生影响。将遗传因素和环境因素分开来阐述只是为了行文的方便。

1963年,埃伦迈尔-希姆林(Erlenmeyer-Kimling)和亚尔维克(Jarvik)等人总结了过去半个世纪里八个国家中52个血缘与智商研究的成果,如表12-8所示。

表12-8 不同血缘关系者智商的相关系数

| 血缘关系 | | 智商相关 |
|---|---|---|
| 无血缘关系 | 分开抚养 | 0.00 |
| | 一起抚养 | 0.20 |
| 养父母与养子女 | | 0.30 |
| 亲父母与子女 | | 0.50 |
| 亲同胞兄弟姐妹 | 分开抚养 | 0.35 |
| | 一起抚养 | 0.50 |
| 异卵双生子 | 异性 | 0.50 |
| | 同性 | 0.60 |
| 同卵双生子 | 分开抚养 | 0.75 |
| | 一起抚养 | 0.88 |

从表中可以看出智力形成和发展过程中的遗传因素的作用。血缘关系越密切,其智力相关越高。同卵双生子之间的智商相关最高;无血缘关系者之间的智商相关最低;亲父母与子女之间的智商比养父母与养子女之间相关高(表中第4项比第3项高),这是因为前者包括遗传因素的作用和环境因素的作用,后者仅包含环境因素的作用。同样,可以在表中看到在智力形成和发展中环境因素的作用,无血缘关系而生活在同一环境者(表中第2和第3项),其智商有中度相关;异卵双生子之间的遗传关系与普通兄弟姐妹之间遗传关系相同,但表中

---

① 《荀子·礼论》。
② A. Anastasi, Heredity, Environment and the Question "HOW", 1957.

第8项智商相关高于第6项)这是因为异卵双生子无论在胎儿期或出生后所处的环境,其相同之处要比普通兄弟姐妹之间为多,尤其是异卵双生子之间,同性别者智商相关要高于不同性别者,因为同性别的双生子所接受的教育方式大体相同。

## 一、遗传因素在能力发展中的作用

遗传是指亲代的某些特征通过基因在子代再现的现象。基因(gene)是遗传的基本单元。

心理学家一般都认可遗传因素在能力发展中的作用,但对在能力发展中遗传因素和环境因素的相对作用的看法就不尽相同了。

素质(diathesis)[①]是有机体生来具有的解剖生理特点,主要是神经系统、感觉器官和运动器官的解剖生理特点,特别是大脑的解剖生理特点。素质是遗传的,它服从于遗传规律。一般认为,素质是能力发展的自然前提,没有这个前提,就不能发展相应的能力。如果缺乏某一方面的素质,就难以发展某一方面的能力。例如,脑发育不全的儿童,就不可能发展计算能力;天生的盲人难以发展绘画能力;生来聋哑的人无法发展音乐能力。但是,素质本身不是能力,也不能决定一个人的能力,它仅仅提供能力发展的可能性。人只有通过后天的教育和实践活动才能使发展的可能性变为现实性。例如,一个人的手指长,可能发展打字能力,也可能发展成为钢琴家,向哪一方面发展,则取决于环境,取决于教育和实践活动,取决于社会需要。

近年的研究表明:能力是和脑的微观结构(大脑皮质细胞群的配置和神经细胞层结构的特点等)关系密切;并不与大脑的宏观结构(脑重量、脑形和脑体积等)关系密切。近代研究还表明:素质并不是完全遗传的,新生儿出生前在母体内有一段胚胎发育过程,会发生一些变化。

布查德(Bouchard)和麦克高(McGue)在1981年总结了4672项对一同抚养的同卵双生子做的研究和5546项对一同抚养的异卵双生子做的研究。结果表明:前者智商间平均相关达到0.86,后者智商间平均相关只有0.60。前者的智商间平均相关比后者高[②]。这表明了能力形成和发展中的遗传因素作用。

## 二、环境因素在能力发展中的作用

环境指客观现实,包括自然环境和社会环境。

一般地说,大多数儿童的素质是相差不大的,其能力发展之所以有差异,是由环境、教育和实践活动所造成的。

人们经常用个体后天智力的发展变化来说明环境对智力的影响。一般地说,在良好环境中生活的儿童,有利于智力发展。德尼斯(D. Dennis)等人在一些条件较差的孤儿院做过

---

① 心理学中素质的含义如上述;也有人认为,素质是由先天因素和后天经验所决定的身心倾向的总称。
② 张厚粲主编:《心理学》,高等教育出版社2013年版,第157页。

研究,研究发现,留在孤儿院的儿童的智力发展较慢,智商平均只有53,而被领养的儿童智商发展较快,平均智商达到80,特别是年龄很小时被领养的儿童,他们的智商可以达到100,如图12-9所示。

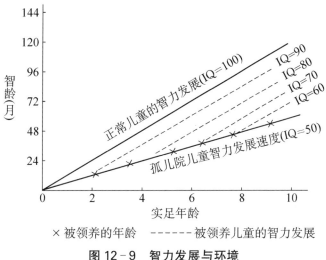

图12-9 智力发展与环境

在环境因素中,社会生产方式是最重要的因素。一定的社会生产力和生产关系对能力的发展起着重要作用。生产力影响经济生活、科学文化水平和教育水平,从而影响人的智力发展。在生产关系方面,旧社会剥夺了劳动人民子女受教育的权利,使能力发展受到了阻碍。新社会,广大儿童都能入学,群星灿烂,人才辈出。泰勒(Tyler)指出:智商分数反映个体的受教育机会、财产及家庭环境。

营养是影响能力发展的一个重要因素,特别是幼儿的营养直接关系到能力的发展。营养不良会影响脑和神经系统的发育,从而影响能力的发展。从胎儿期的最后1/4时间到出生后两岁之间被认为是人脑生长发育最快的时期,这一时期足够的营养是人脑健康发育的重要保证。这一时期如果营养缺乏,尤其是蛋白质缺乏,会导致婴儿脑重量的极大损失。近代脑科学的研究表明,营养不良会造成儿童脑神经细胞的数目比正常儿童少,影响脑细胞的发育,从而影响儿童智力的发展。美国学者发现,婴儿如果刚出生时就缺乏营养,会对以后的智力发展产生持久的影响。英国的一项研究表明,缺乏营养的儿童,记忆力差,并且缺乏好奇心和探索精神。

社会生活条件对能力发展的决定作用是通过教育来实现的。教育是一种有目的、有计划、有系统的影响。教育在能力发育中起主导作用。在教育过程中,儿童在掌握知识技能的同时也发展了能力。在课外活动小组中,常常会涌现许多小发明家、小画家、小农艺家,等等。近几十年来,人们越来越认识到早期教育对智力发展的重要性。这是因为人类的生命早期是发展的重要时期,在这个时期予以良好的教育会取得事半功倍的效果。研究表明,早期教育不仅影响儿童当前的智力水平,而且还会影响他们以后智力的发展。许多学者都强调了早期教育的重要性。美国心理学家盖赛尔(A. Gesell)指出,在学龄前阶段,大脑发育非常快,6岁前儿童的大脑大部分都成熟了,之后的人的脑力、性格和心灵将永远不会再有如此迅速的发展,人们将永远不会再有这样的机会去奠定智力健康的基础了。马卡连柯指出:"教育的基础主要是5岁以前奠定的,它占整个教育过程的90%。在此以后,教育还要继续进行,人进一步成长、开花、结果,而您精心培植的花朵在5岁以前就已经绽蕾。"①

家庭是社会的细胞,也是儿童接受早期教育的环境,家庭又把遗传基因传递给后代。在家庭诸因素中,父母亲对子女的教养态度在儿童智力发展中起重要的作用。美国心理学家怀特(B. White)等人研究了400个儿童,发现父母亲对孩子1—3岁时的教养方式,决定孩子主要的性格特征,从而影响孩子能力的发展。研究还发现,缺乏母爱的儿童,可能出现智力发展上的问题。有安全感的孩子喜欢探索环境,而探索环境是能力发展的重要条件。

### 三、实践活动和优良的人格在能力发展中的作用

人的能力是在实践活动中形成和发展起来的。离开了实践活动,即使有良好的素质和环境,能力也得不到发展。一个人的能力水平与他所从事活动的积极性成正比。恩格斯指出:"人的智力是按照人如何学会改变自然界而发展的。"②我国古代哲学家王充曾提出"施用累能"③,即能力是在使用过程中积累起来的;又提出"科用累能"④,即从事各种不同活动、各种不同职业积累各种不同能力。社会分工使社会成员长期从事某一方面的实践活动,他们的能力也就在这一方面发展。

优良的人格是在实践中培养起来的。优良的人格又推动着人们去从事并坚持某种活动,从而促进能力的发展。许多研究表明,深远的动机、浓厚的兴趣、顽强的意志和坚强的性格等是促进能力发展的重要因素。一般地说,具有比较稳定的特殊兴趣能够促进能力在某一方面发展。能力的发展与性格是分不开的,没有坚强的毅力,没有勤学苦练的精神,能力就难以发展。桑塔格等人研究了学习动机对智力发展的影响。研究表明,学生的学习动机明显地影响了智力的发展。桑塔格等人对140名4—14岁儿童的重复智力测验表明,其中35名具有强烈的学

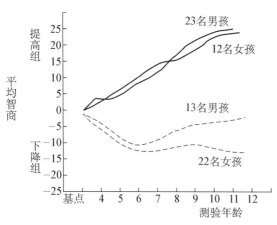

图12-10 学习动机对智力发展的影响
（资料来源：L. W. Sontag 等）

---

① 《马卡连柯全集》(俄文版)。
② 马克思、恩格斯著,中共中央马克思恩格斯列宁斯大林著作编译局编译:《马克思恩格斯选集》第三卷,人民出版社1972年版,第551页。
③ 《论衡·程材篇》。
④ 同③注。

习动机的儿童,由于积累了更多的知识,从而提高了学习和解题的能力,促进了智力的发展;另外35名缺乏学习动机的儿童,知识贫乏,智力下降(如图12-10所示)。

## 第四节　能力的个别差异

德国哲学家莱布尼茨(G. W. Leibniz)有句名言:"世界上没有两片完全相同的绿叶。"同样,世界上也没有两个能力完全相同的人。这是因为人的先天素质不同,后天的环境教育和从事的活动也不同。

人与人之间在能力上存在着明显的个别差异。这种差异主要表现在能力的类型差异、能力发展水平的差异和能力表现的早晚差异。研究人类能力的个别差异有助于教师掌握学生能力的特点,因材施教。

### 一、能力的类型差异

#### (一) 一般能力的类型差异

一般能力的类型差异表现在知觉、记忆、言语和思维几个方面。

**1. 知觉方面**

知觉方面的类型差异有:①综合型。知觉具有概括性和整体性,但分析能力较弱。②分析型。知觉的分析能力较强,对事物的细节能清晰地感知,但对事物的整体知觉较差。③分析综合型。这种类型的知觉兼有上述两种类型的特点。

**2. 记忆方面**

记忆方面的类型差异根据记忆材料的方式可分为:①视觉型。视觉识记的效果较好,画家多属于这种类型。②听觉型。听觉识记的效果较好,音乐家多属于这种类型。③运动型。有运动觉参与时识记效果较好,运动员属于这种类型。④混合型。运用多种表象时识记的效果较好。大部分人属于混合型。

记忆方面的类型差异根据个人识记不同材料的效果和方法可分为:①直观形象记忆型。这种人识记物体、图画、颜色和声音较好。艺术家属于这种类型。②词的抽象记忆型。这种人识记词的材料、概念和数字较好。数学家属于这种类型。③中间记忆类型。对上述两种材料的识记效果都较好。大部分人属于这种类型。

**3. 言语和思维方面**

言语和思维方面的类型差异有:①生动的思维言语型。这种人在思维和言语中有丰富的形象和情绪因素。②逻辑联系的思维言语型。这种人的思维和言语是概括的、逻辑的联系占优势。③中间型。

## (二) 特殊能力的类型差异

特殊能力的类型差异是指完成同一活动可以由能力的不同结合来保证。例如,同是音乐成绩优异的学前儿童,一个可能具有强烈的曲调感和很高的听觉表象能力,但节奏感弱;另一个可能具有很好的听觉表象能力和强烈的节奏感,但曲调感较弱;第三个可能具有强烈的曲调感和音乐节奏感,但听觉表象能力较弱。他们三人在音乐才能结构方面存在着差异。

## 二、能力发展水平的差异

人与人之间在能力发展水平上存在着明显的差异。据研究,全人口的智力差异从低到高有许多不同的层次,但在全人口中智力基本上呈常态分布,即两头小、中间大。智商分布如表12-9所示。

表12-9 智商的分布

| 智商 | 名称 | 占全人口总数的% | 智商 | 名称 | 占全人口总数的% |
| --- | --- | --- | --- | --- | --- |
| 130以上 | 智力超常 | 1 | 70—89 | 智力偏低 | 19 |
| 110—129 | 智力偏高 | 19 | 70以下 | 智力低常 | 1 |
| 90—109 | 智力中常 | 60 | | | |

### (一) 高智商儿童

高智商儿童是指智力发展显著地超过同年龄常态儿童水平的儿童,或指具有某种特殊才能,能创造性地完成某种或多种活动的儿童。超常儿童工作责任心强,并且具有较高的创造力。

高智商儿童又称"神童",在西方国家称"天才儿童",在日本称"英才儿童"。从20世纪初始,判断天才儿童的指标主要是智商。心理学家推孟(L. M. Terman)认为,凡智商达到或超过140的儿童就称为天才儿童。20世纪50年代后,许多心理学家认为单个智商不是鉴别天才儿童的完善指标,应该运用多种指标对智力进行综合评定。20世纪70年代初,美国联邦教育部规定天才儿童的范围包括:一般智力、特殊学习能力倾向、创造性思维、领导才能、视觉和演奏艺术等,只要上述一个方面表现优异就能称为天才儿童。1978年,美国心理学家任朱利(J. S. Renzulli)提出,美国联邦教育部规定的天才儿童的范围没有包括天才儿童的重要成分——非智力因素,因此是不全面的。他指出,天才儿童应该具有超过一般水平的能力(包括一般能力和特殊能力);工作责任心强,有强烈的动机、浓厚的兴趣,热情,自信,有毅力,力图完成任务;有较高的创造力。天才儿童就

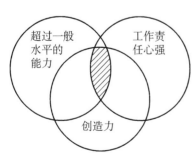

图12-11 天才儿童三个圆圈概念示意图

是这三个方面的心理成分相互作用的结果(如图 12-11 所示)。

我国心理学工作者普遍认为,高智商儿童的心理结构不仅包括优异的智力和创造力,还包括良好的人格倾向和人格特征。这种观点拓宽了高智商儿童的概念。判断高智商儿童不仅要以智商作指标,还应加上其他方面的要求。

我国超常儿童追踪研究协作组的研究表明,高智商儿童表现为多种类型。有的在幼年时期大量识字,3—4 岁能掌握两千多个汉字,能够津津有味地阅读儿童读物;有的 5 岁开始学写字和作文,文笔通顺、生动;有的数学才华早露;有的数学自学能力发展快;有的长于外语;有的是小画家、小书法家、小歌手;还有的既具有非凡的数学才能,又擅长绘画、书法,在抽象逻辑思维和形象思维方面都有优异的表现[1]。

我国高智商儿童有下列共同特点:①浓厚的认知兴趣,旺盛的求知欲;②思维敏捷,理解力强,有独创性;③敏锐的感知觉,良好的观察力;④注意力集中,记忆力强;⑤进取心强,自信,勤奋,有坚持性。这个研究还表明,超常儿童在主动性、坚持性、自制力、自尊心、自信心和性格的某些情绪特征的发展水平上高于常态儿童[2]。

### (二) 低智商儿童

低智商儿童是指智力发展明显低于同龄儿童平均水平,并有适应行为障碍的儿童。低常儿童又称智力落后儿童、智力不足儿童、弱智儿童、智力残疾儿童等。

**1. 判定低智商儿童的指标**

现代心理学根据以下三个指标来判定低常儿童。

(1) 智商明显低下。

一般认为,智商在 70 以下的儿童是低常儿童。

(2) 社会适应不良。

低智商儿童不能适应周围的自然环境和社会环境,他们对自己的生活不能自理,不能从事简单的劳动,在学校里不能跟班学习等。

(3) 问题发生在早年。

低智商儿童的问题发生在 1—16 岁或 18 岁以前。

低智商儿童不是某一种心理活动水平低下,而是整个心理活动的水平都低下。低智商儿童有许多特点。这些儿童知觉范围狭窄,知觉速度缓慢,内容笼统而不够分化;对词和直观材料的识记都很差,再现中会发生大量歪曲和错误,缺乏逻辑的和有意义的联系;保持也很差,视觉表象贫乏、缺乏分化和不稳定;言语出现迟且发展缓慢,意义含糊,词汇量小,缺乏连贯性;思维带有具体性,概括水平低,在归纳、推理和概念化上都有困难,限制其对抽象教材的学习。重度低智商儿童完全缺乏注意力;轻度低智商儿童可以有被动注意,对有兴趣的

---

[1] 中国超常儿童追踪研究协作组编:《智蕾初绽:超常儿童追踪研究》,青海人民出版社 1983 年版,第 13 页。
[2] 中国超常儿童追踪研究协作组编:《怎样培养超常儿童》,西安交通大学出版社 1987 年版,第 2—6、19—21 页。

事物也能有主动注意,但注意力不稳定,注意范围也狭窄。低智商儿童还在人格上表现出心情比较沮丧、对人有敌意、情绪紧张和压抑、缺乏自信心、对待自己所做的事常有失败感、思想方法绝对化等特征。

### 2. 低智商儿童分类标准

我国参照世界卫生组织和美国智力缺陷协会的分类标准把低常儿童分为四级[①]。

（1）一级智力残疾（极重度）。

智商在 20 或 25 以下,面容明显呆滞,适应行为和运动感觉功能均极差,终身需要他人照料。

（2）二级智力残疾（重度）。

智商在 20—35 或 25—40 之间,适应行为差,即使经过训练也难以达到生活自理程度,仍需要他人照料,运动和语言发育都差,与他人交往能力也差。

（3）三级智力残疾（中度）。

智商在 35—50 或 40—55 之间,适应行为和实用技能不完全,生活能部分自理,能做简单的家务劳动,具有初步的卫生和安全常识,阅读和计算能力差,对周围环境辨别能力差,只能以简单方式与人交往。

（4）四级智力残疾（轻度）。

智商在 50—70 或 55—75 之间,适应能力低于一般人的水平,具有相当的实用技能,生活能自理,能承担一般的家务劳动或工作,但缺乏技巧和创造性,在一般指导下能适应社会,能比较恰当地与人交往。

在低智商儿童中,极重度占 5%,重度和中度占 20%,轻度占 75%。

## 三、能力表现的早晚差异

有的人能力表现较早,有的人能力表现较迟,人与人之间在能力表现上有早晚差异。我国古代哲学家、教育家王充说:"人才早成,亦有晚就。"[②]

## （一）能力的早期表现

能力的早期表现又称人才早熟。古今中外有些人在童年期就表现出某些方面的优异能力。例如,我国唐代诗人白居易,1 岁开始识字,5—6 岁就会作诗,9 岁已精通声韵。唐初王勃 6 岁就善于文辞,13 岁时写下了著名的《滕王阁序》,以"落霞与孤鹜齐飞,秋水共长天一色"的名句而流传千古。在近现代,我国也涌现了许多超常儿童。德国大数学家高斯 3 岁时就会心算,8—9 岁时就会解级数求和的问题（从 1 累积加到 100 的和等于首尾之和乘以级数个数的 1/2,即 5050）,他的具有重要意义的发现大部分是在 14—17 岁这个阶段作出的。俄罗斯著名诗人普希金 8 岁时就能用法文写诗。

---

[①] 朱智贤主编:《心理学大词典》,北京师范大学出版社 1989 年版,第 110 页。
[②]《论衡·实知篇》。

许多研究表明,能力的早期表现在音乐、绘画等领域中最为常见。根据哈克(Haecker)和齐汉(Ziehen)的研究,儿童在3岁左右开始显露音乐才能的情况最多,如表12-10所示。

表12-10 最早出现音乐能力的年龄阶段

| 年 龄 | 男 | 女 | 年 龄 | 男 | 女 |
| --- | --- | --- | --- | --- | --- |
| 3岁以前 | 22.4 | 31.5 | 12—14岁 | 10.7 | 6.5 |
| 3—5岁 | 27.3 | 21.8 | 15—17岁 | 2.4 | 1.0 |
| 6—8岁 | 19.5 | 19.1 | 18岁以上 | 1.2 | 0.5 |
| 9—11岁 | 16.5 | 19.6 | 合计 | 100% | 100% |

能力的早期表现,一方面要有良好的素质基础,同时与环境的早期影响、家庭的早期教育和实践活动都有密切关系。

## (二) 能力的晚期表现

能力的晚期表现又称大器晚成。我国医学家和药学家李时珍在61岁时才完成巨著《本草纲目》。画家齐白石少年时只读过半年书,做过15年木匠,后来投师学画,40岁时才表现出绘画才能,50岁时才成为著名画家。巴甫洛夫在出版《大脑两半球机能讲义》一书时已经76岁了。摩尔根提出基因遗传理论已经60岁了。达尔文在50多岁时才开始有研究成果,写出名著《物种起源》。

能力晚期表现的原因是多方面的,可能是因为年轻时不努力,后来加倍勤奋的结果;也可能是小时候智力平常,通过长期的主观努力,智力像菊花一样,到了人生的秋天才显示出绚丽多彩。

能力晚期表现的可能性与人类大脑皮质的神经细胞发展特点有关。德国解剖学家赫伯特·豪格对160名死亡时间在20—111岁的人的尸体进行了研究,发现大脑皮质的神经细胞几乎不随年龄的增长而衰亡,仅仅只是细胞的体积缩小。这种缩小一般在60岁以后开始,90岁前只缩小7%—8%。美国洛杉矶大学的一项研究表明,老年人如果新学一种语言或学科,可能促使大脑神经细胞再次增生。

## (三) 中年成才

中年是成才和创造发明的最佳年龄,是人生的黄金时代。中年人年富力强,体格健壮,精力充沛,敏锐,有创新意识。他们既有较强的抽象思维能力和记忆能力,又有较丰富的基础知识和实际经验。中年期是个人成就最多、对社会贡献最多的时期。一般认为,30—45岁是人的智力的最佳年龄阶段,其峰值在37岁左右。

有人对325位诺贝尔奖获得者作了调查,发现其中301人在30—50岁之间取得研究成果。据我国张笛梅统计,从公元600年至1960年,共1243位科学家、发明家作出1911项重大科学创造发明,王通讯等人根据相关数据作出科学人才成功曲线图,如图 12-12 所示。

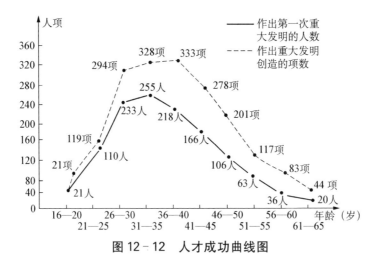

图 12-12 人才成功曲线图

美国心理学家李曼(H. C. Lehman)从 20 世纪 30 年代开始一直从事人的创造发明研究。他和他的助手对大量的科学家、艺术家和文学家等的年龄与成就的相关性进行了研究。他认为 25—40 岁是成才的最佳年龄。他的研究还表明,从事不同学科的人的最佳创造年龄是不同的(如表 12-11 所示)。

表 12-11 不同学科的最佳创造年龄

| 学科 | 最佳创造的平均年龄(岁) | 学科 | 最佳创造的平均年龄(岁) |
| --- | --- | --- | --- |
| 化学 | 26—36 | 声乐 | 30—34 |
| 数学 | 30—34 | 歌剧 | 35—39 |
| 物理 | 30—34 | 诗歌 | 25—29 |
| 实用发明 | 30—34 | 小说 | 30—34 |
| 医学 | 30—39 | 哲学 | 35—39 |
| 植物学 | 30—34 | 绘画 | 32—36 |
| 心理学 | 30—39 | 雕刻 | 35—39 |
| 生理学 | 35—39 | | |

创造发明有最佳年龄阶段,但并不是说在这个年龄阶段之外就不可能有所创造、有所发明。人才有早熟,也有大器晚成。在这催人奋进的时代,科学技术飞速发展,知识日新月异。随着社会进步,科学和教育质量的提高,创造发明的最佳年龄将向两端延伸。成才的峰值将会大大提早。

## 第五节 能力的测量

能力测量就是确定能力的广度和发展水平。能力测量用于测定儿童的智力,以利于因材施教;应用于对各种专业人员的选拔,以利于人尽其才;能力测量还能对某些心理疾病作出早期诊断和检验智力结构理论,等等。能力测量可以有不同的分类。按能力种类分,有智力测验、特殊能力测验和创造力测验。按测量方式分,有个人测验和团体测验。按测量内容的表达形式分,有文字测验和非文字测验。

### 一、智力测验

智力测验是通过测量的方法来衡量人的智力水平高低的一种科学方法。智力测验又称普通能力测验,在心理测验中影响最大。

智力测验的思想在我国古代学者的著作中就有所反映。孟子说:"权,然后知轻重;度,然后知长短。物皆然,心为甚。"①孟子认为心与物皆具有一种可测量的特性。三国时刘劭在《人物志》一书中指出:"观其感变以审常度",意思是根据一个人的行为变化可以推测他的心理特点。我国自古以来就有七巧板、九连环等智力游戏、测验的工具。虽然智力测验的思想源远流长,判断一个人智力高低的方法也有许许多多,但是用科学方法把测验编制成量表来测量一个人的智力是从法国心理学家比奈开始的。比奈和西蒙编制了世界上第一个智力测验量表,即比奈—西蒙量表。后来,美国心理学家韦克斯勒编制了新的智力量表。当前国际上常用的智力测验有两种:斯坦福—比奈智力测验和韦克斯勒智力测验。

#### (一)斯坦福—比奈智力测验

1905年比奈(A. Binet)和西蒙(T. Simon)根据鉴定低能儿童的需要编制了一个智力量表,称比奈—西蒙量表。比奈—西蒙量表共有三个量表,每一个新量表都是在前一个量表的基础上修订的。

美国斯坦福大学心理学家推孟对比奈—西蒙量表进行了修订,使它进一步标准化,称斯坦福—比奈量表。斯坦福—比奈量表于1916年出版。已于1937年、1960年、1972年、1986年和2003年作了五次修订。

智龄(智力年龄)是比奈首先正式提出的,用以表示智力所达到的某一年龄水平。量表中除成人组外,每个年龄组都有六个条目,每个条目代表两个月的智力。

在1960年的量表中,2岁组的项目主要测验被试的感觉—运动能力、执行指示和辨认身体和物体各部分的能力;10岁组的项目包括许多抽象概念,强调言语技能;成人组的项目几乎全部是符号、言语和抽象材料。

---

① 《孟子·梁惠王上》。

在测验时,如果一个10岁的儿童通过10岁组的全部项目,那么他的智龄就是10岁。如果他还通过11岁组的两个项目(代表4个月)和12岁组的一个项目(代表2个月),他的智龄就是10岁6个月。

智商是智力年龄与实足年龄之比率,为了避免计算中出现小数,将商数乘以100。其公式为:

$$智商(IQ) = \frac{智力年龄(MA)}{实足年龄(CA)} \times 100$$

一个实足年龄10岁的儿童,如果他的智力年龄是10岁,那么他的智商 $= \frac{10}{10} \times 100 = 100$;如果他的智力年龄是11岁,那么他的智商 $= \frac{11}{10} \times 100 = 110$;如果他的智力年龄是9岁,那么他的智商 $= \frac{9}{10} \times 100 = 90$。

1986年由美国心理测验学家桑代克(E. L. Thorndike)等人修订的该量表的第四版出版了,它被认为是一个新颖而现代化的智力测验工具,称为斯坦福—比奈量表第四版。该量表内容广泛,有15个分测验,可以提供被试的一般推理能力分数(总智商),还可得到四个领域(语言推理、数量推理、抽象视觉的推理和短时记忆)的分数和15个分测验的分数。通过该量表就能了解被试认知功能和信息处理技能方面的详细资料。

2003年根据美国2000年人口普查结果、在由4800个人组成的样本的基础上修订出版的斯坦福—比奈量表,称为斯坦福—比奈量表第五版。经研究使用,该量表被称为"最有威望的量表",适合年龄2—85岁的人使用,信度和效度都相当高。

该量表包括非言语的和言语的两个方面,五个因素(工作记忆、视觉空间处理、定量推理、常识、流体推理),如表12-12所示。

表12-12 斯坦福—比奈量表第五版

| | | 范围 | |
| --- | --- | --- | --- |
| | | 非言语 | 言语 |
| 因素 | 流体推理<br>常识<br>定量推理<br>视觉空间处理<br>工作记忆 | 流体推理<br>常识<br>定量推理<br>视觉空间处理<br>工作记忆<br>全量表智商 | 流体推理<br>常识<br>定量推理<br>视觉空间推理<br>工作记忆 |

资料来源:陆德,《斯坦福—比奈智力测验第五版》,2002年。

在我国,1924年对比奈—西蒙量表进行修订,1936年陆志韦和吴天敏进行第二次修订,1982年经吴天敏再修订后称为《中国比奈测验》。

## (二) 韦克斯勒智力测验

美国心理学家韦克斯勒为编制新的智力量表作出了贡献,他编制的主要是三套智力量表,即韦克斯勒成人智力量表、韦克斯勒儿童智力量表、韦克斯勒学前和初小儿童智力量表。每套量表都包括言语和操作两个分量表。整个韦克斯勒智力测验量表适用的年龄范围包括从幼年到老年。韦克斯勒还首创了离差智商,用以代替过去的比率智商。

(1) 韦克斯勒幼儿智力量表(wechsler preschool and primary scale of intelligence,简称WPPSI)适用于4—6岁半的儿童,发表于1967年。1989年修订后,称WPPSI-R。

(2) 韦克斯勒儿童智力量表(wechsler intelligence scale for children,简称WISC)适用于6—16岁儿童,初版发表于1949年,修订本发表于1974年。美国心理公司又对该量表进行组织修订并建立新的常模,1991年正式出版了韦克斯勒儿童智力量表第三版。新版本基本上能代表目前美国儿童的全域,并增加了"符号搜索"这一分测验,使主试有可能测量到儿童认知能力的第四个方面(在此之前,语言理解、知觉组织和克服分心被称为认知能力的三个因素),如表12-13所示。

表12-13 WISC-Ⅲ中12个分测验和智力因素

| 因素Ⅰ | 因素Ⅱ | 因素Ⅲ | 因素Ⅳ |
| --- | --- | --- | --- |
| 知识 | 图画补缺 | | |
| 相似性 | 图片排列 | | |
| 词汇 | 积木图案 | 算术 | 译码 |
| 理解 | 物体拼配 | 数字记忆广度 | 符号搜索 |

(注:手册中未列有迷津分测验)

韦氏儿童智力量表第四版(WISC-Ⅳ),已于2003年出版,由张厚粲主持,于2007年完成中文版修订,已通过中国心理学会专家鉴定并付诸应用。中文版功能与原版保持一致,内容变化很大,除总智商外,还通过合成分数组成言语理解、知觉推理、工作记忆和加工速度四个指数,并有特殊群体研究,并且还支持临床应用[①]。

(3) 韦克斯勒成人智力量表(WAIS)简称韦氏成人智力量表,适用于17—74岁的成人,该量表初版发表于1955年,修订本发表于1981年,包括11个分测验,表12-14是韦氏成人智力量表的名称和内容。

韦克斯勒智力测验不仅可以算出全量表智商,而且还可以算出被试的言语智商和操作智商以及各分测验的量表分。因此,韦克斯勒智力量表不仅可以了解被试的一般智力高低,

---

① 张厚粲:《韦氏儿童智力量表第四版(WISC-Ⅳ)中文版的修订》,《心理科学》2009年第5期。

表 12-14　韦氏成人智力量表的名称和内容

| 测验名称 | 测验内容 | 测验名称 | 测验内容 |
|---|---|---|---|
| 言语量表 |  | 操作量表 |  |
| 知识 | 知识的保持和广度 | 译码 | 学习和书写速度 |
| 理解 | 实际知识和理解与判断能力 | 图片补缺 | 视觉记忆及视觉理解能力 |
| 算术 | 算术推理能力 | 积木图案 | 视觉的分析综合能力 |
| 相似性 | 抽象概括能力 | 图片排列 | 对故事情境的理解能力 |
| 数字记忆广度 | 注意力和机械记忆能力 | 物体拼配 | 处理部分与整体关系的能力 |
| 词汇 | 语词知识的广度 |  |  |

而且还可以了解被试各种智力的高低。这样就可以在人与人之间进行具体的比较，了解一个人的智力结构。韦克斯勒智力量表中有相当比重的操作量表，这就可以了解被试的操作能力，而且适用于非英语的被试和文盲。在医学上，韦克斯勒智力量表可以用来诊断疾病。

韦克斯勒智力量表中的一项改革就是采用了离差智商。传统的比率智商和实足年龄是直线比例关系，即智龄随实足年龄不断增长。实际上并非如此，到了一定年龄，智龄不再随实龄增长。例如，按传统的比率智商计算，一个人在 20 岁时智商为 130，到了 40 岁时智商则为 65，就降为低常了。离差智商解决了这个矛盾。离差智商用以确定被试的智力在同龄人中的相对位置，它实质上就是一个人的成绩和同年龄组被试的平均成绩比较而得出来的相对分数。

韦克斯勒假定，人们的智商是平均数为 100 和标准差为 15 的正态分布。离差智商的计算公式是：

$$离差智商 = 100 + 15Z$$

其中 $Z = \dfrac{X - \bar{X}}{S}$

上述公式中的 $Z$ 代表标准分数，$X$ 代表个体测验得分，$\bar{X}$ 代表团体的平均分数，$S$ 代表团体分数的标准差。

例如，某个年龄组的平均分数为 80 分，标准差是 10 分，A 得 90 分，他的标准分数为 $\dfrac{90-80}{10} = +1$，代入公式：

$$离差智商 = 100 + 15(+1) = 115$$

当前，智力测验在新型的智力理论影响和各项实践活动的要求下，编制和修订了许多量表；并且重视相应的智力培训程序。我国心理学工作者在把智力测验应用于教育、工业、医学和人才选拔等方面作出了成绩。智力测验经过心理学家的辛勤劳动，不断修订，得到了发展。但由于智力活动的复杂性，当前所用的智力测验还应该在辩证唯物主义思想的指导下，综合运用当代先进的科学技术，在实践中使它进一步完善。

## 二、特殊能力测验

智力与各种特殊能力之间的相关并不大,各种特殊能力都有自己的结构。为了测定从事某种专业活动的能力,就要对这种活动进行分析研究,找出它所要求的心理特征,然后根据这些心理特征,列出测验项目,设计测验,以便测量特殊能力。

主要的特殊能力测验有以下几种。

### (一) 音乐能力测验

美国衣阿华大学西肖尔(C. E. Seashore)等人对音乐能力进行了开创性的研究。1939 年他们编制了最早的音乐能力测验。该测验刺激是由唱片或磁带呈现,主要评估听觉辨别力的六个方面:音高、响度、节拍、音色、节奏和音调记忆。他们认为这些能力是音乐全面发展的基础。该测验适用于小学生到成年人的年龄范围,按六个等级评分,每次测验约需 10 分钟。该测验可用于个别测验,也可用于团体测验;可作为音乐学校入学考试的一种能力测验,也可作为学生入学后定期检查其能力发展变化的测验。图 12-13 是用西肖尔音乐才能测验测量两个被试的结果。后来的音乐测验采取了更复杂的内容。比如,由温格(H. D. Wing)等人编制的温格音乐能力标准化测验适用于 8 岁以上儿童,以钢琴音乐为材料,从八个方面计分:和弦分析、音高变化、记忆、节奏重音、和声、强度、短句和总体评价。又如,戈登(E. Gordon)等人编制的音乐能力倾向测验用录音机进行,测量三种基本音乐因素:音乐表达、听知觉和音乐情感动觉。

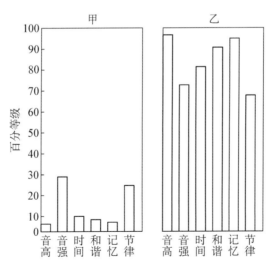

图 12-13 两名被试音乐才能测定的比较

### (二) 美术能力测验

美术能力测验可分为美术欣赏能力测验和美术创作能力测验。

梅尔(N.C. Meier)等人编制的梅尔美术测验主要是测量被试的美术欣赏能力。该测验把许多名画用黑白色印出,有100对著名的艺术图片,每对中有一张是原作,另一张是经过改动的作品,要求被试判断哪一张更好。

美术创作能力测验一般要求被试对所提供的线索性轮廓加以补充,使之成为图画。如图12-14,要求被试用A中的线条完成一幅图画,B是一名被试所完成的作品。

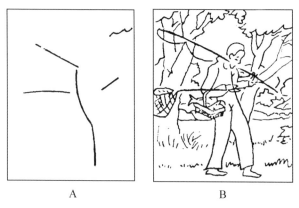

图 12-14 美术创作能力测验

### (三) 飞行能力测验

在第二次世界大战时,美国心理学家从心理方面选拔飞行员,使飞行员的淘汰率由20年代的65%下降到36%。我国心理学家也进行了飞行能力的心理品质调查和测验。飞行能力是一种特殊能力,是各种心理品质的有机结合。"可以这样认为,飞行能力与一个人的感知觉辨别、反应灵活性、注意力分配、手脚动作协调等心理品质有着密切关系。"①

### (四) 机械能力测验

机械能力测验主要有:明尼苏达空间关系测验和贝内特机械理解测验。研究表明,机械能力包括空间知觉、机械理解、动作敏捷性等多种成分。有人认为,存在着机械能力的普遍因素。在机械能力测验时,男性在空间知觉和机械理解上得分高;女性则在动作敏捷性上得分高。

### (五) 文书能力测验

文书能力测验主要有:普通文书能力测验和电子计算机程序编制与操作测验。文书能力测验包括与智力测验相类似的题目以及测量知觉速度和准确性的题目,这是因为文书工作中需要言语、数学能力、动作敏捷性和觉察异同的快速性等能力。

---

① 荆其诚、林仲贤主编:《心理学概论》,科学出版社1986年版,第471页。

## （六）数学能力测验

数学能力测验适用于中小学生，有 26 个系列的题目，包括具有多种解法的题目、正向和逆向的题目、序列题目以及与空间概念有关的题目等，用来测量学生数学能力的发展水平。

## 三、创造力测验

从 20 世纪 50 年代末期开始，在 J. P. 吉尔福特提出创造力理论后，心理学工作者针对过去智力测验的不足之处，编制了着重测量发散思维的创造力测验。目前所编制的创造力测验还主要是实验的形式，用于科学研究，测验的题目多属开放型，在评分和确定测验效度和信度方面都有困难。

主要的创造力测验有以下几种。

### （一）南加利福尼亚大学发散性思维测验

美国南加利福尼亚大学吉尔福特和他的同事编制了一套发散性思维测验。测验项目有：语词流畅性、观念流畅性、联想流畅性、表达流畅性、非常用途、解释比喻、用途测验、故事命题、事件后果的估计、职业象征、组成对象、绘画、火柴问题和装饰。其中前 10 项要求言语反应，后 4 项要求用图形内容反应。

图 12-15 是组成对象测验题，图 12-16 是火柴问题测验题。

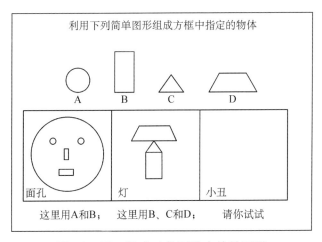

图 12-15 组成对象测验中的练习题

### （二）托兰斯创造思维测验

美国明尼苏达大学托兰斯（E. P. Torrance）等人编制了另一个著名的创造力测验。该测验共有三套，共 12 个分测验。为了减少被试的心理压力，托兰斯用"活动"一词来代替"测验"一词。第一套是词语创造思维测验，第二套是图画创造思维测验，第三套是声音语词创造思维测验。

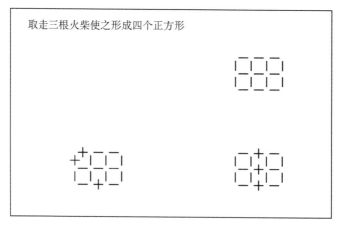

图 12-16 火柴问题测验的演示题

图 12-17 是图画创造思维测验中的一项活动,要求被试完成图形(上面是给被试提供的线条,下面是根据线条可能作出的图形)。

图 12-17 托兰斯完成图形

测验时用四个标准评分:流利(中肯反应的数目);灵活(由一种意义转到另一种意义的数目);独特性(反应的罕见性)和精密(反应的详细和特殊性)。被试从整个测验中得到一个总的创造力指数,代表个体的创造性思维的水平。

该测验适用于从幼儿到研究生的文化水平,普遍采用集体测试的方法,对于小学四年级以下的学生,一般用个别口头测试。

### (三) 芝加哥大学创造力测验

美国芝加哥大学心理学家盖泽尔斯(J. W. Getzels)和杰克逊(P. W. Jackson)等人根据吉尔福特的思想对青少年的创造力进行了深入的研究,在 20 世纪 60 年代初编制了芝加哥大学创造力测验,该测验包括下列五个项目:语词联想测验、用途测验、隐蔽图形测验、完成寓言测验、组成问题测验①。

这套测验适用于小学高年级至高中阶段的青少年,适用于团体测试,并且具有时间限制。

### (四) 中学生语义创造能力测验

东北师范大学李孝忠等人,进行了中小学生创造能力的综合指标和成套测验研究,并且编制了中学生语义创造能力测验②。该测验是以综合指标编制的,是我国心理学家自己编制的创造能力测验,适合我国的国情,并且具有较好的信度和效度。该测验包括两个分测验(如表12-15所示)。

表12-15 中学生语义创造能力测验

| 分 测 验 | 测 验 项 目 |
|---|---|
| 1. 创造性性格测验 | 独立性 自信心 好奇心 冒险 敢为 表达欲 想象幻想 敏感 |
| 2. 语义发散思维测验 | 语义单元 语义类别 语义关系 语义系统 语义转换 语义蕴含 |

许多心理学工作者研究了创造性和实际创作作品之间的关系。戴温(Dewing)在1970年,以400名七年级男女儿童为被试,发现创造性和独创性作文等有显著相关。瓦拉奇(M. A. Wallach)等人以500名大学生作为被试,发现思维的流畅性和创造性作品之间有明显相关。思维流畅性能够预测许多领域中的成就(如图12-18所示)。③

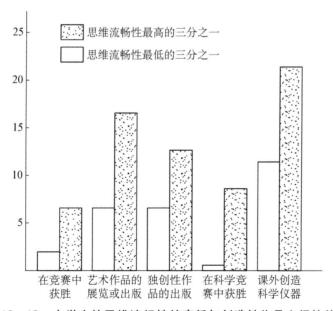

图12-18 大学生的思维流畅性的高低与创造性作品之间的关系

---
① 索里、吉尔福特著,高觉敷等译:《教育心理学》,人民教育出版社1982年版,第588—589页。
② 李孝忠:《研究适合中学的新型创造力测验》,《中国教育报》1999年4月18日。
③ 利伯特等著,刘范等译:《发展心理学》,人民教育出版社1983年版,第475—476页。

创造力的测验是时代的需要。当前,创造力测验的信度一般要比智力测验的信度低。但创造力测验在一定程度上还是能够预测一个人创造成就的大小。

## 名词解释

能力　智力　流体智力　晶体智力　情绪智力　一般能力　特殊能力　高智商儿童　低智商儿童　能力的早期表现　中年成才

## 思考题

1. 试述能力和知识的关系。
2. 智力结构的学说给了我们什么启示?
3. 能力的个别差异表现在哪几个方面?试举例说明。
4. 试述影响能力发展的因素。
5. 简述智力的三元结构理论。
6. 简述当前国际上常用的智力测验。

# 第十三章 学习心理

## 第一节 学习过程概述

### 一、学习过程的实质

学生的主要任务是学习。知识的获得是通过学习过程来实现的。那么什么是学习呢?许多心理学家曾给学习下过定义。比如,行为主义者把学习定义为"由经验引起的行为的相对持久的变化"。他们强调了后天经验的作用,同时明确指出,只有相当持久地保持下来的习得的行为变化才属于学习范畴,因适应、疲劳或药物所引起的行为变化则不属于学习范畴。又如,认知心理学者加涅把学习定义为"人的倾向或能力的变化,但这种变化要能保持一定时期,且不能单纯归因于生长过程"。这一定义基本上与行为主义者所下的定义相一致。所不同的是,加涅认为学习实质上不是外部的变化,而是内在能力和倾向的变化。尽管内部的变化必须根据外部的行为来推测,但有时候两者并不一致,所以要经过多次观察和测量才能对内在变化作出适当的推测。

概括地说,学习是个体经验的积累过程。它包括两个方面:经验的获得和保持。前者是学习过程的主要方面,但必须看到,相对持久地保持是学习过程的本质内容之一。

### 二、影响学习过程的内部因素

学生学习新知识时,学习的准备状态在一定程度上影响着他的学习效果。这种影响学习的内部因素除了个体的成熟之外,还包括学生已有的学习态度、学习兴趣、学习迁移、学习情绪、学习动机,以及学习疲劳与学习的心理卫生等。

#### (一) 学习态度

这是指学习者对学习的较为持久的肯定或否定的内在反应倾向。它是在后天环境中习得的,也是可以通过教育加以改变的。教师可以通过学生对待学习的注意状况、情绪倾向与意志状态,及对其学习态度加以判定。

#### (二) 学习兴趣

这是指学习者力求探究事物并带有强烈情绪色彩的认识倾向。它在学习活动中表现出来,也在学习活动中得以培养,并可成为学习动机中最现实和最活跃的因素。它可使学生的学习活动变得积极、主动,从而使学习获得良好的效果。学习兴趣包括直接兴趣和间接兴趣两种。前者是由学习活动本身引起的,后者是对活动的结果所产生的兴趣。在学习活动中这两种学习兴趣常常融合在一起。

## (三) 学习迁移

这是一种重要的学习能力。它是指一种学习对另一种学习的影响,也是将学得的经验有变化地应用于另一情境的能力。无论是知识、技能(包括动作的或实验操作性技能)、态度和学习方法都可以迁移。如学会了自行车有助于掌握骑摩托车的技能;学会了数学的审题技能有助于掌握物理的审题方法。学习迁移是在教学过程中学生通过教师的帮助辨别有意义的刺激,学会在变化着的背景中认识相同的概念和原理的结果。迁移能力对学习的影响很大,如果学生在某一学科中获得的某种知识、技能、态度和方法,能够应用于其他的学科或校外生活的情境之中,那么,那些他已经获得的知识、技能就能举一反三地再造或创造出新的经验或成果,学习过程就会加快。

学习迁移有多种表现形式。已经掌握的知识、技能、态度和方法等对于新的学习发生积极的作用,称为正迁移;如果产生消极的影响,即干扰另一种学习,称为负迁移,又称干扰。先前的学习对后继的学习起影响作用,称为顺向迁移;后继的学习对先前的学习起影响作用,称逆向迁移。顺向迁移和逆向迁移都有正迁移和负迁移之分。一般意义上的学习迁移是指正迁移。

## (四) 学习情绪

这是指学生在学习情境中比较持久或经常表现出来的情绪状态。研究发现,情绪开朗、稳定,并敢于发问,又有良好的自我情操(自我控制)以及适宜的焦虑水平的学生,获得的学习成就较高。研究还发现,有高焦虑水平的学生在完成简单的学习任务时比其他学生完成得更好,而在完成困难的学习任务时,则比其他学生完成得更差。因为高焦虑会削弱学生在学习复杂材料时所必须具有的高度集中的注意力。

## (五) 学习动机

学习动机作为学习活动的内在动因,对于学习过程的影响极大,它直接影响着学习目标的实现。本章第三节将详述这部分内容。

## (六) 学习疲劳和学习的心理卫生

学习疲劳是指因长时间持续进行学习而在生理、心理上所产生的劳累状态。学习疲劳会使学习效率下降,学习进程变慢,甚至不能继续学习。一般在学习文化知识中常见的学习疲劳是心理疲劳,而不是身体疲劳。心理疲劳可能由学习中过分紧张地注意、持久地记忆和积极地思维所引起,也可能由学习内容的单调或缺乏学习兴趣所引起,或者是由异常的温度、湿度、噪音和光线不足等外部环境的因素所引起。

学习的心理卫生是指在学习活动中应当注意的心理健康方面的要求,尤其是指用脑卫生的要求。注意用脑卫生的学生的学习效率会大大高于不注意用脑卫生的学生。

## 第二节　有关学习过程的理论

有关学习过程的理论有好几种。本章主要介绍学习的行为理论、学习的认知理论和学习的建构理论。

### 一、学习的行为理论

这是由美国的教育心理学家桑代克首创的一种学习理论,是刺激—反应的联结理论在学习领域中的发展。桑代克指出,学习的实质在于形成一定的联结,"学习即联结,亦即个人的联结系统"。他通过动物的开门取食实验发现,一定的联结是经过尝试错误而确立的。在尝试错误的过程中,某种联结能否确立,受到练习律、效果律和准备律的制约,不含有推理或观念的作用。练习律说的是,在尝试错误的过程中,经过反复练习,获得满意"效果"的动作会逐渐增加(联结加强),其余动作会逐渐消失(联结变弱)。效果律说的是,在尝试错误的过程中,一定的反应伴有积极的后果(满意、奖赏)时,就被保留,从而成为可得的反应;如果一定的反应伴有消极的后果,使之烦恼,受到伤害、挫折等,那么,联结的力量就会削弱。准备律说的是,当一个传导单位准备好传导时,传导过程不受任何干扰,就会引起满意之感;如果当一个传导单位准备好传导时,却不得传导,就会引起烦恼之感;或者一个传导单位未准备传导,强行传导也会引起烦恼之感。准备律是对效果律的补充。

当代的学习行为理论的代表人物是美国的新行为主义者斯金纳。斯金纳通过操作性条件反射的实验得出了以下结论:学习过程就是外界环境的刺激与有机体的反应之间建立联结或联系的过程(即 S-R 过程)。他在研究操作性条件反射的形成过程中,概括出了强化作用(正强化和负强化)、泛化作用与消退作用等学习规律,并用他的强化理论设计了程序教学及机器教学来改革传统教学,即以合理的小步子的学习程序和及时地给予学习反馈(强化)来控制学习过程的教学新手段。

学习的行为理论把学习归结为刺激—反应的联结的形成,注重的是行为的外部现象与条件的探索,其主要缺点是忽视了学习的内在过程与对内部条件的研究。

### 二、学习的认知理论

学习的认知理论源于德国古典的格式塔学派的观点,是由认知心理学家提出的一种学习理论。学习的认知理论强调,学习是学习者头脑内部认知结构的变化。但是,不同的认知心理学者所提出的学习理论又不完全相同,它可以分为学习的认知—场理论、学习的认知—发现说、学习的认知—同化说和学习的认知—指导说。下面分别加以阐述。

#### (一) 学习的认知—场理论

学习的认知—场理论以美国的心理学家比格(M. L. Bigge)为主要代表。这种理论继承和发展了格式塔心理学的认知观念和勒温(K. Lewin)场理论中的一些基本概念,认为学习是获得顿悟或改变顿悟的过程。所谓顿悟,指的是人对事物之间逻辑关系的豁然领悟的基本感受或认识,是对事物的意义的突然了解或理解。该理论认为,学习是主体主动地在头脑内部构造完形、形成认知结构的过程。强调学习主体具有一种组织的功能。学习过程也是依据其长时记忆系统中的认知结构和当前的刺激情境在头脑中进行分析、概括、组合的过程。人在学习过程中形成和发展着一定的认知结构,并影响着他以后的行为。

### (二) 学习的认知—发现说

这是由美国心理学家布鲁纳提出的一种学习理论。布鲁纳否认学习是被动地形成刺激—反应之间直接的联结,他认为,学习应当是主动地形成或重组认知结构的过程。学习是主动地获取知识和发现知识,而不是被动地接受知识。他强调,学生学习知识的过程是一个发现过程。所谓发现,是指一个人按自己的方式把获知的事物组织起来(即加以分类或类别化)的一种活动,也是指学生用自己的头脑亲自去获得知识的过程。

比如,布鲁纳向学生呈现一个由积木拼成的正方形(如图 13-1 中左一图所示),告诉他们这个图叫 $x$ 正方形(即由 $x$ 乘 $x$ 个积木块构成)。接着问:你们能拼成比这个正方形更大的正方形吗?学生轻而易举地拼出了另一个正方形(如图 13-1 左二图所示)。接着,要求学生描述他们拼成的图形。学生说:"我们拼成的这个正方形是一个 $x$ 正方形加上两个 $x$ 长度,再加上一个单元。"在此基础上,布鲁纳告诉学生:"我们还有另一种用边表示大家所拼的正方形的方法,即 $(x+1)(x+1)$。"由于这是表示同一个正方形的两种基本方法,所以可以写成 $x^2+2x+1=(x+1)(x+1)$。依此类推,学生学会了可将图 13-1 右边两个图分别写成 $(x+2)(x+2)=x^2+4x+4$ 和 $(x+3)(x+3)=x^2+6x+9$。这种学习方法就是布鲁纳所说

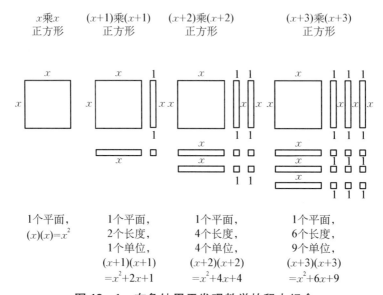

图 13-1 布鲁纳用于发现教学的积木组合

的让学生用自己的头脑亲自去获得知识的过程。即当学生只有一部分资料提供时,也能进行智力推测,作出可能的解答。其目的是为了培养学生独立思考和发现问题的能力。

因此,布鲁纳认为,学习任何一门学科的最终目的是构建学生良好的认知结构。为此,教师应当首先明确所要构建的学生的认知结构包含哪些组成要素,并最好能给出各组要素的排列和组织的图解,以有助于学生亲自发现应得的结论或规律,使学生成为发现者,而且能把书本上死的知识变成学生自己活的知识。

### (三) 学习的认知—同化说

这是由美国心理学家奥苏伯尔(D. P. Ausuble)提出的一种认知学习理论。奥苏伯尔根据学习的内容和已有知识经验之间的关系把学习分为有意义学习和机械学习两类。他主张有意义学习,反对机械学习,并认为学生的学习主要是有意义学习。多数的有意义学习是新旧知识同化的过程,是通过同化而实现的。所谓同化,就是指学习者在学习过程中把新的信息归入先前有关的一类认知结构中去,或是吸收了新的信息之后使原有的认知结构发生某种变化。比如,学生在清晰地掌握了"哺乳动物"这一概念之后,学习"鲸"这个新概念时,只要说明"凡具有胎生和哺乳两个特征的动物是哺乳动物,鲸具有这两个特征,所以也是哺乳动物"。这个学习的过程就是概念同化的学习过程。奥苏伯尔认为,同化学习有归属学习、归总学习和联合学习三种方式。倘若学生在学习正方形、长方形、三角形时已形成了轴对称图形概念,在学习圆时,教师告诉学生"圆也是轴对称图形",学生很快就能理解这一新命题的意义——这种学习属于归属学习。倘若教师让学生通过比较讲台面、桌面、教室地面、墙面、操场等的面积大小,最后概括出"面积就是平面图形或平面物体的大小"这一定义——这种学习属于归总学习。倘若学习一种新的关系(如需求与价格的关系)时,从已知的关系(如热与体积的关系)中找到某些共同的特征,从而理解其意义——这种学习属于联合学习。

总之,学习的认知—同化说强调新知识的获得依赖于认知结构中原有的适当概念,依赖于新旧知识的相互作用,使新旧意义同化,进而形成更为高度分化的认知结构。该理论强调,学习者的积极主动精神和在认知结构中找到适当的同化点。它与布鲁纳的认知—发现说所不同的是,布鲁纳更强调发现,奥苏伯尔更强调接受。

奥苏伯尔认为,学生在教师指导下接受事物意义的学习过程就是概念同化过程。它是课堂教学的重要形式。不过,这种接受学习一般更适合于年龄较大、知识经验较为丰富的人。

### (四) 学习的认知—指导说

这是由美国的教育心理学家加涅等人提出的一种认知学习理论,又称累积学习理论。他认为,学习是形成越来越复杂和抽象的认知结构的过程。他把人类学习的过程与计算机处理信息的过程进行类比,并强调,在学习过程中,学习者必须把新输入的信息与过去的经验联系起来,并对它进行加工,纳入已有的认知结构之中,或依次建立新的结构,作为高一级学习的基础。由于他认为所有的学习都是通过一系列的内在心理动作对外在信息加工的过程。其中包括信息的输入、加工处理与输出，故又被称为信息加工学习理论。该理论认为，学习的实质就是对信息进行心智加工。它是一种主动的加工过程。

加涅指出，人的学习行为有八个有机联系的系统：动机、领会、获得、保持、回忆、概括、作业、反馈。在教学中，教师必须依据学习过程的这八个阶段的不同要求，给予不同的指导；学生必须将外部输入的信息转换为长时记忆状态的信息，必要时能以作业的形式输出，并逐渐地由简单的低级学习向复杂的高级学习发展。

### 三、学习的建构理论

学习的建构理论兴起于20世纪90年代。该理论是在传统的认知学习理论基础上发展起来的。它主张学生对知识的"接受"只能靠他们自己的建构来完成，以他们自己的经验、信念为背景（即知识背景）来分析知识的合理性。这就决定了每个学生的建构都是一个独特的信息加工过程，而不是学习的行为理论所描述的刺激—反应过程，也不仅仅是学习的认知理论所述的旧知识对新知识的同化过程，以及信息的输入、存储和提取的过程。该理论认为，学生所学知识的意义并不是简单地由外部信息决定的。外部信息本身没有意义，意义是学习者通过新旧知识经验间反复的、双向的相互作用过程而建构起来的。学习者以自己原有的经验系统对新信息进行编码和吸纳，建构自己对知识的理解。同时有些知识又因新经验的进入而发生调整、改变和结构重组。

学习的建构理论强调了学习过程的独特性和双向建构性，并认为，学生的学习是在学校这样一个特定的环境中，以及在教师的指导下进行的，因此这种特殊的建构活动具有明显的社会性质。它是一种高度社会化的行为，而不是一种孤立的个人行为。根据学习的建构理论，教师和学生以及学生和学生之间的相互作用即情境和社会交流对学习活动有重要影响。因此，它十分强调向学习者提供有意义的情境和合作式学习，强调通过教与学的互动和学习者共同体（小组）之间的交互学习来建构学生完整的知识经验。

总之，学习的建构理论强调学生经验世界的丰富性和差异性，强调学习的主动建构性和社会互动性，教师应当创设理想的学习环境，促进学生的自主建构活动。

由于学习活动十分复杂，上述的各种理论都只是从某一方面阐述了学习过程，至今还没有一种能够对学习过程作出完满解释的理论。对于这些学习理论，我们应当采取分析的态度，取其精华，为我所用。

## 第三节 学 习 动 机

### 一、学习动机与学习目的

人的活动总是从一定的动机出发，并指向于一定的目标，学习活动也同样如此。人的学习动机是指激起人去从事（或抑制）学习活动的内部推动力，又称学习的动力。任何学习动机总是指向于某一目标。在我国,学生的学习动机主要指向于使自己成为德、智、体、美、劳全面发展的人才这个总目标,以及指向于掌握知识、技能、学习方法、良好的行为习惯,发展能力或智力等具体的目标。

学习目的就是指学习者通过学习所要达到的目标和结果。它与学习动机既有区别又有联系。学习动机是促使学生去达到学习目的的某种动因,说明学生为什么要达到该目的。具有同一学习目的的学生,其学习动机可能不同;学习动机相同的学生,其学习目的也可能不尽相同。有的目标比较浅近些,有的目标比较远大些。有时候,学习动机又可以与学习目的互相转化,或者说是一致的。比如,为使自己成为德、智、体、美、劳全面发展的人而努力学习,既可能是推动一个人努力学习的内在原因,又可能是其所要达到的目标和结果。前者指的是学习动机,后者指的是学习目的。

学习动机与学习目的的区别在于:①学习动机是比学习目的更为内在、更为隐蔽、更为直接推动人去学习的因素。②一种动机可以有若干个局部的或阶段性的具体目标,同一种学习动机可以体现在目标不同的学习活动之中。③同一种学习目的可能出自不同的动机,或者在同时存在几种动机的条件下,主导动机却是不相同的。这里所说的主导动机是指一个人的复杂而多样的动机结构中最强烈、最稳定的动机,或者说是相对具有更大激励作用的动机。例如,为了掌握某种学习方法,或是为了掌握某种知识、技能等。

正因为学习动机和学习目的之间存在着差别,所以,学生的学习行为的目的尽管大致相同,却可因其不同动机而具有不同的心理内容,也可因其不同动机而获得不同的社会评价。

## 二、学习的内部动机与外部动机

研究学习动机对于指导学生的学习行为和人格发展具有重要的意义。

学习动机是学生从事学习活动的内在动因,是内部(个人)的因素和外部(环境)的因素相结合的结果。例如,学生的成就动机并不只依赖于他自己想要取得好成绩或胜过他人,也依赖于他在班级中可能得到的发展条件。但是,按照德西在《内部动机》一书中提出的认知期望理论,有内部动机的行为是更有价值的行为。他把动机分为内部动机和外部动机两类,并研究了外部动机对内部动机的不同影响。详见第八章第三节(动机及其激发)。

学生的成就动机、交往动机、有社会性目标或个人成长目标的动机,以及兴趣、爱好、好奇心,表现自己才能的动机,都属于内部动机。相反,出于教师、家长等人的外部压力(怕学习成绩不好受惩罚),或者是为了获得物质报酬、金钱等的动机,都属于外部动机。比如,一个对数学课感兴趣,并认为自己的数学能力较好的学生,在期终考试之后仍会保持对这门课程的兴趣,并能控制自己学习数学的行为。他具有的是内部动机。但是,学生对所学的每一门课程并非都是有内在兴趣和才能的,例如,在开始学习外语时可能是单调乏味的,只有当他们获得了一些知识、技能之后才会感到有某种乐趣。所以,教师在教学过程中也可以适当激发学生的外部动机来调动他们的学习积极性。

那么,外加的激励因素,如分数、奖金、奖品等,尤其是外部奖励对于学生的内部动机是否总是有积极的影响呢?德西的研究表明,外部奖励既会积极地影响一个人的内部动机,也会消极地影响一个人的内部动机。这主要看教师在施行外部强化时强调的是控制方面,还是信息方面。

强调控制方面的教师,事先以奖品、奖状或金钱来控制学生的学习;强调信息方面的教师在激起内部动机之后给予学生一定的奖品、奖状等外部强化。比如,学生数学考到80分以上时,教师以某种奖品来肯定学生学习水平的提高,提供的是能力的信息。

外部奖励对于内部动机的影响主要取决于如何奖励,即在给予外部奖励的实际情境中突出的是哪一方面。如果突出的是能力方面的信息,会加强他们的内部动机;如果突出的是受外界控制的方面,就会削弱其内部动机。

另外,值得注意的是:如果教师对于学生已感兴趣的任务提供奖励,其效果反而不佳。因为这样会使他们失去对活动本身的兴趣,转而把奖励当作其学习动机。这一现象被心理学者称为过度辩护效应。因为一种已具有某种合理化理由的活动因承诺增加的奖励而变得过度合理化。提供太多奖励所产生的过度合理化也会削弱其内部动机。

## 三、学习动机与学习成绩水平

几乎所有成就的获得,在很大程度上依赖于较高水平的动机,学习成绩同样如此。根据前面的分析,我们已经知道,任何学习动机总是指向于某一目标或结果。按照认知心理学者洛克(Locke)提出的有关动机的目标设置理论,动机依赖于目标难度和目标承诺等认知因素。前者是指可接受的成绩标准(例如,以60分、80分或100分为成绩标准),后者指的是自己为达到目标而下的决心的程度。目标难度和目标承诺共同决定着学习成绩水平。近年来的许多研究证实了这一理论,并得出结论,能达到更高学习成绩水平的最有效的目标是:有一定的难度,但又在能力所及范围之内的目标;既有长期目标,又有近期目标;有定期反馈,能及时分析自己朝着既定目标前进了多少,达到了目标又能获得奖励的目标;以及需全力以赴去努力达到的目标。

## 四、学习动机的培养与激发

作为学习活动推动力的学习动机是学生掌握知识、技能和发展智力的重要组成因素。提高学生的学习积极性应从培养和激发学生的学习动机着手。

学习动机的培养和激发是相互关联的两个方面。学习动机的培养是使学生把社会的要求变成自己内在需要的过程;而学习动机的激发是使已经形成的学习动因在实际的学习行为中成为真正起作用的动力,以提高学习的积极性。动机的培养是动机激发的前提,而动机的激发又必然有助于加强已有的学习动机。

## （一）培养学生学习动机的方法

### 1. 使学生明确学习的目的及其社会意义

当学生明确了学习活动所要达到的目的及其社会意义，并能以它来推动自己的学习时，这种学习目的已成为他的学习动机。这种动机促使他以极大的热情和坚强的毅力去为达到学习目的而努力。

一般地说，那种既具有稳定的远景性的目的和动机，又具有与学习活动及其直接的结果相联系的近景性的动机的学习动机，最能推动学生不断地努力学习。因此，教师在使学生明确学习目的的时候，既要讲明学习的社会意义，又要讲明学习的个人意义；要在充分利用学生头脑中已有的合理的近景性动机的同时，帮助他们逐步树立更为远大的远景性目的和动机。

### 2. 要改变学生对学习的消极态度

学习态度是指学生对学习的较为持久的肯定或否定的内在反应倾向。通常可以从学生对待学习的注意状况、情绪倾向与意志努力程度等方面来加以判定。学习态度是后天习得的，也是可以改变的。

学习态度的积极与否直接影响着学生在学习中的信息加工过程，以及学习的成效。尽管学习态度常受学习动机的制约，但是，通过改变学生消极的学习态度，同样有助于培养学习动机。

### 3. 培养积极的认识兴趣或求知欲

认识兴趣是指力求更深入地认识世界的兴趣，求知欲是指渴望获得文化知识和不断探究真理而带有情绪色彩的一种意向活动。人们在生活和学习中碰到一些新问题，或面临新任务而感到自己缺乏相应的知识时，就会产生探究新知识或扩大、加深已有知识的认识倾向。这种情境如果多次反复，上述的认识倾向就逐渐转化为个体内在的求知欲望。认识兴趣和求知欲都是在后天生活和学习活动中产生和发展起来的，但需要有适宜的环境刺激和正确的教育加以引导与培养。

教师在教学过程中有意识地通过各种途径引导和培养学生积极的认识兴趣或求知欲，也有助于培养学生的学习动机。

为培养学生的认识兴趣和求知欲，教师应当注意在每堂课上都给予学生一定量的新知识，并引导学生把学到的知识应用到实际生活之中，从中体验探索知识的欢乐。

### 4. 帮助学生确立符合实际的志向水平

志向水平，又称抱负水平，是人的主观意志的表现。学生对学业的志向水平会随着家长和教师要求的不同而有所不同，它所反映的是学生的主观愿望。学生为自己设立的学习标准也可视为一种自信心的指标。当他们对自己的学习很有信心时，确立的志向水平较高，并符合实际情况，学习动机也较强；当他们学习失败时，往往对自己的学习成功缺乏信心，确立的志向水平很低，甚至低于已有水平，也就会使学习动机下降。

培养学生的学习动机,可以从帮助学生确立符合实际的志向水平着手。为使学生有符合实际的志向水平,教师应根据每个学生的学习基础提出切合实际的要求。例如,对于能力较强的学生设立较高的学习目标;对能力不强的学生可适当降低要求,而在他们有点滴进步时就予以肯定,并不断提出更高的要求,使他们既体验到成功感,又体验到失败感。仅有成功感或仅有失败感都不利于学生的成长、进步。只有使学生确立了符合实际的志向水平,才能有助于培养学生的学习动机和形成持久的学习动力。

## (二) 激发学生学习动机的方法

### 1. 创设问题情境,激起学生的学习动机

我国许多优秀教师的教学经验说明,在讲授教学内容之前,先提出一些富有启发性的问题,或联系社会实际或生活实际提出问题,对激发学生的学习动机具有十分有效的作用。例如,有的语文教师在讲"祝福"这一课时首先提问:"大家都看过电影《祝福》,它讲的是关于一个女佣人被封建礼教'吃掉'的故事。这么悲惨的故事为什么要用'祝福'这个吉祥的词汇作标题呢?"教师的这个问题激起了学生极大的兴趣。又如,某数学教师在教对数时,向学生发问:"我国1949年的钢产量为15.8万吨,1972年的钢产量达到2300万吨,怎样求出从1949年到1972年钢产量的平均每年增长率呢?"学生已学过一元二次方程,他们能够把所求的平均增长率设为 x,列出以下方程式:$x = \sqrt[23]{\frac{2300}{15.8}} - 1$。这时,教师对学生说,要把 $\frac{2300}{15.8}$ 开23次方是很困难的,但是,如果学习了对数,就能很容易地解决这个问题。今天学习的就是"对数"。这就是创设问题的情境,激起学生学习动机的两个范例。

### 2. 利用反馈的效应,激起学生的学习动机

反馈在这里指的是让学生了解自己的学习结果,以提高学习的自觉性和积极性,包括让学生看到自己的缺点或错误来激起上进心。

许多实验证实,利用反馈的效应能激起学生的学习动机。例如,罗西(C. C. Ross)和亨里(L. K. Henry)进行了一个实验,将一个班级的学生分成三组,每天学习之后接受测验。主试对第一组学生每天都告诉其学习的结果;对第二组学生每周告诉一次其学习的结果;对第三组学生则不告诉其学习的结果。8周后,改换条件,除第二组仍旧每周告诉其学习的结果之外,第一与第三组的情况对调,即对第一组不再告诉他们学习的结果,对第三组则每天告诉他们学习的结果。这样再进行8周教学,结果发现,在第八周后除第二组显示出稳步的前进之外,第一组的成绩逐渐下降,第三组的成绩突然上升。如图13-2所示。

可见,反馈对于激发学生学习动机,提高学生学习积极性的作用是很显著的,尤其是及时反馈,较之每周的反馈作用更大。因此,教师可利用反馈来激发学生的学习动机。

佩奇(E. B. Page)对74个班级的2000多名中学生被试进行的规模宏大的实验表明,教师写评语的反馈效应对于学生的学习具有激励作用。将被试分为三组,教师对第一组被试只评以"甲""乙""丙""丁"一类的等级,不写评语;对第二组除标明等级外,还给以顺应的评

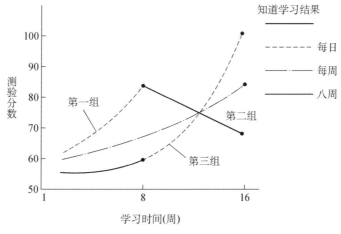

图 13-2 反馈的效应

语,即按照学生答案的特点,给予适当的矫正,或给予相应的好评;对第三组则给以特殊的评语。所谓特殊的评语,乃是先由研究者所制定的千篇一律的评语:凡得"甲等"的成绩,评以"优异,保持下去!";凡得"乙等"的成绩,评以"良好,继续进行!";凡是得"丙等"的成绩,评以"试试看,提高点吧!";凡是得"丁等"的成绩,评以"让我们把这等级改进一步吧!"。结果发现,写上顺应的评语,即教师针对学生答案中的优点与缺点所给予的短评,最能激发学生的学习动机,所以学生的成绩进步最大;其次为特殊的评语;无评语组的被试学习成绩变化不大(如图 13-3 所示)。

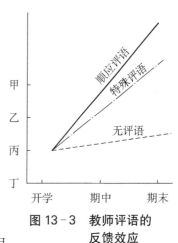

图 13-3 教师评语的反馈效应

这一实验同样说明了反馈效应对激发学生学习动机的作用。

### 3. 合理地使用奖励和惩罚

心理学实验和经验均已表明,受奖励或表扬对于学生的激励作用最大,而且有较长期的效应;受训斥或惩罚的激励作用次之;受忽视(见到其他同学受奖励或受惩罚)的激励作用再次之;未受到奖惩,也未见到别人受奖惩者,则成绩最差,无进步可言。

但是,只有合理地、不过分地使用奖励和惩罚,才能激发学生的学习动机。一切有损于学生自尊心的训斥、责备、讥笑与讽刺,不仅不利于激发学生的学习积极性,还有碍于学生人格的健全发展。

### 4. 合理地组织竞赛

组织学习竞赛是激发学生学习动机的一种手段。在一个班级里,有奖励便有竞争。公布在校园中的荣誉表、成绩栏等也都有激发学习动机的效果。但是,如果频繁地组织竞赛或测验,不仅会失去激励作用,而且会加重学生的负担。

组织学习竞赛时,最好按能力分组进行,即将学生中能力高的、能力低的与能力中等的分为三组,各自竞赛,使每个学生都有获胜的机会。因为这样的分组,学生彼此差距不大,这次没获胜,下次或许会有获胜的可能,因而有利于每个学生努力上进。

此外,还有一种最妥善的竞赛方法,是教师鼓励学生同自己竞赛。所谓同自己竞赛,便是争取今年的成绩要比去年的好,本学期的成绩要比上学期好,不去和别人比赛,只求自己的进步。这是教学中最值得提倡的策略。

#### 5. 加强归因指导

归因是指人对他人或自己的行为结果进行原因分析的过程。人们常把成功和失败归于内部的原因(努力或能力),或外部的原因(任务的难度或运气)。其中能力是稳定的内部控制的因素,努力是不稳定的内部控制的因素。任务的难度是稳定的或不可变的外部控制的因素,运气是不稳定的或可变的外部控制的因素。

研究表明,将成绩差归因于自己的能力差或努力不够的学生往往乐于接受教师的帮助,积极努力地去争取下次取得好成绩;而把失败的原因归结于任务的难度、运气等外部因素的学生,则往往不愿意寻求教师的帮助,不愿作出努力,缺乏学习的动机。如果在引导学生把自己的失败归因于自己努力不够,要继续加强努力的同时,对他们的努力给予反馈,使他们不断地感到自己的努力是有效的时候,就更具激发学习动机的作用。所以,教师必须重视对学生的归因指导。

## 名词解释

学习　学习态度　学习兴趣　学习迁移　学习情绪　学习动机　学习疲劳　学习的心理卫生　练习律　效果律　准备律　学习的内部动机　学习的外部动机　过度辩护效应　求知欲

## 思考题

1. 说明影响学习过程的内部因素。

2. 分别说明学习的行为理论、学习的认知理论和学习的建构理论的主要论点,并谈谈你更倾向于哪一种或哪几种学习理论,为什么。

3. 说明洛克有关动机的目标设置理论的主要观点,并用该理论说明怎样培养和激发学习动机,提高学习成绩。

4. 运用德西有关动机的认知期望理论的主要观点说明学习的内部动机与外部动机之间的关系,并说明教师应当怎样给予学生有效的奖励。

5. 为激发学生的学习动机,教师应当如何指导学生对成功和失败进行归因?

# 第十四章 品德心理

## 第一节 品德心理概述

### 一、品德的含义

品德即道德品质，又称品性，德性。它与道德不同，道德是人的社会意识的特殊形态，是社会经济的产物，也是每个社会为维护人们共同生活的利益而规定的最基本的生活准则。道德依靠舆论的力量，依靠人们的信念、习惯、传统和教育的力量来调整人与人之间以及个人与社会之间的关系。因此，道德是社会调整人们之间相互关系的行为规范或行为准则的总和。品德则是个体现象，它是社会道德现象在个人身上的反映，是一定的社会或阶级的道德准则转化成个人的道德信念和道德意向，并在言行中表现出来的稳固的心理特征。

品德通常在社会交往的过程中表现出来。例如，是遵守公共秩序，还是不遵守公共秩序；是尊重别人、爱护别人、待人接物讲究文明礼貌，还是只要求别人尊重自己，自己处处盛气凌人；是爱护公物、维护集体和国家的利益，还是无端损坏公物；是忠诚老实、廉洁奉公、埋头苦干、先人后己，还是争权夺利、口是心非、投机钻营、阿谀奉承、损人利己。品德的形成和发展与社会道德有密切联系。

### 二、品德心理结构及其特点

#### （一）品德心理结构

了解品德心理结构有助于科学地揭示品德心理的实质，也有助于思想品德教育工作的有效进行。

所谓品德心理结构，指的是品德这种个体心理现象的组成成分，是就形式而言的，而不是指品德的具体内容。

早在春秋时期，我国思想家、教育家孔子就在《论语》中阐述了人的品德包括"知""情""意""行"四种成分的观点。我国著名心理学家潘菽教授在其主编的《教育心理学》中写道："任何品德心理结构都含有道德认识、道德情感和道德行为方式三种成分，而把道德意志包括在道德行为的训练中。"

**1. 道德认识**

道德认识是指对于道德行为准则中的是非、好坏、善恶及其意义的认识。它是社会上的道德要求转化为个人内在需要的第一步。这里有个道德概念的掌握和道德判断能力的培养问题。道德观点、道德信念的形成有赖于道德认识。

使学生懂得什么是勇敢，什么是懦弱；什么是英雄行为，什么是破坏纪律；什么是真正的友谊，什么是江湖义气；什么是诚实，什么是"出卖朋友"；什么是"尊敬老师"，什么是"逢迎拍马"。让他们懂得什么是"是""好""善",什么是"非""坏""恶"。这些道德概念的掌握和道德判断能力的培养都是道德认识形成和发展的主要标志。

### 2. 道德情感

道德情感是人的道德需要是否得以实现所引起的内心体验,也是对于某种道德义务产生爱慕或憎恨、喜爱或厌恶态度的情绪体验。它伴随着道德认识的产生、发展而产生和发展,又对道德行为起着巨大的调节作用(促使其仿效良好的道德品质)。例如,当一个人发现某个形迹可疑的人,并意识到我们要时刻提高警惕,打击暗藏的和公开的敌人时,会产生一种社会责任感。当他把这个人扭送到公安局,这个人又被查明是破坏分子时,又会产生一种成功的体验——荣誉感、自豪感。

道德情感的内容还包括国际主义情感、爱国主义情感、集体主义情感、义务感、责任感、事业感、友谊感、自尊感和荣辱感等。

道德情感的形式大致可分为直觉的情绪体验(通过对某种情境的感知而引起)、与具体的道德形象相联系的情绪体验(通过想象榜样人物的形象而引起)、意识到道德理论的情绪体验(通过道德信念和道德理想而引起)。

这三种道德情感的形式反映了三种不同的水平。当发展到第三级水平时,个体就有了最概括而且比较深厚的道德情感,也就有了自我监督的手段,有了比较持久而富有强大动力作用的道德情感。

### 3. 道德行为

道德行为指的是人在一定的道德意识支配下表现出来的、对他人和社会有道德意义的活动。它是个体道德认识的外在表现,是实现道德动机的手段。

道德行为的训练主要包括道德行为方式或技能的掌握,以及道德行为习惯的养成这两个方面。不过,有的学者也把道德意志的培养作为道德行为训练的内容。

应当说,只有当一个人有相应的道德行为,并通过不断练习形成牢固的道德习惯时,才能经常保持良好的品德。道德行为在品德心理的结构中是必不可少的重要组成部分。

道德行为习惯是人们在道德规范的调节下,在行动上对他人、对社会所作出的习惯性反应。它是衡量人的道德品质高低的标志。当个体因道德行为习惯受阻而体验到消极情绪时,这种业已形成的道德行为习惯可以成为作出良好道德行为的内部驱动力。因此,使学生养成良好的道德行为习惯是道德品质教育最重要的目的。

良好的道德行为习惯是通过一系列的模仿,无数次有意识的练习,以及与坏习惯作斗争的过程形成和培养起来的。培养良好的道德行为习惯应做到:①创设重复良好道德行为的情境,不给不良的道德行为(例如对同伴有攻击性的行为)有重复的机会,以利于培养与同伴合作、交流和友好相处的品质;②提供良好的道德榜样(包括在身边可以直接感受到的和通过影视、小说、报刊等形式间接提供的良好榜样);③在有意识的练习中要让练习者知道练习的成绩,体验到愉快,并懂得成败的原因;④根除坏习惯时要使本人知道他身上的坏习惯及有什么害处,以提高其克服坏习惯的信心。

#### 4. 道德意志

道德意志是指人在产生道德行为过程中所表现的意志品质。它是人们自觉地克服履行道德义务过程中的困难和障碍的能力和毅力,是为达到既定的道德规范而自觉努力的心理过程。

道德意志包括道德动机斗争、作出道德判断和选择,以及按照道德选择去行动三个主要成分。其中,道德动机斗争在道德意志结构中占有最重要的位置。道德意志主要表现在:能够以正确的道德动机战胜非道德的动机;能够排除一切内、外困难,坚决执行由道德动机引起的行为决定。道德意志坚强的人,必定能将自己的道德观念、道德信念和理想付诸行动,即使存在一些缺点,一旦认识之后也会督促自己改正。比如,道德意志坚强的中学生,贪玩时会感到焦虑不安,从而"矫正"自己的不良行为。道德意志薄弱的中学生却做不到这一点。由于道德意志能够使道德行为贯彻始终,所以培养坚强的意志品质,如自觉性、坚持性、果断性和自制力等也是品德心理结构中不可缺少的重要成分。

道德认识、道德情感、道德行为和道德意志在实际的道德教育工作中是交织在一起的。道德认识如果没有道德情感和道德行为习惯作为依据,这种认识就会与行为相脱节,有时甚至会像俄国的教育家乌申斯基所说的那样,成为伪善和假仁假义借以藏身的屏风。道德认识较低,道德意志较差,也会使行为带有冲动性、盲目性,甚至出现不良的道德行为。

概括地说,品德心理结构中的四个成分是相辅相成、互相渗透、互相联系、互相制约、互相促进的。道德认识是前提和基础;道德情感是内在的必要条件,是产生道德行为的巨大动力;道德行为习惯是道德品质的综合表现和检验依据;道德意志是道德行为习惯的精神支柱和重要环节。尤其是在道德情感受阻,道德行为不能实现时,道德意志的作用更加明显。

### (二) 品德心理结构的特点

进一步分析人的品德心理结构,可以发现以下三个特点。

#### 1. 品德心理结构的统一性与差异性

品德心理结构是其各组成成分相互联系又相互矛盾的统一体,它在个体发展中又具有差异性。在个体发展中,道德认识、道德情感、道德行为和道德意志的发展水平各有其不同的特点。因此,有的学生在发展的某一阶段,会出现道德认识与道德行为脱节的现象,也会出现情感胜过理智,或者因缺乏意志而知错不改,不能控制自己的情感和行为的现象。

即使是同一年龄阶段的学生,品德心理结构中的诸成分在发展水平上也有差异。例如,有人对465名初中二年级学生的品德心理进行的调查发现,道德认识的发展有三种水平。第一级水平,基本上掌握正确的道德知识,在进行道德判断时,能考虑到行为的后果,也能从行为动机上去分析;第二级水平,具有一些基本的道德知识和道德概念,有一定的辨别是非的能力,有时能对具体的道德行为作正确的判断,但是道德知识比较狭窄,理解不深,尚缺乏运用道德标准来评价自己和别人的道德行为的能力;第三级水平,道德知识缺乏,理解道德概念肤浅,甚至歪曲地理解,是非界限不清,缺乏正确的道德判断能力。这个研究还发现,言行一致的学生占33.5%;有道德动机,但道德意志薄弱、行为不当的学生占37.6%;在集体压力下说假话的学生占13.2%;私下讲错话、做错事的学生占5.7%[1]。此外,女生与男生的品德心理结构也稍有差异,主要表现在女生比男生懂事早,纪律性好,有礼貌等。

### 2. 品德心理结构发展的循序性

品德心理发展具有一定的循序性。一般地说,学生的道德认识是遵照由个别到一般,由具体到抽象,由片面到全面,由表面到深刻,由现象到本质的认识规律而发展的;学生的道德判断是遵循从行为后果到行为动机与后果相结合地进行判断的规律而发展的;学生的道德情感是遵循由初级到高级,由简单到复杂,由不稳定到稳定的顺序发展的;学生的道德行为是遵循由易到难,由低水平到高水平的顺序发展的;学生的道德意志是遵循由薄弱到坚强的顺序发展的。学生的品德心理发展有一个从"他律"逐渐地过渡到"自律"的趋势,即他们首先以别人的道德判断标准为标准,并且先学会评价别人,而后学会评价和调节自己的行为。

### 3. 品德心理结构形成的多端性

品德心理的形成可以有不同的开端。在某种情况下,可能是从培养道德行为习惯开始,在另一种情况下,可能是从激发学生的道德情感着手,或者是从提高学生的道德认识(即道德知识、道德判断和评价)着手,也可能从培养道德意志入手,甚至可能是上述四个方面同时并进、相互促进。我们可根据受教育者及其所处情境的不同来确定道德品质教育的着手点,但无论怎么做都应当使品德心理结构中的四个组成成分都得到相应的发展。

## 三、品德心理研究方法

品德心理的研究主要采用的是实验研究法和经验总结法。下面分别对这两种研究方法作一介绍。

### (一) 实验研究法

苏联心理学和教育学工作者从20世纪60年代起就用实验的方法对品德心理进行了研究,包括对学生的道德情感与道德行为的实验研究。例如,苏保茨基(Е. В. Субботский)对儿童道德行为的形成进行了实验研究,雅科布松(С. Г. Якобсон)对调节道德行为的心理机制问题进行了实验研究。现以后一个实验研究为例。这个实验是通过分配玩具汽车的游戏进行的。实验者将6—7岁的儿童分成几个三人小组,其中一人是真正的被试,另外两人是陪试。儿童在分发玩具汽车的过程中,如果能平均分配,那么他的行为就被认为是公正的、符合道德标准的行为,否则便是不公正的、不道德的行为。儿童留给自己的玩具汽车数与分给其他儿童的玩具汽车数的比率被确定为判断公正程度的客观指标。每个小组中的真正被试就是在实验前通过这种分配玩具汽车游戏测定的具有不公正行为的儿童。

---

[1] 杭州大学教育系编:《思想政治教育理论和方法》,杭州大学教育资料室1982年印,第117—118页。

在实验中，主试首先向所有参加实验的儿童讲述"金钥匙与普洛提诺奇遇记"的故事。故事中的主要人物普洛提诺代表着"善""好"的道德形象，卡拉巴斯代表着"恶""坏"的道德形象。讲述这个故事的主要目的是帮助儿童认识两种对立的道德行为标准。故事中虽然没有分发玩具的情节，但有判断这种行为是否公正的标准。讲述了故事之后，进行三组不同的实验。

第一组实验：为儿童创设掌握道德评价标准的情境，以影响他们对具体行为的调节。实验开始以后，先给儿童看分别画有普洛提诺与卡拉巴斯的图片，帮助他们认识这两个人物，并评定好坏。并且指出谁公正地分配玩具汽车就跟普洛提诺一样，否则就同卡拉巴斯一样。然后，再让他进行分配玩具汽车的游戏。结果发现，被试的行为并没有发生变化，他们依然按照自己原有的原则分配玩具。这表明，儿童知道普洛提诺与卡拉巴斯的形象同分配公正或不公正的对应关系，但这并不能改变儿童的不公正行为。

第二组实验：让别的孩子把被试的不公正行为与坏榜样（卡拉巴斯）相对照，即由别人对儿童的实际行为作出评价。对照之后，问被试：普洛提诺是平均分配的，你为什么拿这么多？这种评价使20名被试中有两名转到了公正的分配，但大多数儿童依然照旧，他们有的甚至对评价表现出明显的对抗情绪。

第三组实验：让儿童自己去认识自己的行为是否符合"恶"的标准，而别人则肯定他在总体上是好的。在这组实验中，主试用充满信任的、温和的语调同被试个别交谈，要求被试先看一看自己是怎么分玩具汽车的，再让他说出或指出他今天是普洛提诺，还是卡拉巴斯，经过启发让他们承认自己的行为错了。多次这样做会使他们的不公正行为发生显著的变化。

在预备实验中有38%—40%的被试把留给自己的玩具汽车分给了别人。经过实验后，第一组有37%的被试，第二组有39%的被试，第三组有99%的被试，将留给自己的玩具汽车分给了别人。在后来的重复实验中，除两名儿童因故未参加实验之外，全体被试的行为都转变为平均分配。为什么在第三组实验后被试的行为一下子全部发生了显著的变化呢？这是由于被试将自己的行为与道德行为标准进行了对照，认识到本人的行为符合"坏"的标准，而大家又肯定他在总体上是符合"好"的标准的，因为所有的被试都乐于接受"好"的评价，这样就使儿童形成了一种心理上的矛盾，即自己的实际行为表现与自己乐于接受的别人对他所作出的总体上的肯定评价之间的矛盾。为了摆脱这种矛盾，儿童必须改变自己的行为。而在第二组实验中，是别人说他是卡拉巴斯，而他自己认为自己的行为像普洛提诺，因而拒绝接受别人作出的使他感到不愉快的评价。

雅科布松通过这一实验发现，道德调节的心理机制在于造成行为者的实际行为表现与作为合乎正面的道德标准整体形象之间的内心矛盾，并从内心感到自己要克服这些不符合道德标准的反面行为方式，从而消除这一矛盾。我们在日常生活中的道德行为正是这样被调节的。

美国的社会学习论者沃尔特斯（R. H. Walters）等人于1963年进行的抗拒诱惑实验也发现，对诱惑的抗拒可以通过榜样的影响加以学习和改变。社会学习论者米歇尔等人于

1966年进行的言行一致实验发现,成人或同伴的言行不一定会降低儿童的道德标准,使他们违反道德准则。他还由此得出结论,道德教育实际上是行为"展示",光有教育者的口头指导是不够的。

抗拒诱惑实验分三个阶段进行。首先实验者带领一批5岁男孩进入一间放有许多招引人的、有趣的玩具和字典的房间,并告诉他们:"玩具不能玩,但可以翻阅字典。"然后,将被试分成三组并给予他们不同的影响。第一组是榜样—奖励组。先让他们看一部电影短片,片中的几个男孩在玩一些被告知不许玩的玩具。不久,孩子的妈妈进来看到后,非但没有批评他们,反而亲热地夸奖并同他们一起玩这些玩具。第二组是榜样—指责组。先让他们看一部类似的电影短片,所不同的是当男孩们的母亲进来看到之后,对他们进行了严厉的训斥。于是,男孩们立即放下玩具,跳上沙发,还拿毯子遮住脸,显示出很害怕的样子。第三组是控制组,不看任何电影短片。此后,让被试单独进入放有玩具和字典的房间待15分钟,以进行抗拒诱惑的测验。通过单向观察孔发现,三组被试遵守禁令克制行为的时间明显不同。第一组平均只有80秒;第二组平均长达420秒,有的被试甚至在15分钟内始终能克制自己的行为;第三组平均为290秒。实验结果告诉我们,榜样的力量是巨大的。品德教育应当很好地利用电影、戏剧和生动的自然材料,以及日常生活中良好的榜样,以培养学生对抗诱惑的自制力。

## (二) 经验总结法

苏联教育家苏霍姆林斯基是采用经验总结法进行品德心理研究方面的主要代表人物。他长期从事中学校长工作,每年还要重点研究几个后进生。通过15年的时间观察"差生"和"调皮"学生,他先后作了3700多名学生的观察记录,并从中提出了许多切合实际、充满心理学思想的见解。例如,通过"格里沙的故事"[①],他总结出:人的尊严是儿童心灵最敏感的角落。保护儿童的自尊心、自信心,就能保护其前进的潜在力量;损害儿童的自尊心,甚至会给他们带来心灵的创伤。如果不去加强并发展学生的个人自尊感,就不能形成他的道德面貌。

苏霍姆林斯基还通过许多生动的事例来说明培养爱的情感和关心人的强烈意向有助于提高学生的自尊感。人对共同事业的忠诚来源于这种对人的热爱。因此,他主张必须使儿童从小就学会以实际行动去关心、爱护、尊敬父母和长辈,懂得怎样为亲人带来欢乐和分担忧虑。在此基础上逐步引导他们去爱故乡、爱人民,然后培养他们的国际主义、爱国主义、人道主义等道德情感,并使他们产生"道德的努力",克服前进道路上的困难,最终成为品德高尚的人。

# 第二节 有关品德形成的理论

有关品德形成的心理学理论主要有社会学习理论、认知派的道德判断发展理论、"动机

---

[①] B. A. 苏霍姆林斯基著,王家驹译:《要相信孩子》,教育科学出版社1981年版,第3—7页。

圈"理论以及人与社会交互作用的理论。

## 一、社会学习理论

社会学习理论是20世纪60年代由美国斯坦福大学的心理学教授班杜拉等人提出来的。其主要论点是,道德行为是通过"观察学习"而获得和改造的。"观察学习"是这一理论的核心概念,观察学习包括直接学习(包括通过反馈来学习)和间接学习(通过观察榜样来学习)两大类。班杜拉认为,从动作的模仿到语言的掌握,从态度的习得到人格的形成,无不需要通过观察学习。他用实验证明,在观察学习中,人们不直接受到奖励或强化,甚至也没有实践的机会,但通过对榜样的观察就能学到新的行为,包括道德行为。比如,儿童或青少年在生活中,或在电影中看到了"榜样"的攻击性行为,他们可能就会模仿这种行为。因此他提出了"替代强化"和"自我强化"的概念。所谓替代强化,就是通过观察他人的行为和行为结果,以及理解那些结果怎么适合于自己,即通过观察和模仿他人而进行学习的过程。这也是一个人从别人的经验中得到肯定或否定的过程。所谓自我强化,是指在没有外力参与之下,当自己作出了所期望的道德行为之后对自己的肯定或否定的过程,或者说是在达到自己所设定的标准时,以自己能支配的报酬来增强和维持自己行为的过程。在班杜拉看来,道德行为是由外部强化、替代强化和自我强化的相互作用来控制的。

班杜拉明确指出,只示范不强化,只能影响行为的表现,不会影响行为的获得。他还指出,能否获得某种行为模式还与示范者的特征(如是否有威望)和观察者的特征(如对他人的信赖和积极态度)有关。

社会学习理论者提出的观察学习、模仿榜样的示范等观点,对于揭示道德品质的发展过程具有一定的意义。他们强调成人的所作所为对年轻人的影响这一点,应引起教育工作者的高度重视。社会学习论者对示范的类别作了较严密的划分:①行为示范,这对行为方式和习惯的形成具有重要意义。②言语示范,依靠言语传达行为模式的方式,包括通过小说中对主人翁行为的描述。③象征示范,在广播、电视、电影、小说中通过象征性媒介物来呈现榜样。其优点是可以反复呈现,同时让许多人观察,以及对其中的某一部分可以特别加以强调。④抽象示范,通过榜样的各种行为事例,传达隐藏在行为事例背后的原理或规则的方式。⑤参照示范,参照示范从属于抽象示范,是为了传达抽象的概念和操作而附加呈现具体参考事物和活动的方式。⑥参与性示范,这是一种观察和执行相结合以提高指导效果的方式。先观察榜样,立即按照榜样的示范实际尝试操作,然后再进行观察,接着又进行实际尝试操作。⑦创造示范,指观察者组合各种榜样的种种方面,构成一个和谁都不同的独立的新的榜样组合体。⑧延迟示范,指观察榜样后,经过一段时间之后才起示范作用。

总之,班杜拉认为,道德行为是通过观察学习而获得和改造的。这个观察学习过程又是个人的内在因素、行为和环境三者交互作用的过程。他认为人的道德行为的变化既不是由个人的内在因素单独决定的,也不是由外在环境单独决定的,而是由两者交互作用的结果所决定的。他还认为,人通过其行为创造着环境条件,被创造的环境条件又会影响下一个行

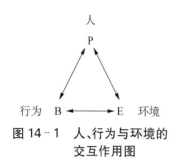

图 14-1 人、行为与环境的交互作用图

为。行为和环境就是这样相互影响的。通过行为而产生的经验（个人的内在因素）会部分地决定一个人能够做什么，以及会成为什么样的人，即影响其以后的行为。班杜拉把这三者的关系图解为图 14-1。

从社会学习理论的观点来看，相互作用是一个交互决定的过程。行为、人的因素和环境因素都是相互联结着共同起作用的。由这些相互依赖的因素所产生的相对影响，在不同的场合，对不同的行为，是各不相同的。有时候，环境因素（如班集体的风尚和凝聚力）对行为产生强大的牵制作用，而另一些时候，人的因素（如班级领导者的行为表现）就成为环境事态发展的重要调节者。

社会学习理论赋予自我调节能力以突出的作用，认为只要安排好环境诱因，提供认知的支柱，以及提示他们自己的行为后果，人们就能采取某种措施以控制自己的行为。但是，社会学习论者基本上是一种环境论者。他们不重视主体的认知和动机这个复杂的中介过程在道德品质形成中的作用，正是这一点受到了一些心理学者的批评。

## 二、道德判断发展理论

道德判断发展理论以认知派的瑞士心理学家皮亚杰和美国心理学家柯尔伯格（L. Kohlberg）为代表。他们认为，所有人的道德发展都不受文化的影响，但受认知发展水平的制约；而且发展的顺序是固定的，只是个人通过各个阶段的速度和最高水平有所不同而已；教育对于道德发展起着一定的作用。

### （一）皮亚杰的道德判断发展阶段

皮亚杰采用说故事的方式与儿童讨论故事中儿童行为对错的问题（比如，甲打破两个杯子，乙打破三个杯子，谁的过失较大?）。结果发现，儿童的道德判断有以下几个阶段：

1. 0—2 岁

尚未形成真正的社会关系，所以根本谈不上对规则有义务的意识和道德的含义。称为前道德阶段。

2. 2—7 岁

有他律的或强制的道德生活。这时的道德判断完全来自从外部接受成人所定的现成规则。这一阶段称为强制性规则阶段，或道德的他律阶段。

3. 7—12 岁

道德的自律阶段。这时儿童的道德判断有了自主性。道德规则已不再是外在的和具有强制性的了，它已成为公共关系中彼此都能理解、同意和愿意遵守的"人造的社会物"。所以，这一阶段称互惠的规则阶段，或道德的自律阶段。

皮亚杰认为，自律的道德是"随着社会性互相协作的进展，以及相应的运算（指被内化的可逆的一些实际的或象征性的动作系统,它是在表象的基础上形成的心理现象)的发展,儿童达到了基于相互尊敬的新的道德关系"①的基础上产生的。这时有了主观内部的道德需要,公正感达到了一个新的水平("平等的公正"),并有了意志的调节作用。

#### 4. 12 岁以后

从"平等的公正"发展到了"公道的公正",开始把公道的原则作为他们道德判断的内在基础。所谓公道的公正是指根据不同的动机和不同的条件作出不同对待的公正,它出自于对别人的关心和同情。这是更有理想方向和社会性的高水平道德阶段。

### (二) 柯尔伯格的道德判断发展理论

柯尔伯格以皮亚杰的理论为基础,设计了九个道德两难问题。这些问题反映了服从法律、规则或者权威的要求与人的主观需要和利益的矛盾。他对 75 个从少年阶段(10—16 岁)到成年初期(22—28 岁)的男性被试进行了长达 16 年的追踪实验研究。这些虚构的道德两难问题的主要特征是,想帮助一个十分需要帮助的人,但要违反法律才能办到。要求被试只能作出一种决定:要么违反法律或道德准则,帮助这个人;要么不违反法律或道德准则,不帮助这个人。他试图通过这类问题了解道德判断背后的思维结构。

比如,他向被试讲述了下面的故事:有个妇女得了癌症,快死了。医生告诉她的丈夫海因兹,有一种镭化剂能够治疗这种癌症。这药是本地的一个药剂师发明的,买一剂药要花两千美元,价格是成本的十倍。这个妇女的丈夫到处借钱只凑到了一千美元。因此,他要求药剂师能否卖得便宜些,或分期付款。药剂师说:"不行,我发明这种药,就是为了赚钱。"海因兹在绝望中撬开了药房的门,偷走了药。

柯尔伯格就海因兹偷药的行为提出了一系列问题供被试者讨论,用以观察他们所处的发展阶段。其中有:①海因兹该不该偷药?为什么该?为什么不该?②假如海因兹不是很爱他的妻子,他是否该去偷药?为什么该?为什么不该?③假定不是海因兹的妻子,而是他最好的朋友快死了。他朋友家没钱,又没人肯去偷药。在这种情况下,海因兹是否该去偷药?为什么?④为了搭救一个人的生命,人们究竟该不该不择手段?为什么?⑤海因兹偷药触犯了法律,从道义上看,这种行为好不好?为什么说好?为什么说不好?⑥海因兹偷药被捉住了,法官该不该判他的罪?为什么?⑦法官考虑释放海因兹,其理由是什么?

通过对被试的类似这些问题的回答的研究,柯尔伯格把道德判断发展概括为以下三个水平六个阶段。

#### 1. 前习俗道德水平(10 岁以下)

处于前习俗道德水平的个体,控制其行为的是两种意义上的外在因素:标准是由外部的要求组成的,动机是为了保护自己不受惩罚,是为了获得奖励或受欢迎。

阶段 1:服从与惩罚的道德定向阶段,即认为道德行为是建立在服从规则与权威的基础

---

① 皮亚杰、英海尔德著:《儿童心理学》,1969 年英文版,第 95 页。

上的。尊重有权威的人,仅仅是怕惩罚而已。

阶段2:朴素的欢乐主义和工具主义道德定向阶段。即把满足自己或他人的需要看作是正当的行为,或把正当的行为看作是满足需要的手段。

### 2. 习俗道德水平(10—20岁)

具有这种道德水平的人,把道德看作是维护社会的秩序和适合别人的期望;已认识到道德行为是由别人所规定和所期望达到的道德标准所控制的。动机主要在于内部。

阶段3:好孩子的道德定向阶段。即开始注意维护良好关系的道德品质,具有赞同和乐于助人的倾向。在评价别人时,开始考虑到他的意向。

阶段4:尊重法制权威和维护社会秩序的道德定向阶段。即把履行义务和尊重法制权威看作是自己应尽的责任。

### 3. 后习俗道德水平(20岁以上)

最后两个阶段,柯尔伯格称之为后习俗道德水平,或自我接受的道德水平。具有这种水平的人,把道德看作是适合于共同遵守的标准、权利和责任,并能自觉遵守公共的规约。

阶段5:契约和守法的道德定向阶段。即认识到遵守共同规定的道德准则与要求是每个人的道德责任和义务,尽管认识是抽象的,有时是不公正的,但一般能履行义务。

阶段6:道德心(良心)或原则的道德定向阶段。即能以自己的道德心(良心)来指导行为,而且能遵循合乎逻辑的道德选择原则(如公正的原则、互相对换的原则、人权平等的原则、尊重个人尊严的原则等),由个人正确的内部理想、价值观来控制自己的道德行为。如果个人的道德行为不符合自己的道德理想、价值观,就会产生自我谴责的内疚感。

柯尔伯格对道德水平的划分,是以习俗为标准的。所谓习俗是指社会大众认可的社会规范。他认为,合乎社会规范的行为就是道德行为。他还认为,无论哪个国家、哪个年龄阶段的人都不能排除在这六个道德发展阶段之外。他还指出,道德品质是随着智慧阶段的发展而逐渐地向高一级水平发展的。如果一个人尚未达到形式运算的阶段,便不能期望他达到道德发展的第五、第六级水平。他把智慧发展看作是道德发展的一个必要条件,但不是充分条件,道德行为是有原则的行为。有原则的行为是复杂的,它包括智力、社交的友好关系、情感作用、自我控制、自我尊重、榜样的认同作用等许多其他的方面。

所以,柯尔伯格认为,为了使学生的道德得到良好的发展,首先必须了解处在某个阶段的个体的作用。教师一旦能在学生个体发展阶段的基础上唤起他们的道德冲突和不确定性,并驱使他们去寻找新的、不同的解决方法,就能推动其道德发展。这种以阶段论为依据而引导道德发展的教育方式比起传统地告诉学生较高水平的解决方法这种道德教育方式,对学生更有启迪作用,教育效果也好得多。国外的一些研究已发现,智力与道德水平确有相互作用。那些智力测验和道德发展测验得分都很高的人,他们的行为最为始终如一;而道德发展的测验得分高,智力测验的得分低的人,则言行最不一致。

认知派的道德判断发展理论的最大缺点是,从根本上否认了社会经济基础、社会制度对道德发展的制约作用。

## 三、"动机圈"理论

"动机圈"理论（"motivation circle" theory），是 20 世纪 70 年代由苏联的心理学者包若维奇（Л. И. Божович）提出来的。这一理论强调"德育的最重要的目标是形成一定的动机—需要区的结构，以及与其相应的行为和行为方式"。包若维奇指出，动机是需要与活动对象相结合的产物。"动机圈"的结构是一种复杂的组织，它包括许多动机。这些动机可以按内容来划分，例如，利己主义的或集体主义的，进步的或反动的，学习性的或社会性的；也可以按随意性和自觉性来划分；或者按在"动机圈"结构中的地位和是否占优势来划分。

"动机圈"理论指出，动机是分等级的。那些不随意、不自觉的动机是最初形式的动机，它建立在机体食物性的需要和运动的需要的基础上。那些随意的、自觉的、与道德感有关的动机是第二类动机。动机的最高发展形式是道德信念和理想。人具有了信念和理想，就能自觉地支配自己的行为，使那些与自己的道德信念相矛盾的冲动服从于目标与理想。人的道德面貌在很大程度上取决于统领整个"动机圈"的占优势的动机内容。占优势的社会性动机内容，例如，为了交往，为了获得好评，想在集体中取得一定的地位等，是道德发展水平的本质特征。

"动机圈"理论还指出，道德发展的高低是由激励人作出道德行为的动机而定的。所以，道德发展应注重动机—需要的培养，并养成与此相应的行为习惯。为了培养和改变一个人的动机，必须调节和改变客观的情境，通过客观情境来施以影响，使其在活动中产生新的需要和新的动机。新的动机一经产生，就会导致新的道德品质的形成。

## 四、主体与社会环境交互作用的理论

我国的心理学者自 1978 年以来对于品德心理作了系统的研究，例如，对中小学生道德认识的发展，青少年学生理想的形成与发展，班集体对于学生品德形成的影响，以及青少年犯罪心理等的研究。在道德认识发展方面的主要研究有：少年儿童公正观念的发展，儿童心目中的惩罚，儿童对行为原因与后果的道德判断，儿童对公共财物损坏的道德判断，小学生集体观念的发展，训练对儿童道德的影响，7—16 岁学生责任观念的发展，以及 10—16 岁学生对作弊行为认识的发展等。

这些研究发现，学生的道德发展与主体的成熟、认知水平和动机等内部因素有关，也与训练和教育等社会因素有关。我们把这种道德发展理论概括为主体与社会环境交互作用的理论。

这一理论强调，道德发展的过程是个体接受社会所要求的道德行为准则的过程，是把具有社会化特征的外部的道德要求转化为内部需要的过程，或者说是社会现实内在化的过程。它不是一次完成的，其内容和方向在不同的社会制度下是不尽相同的。当今，在社会主义的中国，个体社会化的目标是成为有理想、有道德、有文化、守纪律的新型劳动者。这里的"有道德"是指具有符合社会主义制度下的道德要求和道德行为准则的那种道德。在社会主义中国,道德的社会化是以共产主义道德为内容和方向的。共产主义道德的本质是集体主义和全心全意为人民服务的精神。

所谓社会化,是指"个体介入社会环境""个体接受社会影响""个体参加社会联系系统"的过程。道德的社会化,在心理学意义上又可看作是道德内化的过程。人作为积极的社会主体,不可能消极地接受社会经验,因此,道德社会化的过程必须要求主体积极地概括自己的社会经验。正如潘菽教授所指出的,"……人的一生的全部心理的发展变化及其一般的表现,是受到社会环境影响的",同时,"个人对于这种种社会环境也有不同方式的影响"。应该看到,人对于社会道德要求和道德行为准则及其社会意义的认识是在积极的动机推动下,随着一个人的年龄不断地增长,以及知识经验的进一步积累才能达到的。而且,认识到某种道德要求和道德行为准则及其社会意义,并不意味着会立即接受这种道德要求和道德行为准则,使它真正成为推动自己产生相应道德行为的动力。一切没有得到证明的道德知识是不会被人真正接受的。有的学生对于什么是道德的,什么是不道德的,在道理上说得很清楚,也能头头是道地回答或评论别人的是非,但是一旦轮到分析自己却糊涂了。这种学生就不能说是真正掌握了道德知识。道德的社会化受到个体的认知水平、动机或成熟的影响。

学生的道德知识是通过不断的内化过程而被接受的。在内化的过程中,他们必须把自己已有的道德知识经验与社会现实中的道德行为准则相结合,并愿意把这些社会道德准则作为个人行为所遵循的指南和原则。而社会环境对学生的影响必定要通过学生自身心理活动的内部矛盾运动而起作用。不通过其内部矛盾的斗争和统一,就不能养成新的道德品质。

因此,根据主体与社会环境交互作用的理论,在对学生进行道德知识教育时,应当以学生的视角和学生的"生活事件"(即道德经验)来呈现教材的教育话题,要以学生乐于接受和参与的方式来组织、表述教育内容,以激发学生的积极情感。因为在道德知识教育的过程中,只有以学生自身的道德经验为参照系,才能使他们产生相应的道德情感体验;只有当他们产生了相应的情感体验,才能使他们理解和感悟这些道德知识的价值和意义,并使之内化为自己的行为准则。否则,这些知识对他们来说就是外在的东西,或者仅仅是考试时的答案,并不能内化为他们的道德品质。

总之,学生的道德发展是社会主体与社会环境交互作用的结果,是把社会的道德要求转化为学生内部需要的过程,或者说是社会现实内化的过程。

## 第三节　青少年学生品德不良与违法犯罪

当代青少年学生的品德面貌在总体上是健康的,但由于家庭与社会的不良因素的影响,或学校教育不当,仍有一些学生品德不良,甚至违法犯罪。

## 一、品德不良学生的心理表现

品德不良学生在道德认识、道德情感、道德意志、道德行为习惯诸方面都有一定的心理表现。

### (一) 道德认识方面的表现

**1. 道德认识模糊,是非观念不清**

中学生有一些模糊的道德认识,例如,"人的本性是自私的,人不为己,天诛地灭""纪律是约束人的条条框框,不受纪律的约束才自由、实惠""小节无害,文明吃亏,只要不犯法就行""人生在世,吃喝两字""人生不乐,青春白过""交朋友就要讲'义气'""没人敢惹的才是英雄""打不服别人要受欺";等等。

**2. 道德信念淡薄,缺乏远大理想**

道德信念是在道德认识的基础上产生的、同道德情感和道德行为紧密联系着的一种坚定的道德观念。道德信念也是道德动机的较高级的形式,是推动个体产生道德行为的强大动力,是道德品质形成中的关键因素。品德不良学生的道德信念一般都比较淡薄,他们缺乏丰富、高尚的精神需要,没有远大的理想。什么祖国的未来,人类的进步,个人的前途一概不想。当教育者对他的批评和惩罚失去分寸,或者不符合事实,或者极端片面,或者方式失当,伤害了他们的自尊心时,他们原有的道德认识可能会被非道德认识所替代,从而导致其萌发出非道德的信念,产生非道德的行为。

**3. 道德判断具有两重性**

道德判断是指应用已有的道德知识对道德行为的善恶、美丑、是非进行判断的过程。它能帮助学生分清是非,确定合理的行为,有利于道德行为的定向。经常进行道德判断可以帮助学生巩固和扩充道德经验,加深对道德意义的认识,使道德知识成为组织个人行为的自觉力量。

品德不良学生的道德判断主要表现为:一是道德判断具有两重性。在抽象意义上掌握的道德判断标准与自己的实际品行相矛盾;对自己的要求与对别人的评价相矛盾,也就是言行不一,表里不一。二是对道德行为的判断常以情感或物质的得失为转移,从而缺乏应有的原则性。例如,对一些错事有一定的是非观念和评价能力,但又被个人的"友情""哥们义气"所束缚,很少表现出坚持正义、主持公道,有时会歪曲事实,或者态度暧昧,装作没看见、不知道,等等。

### (二) 道德情感方面的表现

**1. 自尊感与自卑感经常交织在一起**

马卡连柯曾经指出,得不到别人尊重的人,往往有强烈的自尊心。你信任他,任用他,赋予他更多的责任,往往正是调动他们积极性的最好的手段。这段话说明了品德不良学生在道德情感方面的一大特征,即他们有强烈的自尊需要。如果这种需要得不到满足,会使他们感到痛苦、委屈和苦恼。他们最忌别人骂他"不可救药",最怕别人揭他的"伤疤"。这些都是自尊的表现。但是,由于他们自身的现实表现,这种强烈的自尊需要很少能得到正当的满足。相反,家长的打骂,教师的误解,种种的冷遇和歧视使他们的自尊需要压抑下去,内心产生了一种消极的自卑心理,而把自尊感深藏在内心。

### 2. 有抵触、对立的情绪

这种情绪一般与他们自身的心理障碍尤其是道德认识上的障碍有关,也与教育者的教育方式不当有关。当众斥责、言辞过分、动手动脚、罚站,或者不给吃饭等,都是教师和家长经常采用的强制性的或触犯他们人格的教育方式,往往会引起学生的抵触、对立情绪。总之,教师或家长如果输出不温暖的、冷酷的情感信息,只能换来抵触、对立的情感信息。

### 3. 更注重友谊感

友谊感是人与人之间在交流中相互信任、支持的情感体验。品德不良的学生在被人歧视或嫌弃时,正当的友谊需要得不到满足,就会用另外的形式到社会上去寻找补偿。但是,这种友谊感是以个人的得失为转移的,所以带有很大的冲动性、盲目性和实惠性,是不深刻、不牢固的,往往会因"三句好话一支烟"而互认为友,也会为了一点小事而翻脸成仇人。

### 4. 情感的内外矛盾表现突出

从外部表现来看,品德不良学生的情感有时达到奔腾直泻、淋漓尽致的地步,他们可以不顾课堂纪律的约束和别人的干涉,往往落得一个痛苦的结局。从其内心来看,他们实际上也是有情有欲,了解教育者的心情和好意的。

## (三) 道德意志方面的表现

### 1. 有增强道德意志的强烈欲望,但表现出错误的意志行为

品德不良学生虽然有增强道德意志的愿望,但由于对道德意志错误地理解而表现出错误的意志行动,甚至会盲目地模仿反面人物的破坏行为。比如,有的学生用脚狠踢桌凳,比赛谁踢得多,踢得远,以表示谁最勇敢;有的学生为显示"英雄",会脱光衣服,让别人用拳头往胸膛上猛打,等等。

### 2. 意志行动常受直接欲望所驱使,动机水平较低

一般地说,动机水平越高,行为的偶发性和盲目性越小。品德不良学生的动机经常受下列直接欲望的驱使:①受个人欲求的驱使,很少考虑他人和集体的利益;②受当前欲求所驱使,很少考虑长远的利益;③受个人的情感所驱使,常常忘记道德准则;④受激情的驱使,常带有盲目性,缺乏自觉性;⑤较多考虑到行为的原因,较少考虑到行为的后果;⑥正确的行为动机常因外界的诱因和内心矛盾而不持久,易变性大;⑦在某些行为发生动机斗争时,道德认识与非道德欲求之间的矛盾反复性比较突出。

当然,在有些情况下,品德不良学生也能见义勇为,表现出较高的动机水平。这正是他

们内心深处可贵的闪光点。

**3. 有自制的愿望,但又缺乏坚韧的自制力**

一个人有了自制力,就能在困难面前坚定不移,在胜利面前不骄不傲;有了自制力,就能抑制自己的行动,不为激动所支配,不受喜恶所左右。缺乏自制力的人则相反,做事随心所欲,言行脱节,正确行为难以坚持,恶习也难以改正。品德不良的学生常有制止某些错误行为的强烈愿望,但又缺乏坚韧的自制力。其主要表现在:①在遵守社会公德时,不能用正确的思想约束自己的行动;②当经过教育有很大的进步时,往往因经不住外界诱惑而出现反复。

**4. 毅力的发展具有双向性**

毅力是指人在意志行动中,尤其是在与困难作斗争的过程中表现出来的坚持精神。不能克服困难就谈不上有毅力。

品德不良学生的毅力具有两重性。他们在做某些事时缺乏毅力,但是在施展其体力或在他感兴趣的活动中却表现出很强的毅力。这种毅力有时会在许多错误的行为中以变态的形式表现出来。

### (四) 道德行为习惯方面的表现

**1. 不良行为习惯的养成经历着一个由偶然到必然,由量变到质变的发展过程**

比如,从小养成了好吃懒做、撒谎、只顾自己不关心别人等坏习惯的人,随着年龄的增长,物质欲望越来越膨胀,在得不到满足的情况下,就有可能走上偷窃的歧途。如果偷窃每次都有"收获",这种低级的需要与不良的行为之间建立了稳固的神经联系,其偷窃行为就会越来越严重。

**2. 品德不良的行为习惯具有年龄和性别的特征**

男生的品德不良行为主要表现为打架、偷窃、旷课、抽烟、酗酒、赌博等;女生的品德不良行为主要表现为贪图吃喝玩乐、夜不归宿等。这些行为从儿童到少年期有所发展,到了青年期(高一年级起)有明显减少的趋势。

**3. 不同年龄和性别的学生共同的品德不良行为**

不同年龄和性别的学生共同的品德不良行为的主要表现有:说谎,好逸恶劳,贪图享受,放荡不羁,偷看色情小说或视频等。

根据以上分析,纠正学生的品德不良行为应当注意:①要消除他们的疑惧心理与对立情绪,使他们相信教师的真心善意;②要培养和利用学生的自尊心和集体荣誉感;③要提高他们辨别是非的能力,形成是非观念与是非感;④要锻炼他们与诱因作斗争的意志力,以便巩固他们新的行为习惯;⑤要根据学生的个别差异,有针对性地进行教育引导。

## 二、品德不良学生违法犯罪的心理条件

研究表明,违法犯罪的直接原因是不良的环境和主体消极的人格因素之间的相互作用。

国内外的研究表明,不良的社会和家庭环境因素是导致孩子高度攻击性、好斗和充满敌意,进而发展为在校期间欺侮弱小同学,甚至违法犯罪的重要因素。但在这里我们着重分析的是主体消极的人格因素,其中包括人格倾向性、情感、意志、性格、气质和智能等方面的消极因素。

## (一) 在人格倾向性方面

### 1. 需要层次比较低下

品德不良的学生往往有贪生、贪财和畸形的物质欲望;个人的"交往""尊重"和"安全"等需要也与社会的要求相对立。他们把自己的享乐或谋生的希望建立在损人利己的基础上,以不正当的手段来满足自己的需要,危害社会。

### 2. 常见的犯罪动机

品德不良学生常见的犯罪动机有贪财、报复、妒忌、虚荣心、讲"友情"、好奇心、戏谑以及恐惧等。

### 3. 兴趣趋于物质、庸俗

品德不良的学生对学习文化知识和道德知识的兴趣比较低,对外部的动作和物质的兴趣比较高。所以,他们经常逃学、旷课、追求享受,或沉浸在庸俗低级的消遣之中。

### 4. 个人主义为核心的人生观

人生观以个人主义为核心,单纯追求不正当的个人自由、幸福和物质享受。品德不良学生年龄不大,却较为自私,只相信个人主义,追求不正当的个人自由、幸福和物质享受。

## (二) 在情绪和情感方面

### 1. 情绪体验大多与低级的需要是否得到满足相联系

品德不良学生往往追求过高的物质享受,满足个体感官的肉体需要和感官刺激。他们的情绪体验大多与这些低级需要是否得到满足相联系。

### 2. 情感比较淡薄,不深刻,维持时间短

品德不良学生易暴易怒,情感表现来得容易,去得也快,并容易向对他施以感情拉拢的人表示好感。缺乏理智的激情犯罪,就是指在强烈的情绪之下发生的偶然性犯罪。

### 3. 道德感、理智感和美感十分模糊,甚至是颠倒、变态的

例如,品德不良学生的集体感、责任感是一种气味相投的团伙感。他们爱美,但是缺乏崇高和内在的美。

## (三) 在意志方面

### 1. 具有错误的目标选择

品德不良的学生是非观念不清,往往选择错误的目标,例如,为了与他的小团体保持联系而去偷盗。

### 2. 易受引诱和盲从

这与他们不能深刻地认识行为的目的以及达到目的的正当方法,不能清醒地了解他们的行为后果有关。

### 3. 缺乏自制力

品德不良的学生往往一有冲动就立即表现为行为,不能很好地用意志来控制自己的情绪,约束自己的言论和行动,行为放荡不羁。

### 4. 具有顽固性

这主要表现为不纳良言,一意孤行。

## (四) 在性格方面

我们的研究发现,在犯罪的学生中具有外向型、怯懦型性格的人数比例明显多于一般中学生;而具有适应型、安详机警型性格的人数比例明显少于一般中学生。同时还发现,他们在新环境中学习成长的能力方面,能力强者所占的人数比例明显地低于一般中学生(前者占11.5%,后者占71.8%);心理健康分数在标准分均数以上者的比例也比一般中学生低(前者占53.4%,后者占75.6%)。

## (五) 在神经类型和气质类型方面

据研究,犯罪的学生中强型和弱型两极的神经类型人数比例多于普通人所占的比例,而中间型神经类型的人数比例则少于一般人所占的比例(前者为48.34%,后者为62.57%)。从犯罪的类型来看,暴力犯罪者大多有强型的神经类型,非暴力犯罪者属于弱型神经类型的稍多些。

在气质类型方面,犯罪学生中具有胆汁质成分的混合型和抑郁质类型的人数占总数的69.85%。具有单纯胆汁质类型的比例也比一般学生中的比例高(前者占7.53%,后者占4.12%),而且都集中在犯有抢劫、杀人伤害和流氓打架等暴力犯罪行为的人身上。少数犯罪学生具有抑郁质类型。

但是,从总体上说,并没有发现某一种犯罪事实与某一种气质类型有直接的关系。无论哪一种气质类型都不是造成犯罪的必然因素,学生犯罪很大程度上与他们的神经活动类型的不平衡性、易于冲动有关。即使是胆汁质类型的人,如果没有一定的外部诱发犯罪的条件,或者虽有条件,但本人性格坚强,能正确地克制自己,仍不会构成犯罪。神经活动类型的不平衡性只是为犯罪提供了一种可能性和内部条件。事实表明,即使是属于灵活、平衡的神经类型的人,同样也有犯罪的可能。

## (六) 在智能方面

智能是指人利用过去的经验,以适应新情境的能力。20世纪初,一些学者认为,一半以上的犯罪者是智力落后者。后来,这个提法受到了批评。目前经研究证实,与智能低下有关的罪行只有性罪和纵火罪。据我国的研究发现,犯罪学生的智力测验成绩的均数是 85.97,属于中下等智力,而工读学校学生的平均智商是 93.56,属于中等智力,两者的差异达到极显著的水平(P<0.01)。我国的研究还发现,犯有流氓类罪行的人智商最低,而在流氓类罪行中,犯有强奸类罪行的人智商又最低(平均为 79.27)。在强奸这一类罪行中,奸幼这种行为人的智商更低(平均智商为 72.80),这些研究与国外某些研究的结论相近。

由于犯罪是不良环境与消极的人格因素相互作用的结果,因此,为防止中学生犯罪,应当力求减少他们犯罪的情境,同时要防止消极人格因素的形成。如果消极人格因素已经形成并稳固,教育者就要设法破坏已形成的犯罪心理条件,努力帮助他们培养健全的人格。

## 名词解释

品德　道德认识　道德情感　道德行为　道德意志　观察学习　替代强化　自我强化　道德的他律阶段　道德的自律阶段　社会化　道德信念

## 思考题

1. 说明品德的心理结构。
2. 说明品德心理结构的特点,并举例。
3. 有关品德形成的心理学理论有哪几种?你赞成哪一种或哪几种理论?为什么?
4. 述评认知派的道德判断发展理论。
5. 述评"动机圈"理论。
6. 说明青少年学生品德不良的心理表现,以及纠正的方法。
7. 说明青少年学生违法犯罪的心理条件,以及预防的办法。

# 第十五章 心理健康

## 第一节 心理健康概述

### 一、心理健康的含义

心理健康、心理卫生和精神卫生,就其内涵而言,属于同一个概念,三者的英文名称都是 mental health,原名 mental hygiene。不过,心理健康更多地作为名词,意指个体健康的心理状态,具体表现为认知正常、情感协调、意志健全、人格完整、适应良好、生活幸福等。心理卫生是一门研究人类如何保持和增进心理健康的科学。心理卫生是心理学的一个分支,与教育学、社会学、精神病学、医学及生物学等学科的关系极为密切。对于心理健康,学者们从不同的角度进行积极的探索,提出了各自的看法。其主要观点有以下几点:

#### (一) 没有心理障碍症状就是心理健康

以有无心理障碍症状作为划分心理健康与不健康的标准,是大部分临床精神医生所普遍赞同的观点。在他们看来,与心理不健康相对的是心理健康,所以心理健康最简单的定义是没有不健康的心理状态或没有心理障碍症状。

但是,此种观点至少有两点不妥。其一,它只从狭隘的、消极的观点来理解心理卫生工作。其实,心理卫生还有更重要的目的是使心理健康的人更加健康。其二,没有心理障碍症状,不能说明个体的心理就一定健康。比如,某学生的智力并不差,品行一般,老老实实,遵守学校规章制度,但成绩中等。如果按有无障碍症状来判断该生心理是否健康,临床精神医生肯定认为他的心理是健康的,而一些心理卫生工作者则认为该生在心理健康方面可能有问题。

#### (二) 行为符合社会规范就是心理健康

这是社会工作者常用的观点。比如,社会工作者贝姆(W. W. Boehm)就认为,心理健康就是个体能很好地适应社会规范,一方面能为社会所接受,另一方面能给自身带来快乐。

许多心理卫生工作者认为,此种观点虽然符合一般常识,但不能作为普遍的原则。这是因为,同人的意识倾向有密切联系的情感、性格等一些比较复杂的心理现象,往往受到社会历史条件、文化背景的制约,而不同文化背景下人们的行为规范又千差万别,如果考虑这些因素,就很难对心理是健康还是不健康定下一个普遍适用的标准。

#### (三) 适应良好就是心理健康

适应是指人与环境的双向互动的协调状态。适应良好具体表现为:个体的心理感受与实际情境相吻合,个体的意念、想法与现实环境相协调;能随环境条件的变化而适时作出相应的反应;个体的学习、生活和工作等处于和谐运作的状态。

以个人能否适应环境来划分健康与不健康,是最普遍认同的一种观点。若一个人对环境适应良好,则此人的心理就健康,如果适应不良则不健康。

## 二、心理健康的评估标准

心理健康评估是指对个体的心理健康状态与水平进行评估。心理健康评估不同于心理疾病诊断,后者主要根据消极负性的心理障碍症状进行标准化诊断,如美国精神疾病诊断与统计手册、精神疾病国际分类系统、中国精神障碍分类及诊断标准等。心理健康评估的内容指标既包括消极负性的心理健康素质,如焦虑、抑郁、恐惧、强迫、孤独等,也包括积极正性的心理健康素质,如幸福感、快乐感、满意度、自信心、自尊、信任等。

在消极负性的心理健康评估量表中,有包含多症状多指标的评估表,如《症状自评量表》(Symptom Check List 90,简称 SCL-90)《康奈尔健康问卷》(Cornell Medical Index,简称 CMI)《一般心理健康问卷》(General Health Questionnaire,简称 GHQ)等,也有只含单症状单指标的评估表如《抑郁自评量表》(Self-Rating Depression Scale,简称 SDS)《焦虑自评量表》(Self-Rationg Anxiety Scale,简称 SAS)《UCLA 孤独量表》等。积极正性的心理健康评估量表有《生活满意度评定表》(Life Satisfaction Scale,简称 LSR)《总体幸福感量表》(General Well-Being Schedule,简称 GWB)《人际信任量表》(Interpersonal Trust Scale,简称 ITS)《自尊量表》(Self-Steem Scale,简称 SES)等。

此外,我们根据国内外有关资料,归纳出心理健康的人应具有以下几种心理特质,它们也是衡量心理健康的指标。其中任何一个指标存在问题,都不能称得上是完整意义上的心理健康。

### 1. 正常的认知能力

心理健康的人,首先要有正常的认知水平,从感知觉到注意、记忆、想象,直到思维和语言等一系列的认知活动都处于正常状态,才能称得上心理健康。一个行为正常的智力落后儿童不能算是心理健康的人,聋人和盲人的心理处于亚健康状态,因为他们存在认知上的缺陷或障碍。

### 2. 和谐的人际关系

心理健康的人,有积极良好的人际关系,有自己的友伴,乐于与人交往。在与人相处时,常表现出尊敬、信任、友善、同情、帮助和谅解等。他不仅能悦纳别人的优点,而且也能宽容别人的缺点。

### 3. 正确的自我观念

心理健康的人,既能客观地评价别人,也能正确地认识自己和接受自己。他能努力发挥自己的潜能,努力改正和克服自己的不足,能体验到自己存在的价值,能实事求是地评价自己,拥有符合社会发展需求的社会理想。

#### 4. 健康的情绪体验

心理健康的人,有健康的情绪体验。他的情绪状态由适当的原因所引起,情绪反应的强度与引起它的情景相称,情绪持续的时间随客观情景而转移。他既有愉快、喜悦、欢欣等积极的情绪状态,也有愤怒、恐惧、焦虑等消极的情绪状态,但积极的情绪体验常多于消极的情绪体验,经常能保持愉快、乐观的心境。

#### 5. 热爱生活,乐于学习和工作

心理健康的人热爱生活,主观幸福感强,乐于学习和工作。他们在学习和工作中积极进取,奋发向上,充分发挥自己的聪明才智,以获取最大的成就。

#### 6. 正视现实,接受现实

心理健康的人,能面对现实,接受现实,能客观地反映现实,以正确的态度对待现实。他既能正视学习、生活和工作中的种种困难,又能用切实有效的方法去妥善地解决;对于挫折也能采用成熟和健全的方式去面对,绝不企图逃避。

#### 7. 行为正常,人格完整和谐

心理健康的人,行为的内在反应和外在表现是一致的;前后行为也是连贯和统一的;行为反应的强度和刺激的强度相一致。心理活动与行为方式和谐统一的人,被称为"人格完整和谐"的人。

#### 8. 心理行为符合年龄特征

心理健康的人,应具有与同年龄大多数人相符的心理行为特征。人的心理和行为表现总是随年龄的增长而不断发展、变化。这种发展和变化具有年龄阶段性。因此,处于同一年龄阶段的人的心理和行为表现具有一些共同的特征。

## 三、心理健康和身体健康

联合国世界卫生组织(World Health Organization,简称WHO)给健康所下的定义是:健康不仅仅是指躯体上没有疾病,还应当包括心理活动和社会适应等方面的健全与最佳状态。这就是说,人的健康应包括躯体健康、心理健康和社会适应三个方面。只有身体和心理都健康,社会适应才能正常,才称得上是真正的健康。

心理健康与身体健康的关系是怎样的呢?科学研究已经揭示,心理健康与身体健康是互相影响、互相制约的,具有辩证统一的关系。

身体健康是心理健康的前提条件,"健康的心理寓于健康的身体"。身体状况对于心理和行为方面的影响,最为明显的是大脑的急性和慢性病症会引起某些心理疾病。一些研究证实,某些心理疾病源于大脑疾病。例如,酒精中毒性精神病的主因是酒精中毒引起的脑疾;麻痹性精神病的主因是梅毒引起的脑疾;老年精神病的主因是血管硬化所造成的脑疾。临床上还发现,当人脑由于外伤或疾病而遭受破坏时,他的心理活动就会全部或部分地失调。这类由于身体疾病导致的心理疾病,我们称之为身心疾病。

内分泌系统对人的心理功能也有着重大的影响。甲状腺素的功能是控制个体的新陈代谢。当甲状腺素分泌过多时，代谢作用将加速，并伴随有个体肢体颤抖、情绪激动、焦虑不安、失眠、注意力不集中等紧张反应，甚至有妄想及幻觉出现。这时个体的感知觉、记忆、想象、思维等认知活动也受到影响。反之，当甲状腺素分泌不足时，代谢作用就会降低，个体的心智活动趋向于迟钝、反应缓慢、记忆减退、思维迟滞，且常有抑郁的倾向。经治疗，一旦甲状腺分泌正常，以上症状就随之而消失。

心理状态对身体状态的影响也是显而易见的，例如，情绪对身体情况的影响。美国哈佛大学生理学家坎农于20世纪初对此做了大量的研究。其中有一个实验是用狗和小孩作对比研究。他先把食物放在饥饿的狗面前，然后拿走，经检查狗分泌了大量的胃液，说明食物诱发了狗的食欲，促进了胃液的分泌。可是，如果对饥饿的小孩进行同样的试验，情况就不同了。小孩由于不能立即得到食物，急得啼哭起来。经检查，他的胃中无任何胃液分泌，这证明，小孩的情绪抑制了胃的分泌功能。另一个是约瑟夫·布雷迪用电击猴子的方法来做实验。在这个实验情景中，一个笼子里关两只猴子，一只四肢被捆住，一只可以自由活动，每隔20秒钟给笼子通电一次，使两只猴子接受一次电击。笼子里有一根压杆，只要猴子间隔20秒钟压它一次，它就可以免遭电击。为了避免电击，那只自由活动的猴子老是提心吊胆地惦记着在20秒钟快到时去压一下杆，情绪一直处于紧张状态，后来得了"胃溃疡病"。另一只猴子因四肢被捆住，动弹不得，只好躺在那里听天由命，没有沉重的心理负担，所以安然无恙。

经过科学证明，人的胃及十二指肠溃疡受情绪作用的影响极大。例如，人在生气、恐惧或焦虑时，食欲常会减退，但胃的蠕动加快、胃壁充血、胃液分泌量和酸度增高。这一反应如果连续出现，会使胃壁部分受胃酸的侵蚀，而形成溃疡。又如，人在愤怒的情绪下，血压升高是正常的生理过程。倘若能使愤怒发作，那么紧张的情绪就得以松弛，升高的血压也就下降到正常的水平。如果此种愤怒长期受到抑制，不能发作出来，紧张的情绪长期不能平息下来，那么就有可能引起血压调节机制的障碍，而形成功能性的高血压症。这一类因长期的不良情绪的作用而导致器官功能的失常或组织的损伤的疾病，现代医学称之为心身疾病。这类疾病除了上面列举的消化性溃疡、原发性高血压外，还有冠心病、心律失常、神经性厌食症、支气管哮喘、偏头痛、神经性皮炎、过敏性皮肤病、糖尿病、甲状性机能亢进、月经失调等。

心理生物学研究发现，个性特征、情绪体验等心理因素也与癌症有关。大量的动物实验表明，中枢神经系统功能过度紧张或紊乱，会促使实验性癌症发病率的提高。临床发现，癌症病人发病前往往经历长期的心理矛盾、不安全感、压制愤怒、不满等情绪体验，有严重的精神创伤、过度忧郁的历史。因此，个体情绪过分紧张或精神受到严重刺激，会破坏机体的免疫功能，同时引起激素分泌紊乱，致使机体抵制或回避致癌作用的能力下降，这为癌症的发生提供了条件。我国古代医学早就提出了喜、怒、忧、思、悲、恐、惊七情致病的理论，认为心身是统一的，与近代西方的心身医学理论有很多相符合的地方。

## 第二节　心理健康的三级预防

心理健康工作既包括心理疾病的发现、诊断和治疗,也包括如何预防心理疾病和不良适应行为的发生,以及如何增进每个人的心理健康水平,提高人们对社会生活的适应能力。从事预防工作的心理卫生工作者一直都特别强调预防在心理卫生工作中的重要性。他们提出的预防措施包括三个层次,即一级预防、二级预防和三级预防。

### 一、一级预防

一级预防的主要任务是指导正常人健康地生活,应对种种心理危机,防止各种心理障碍和行为问题的发生,使他们的心理得到健康、完善的发展。一级预防的主要方式是心理卫生宣传教育、心理健康讲座等。

一级预防的特点是范围大,涉及面广。从对象上说,一级预防服务的对象是正常的、健康的人,不能称之为患者或病人。从内容上说,一级预防包括在生理、心理、社会等方面维护和增进个人心理健康的一切措施。

生理方面维护和增进个人心理健康的措施有:疫苗的接种、定期的健康检查、一般健康保健服务、优生优育理念、充足营养的提供、各种体育运动的普及以及必要的安全措施等。

心理方面维护和增进个人心理健康的措施有:培养对爱和被爱有充分而适当的需要;培养良好的习惯和人格;训练适应性的社会行为;培养挫折忍受能力及处理技巧;培养心理危机的应对能力及加强心理危机期的情绪支持;培养良好的情绪,学会适度地表达、控制情绪,处理不良情绪;培养人际交往能力和技巧;培养正确的自我观念,树立正确的人生观和世界观,等等。

社会方面维护和增进个人心理健康的措施有:加强物质文明和精神文明建设,为每个人提供健全的生活环境,以满足人们对物质生活和精神生活的种种需要;减除可能引起人格障碍和精神崩溃的社会压力。

一级预防涉及所有的社会组织机构和制度,以及政治、经济、科学文化卫生等领域。上至党和国家的首脑,下至每一个平民百姓,特别是从事对人的教育和管理工作的人都是一级预防工作中的一员。从这种意义上来说,一级预防人人有责。

心理卫生工作者在一级预防中起着重要作用。他们应该在组织一级预防方面提供各种意见,可以利用有影响的宣传媒介来改变人们的社会态度和行为,普及心理卫生知识,例如,通过出版刊物、书籍或利用讲演、集会等方式,向广大群众宣传心理卫生知识,引起社会对心理卫生的注意和重视。此外,还应该重视端正人们对精神疾病的各种错误认识。

一级预防是精神卫生工作最积极的方面。这方面工作做得完善,可以降低心理障碍的发生率,甚至可以杜绝某些心理障碍的发生,国民健康的情况也将得到改善。但是,由于人们对复杂的心理障碍的原因了解甚少,要制定出一级预防的步骤和措施并不是一件轻而易举的事,就是在精神卫生工作比较发达的国家,一级预防也是一个模糊不清的概念,实际工作也很艰巨。在一级预防计划方面一般存在两个问题:一是没有很好地奠定实践的理论基础,对于到底怎样才能真正形成积极的精神健康状态这个问题,精神卫生专家还没有一致的定论;二是一级预防需要大量的经费和经过专门训练的人员。虽然一级预防的具体实施面临许多困难,但是一级预防是精神卫生工作的奋斗目标。

## 二、二级预防

二级预防主要针对的是轻度心理异常,如问题行为、不良习惯、人际关系问题、学习适应问题、感情问题、生活中的各种心理危机等。一般不把前来接受咨询和辅导的轻度心理异常者称为患者或病人,而称为当事人、来访者或求助者。二级预防的主要方式是心理辅导、心理咨询和心理危机干预等。

轻度心理异常具有非器质性病变、损伤和心因性两大特征。当事人的适应环境能力、人际关系以及整个心理活动的协调性等表现均欠佳。但是,当事人能认识到自己心理异常,且多数人能主动寻求帮助和咨询。他们生活能自理,日常生活、学习和工作能照常进行。轻度的焦虑症、抑郁性神经症、恐怖症、强迫症、癔病、神经衰弱等神经症(神经官能症)都属于这一类。

焦虑症的最核心症状是:当事人常感到内心有一种说不出的紧张和恐惧,惶惶不安、忧心忡忡,但具体说不出怕什么或担心会发生什么;在身体方面常表现出胸闷、呼吸不畅、心悸、脉搏加快、皮肤潮红、出汗等症状,并常伴有睡眠障碍。焦虑急性发作时常伴有严重的心血管系统的症状,好似心脏病发作一般,有的当事人感到"心跳得像要爆炸似的",觉得"心脏快要跳出来了",不时地会出现心慌意乱,严重时甚至会休克。

抑郁性神经症以持久性情绪低落为特征。基本症状是"丧失"。当事人常感到心情压抑,感到生活没有乐趣、没有希望、没有意义。此外,当事人还感到自己反应迟钝、思考困难、无精打采,有多种躯体不适感及睡眠障碍等。

恐怖症是以极不合理的恐惧和对恐惧对象极力回避为特征的神经症。恐惧的对象是某个人、物或特殊环境。常见的恐怖症有:动物恐怖症、社交恐怖症、广场恐怖症及学校恐怖症等。

强迫症是以反复出现强迫性观念和行为为特征的神经症。强迫症状是强迫症的核心症状,当事人明知其毫无意义和没有必要,但主观上无法摆脱这种观念和行为。强迫性观念分为强迫性怀疑、强迫性回忆、强迫性联想、强迫性穷思竭虑、强迫性对立思维等。强迫性行为分为强迫性计数、强迫性检查、强迫性洗涤、强迫性仪式动作等。

神经衰弱是一种常见的神经症。神经衰弱的症状主要表现为易兴奋、易激惹、易疲劳、易衰竭,注意力不易集中,记忆力减退,情感脆弱,感觉过敏,头昏、头痛、耳鸣、眼花、失眠多梦等。此外还伴有心血管、呼吸、胃肠、泌尿生殖等系统功能方面的症状。

问题行为分为反社会的问题行为和非反社会的问题行为两类。反社会的问题行为包括经常性的逃学、离家出走、不合作、反抗权威、不守纪律、偷窃、说谎、爱发脾气、打架、破坏公物、欺负弱小、伤害他人、粗语辱骂等。非反社会的问题行为包括经常性的消极、畏缩、不合群、过分依赖、不敢发表自己的意见和主张、做白日梦等。

不良习惯包括长期性的吸吮手指、咬指甲、肌肉抽搐、偏食、口吃、尿床、有不良嗜好、玩电子游戏等。成人的不良习惯包括过度吸烟、饮酒、说粗话等。

学习适应问题主要表现为由非智力因素造成的学习低成就,并伴有情绪困扰和行为问题。例如,学习不努力,不做作业,注意力不集中,粗心大意,跟老师敌对,偏科,成绩不稳定,考试怯场,考试作弊等。

二级预防的心理卫生机构是地区精神卫生中心、医院心理卫生科,以及学校和企事业单位的心理咨询中心、心理咨询室或心理辅导室。二级预防的心理卫生工作人员是精神科医生和护士、临床心理学家、心理教师、心理咨询师和社会工作者。这些机构和人员的工作和任务主要有以下三个方面。第一,开展心理健康普查,定期对某地区、某单位的人群的心理健康状况作出评价,并制定出对策。对测查中已发现的轻度心理异常者进行准确的诊断和及时地给予咨询辅导。第二,对来访者进行心理诊断、心理咨询和心理治疗,必要时辅以药物治疗。第三,心理危机干预。心理危机是指个体不能解决或处理由于突发事件或重大生活事件所导致的应激或挫折时产生的心理失衡状态。心理危机干预是指借用简单的心理治疗手段,协助处于困境或遭受挫折的当事人处理迫在眉睫的问题,恢复心理平衡,安全度过心理危机的过程。二级预防的目的是,通过及早发现、及早诊断和及早治疗,使轻度心理异常者恢复心理健康。

### 三、三级预防

心理卫生工作三级预防的对象是严重的心理异常者,可以称之为患者或病人。此类患者的心理异常表现包括:幻觉、妄想、思维错乱、行为怪异、情感失调、不能与人相处、不能参加社会活动、对自己完全丧失自知力、不承认自己有精神病等。精神分裂症和躁狂抑郁症都属于这一类。三级预防的主要方式是心理治疗和药物治疗等。

三级预防的工作机构是各级各类精神卫生中心、精神病医院、精神病防治所和综合医院的精神科、心理门诊。从事三级预防的工作人员主要是精神科医生和心理治疗师。三级预防的主要目的是通过药物治疗、心理治疗等手段,一方面改善患者症状,努力防止这些症状的加重,防止新的心理障碍和新的不适应行为的出现,缩短病程,减少机能障碍的危害和后遗症,提高患者社会生活的适应能力,并为他们提供有效生活的多种机会;另一方面也努力防止原有的适应行为和健康心态的减弱。

对精神病的治疗,已经摒弃了过去那种让病人与世隔绝的措施,强调精神病人不应该脱离社会,而应该尽可能地让他们回到正常的社会中去生活,在社会中接受治疗。如今的精神病院环境布置得如同风景优美的花园,有设备完善的文娱、体育、学习和工作场所,形成了自成体系的社会生活小区。

在一些发达国家,除了在综合医院设有精神病房外,还设立有:①精神病日间医院。病人白天在医院治疗和活动,晚上回家与家人一起生活。②精神病夜间医院。与前者相反,病人白天在社会上进行各种活动,晚上到医院进行各种治疗和睡眠、休息。③保护工场。让无需药物治疗的病人在试验性工场进行生产劳动,并可获得适当报酬。④中途康复站,又称临时中间站。位于居民区,平均每个康复站有20—40名病人。病人是社会的一员,他们可以边工作,边接受治疗。⑤"家庭"照顾。由受过专业训练,并有一定的才智和热情的人充当"家长",与病人组成临时家庭。在这个家庭中,病人不仅有一个温暖的家庭环境,而且活动也比较自由,并能发挥自我服务的能动性。急性病人(包括精神分裂症、妄想症、自杀者及其他严重的心理异常的病人)也可安置其中。

建构各级别多层次的心理卫生机构体系,即设立国家级的、省市级的、区县级的以及基层社区街道的心理健康中心,是非常必要的。这样的机构体系能将心理卫生的三级预防功能融为一体,这是当代心理卫生发展的新趋势,也是我国心理卫生工作要实现的目标。

## 第三节　压力和心理健康

### 一、压力的含义

"压力"原是物理学的概念,意指施加给某一物体的一种外力。加拿大内分泌生理学家汉斯·塞利(Hans Selye)首先将压力的概念引进医学和心理学,并加以研究,他在这方面贡献出了自己毕生的精力。

个体每天都要承受外在和内在的种种刺激,有些刺激会使人放松,产生愉快感,有些则会引起人焦虑、不安的紧张状态。由内外刺激令个体产生心理紧张、心理威胁或心理恐惧而使个体所产生的心理压迫感称为心理压力,简称压力。由突发刺激或刺激变化而使个体产生的心理适应状态称为心理应激,简称应激。适度的良性心理应激具有激发个体潜能,应付各种困难,增强毅力的作用;过度的负性心理应激会导致急性应激反应或慢性应激障碍,过度的心理应激对心理健康非常有害。个体遭遇的生活事件越突然或越重大,其心理应激的程度就越强烈,对个体产生的心理压力也就越大。

根据不同的标准,可以把压力分为不同种类。①根据压力的程度,可以把压力分为过度压力、适度压力和过低压力。②根据压力所产生的生理和情绪反应,可以把压力分为好的、快乐压力,不好的、痛苦压力。③根据压力的来源,可以把压力分为外在压力和内在压力。

### 二、压力的来源

一般而言,凡是使个体产生紧张状态的刺激都能成为压力的来源,据此可分为外在刺激和内在因素两类。

#### (一)外在刺激

**1. 物质环境**

这类刺激常给人们带来心烦、紧张和威胁,如气温过冷过热、光线过弱过强、噪音、空间狭小、交通拥挤、环境脏乱、空气污染等。

#### 2. 灾难事件

这类刺激常常给人们带来心理紧张与恐惧,如水灾、旱灾、火灾、冰雹、地震、火山爆发、泥石流、海啸、台风、龙卷风、重大交通事故、瘟疫流行(如 2003 年的非典病疫、2019 年的新冠病疫)等。

#### 3. 生活事件

生活的突然变动是造成压力的主要来源之一。在对生活事件造成压力的定量研究中,精神科医师托马斯·霍尔姆斯(Thomas Holmes)和雷希(R. H. Rahe)的贡献得到世界的公认。他们于 1967 年编制了一份《社会再适应量表》,表中列举了 43 个愉快和不愉快的重要生活事件。这些生活事件是从 5000 多例美国病人的病史中筛选出来的,所用的量度单位是生活改变单位(Lcu)。他们规定"结婚"这一生活事件的生活改变单位的平均值为 50,其他 42 个重要生活事件的生活改变单位的平均值依次是:配偶死亡为 100,离婚为 73,夫妻分居为 65,等等。个体在过去一年内所遭遇到的重要生活事件的生活改变量总值在 150—199 之间,为轻度生活危机组,200—299 之间为中度生活危机组,300 以上(含 300)为重度生活危机组。我国研究人员依据霍尔姆斯的《社会再适应量表》的编制原理,编制了《中国生活事件量表》。该量表以 10 个省市 1012 名正常人为对象,每人填写一份生活事件问卷。问卷上列有 65 种生活事件,规定"结婚"这一生活事件带给一个人的压力为 50 分,让这些正常人按直接或间接经验,估计其他 64 种生活事件压力的程度。最终获得各生活事件的压力的平均分值:丧偶为 110,子女死亡为 102,父母死亡为 96,离婚为 65,父母离婚为 62,夫妻感情破裂为 60,等等。一般人可利用此生活事件量表,来评估个人在过去一年内所遭遇到的生活事件的压力程度。如果压力分数总和在 300 分左右,就应该提醒当事人采取积极有效的措施来缓解所面临的压力,这种状况若是长期持续下去很可能导致严重的身心疾病。

拉扎勒斯(1981)的一项研究显示,不仅重要的生活事件所造成的压力会给人的身心健康带来一定影响,而且日常生活中的琐事所造成的压力,日积月累之后,也会对个人身心健康造成不良影响。

### (二) 内在因素

造成压力的内在因素主要有躯体疾病等生理因素和心理挫折、心理冲突等心理因素。心理挫折与心理冲突将在下节详述。

## 三、压力的生理与心理反应

美国生理学家坎农首先用科学方法研究个体对突如其来的威胁性事件的反应。他发现,当个体面临危险情境时,立即引起生理应激,具体表现为:下视丘一方面通过控制自主神经系统的活动,使个体血管收缩、心跳加快、血压升高、呼吸加快、胃肠蠕动减慢、肾上腺分泌肾上腺素和副肾上腺素,给有机体提供更多的红细胞、白细胞和血糖;另一方面促动脑下腺分泌甲状腺激素和肾上腺皮质激素,为有机体制造更多的能量和荷尔蒙。在生理应激反应发生之后,随即进入准备对抗或逃避的急性心理应激状态。一般说来,压力、挫折的心理应激反应与生理应激反应是紧密联系在一起的,并相互影响。

汉斯·塞利曾研究在长期高压下个体的生理反应。他发现,这种生理反应包括惊慌、抵抗和精疲力竭三个阶段,如图15-1所示。惊慌阶段,受威胁的个体会产生各种生理反应以迅速恢复正常;抵抗阶段,个体的生理反应渐趋正常,对原有压力抵抗力增加,但对新的压力抵抗力反而降低;精疲力竭阶段,个体无法再承受持久的高压,导致身心耗竭,甚至可能会导致死亡。

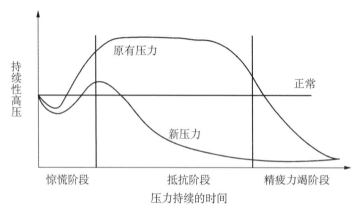

图 15-1 高压下的生理反应

(资料来源:Hans Selye,1956)

压力的心理反应包括情绪、行为和认知三个方面。与压力有关的情绪反应是抑郁,对原有工作倦怠,不自主地在梦中或瞬间重复体验当时恐怖和震惊的感觉,情绪反应迟钝,与人疏远,不能集中注意力,失眠,怀疑生存的价值等。压力的行为反应视压力程度不同而有所区别。轻度压力能使个体的生物性行为和正向的适应性行为增多,如进食、攻击和性行为增多,警觉性提高,精力集中,较能接受他人的意见和指导,具备较适当的态度与处事技巧;中等压力会使个体注意力、耐心、对环境反应力、学习和工作等行为能力降低,易烦躁,易产生重复和刻板动作,同时也会影响像演奏乐器这类需要身体各部位协调的复杂行为;在重度压力下,个体常表现出两个极端的行为反应,要么呆若木鸡,完全停止行动,要么攻击。对压力进行的自我评估则是与压力有关的认知反应。

## 四、压力和心理健康

压力和个体心理健康的关系极为密切。没有压力或压力过分缺乏的环境对个体心理健康也将产生不利的影响。感觉剥夺实验和母爱剥夺研究等都说明了这一点。适度压力是维护和增进个体心理健康的必备条件,它可使个体提高警觉、注意力集中、精神振奋、积极进取,工作效率因此提高。过度压力会给个体心理健康带来消极或积极两方面的影响。对某些个体来说,过度压力会导致种种心理症状或疾病,使整个身心都垮下来;而对另一些个体来说,过度压力可以转化为自己行动的强大动力,促使他发愤图强,努力改变现状。过度压力之所以对上述两类个体能产生截然不同的影响,主要是因为他们具有不同的人格特质。正如认知心理学家苏珊·科巴萨(Suzanne Kobasa)所指出的那样,凡是因过度压力而能产生积极影响的个体,一般都具有遇事主动出击、献身投入,具有自我驾驭感,能迎接挑战、勇于应变等坚强的人格特质。

### 五、应对压力的方法

在人生的整个旅途中,个体随时随地都可能受到种种压力的困扰。掌握应对压力的方法,对维护和增进个体的身心健康极为重要。应对压力的主要方法如下:①增强抗压能力。树立正确的人生观和世界观,培养坚韧的人格特质,提高分析问题和解决问题的能力,学会解决问题的方法,以及养成良好的生活、学习和工作习惯等,能够增强个体的抗压能力。②确立适当的期望水准,调整好学习、生活的节奏,也能提高个体的抗压能力。正当的、适度的休闲与运动是积极调整身心状态的方法,有利于个体以饱满的热情和精神面对困难。当个体自我无法应对所遭遇的压力时,应找专业人员接受心理辅导和心理咨询。

## 第四节 挫折和心理健康

### 一、挫折及其产生的原因

人们在日常生活、学习和工作中经常会遇到挫折。挫折对人的影响甚大,了解和研究它,对于维护和增进个人的心理健康是非常重要的。挫折本意是指事情进行得不顺利。当所期望的、计划好的事情受到阻碍时就会使个体在心理上产生挫折感。由于主、客观原因使个体本来期望得到实现或满足的目标受到阻碍而使个体产生紧张、痛苦或失望的阻碍感,就称为心理挫折,简称挫折。同压力一样,挫折的程度与心理应激的强度成正比。挫折越大,心理应激的强度越强烈,对心理健康的危害就越大。造成挫折的原因可归结为主观和客观两个方面。

客观方面,引起挫折的因素有空间或时间等自然环境的限制,使个人的行为无法达到目标。例如,台风或洪水阻碍交通,使某人无法准时赴约;远隔重洋而无法与亲人团聚;一个急于负担家计的大学生还要苦读四年才能完成学业等。因受制度、生活方式与风俗习惯等社会环境因素的限制,个人的目标无法实现,也是引起挫折的一种客观因素。例如,恋爱中的男女因家长的反对或受社会习俗的约束不能成婚,因与领导关系紧张个人的才华不能充分发挥等。一般说来,社会环境对个人实现目标所形成的阻碍远比自然环境的限制多,后果也更严重。

主观方面,一是个人生理和心理条件的限制,使个人的目标无法实现;二是个体的心理冲突。例如,身材矮小的人想成为国家篮球队员,或是听障者想成为出色的音乐家,或是色盲者想成为画家,无论他们自己怎样努力,其成功的可能性较一般人小得多。这类挫折是由生理和心理条件限制引起的。在日常生活中,个体经常会发生心理冲突。所谓心理冲突是指由于两个或两个以上不同方面的动机、欲望、目标或行为同时出现,使个体难以作出取舍而产生的紧张或痛苦的心理状态。例如,同时有两个目标都是某人所急切需要的,但是由于各种因素的限制,不能二者同时兼得,必须舍其一(双趋冲突)。又如,有两个目标都违背自己的需要,但由于客观环境所迫,不得不选择其中的一个目标(双避冲突)。再如,一个目标既可满足个人需求,同时也会对他构成威胁(趋避冲突)等。在一般情况下,这些矛盾或冲突会给人带来一些不愉快的感受,不会引起心理活动的异常。但是,这些心理矛盾或冲突持续愈久,表现愈激烈,导致心理疾病的可能性就愈大。因此,个体应尽量避免剧烈而持久的心理冲突。

## 二、抱负水平与个人的挫折容忍力

每个人都很难避免挫折,但在相同情况下,各人的主观感受又未尽相同。对某人构成挫折的情境,对另一个人并不一定也构成挫折。形成这种个别差异的原因,主要与个人的抱负水平和个人的挫折容忍力有关。

### (一) 抱负水平

抱负水平是指一个人对自己所要达到的目标而提出的标准。抱负水平高的人要比抱负水平低的人更容易体验到挫折。例如,两个学生期望得到的考试成绩分别是 70 分和 100 分,结果两人都得了 80 分。前一个学生感到心满意足,而后一个学生则感到是一种很大的挫折。

### (二) 个人的挫折容忍力

挫折容忍力是指个人遭受挫折后免于行为失常的能力,亦即个人承受挫折或经得起挫折的能力。一般说来,挫折容忍力低的人遇到轻微的挫折,就消极悲观,颓废沮丧,一蹶不振,甚至导致行为失常或心理疾病。挫折容忍力高的人,能忍受重大的挫折,就是大难临头,几起几落,也能坚韧不拔,百折不挠,保持人格的完整和心理的平衡。可见,开展挫折教育,提高挫折容忍力无疑是维护和增进个人心理健康的重要途径。一个人的挫折容忍力与下列因素有关:

#### 1. 生理因素

神经系统类型属于强型、平衡、灵活性高的人比弱型的人挫折容忍力高;身体强壮的人比体弱多病的人更能容忍挫折。

#### 2. 认识因素

个人的认知经验会影响一个人对挫折情境的知觉判断,因此,不同的人对相同的挫折情境所产生的主观心理挫折感的程度也不尽相同。例如,两个学生都与老师打招呼,老师没有反应。一个学生认为老师不喜欢自己,故意跟他过不去,自尊心受到严重的挫伤;另一个学生认为此种情况是由于老师正在思考某一重要问题,没有注意到的缘故。

3. 社会经验

挫折容忍力是个体在后天生活过程中为适应环境而习得的能力之一,它和其他心理品质一样可以经过学习和锻炼而获得提高。例如,饱经风霜、遭遇人生坎坷的人比一帆风顺的人更能忍受挫折。因此,进行挫折教育,教师和家长不仅要教育学生有意识地容忍和接受日常生活和学习中的挫折,更重要的是提供适当的挫折情境以锻炼学生的挫折耐受力,教师与家长可以在学生犯错误或达不到学习目标时,给予适当的惩罚,让其经受一定的挫折,这对于青少年学生形成和锻炼坚强的性格,维护和增进心理健康都具有重大意义。

## 三、挫折后的反应

无论是外在还是内在因素所构成的挫折,都可能使个体的情绪和行为发生变化。个体遭受挫折后常常会产生下列不良反应。

### (一) 攻击

当个体受挫,动机受阻时,在态度和情绪上会产生敌视心理,可能由此产生攻击行为。攻击行为可能直接指向构成挫折的人或物,也可能转向其他的代替物,或是转向自身。将攻击直接指向阻碍达到目标的人或物,称为直接攻击,如打斗、嘲笑、谩骂等,这是青少年学生或胆汁质的成人受挫后的主要反应方式。如果不能直接攻击阻碍达到目标的对象,把攻击行为转向其他代替物,寻找"替罪羊",这种情况称为转向攻击,例如,学生考试成绩不好,回宿舍与同学吵架;某人在单位工作不顺心或受领导批评,回家向爱人、孩子发泄;夫妻吵架砸坏家具、摔破器皿等。另外,有的人遭受重大挫折后,不切实际地将攻击性的冲动指向自身,进行自我惩罚。自我惩罚倾向十分强烈的人可能会导致自杀行为。事实上,攻击行为虽可暂时发泄因挫折而产生的愤怒情绪,但常常引起不良后果。

### (二) 退缩

有时候个体对挫折的反应不表现为攻击,而以退缩式的反应来适应挫折情境。退缩式的反应又可分为冷漠和幻想两类。

1. 冷漠

冷漠指个体对挫折情境表现出漠不关心或无动于衷的态度。这是一种比攻击更为复杂的反应,当事人内心的痛苦可能更甚。一般说来,冷漠反应多在以下情况出现:一是长期遭受挫折;二是挫折情境表明已无希望;三是有过攻击无效的体验,或因攻击而招致更多的痛苦。

2. 幻想

幻想指个体企图以自己想象的虚构情境来应付挫折,借以脱离现实。白日梦就是常见的幻想之一。曹雪芹写的《红楼梦》第五回"贾宝玉神游太虚境,警幻仙曲演红楼梦",以及曹植所写的《洛神赋》(实际上是他对甄妃的情爱幻想),皆属于此。

## (三) 退化

退化又叫倒退、回归或退行,指个体遇到挫折时表现出与自己年龄不相符的幼稚行为,即退回到原来较低的心理发展水平。例如,有了弟妹的四五岁儿童,常表现出尿床、吮手指、啼哭等退化行为,想以此吸引成人的注意,得到安慰和爱抚。有的成人遇挫折后蒙头大睡,装病不起;女子受挫时爱啼哭;"老顽童"现象等,均属幼稚退化行为。退化行为在正常人和精神病患者的言行中均有表现。例如,癔症病人可退行到婴儿期,表现为"童样痴呆"状态。精神分裂症甚至可退行到"子宫内生活"状态。处于这种状态的患者严重脱离现实,蜷曲为胎内婴儿姿势,与外界断绝一切接触和联系。抑郁症患者的退化行为非常明显,往往以非常幼稚的行为来对待现实或事物。

## (四) 固执

固执指个体遭受挫折后,反复进行某种无效的刻板动作,尽管知道动作对于目标的达成、需要的满足毫无帮助。它的特点是行为呆板无弹性。由于这种行为具有强制性的特点,所以往往不能被更适当的行为反应所取代。此种反应也是正常人和某些精神病患者共有的反应形式。正常人处于惊慌失措状态时也常表现出固执行为。例如,看到家里失火,光拍大腿,而不知去叫人救火。患有强迫洗手症的神经症患者的洗手行为就是病态固执的典型实例。

## 四、心理防御和挫折应对

无论是外在因素还是内在因素造成的挫折,都会使人产生一种紧张、不安、焦急、忧虑、恐惧、抑郁、痛苦的情绪状态,即焦虑。人们在产生焦虑后,为了对抗、减轻或摆脱焦虑的情绪困扰,常常使用一种或多种心理防御机制来"保护"自己。所谓心理防御,是指个体为了避免心理焦虑或痛苦而采用非理性的潜意识机制来保护自我的心理现象。如果心理防御机制能减轻甚至摆脱焦虑,那么此种心理防御机制即被称为有效心理机制;如果心理防御机制不仅不能减轻焦虑强度,而且使人陷入恶性循环无法自拔,那么,这种心理防御机制就是无效的心理机制,最终会造成心理异常和偏差行为。较常见、较重要的心理防御机制有以下几种。

## (一) 合理化

合理化又叫文饰、"酸葡萄"心理机制。指个人的行为不符合社会的价值标准,或未达到所追求的目标,为减少或免除因挫折而产生的焦虑,保持自尊,而对自己的不合理行为给予一种合理的解释,使自己能接受它。这是人们日常生活中使用最多的一种心理防御机制。

合理化有多种情形,但以"酸葡萄"心理和"甜柠檬"心理最为典型。个体在追求某一目标而失败时,为了淡化自己内心的不安,常将目标贬低,认为"不值得"追求,用以安慰自己。

吃不着葡萄就说葡萄是酸的,得不到就说那个东西是不好的或坏的,达不到目标就说是不愿意达到或本来就不想达到。这种认为自己得不到或没有的东西就是不好的心理现象,常被称为"酸葡萄"心理。

与此相反,有的人得不到葡萄,而自己只有柠檬,就说柠檬是甜的。例如,有的孩子天资差,父母就说"傻人有傻福";钱被人偷走了,就说"破财消灾"。这种不说自己得不到的东西不好,却百般强调凡是自己有的东西都是好的,借此减轻内心的失望与痛苦的心理,常被称为"甜柠檬"心理。

## (二) 推诿

推诿是指将自己内心存在的某种不被社会所接受的欲望、冲动或思想观念,转移到别人身上,说别人有这种欲望、冲动或思想观念,以此来逃避自己心理上的不安。推诿往往体现为一种转嫁他人、找"替罪羊"的潜意识心理机制。"以小人之心度君子之腹"就是推诿的表现。精神病人的忌妒、被害等妄想症状也常与此心理机制有关。

推诿与合理化在性质上很接近,同样是以某种理由来掩饰个人的过失,但两者是有区别的。在一般情况下,使用合理化的人都能了解自己的缺点,主要是找冠冕堂皇的理由为自己的缺点辩护。例如,有的学生考试失败了,明明是自己不用功,却说老师教得不好,或出题不明确、评分不公正等。使用推诿的人否认自己具有不为社会认可的品质,反而将它加之于他人,并予以攻击。例如,自己作风不正派,反而猜测他人有不轨行为,或说自己的行为是别人引诱造成的。

## (三) 压抑

压抑又叫潜抑,指个人将不为社会所接受的本能冲动、欲望、情感、过失、痛苦经验等不知不觉地从意识中予以排除,或抑制到潜意识中去,使之不侵犯自我或使自我避免痛苦。潜抑是最基本的心理防御机制,在我们日常生活中常常可以见到。例如,越是担心的事,梦中越要出现。失言、无意中动作失态,或有意识地"遗忘",均是压抑的表现。

潜抑也是一些精神疾病的症状表现。例如,一个女青年患了洋娃娃恐怖症,她就不敢观看、接触商店里或亲友家中摆着的洋娃娃。当她勉强去接近这些玩偶时,就会产生严重的焦虑与恐惧。经过对这一症状的精神分析,她童年时的一段精神创伤被挖掘了出来:有一天她受到一个男孩的欺侮,并把她当时玩的洋娃娃抢走了。在旁人看来这是件小事,但对这个女青年影响却很深。医生告诉她,当前她对洋娃娃的恐惧与这段体验有联系,她的焦虑从这段精神创伤的经历游离开来,而依附到与受辱无关的事物(洋娃娃)上了。这种潜抑心理,通过精神分析式的心理治疗是可以消除的。

## (四) 反向

反向又称矫枉过正。当个人的内在动机不能为社会所容忍时,他过分控制行为表现,反而出现了相反方向的行为。此种内在动机与外在行为不一致的现象称为"反向"。

我们在日常生活中常常可观察到反向现象。例如，有啃手指习惯的小孩，遇到不许他这么做的成人，忙把手放在身后，不但不啃手指，反而使手指离嘴的距离比正常状态时还远。这种过分行为恰恰表示他有啃手指的欲望。又如，某个内心具有强烈情欲冲动的人，在人们印象中是个十分严肃的禁欲主义者。如"此地无银三百两"等都是反向的写照。

## （五）否认

否认指不承认或不接受已发生的事实，认为它根本没有发生过，以减轻或逃避内心的痛苦。例如，一妇女在其爱女因车祸猝死后，坚持认为她没有死，而是"与其同学结伴旅游去了"。所谓"眼不见为净""掩耳盗铃"等都属于这一类心理的表现。这种不敢面对现实的做法，从长远的观点来看是不足取的，但也有暂时稳定情绪的作用。

## （六）认同

认同又叫自居、表同。认同的一种表现方式是，当个体具有不为社会所承认的动机或意念时，一方面加以否认，另一方面却又在心理上将自己认同于一个具有相同动机的某个具体人物，借此减少对自我的刺激或伤害。

认同的另一种表现方式是，个人在现实生活中无法获得适度满足或成功时，就将自己比拟为成功的人，或模仿他人，借以满足个人心理上的需要，维护个人的自尊。例如，有人想当演员，但条件又不够，就模仿演员的风度、言谈腔调、手势、服装、发式等，这就是认同的行为表现。

## （七）抵消

抵消又叫"无为"，是指以象征性的方式来抵消已经发生了的不愉快的事情，补救其心理上的不安。我国有种旧习俗：人生病后，就将煎药后的药渣倒在路上，借此来祈求安康。有些人在祈求神灵保佑后就感到可免除罪孽、得到解脱。有人受到欺侮无法反抗时，就说"儿子打老子"，也是这种抵消心理的写照。宗教的一些仪式往往也体现着抵消心理，如和尚敲木鱼、和尚念经有口无心等现象。

## （八）倒退

倒退是指个体用幼稚的或愚笨的方式来应对挫折或困难，以免除焦虑。例如，女孩子在做错事后为了取得大人的谅解而免除惩罚就会采用撒娇或哭的方式，成人有时也会用撒娇的方式来求得别人的谅解。聪明的人有时为了掩饰自己的才智而故意采用愚笨的方法来解决问题，这就叫作"大智若愚"。还有避重就轻、大事化小、复杂问题简单化等都是倒退心理机制的表现。

## （九）幽默

当一个人处境困难或尴尬时，可使用幽默来对付困难的情境，或间接表示出自己的意图,在无伤大雅的情形下,表达意见,处理问题。一般说来,人格较为成熟的人,常懂得在适当的场合,使用合适的幽默,较成功地改变窘境。例如,大哲学家苏格拉底与客人谈话时,脾气暴躁的太太忽然跑进来,大骂苏格拉底一阵以后,拿了一桶水往苏格拉底头上泼,把他全身弄湿了。苏格拉底笑了笑,对客人说:"我早就知道,打雷之后,接着一定会下雨。"这本是很难堪的场面,由于苏格拉底的幽默,也就一笑而过了。

## (十) 升华

升华又叫代偿,是一种最有建设性的、应付挫折的积极防御机制。它是指当一个人因种种原因无法达到原定目标,或个人的动机与行为不为社会所接受时,用另一种比较崇高的、具有创造性和建设性的、有社会价值的目标来代偿原定目标,借此弥补因失败而丧失的自尊和自信,减轻挫折造成的痛苦。例如,一个自感貌不惊人的人,可能会在事业上奋发图强而得到别人的尊敬;有的人将个人生活上的不幸升华为诗歌、音乐、绘画、文学创作的欲望,为社会创造财富。歌德年轻时曾遭受过失恋的痛苦,但他最终化悲痛为力量,以自己破灭的爱情作为素材,写出了令无数少男少女感动不已的世界名著——《少年维特的烦恼》。

# 第五节 青少年学生的心理健康

一般认为,少年期从 11、12 岁至 14、15 岁,即相当于初中阶段;青年初期从 14、15 岁至 17、18 岁,即相当于高中阶段;青年中期从 17、18 岁到 22、23 岁,即相当于大学阶段。这三个年龄阶段是人的一生中身心发展最迅速的时期,也是人生观、世界观逐步形成的时期。对青少年学生进行心理健康教育,不仅能帮助青少年学生的身心得到健康的发展,而且对他们日后的身心健康、工作成就和社会适应均具有重要的意义。学生的心理健康教育不仅仅是学校心理教师的工作任务,而且是广大教师和家长共同参与合作的工作任务。青少年学生的心理健康教育的内容和方法主要有以下几个方面。

## 一、在适当的学习压力中维护和增进心理健康

心理学研究指出,紧张、焦虑和压力与学习效率有着十分密切的关系。当紧张、焦虑和压力适量存在时,个体的思考能力、反应速度、动作灵敏性、学习和工作效率等都随着紧张、焦虑和压力强度的增加而增加。但是,过度的紧张、焦虑和压力,反而会阻碍学习和工作的进展。因此,对学生的学习不能没有要求,也不能要求过高,适度的要求无论对学生的学习成绩还是对学生心理健康的发展都是十分必要的。尤其需要指出的是,在教学过程中注重对学生分析问题和解决问题能力和毅力的培养以及意志品质的培养,有助于学生抗衡过强的精神压力,增进心理健康。

学校教师不能只重视学生的智育,片面强调学生对知识的学习,而忽视学生在学习过程中的心理健康。学校在片面强调升学率的思想指导下,采取按学业成绩分班、考试排名次、

强加补课、搞题海战,甚至超出教学大纲的范围,用难题、偏题、怪题等训练学生,想以此提高学业成绩。这些做法违背了心理健康的教育原则,其结果是挫伤了不少学生的学习积极性,使他们自卑、内疚、缺乏信心、自暴自弃,甚至完全放弃文化课的学习。成绩较好的同学,也被这种做法套上无形的心理枷锁,思维和个性的发展受到束缚,知识学习成了枯燥、无味的负担。而且这种做法会导致学生道德品质的下降,在单纯强调学习成绩的指挥棒下,同学之间互相帮助的风气淡漠了,参加劳动不积极了,只顾自己的自私心理随之滋长。有些研究指出,由于这些不利于心理健康的教育措施,至少有 10%—40% 的学生在学业上未能充分发挥自己的潜力。更为严重的是,由于学习压力过度,造成部分学生产生失眠、记忆力衰退、注意力涣散、食欲不振、精神恍惚等神经衰弱症状,心理不平衡和心理冲突加剧,表现出异常行为方式和行为习惯。有的学生由于过度的学习压力而产生轻生的念头。

## 二、增进自我悦纳,端正自我评价

有心理学家曾通过实验研究自我评价和防御行为、社会适应的关系,结果发现,凡是自我评价和个体本身的实际情况愈接近,他所表现的自我防御行为愈少,社会适应能力就愈强;凡是个体的社会适应愈良好,他所表现的防御行为也愈少。同样,个体自我悦纳与防御行为、社会适应的关系也极为密切。一个人如果能接受自己,就表明他没有显著的自卑心理。具有自卑感的人常常紧张不安,并且往往用一些防御性的行为来消除心理上的紧张。最常用的自我防御手段是将对自身不满或自责的态度,全部转嫁到别人身上去,把"我讨厌自己"转变为"别人讨厌我"。这时,他心理上所感到的压力会大大减轻,但却会严重影响和别人的关系,滋生不健康的心态,对别人不友好,甚至采取敌对态度。许多心理疾病就是这样产生的。从这里可以看出,正确地评价自己,悦纳自己,乃是青少年学生心理健康的一个重要条件。

增进自我悦纳,端正自我评价,需要正确的引导和教育。教师应引导学生通过实践不断地了解自己的品质,并能诚实而客观地分析自己的优点与缺点、成功与失败;教育他们以自己具体而良好的行为来获得他人的尊敬,发扬优点,克服缺点,注意从失败中总结出积极的经验和教训。

## 三、建立良好的人际关系

我国著名的医学心理学家丁瓒曾指出:"人类的心理适应,最主要的就是对于人际关系的适应。"青少年学生的人际关系主要表现为亲子关系、师生关系和同学关系。

### (一) 建立亲密的亲子关系

对心理健康的或适应不良的儿童和青少年的研究结果表明,健康的或不良的人际关系的形成和发展,在很大程度上依赖于亲子关系的亲密程度。孩子们在与其父母的关系中所形成的积极的或消极的态度和方式,常常会迁移到师生之间、同学之间的关系以及与其他人的关系中去。因此,帮助青少年学生建立良好的人际关系,首要的是建立亲密的亲子关系。这就要求父母对孩子表现出充分的爱,对孩子的思想、品德行为、生活、身体、学习等方面给予真诚的关心和正确的评价,提供合理的帮助和适当的指导。父母不但要称赞他(她)的成就,而且也要在失败时给以鼓励。应当民主地对待子女,并要尊重他们的意见,让孩子有以家庭成员的身份参与对个别成员和整个家庭问题进行民主协商的机会。当孩子受到父母的抛弃、不公平的对待或过于溺爱时,往往会表现出攻击性强、好吵架、寻衅闹事、忌妒、倔犟、缺少朋友,人际关系紧张,或者表现出顺从、孤独、多疑、忧虑、抑郁、冷漠等态度。

### (二) 建立良好的师生关系

教师应对学生抱有期望,建立良好的师生关系。美国心理学家罗森塔尔(R. Rosenthal)的皮格马利翁效应实验清楚地表明:如果教师具有一颗挚爱的心,对学生抱有良好的"期待",那么被期待的学生就会奋发图强、朝气蓬勃地对待学习和生活,焕发积极向上的精神状态。良好的"期待"也能激发学生的求知欲望,增强学生自觉钻研和深入探索未知世界的学习激情。所以,理想的师生关系并不是一种单纯的教与学的关系,而是以人为本的平等相处、彼此尊重、推心置腹、促进双方个性发展的关系。教师应当对每一个学生持合适的期望态度,批评学生时要避免损伤学生的自尊心,态度要诚恳、平静,不用含讽刺意义的词句,要使学生感到批评背后的善意和友情。

### (三) 建立和谐的同学关系

教师要言传身教,让学生建立正常的人际关系。教育学生把自己置于同学之中,不要因讨厌人、看不起人而寡交,与人疏远;要教育他们克服孤芳自赏或极度自卑的心理,教育他们将自己与同学当作共同集体的一员,分享班集体的欢乐,分担班集体的活动任务。良好的同学关系源于相互了解,而同学之间的相互了解又要靠彼此在思想和态度上的沟通。所以,经常让同学们一起进行团队活动,讨论问题,交流意见,对于建立和谐的同学关系是十分必要的。

## 四、增加健康的情绪行为和生活幸福感

健康的情绪行为能够使个体身心愉悦,保持持久的良好心境和积极的情绪状态。人的情绪状态是丰富的,是由高兴、愉快而平稳的积极情绪和紧张、焦虑而波动的消极情绪相互交织而成的。健康的情绪行为有助于个体获得更多的积极情绪体验。积极、良好的情绪是最有助于身心健康的力量,它不仅能提高人的大脑及整个神经系统的紧张度,充分发挥有机体的潜能,提高脑力和体力劳动的效率和耐久力,而且还能通过脑垂体使内分泌保持适度平衡,使人感到轻松愉快。这种轻松愉快的情绪,正是保证身心健康的重要条件,它能增强人对疾病的抵抗力和更有效地适应环境的能力。

生活幸福感是指个体在日常生活中感到被身边的人所认同和接纳的满足感。健康的情

绪行为会带来更多的生活幸福感,是心理健康发展的重要条件。要增加学生的健康情绪行为和生活幸福感,可以从以下几点入手。

第一,帮助学生树立积极向上的人生观,引导他们把精力集中到学习、工作的各项活动中去,避免由于盲目的狂热或一时的冲动而干出蠢事。注意培养他们的乐观精神,使他们正确地认识生活的意义,热爱生活,热爱学习,热爱劳动,对前途充满希望和信心,以轻松愉快的心情在崎岖的道路上努力前进。

第二,帮助学生学会控制自己的情绪,以解除神经的过分紧张,促进内分泌系统的适度平衡。心理健康工作者不鼓励人们去无限制地抑制自己的情绪反应,也不认为压抑是适当的方法,主张对于情绪作用有适宜的控制。青少年学生应有适当的情感表现,但是要控制不适宜的情绪,使自己不轻易地产生苦恼、焦虑、害怕、责难;不怨天尤人,不指责这个,挑剔那个;养成和颜悦色的说话习惯,学习幽默和风趣,尤其要避免大发雷霆。

第三,培养广泛的情趣。通过听音乐、练字、画画、跑步、爬山、游泳等有益的活动,使学生经常看到自己的成功和进步,学会保持情绪的稳定,增强适应能力。学生在多种有益的活动中能释放他们身上多余的"能量",缓解心理紧张,陶冶情操。

第四,帮助学生解除情绪困扰,塑造快乐情绪。情绪困扰如果长期压抑在心中,就会影响身心健康。要解决这个问题,一是通过心理诊断找出情绪困扰的原因,二是通过心理咨询引导学生倾吐心中的郁闷。把强烈的情绪释放出来,就会感到舒畅,心理宣泄有一定的安定作用。因此,学生一旦有了精神痛苦、不满或困扰,切莫闷在心里,可以找同学,找老师,找亲人,找朋友聊天、倾诉。总之,找一个可以信赖的对象,讲述自己的情况,倾吐自己的心事,最终将苦闷情绪化解,让自己变得快乐起来。

## 五、开展青春期性教育,促进性心理健康发展

青少年学生的心理健康教育,不能忽视或回避性心理健康教育。处于青春期的青少年学生,突出的生理特点是性发育和性成熟,这必然会给青少年学生的心理、情绪、行为带来极大影响。当青少年学生出现生理突变时,性意识就逐渐产生了。学生开始对性知识产生兴趣,感到好奇、不安、害羞,严重的甚至出现强烈的自卑感。例如,女同学会对月经来潮产生不洁感,表现出严重的情绪不安。有些女同学甚至不习惯于自己身体的快速发育,故意弯着腰,驼着背。有些男同学由于梦遗而感到悔恨和恐惧,认为这是一种见不得人的行为。例如,曾经有一位因遗精而卧轨自杀的青年在遗书里写道:我得了不治之症,只好卧轨一死了之。如果教师不注意,不加以正确引导,这些生理反应就会影响学生正常的生理发育和心理健康。调查表明,在违法和道德不良的青少年中,违反社会道德和法律规定的两性错误行为占相当大的比例。其原因虽是多方面的,但主要是由于这些青少年缺乏性的科学知识和有关性的道德观念,受到不健康书籍的影响,以及没有及时得到学校和家长的关怀和教育所致。

我国教育部门和国家领导人一直以来都很关心青少年的青春期心理健康教育,如周恩来总理早就十分重视这个问题,他曾多次向有关部门和人员指出,一定要把青春期的性卫生

知识教给男女青少年,让他们能用科学的知识保护自己的身心健康,促进个体正常发育。

学校应该是青春期性教育的重要园地。对青少年学生实施性心理健康教育的原则是:让学生以科学的态度来看待性卫生知识,使学生充分认识性教育的重要性和必要性。在向青少年学生传授性卫生知识时,男女生可以一起听讲,也可以分开听讲。要很自然地做好这件事,不要试图回避,更不要搞得很神秘。要像讨论普通事实、社会问题或其他学科知识一样,以科学的、求知的态度在课堂上讨论性知识。性教育不仅是要让学生掌握青春期生理卫生常识,更重要的是把性教育作为伦理教育和人生观教育的重要组成部分。特别要对青少年学生进行正确的性的道德观念教育。要引导青少年学生在正当的男女交往中更全面地认识异性,并引导其把对异性的向往升华为纯洁、高尚、有价值的志向。通过培养专业兴趣,开展体育活动和一些起升华作用的文艺活动来满足青少年学生的需要,杜绝低级趣味的言行、书刊和文艺作品的坏影响。当然,教师本身也应有良好的性适应和正确的性观念。

通过学校和家庭的青春期性教育,要让学生懂得青春期的性卫生知识,使学生对性有科学的、严肃的态度和正确的认识,明确应担负的社会责任,正确对待异性交往,正确处理好友情、爱情与家庭亲情之间的相互关系。

## 名词解释

心理健康　心理卫生　健康　心理危机干预　心理压力　心理应激　心理挫折　心理冲突　挫折容忍力　心理防御　合理化　推诿　压抑　反向　否认　认同　抵消　倒退　幽默　升华　生活幸福感

## 思考题

1. 简述心理健康评估的内容与方法。
2. 谈谈你对心理健康标准的理解。
3. 压力和心理健康是怎样的关系？试举例说明。
4. 挫折和心理健康是怎样的关系？试举例说明。
5. 简述心理健康三级预防的对象、特点和主要任务。
6. 怎样增进青少年学生的心理健康？

# 第十六章　青少年学生身心发展的特征

人的身心发展是一个从量变到质变的对立统一的发展过程。身心发展的各个年龄阶段都有各自的发展特点,它反映了人的身心发展的不同水平。

生理的成熟是一个人身心发展的生理基础,一定的社会生活条件,即环境与教育又影响着一个人的身心特征。

一般地说,一个人从出生到中学毕业,其身心发展需要经历六个较大的阶段。这就是:乳儿期(从出生到1岁);婴儿期(从1岁到3岁);幼儿期或学龄前期(从3岁到6、7岁);童年期或学龄初期(从6、7岁到11、12岁),即小学阶段;少年期或学龄中期(从11、12岁到14、15岁),即初中阶段;青年初期或学龄晚期(从14、15岁到17、18岁),即高中阶段。人的身心是按照一定的顺序发展的,各个阶段之间存在着密切的联系。前一阶段为后一阶段做好准备,后一阶段又是在前一阶段的基础上发展起来的,各个阶段的先后顺序不能颠倒或超越。我们了解了身心发展的阶段性,掌握了身心发展各个阶段的特点,就可以通过教育,有目的、有计划、有组织地去发展学生的智力和健全的人格,在可能的范围内加速他们心理发展的进程。因此,正确地了解学生的年龄特征对教育工作者来说具有重要的意义。

## 第一节　心理发展的动力

心理发展的动力问题是关于中学生身心发展特征的一个基本理论问题。一般认为,心理发展的动力是指心理发展的内因或内部矛盾性,而不是指心理发展的外部条件或内因与外因之间的矛盾。

心理发展的内因或内部矛盾性是什么呢?这个内部矛盾性又是怎么产生的呢?首先应当指出的是,心理发展的内部矛盾性是在主体与客体相互作用的过程中,即在主体的实践活动中产生的。当客观现实与主体之间的矛盾被主体本身所意识到,并把客观现实的要求转化为自己新的需要时,就会产生新的需要和他已有的心理水平之间的矛盾,这就是心理发展的内部矛盾性。

由于事物是不断发展的,随着年龄的增长,主、客观之间的关系也在不断地发展。当社会对主体的要求发生了改变,而主体通过实践活动了解了社会对他的要求时,他就会将这些要求反映到头脑中,从而产生新的需要。这些新的需要是随着社会要求的发展、变化而发生改变的。它可以表现为各种形态,如理想、信念、动机、目的、兴趣、爱好、世界观等。这种新的需要发展到一定程度,可以逐渐成为人格结构中比较稳定的人格倾向性。

所谓已有的心理水平,是指主体已有的完整的心理结构。完整的心理结构是十分复杂的,它包括一个人已经形成的各种心理过程(认知、情感、意志过程)的发展水平,人格心理特征(能力、气质、性格)的发展水平及其表现,以及当时的心理状态(注意力、思维定势、心境、态度等)。它经常代表着人的心理活动中旧的、比较稳定的,但又不断发展的因素。

新的需要常常否定着已有的心理发展水平或心理状态,已有的心理发展水平或心理状态又常常满足不了日益增长的需要。例如,新学习的几何课程要求学生有较高的抽象思维能力和空间想象能力;社会的发展要求新的一代人应当具有高度的文明行为和法制观念;改革和开放的政策要求学生敢于创新,勇于竞争,等等。所有这些要求被转化为某个学生的新的需要,为达到这些要求,必然会经过一个新的需要与他已有的心理发展水平或心理状态不相一致的阶段,即内心产生矛盾运动的阶段。这种新的需要与已有的心理水平之间矛盾统一的运动过程,推动了心理不断向前发展。这就是心理发展的动力。

心理发展的必要条件和动力在于内因或内部矛盾性。心理内部矛盾的双方是对立而又统一的。统一的方向可以是将新的需要同化于原有的心理结构之中,也可以是仍然保持原有的心理发展水平,新的需要被原有的心理结构所否定或排斥。如果是前一种情况,心理发展的方向又取决于新的需要的内容或形态。例如,新的求知欲会促使主体在原有水平上努力学习、探索,获得知识,发展智力,有利于中学生的心理健康发展;新的极端的物质享乐需要则可能会使主体走向歧途。

实际上,内部矛盾的运动,任何时候都离不开一定的外部条件。在社会和教育的影响下,中学生会不断地产生符合社会要求的新的需要,也会不断地用已有的健康的心理水平去抵制社会上的不良风气的侵袭。正确引导学生身心发展的关键在于教师在代表社会向学生提出要求时,应着眼于促进学生心理的质的发展。也就是说,教师对学生提出的要求应当是适当的,应当稍高于学生已有的心理水平。只有这样,才能使教师提出的要求转化为学生新的需要,并以此为动力促使其心理向前发展。如果教师的要求对某个学生来说过高或过低的话,就不能引起其注意和兴趣,也产生不了新的需要,从而构不成其心理发展的内部矛盾,也就不能推动学生的心理发展。教师向学生提出适宜的要求是促使学生心理发生质的变化的一个十分重要的外部条件。

中学生心理的发展,并不是简单地由外因或内因所决定的,而主要是由适合于他们内因的那些教育条件所决定的。

## 第二节 青少年期学生的生理特征

青少年期正处在青春发育期,也是身体发育的第二个高峰期(第一个身体发育的高峰期是在出生后的第一年)。在这一时期,学生无论在身体的形态上、机能上,在脑和中枢神经系统的发展上,在体能素质上,都发生着剧烈的变化。生理上的这些发展又为他们的心理发展提供了基础。

### 一、身体形态上的发展

身体形态上的发展可以从身高、体重、胸围等指标的变化来加以描述。由于身高很少受外界一时性条件的影响,所以身高是身体发展的代表性指标,是评定体格的基准。体重是身体发展的量的指标,可表明身体的充实程度和营养状况。胸围是对身高、体重的补充,就其自身而言,也能说明身体发育的状况。

中国学生体质与健康研究组于2014年测查了全国31个省市347294名大、中、小学生(其中包括26个少数民族85380名学生)的身体形态、生理机能、体能素质等指标,结果发现,7—22岁城市学生身高、体重、胸围等身体形态发育水平继续提高。以城市的汉族学生为例,与2010年相比,7—18岁年龄组身高平均增长值为0.96 cm(男)、0.83 cm(女);体重平均增长值为1.73 kg(男)、1.40 kg(女);胸围的平均增长值为0.97 cm(男)、1.02 cm(女)。19—22岁年龄组身高平均增长0.31 cm(男)、0.03 cm(女);体重平均增长1.29 cm(男)、0.78 cm(女);胸围平均增长1.24 cm(男)、0.75 cm(女),如表16-1所示。

表16-1 我国汉族城市青少年儿童身高、体重和胸围的平均值(2014年)

| 年龄/岁 | 身高(cm) | | 体重(kg) | | 胸围(cm) | | 维尔维克指数* | |
|---|---|---|---|---|---|---|---|---|
| | 男 | 女 | 男 | 女 | 男 | 女 | 男 | 女 |
| 7 | 127.84 | 126.12 | 27.41 | 25.19 | 61.31 | 58.57 | 69.29 | 66.34 |
| 8 | 133.19 | 131.63 | 30.78 | 28.27 | 63.99 | 61.07 | 71.03 | 67.78 |
| 9 | 138.78 | 137.56 | 35.07 | 32.22 | 67.26 | 64.12 | 73.56 | 69.89 |
| 10 | 143.58 | 143.98 | 38.61 | 36.59 | 69.66 | 67.40 | 75.20 | 72.07 |
| 11 | 149.80 | 150.87 | 43.64 | 41.99 | 72.78 | 71.47 | 77.49 | 75.05 |
| 12 | 155.88 | 154.79 | 48.31 | 45.44 | 75.15 | 74.26 | 78.96 | 77.21 |
| 13 | 162.73 | 158.04 | 54.01 | 48.96 | 78.50 | 76.89 | 81.22 | 79.58 |
| 14 | 167.87 | 159.57 | 58.26 | 51.67 | 81.10 | 79.02 | 82.80 | 81.88 |
| 15 | 170.85 | 160.10 | 61.47 | 52.47 | 83.24 | 79.64 | 84.62 | 82.51 |
| 16 | 172.16 | 160.58 | 63.10 | 53.52 | 84.38 | 80.61 | 85.59 | 83.52 |
| 17 | 172.71 | 160.53 | 64.83 | 53.81 | 85.80 | 81.25 | 87.17 | 84.13 |
| 18 | 172.60 | 159.87 | 64.91 | 53.09 | 85.97 | 80.82 | 87.38 | 83.75 |
| 19—22 | 173.07 | 160.81 | 65.51 | 52.81 | 87.29 | 81.23 | 88.20 | 83.30 |

\* 维尔维克指数=(体重+胸围)/身高×100。

## 二、身体机能上的发展

脉搏、血压和肺活量是了解心脏、血管和肺的机能发展程度的重要生理指标。

经测查表明,脉搏频率随年龄增长而逐渐下降,收缩压和舒张压随年龄增长而增高,肺活量也随年龄增长而增大。男女生间在这些指标上都存有差异,具体表现为,女生的脉搏频率略高于男生(平均相差2次/分),男生的肺活量大于女生,13岁以后这种差别尤其明显,如表16-2所示。

表16-2 我国汉族城市青少年儿童肺活量和身体质量指数的平均值(2014年)

| 年龄/岁 | 肺活量(mL) | | 身体质量指数(BMI*) | |
|---|---|---|---|---|
| | 男 | 女 | 男 | 女 |
| 7 | 1180.88 | 1059.26 | 16.65 | 15.76 |
| 8 | 1378.12 | 1226.66 | 17.23 | 16.22 |
| 9 | 1591.70 | 1414.33 | 18.06 | 16.90 |
| 10 | 1806.54 | 1638.48 | 18.56 | 17.52 |
| 11 | 2060.03 | 1866.03 | 19.26 | 18.31 |
| 12 | 2347.79 | 2035.61 | 19.68 | 18.87 |
| 13 | 2765.35 | 2196.50 | 20.23 | 19.55 |
| 14 | 3143.63 | 2337.65 | 20.57 | 20.26 |
| 15 | 3483.69 | 2406.45 | 20.99 | 20.45 |
| 16 | 3674.45 | 2498.49 | 21.24 | 20.73 |
| 17 | 3811.33 | 2510.72 | 21.69 | 20.86 |
| 18 | 3845.22 | 2491.65 | 21.75 | 20.75 |
| 19—22 | 4019.67 | 2631.88 | 21.84 | 20.41 |

\* BMI(身体质量指数) = [体重(kg)/身高(cm)$^2$] × $10^4$。
BMI<20 为偏瘦;20≤BMI≤24 为正常体重;24<BMI≤26.5 为偏胖;BMI>26.5 为肥胖[①]。

肺活量大体上可以间接地反映人体的最大摄氧水平和心肺功能。反映身体机能水平的重要指标——肺活量继2010年出现上升的拐点之后继续呈现上升的趋势,与2010年相比,7—18岁城市学生组的肺活量平均提高136 mL(男)、103 mL(女);19—22岁组平均提高93 mL(男)、55 mL(女)。我国青少年学生的肺活量2014年比2010年有上升的趋势,这预示着我们只要引导青少年学生加强体育锻炼,就有助于他们改善心肺功能。

表16-2中还采用了身体质量指数(BMI)来评价青少年学生的肥胖度。身体质量指数(BMI),又称"体块指数",该指标过高或过低,都会引起程度不同的各种心血管疾病。2014年的测查发现,我国各年龄段城市青少年中的肥胖学生检出率继续上升,尤其是男生。肥胖检出率比2010年增加了2.52(男)、2.17(女)个百分点。这说明肥胖已成为城市青少年学生的重要健康问题。

## 三、脑和中枢神经系统的发展

青少年学生在中枢神经系统机能的发展上,特别是大脑皮质的发展上主要有以下特点。

---

[①] 杨锡让主编:《实用运动生理学》,北京体育大学出版社1994年版,第479页。

## (一) 脑重量已达到成人脑重的水平

个体在12岁时平均脑重量已达1400克。

## (二) 脑电波出现了第二个"飞跃"现象

个体脑电波出现第一个"飞跃"现象在6岁左右[①]。中学生脑电波出现第二个飞跃的发展总趋势是α波(频率为8—13周/秒)的频率逐渐从枕叶扩展到颞叶、顶叶和额叶,即大脑皮质各部分的θ波(频率为4—8周/秒)逐渐地让位给α波。这说明脑皮质细胞在机能上的成熟,具体表现为感知觉非常灵敏,记忆力、思维力、想象力不断提高。研究表明,中国的13—14岁的学生除额叶之外,几乎整个大脑皮质的θ波已让位给α波。由此可见,13—14岁的中学生脑已基本成熟。

## (三) 中枢神经系统的结构和机能基本上达到成人水平

青少年时期,学生随着知识经验的丰富,神经元的联系更加复杂化,大脑皮质上的沟回已经完善、分明,联系脑的各个部分的联络纤维的数量大大增加,脑细胞达到了成人通常所具有的分化水平。大脑皮质细胞参与活动的数量急速增加,言语系统的最高调节能力迅速增强,使青少年学生的自我调节和自我控制能力大为增强。16—17岁的学生随着兴奋和抑制过程逐渐能够协调一致,以往在动作和活动上所出现的不灵活现象或不协调的、暂时的"笨拙"现象逐渐减少。

脑和中枢神经系统的发展为青少年学生的心理发展,特别是抽象思维能力的发展奠定了物质基础。

青少年学生处于青春发育期,由于机体的特殊发展和变化,例如,性激素的产生与增加,反过来又影响大脑的脑垂体,致使脑和神经系统的兴奋性得到加强,因此情绪容易激动,也容易出现用脑后的疲劳。他们的脑和神经系统的功能尚需加强锻炼。

## 四、体能素质的发展

体能素质,又称身体素质或体质。研究表明,2014年与2010年相比,我国7—18岁学生的耐力素质、柔韧性素质、力量素质等方面,城乡男女学生都呈现出稳中向好的趋势,其中耐力素质与心肺功能直接相关,学生耐力素质的提高表明了他们心肺功能的提高。

青少年学生肌肉增长的情况可用肌肉的重量占体重的百分比来衡量。增长最快的时期是15—18岁。研究表明,在8—15岁的七年中,肌肉重量与体重之比仅增加5.4%,而在15—17、18岁的两三年中却增加了11.6%。

反映力量素质的握力成绩,2014年与2010年持平。研究表明,肌肉的力量随年龄的增长而增长,握力在15—18岁增长得最明显,弹跳力在11、12岁增长得最明显,背力在12—15

---

[①] 刘世熠:《我国儿童的脑发展的年龄特征问题》,《心理学报》1962年第2期。

岁增长得最明显。一般地说,女性的握力、弹跳力、背力均比同年龄男性小。

2014年的调研结果显示,在我国学生体质健康状况总体有所改善的同时,发现有以下突出的问题:①大学生的速度、耐力、爆发力等身体素质指标继续呈下降趋势;②各年龄段学生视力不良检出率仍然居高不下,继续呈现低龄化倾向;③各年龄段肥胖检出率继续上升。这些问题需要学校、家长和社会共同引起重视,以营造全社会促进青少年儿童体质健康的良好局面。

随着中学生身体的发展,对身体所需要的热量卡路里的要求也有所增加。女生从10岁至15岁,平均增加25%,以后稍有减少;男生从10岁至19岁,平均增加90%,如图16-1所示。

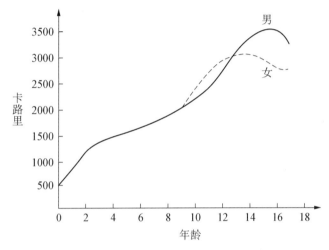

图 16-1 从出生到 18 岁每天所需要的热量

据统计,青少年学生每小时要比成人多释放8000卡的能量。所以,青少年学生活泼、好动,对许多实践活动都跃跃欲试,充满着朝气。特别喜欢在活动中开展竞赛,以显示自己的力量,并具有集群的倾向。如果科学地开展学校体育活动,他们的体能素质将得以迅速提高。

研究表明,体能素质的发展是有顺序的。男生首先发展的是速度、速度耐力、腰腹肌力量,其次是下肢爆发力,再次是臂肌静止性的力量耐力。女生在12岁以前发展的顺序与男生相同,在13—17岁期间,发展的顺序有所变化:首先是速度、速度耐力和下肢爆发力,其次是腰腹肌力量,再次是臂肌静止性的力量耐力。

## 五、性器官和性机能的成熟

青少年期也是性器官和第二性征发育的时期。男生的第二性征发育主要表现为:喉结突起,声音变粗(大约在13—15岁出现);上唇上部出现密实茸毛,或有须;阴毛、腋毛先后出现(大约在14—15岁)。女生的第二性征发育主要表现为:声音变尖,声带增长变窄;乳房突起;骨盆逐渐长宽,臀部变大;阴毛和腋毛先后出现(大约在13—15岁)。

在性机能的成熟方面,男生主要表现出遗精现象(大约在13、14岁出现),女生主要表现为月经初潮的出现(大约在11、12岁间)。男生性机能成熟的开始与结束时期通常比女生晚。有的学生早熟,有的学生晚熟。早熟与晚熟的学生在体格匀称、肌肉力量、男子气派或女子特征、动作协调等方面有较大的差异,在心理成熟或社会适应性方面也有很大的差异。例如,晚熟的学生在社会情境中不大能抑制自己,容易紧张不安,而早熟的学生则较松弛、自信、善于社交。早熟的学生对异性的兴趣更浓。他们已开始关心自己所喜爱的异性同学。一些研究还发现,早熟的学生人格发展得更健康,在同龄人中更有威信。他们中的一些人,特别是智力发展也提前的人,也往往因符合成人的期望而被选拔为学校或班干部加以培养。晚熟的学生常会被同龄人所抛弃而去与比他年龄小的学生一起玩,这进一步妨碍了他们的社交能力和智力水平的发展。早熟或晚熟的学生都有值得教师特别加以关注的问题。

## 第三节　青少年期学生的心理特征

少年期是从儿童期向青年期过渡的急剧变化的时期,他们具有半成熟、半幼稚、半懂事、半不懂事的特点,或者说具有半儿童、半成人的特点。这个时期是心理发生巨大变化的转变期,在整个心理发展阶段上占有特殊的重要地位。

青年期是人生道路中最宝贵、最有特色的黄金时期,也是一个充满生机,具有向上发展趋势的时期。

这两个时期的学生的心理特征尽管有许多不同之处,但也有许多相近之处。具体表现在以下几个方面。

## 一、认知能力方面

### (一) 感知活动的精确性、概括性有了明显的发展

青少年的感知觉和有目的的观察能力有了明显的提高,具体表现在观察的自觉性、稳定性以及观察的精确性和概括性上。他们已经能够根据教学要求去观察某种对象和现象,并能稳定地、长时间地去进行有目的的观察。在一般的学习活动中,集中注意的观察时间随年级的升高而有增长的趋势。

研究表明,初三学生的视觉和听觉感受性已达到或超过成人水平。在教学条件下,初中学生的抽象几何空间知觉及宏观的空间知觉已开始发展,初二年级是观察力的精确性和概括性发展的一个转折期。初二以后,学生已经能够按思维的概括去观察事物,例如,按照一定的规律去填补图形的缺损处。由于观察的精确性、概括性有所提高,他们在观察时能抓住事物的主要特点和属性进行较为全面而深刻的分析,并能把个别事物同一般的原理、规则联系起来考虑,例如,把个别词句同句子和语法、几何图形同几何定理联系起来看。通过几何、地理、物理和绘画的学习,他们已逐步学会了在抽象水平上理解各种图形的形状、大小、远近

及相互间的位置关系,并掌握了三度空间(长、宽、高)的相互关系和图形的透视关系等。想象能力随之而加速发展,具体表现为,想象中的创造性成分逐步增加,并越来越占优势。

## (二) 意义识记开始占优势

青少年学生逐渐能使自己的记忆服从于识记的任务和教材的性质,并通过理解来掌握教材内容和各部分教材之间的内在联系。意义识记逐步代替了机械识记,而且已成为他们主要的识记方法,效果也越来越好。尤其是高中生的意义识记能力高于初中生。与此同时,随着他们言语和思维能力的发展,语词逻辑记忆的能力和对抽象材料的记忆能力也日益发展起来。

## (三) 抽象逻辑思维开始占有相对的优势

少年期学生的思维活动仍然有具体形象的成分,但与抽象逻辑思维有密切的联系,并且在认识客观事物的过程中互相配合,相辅相成。

所谓抽象逻辑思维就是使用概念,通过判断、推理的形式达到对事物本质特征和内在联系的认知过程。少年期学生的抽象逻辑思维的发展主要表现在掌握概念、判断、推理和理解上。

他们在教师的指导下,已能掌握数学、物理、化学中一些基本的抽象概念,并能把它纳入概念的体系中去,掌握较复杂的概念系统。不过在掌握复杂的抽象概念时,他们仍需要具体形象的支持,例如,对矛盾、对立统一、形而上学、辩证法、剩余价值等抽象概念,在没有具体形象作为支柱时,他们往往不能正确地领会。所以,教师在教学中还要适当选择具体形象作为支柱,帮助学生分析本质特征。

他们在教学活动中,已能根据事物的本质特征和内在联系进行恰当的判断,进行归纳和演绎。有的学生还能够不受事物的具体情节的局限,超出直接感知的事物,提出假设,进行推理和论证;有的还能根据掌握的资料,进行分析和科学实验,作出判断和推理,从而发现事物的内在联系。因此,有的学生也能有近似于科学的预见或理论的创新。他们在学习中不断发展着创造性思维及科学创造的能力。

理解是掌握知识的重要前提,随着知识经验的积累和智力水平的发展,他们已能逐渐理解事物的复杂性和内在规律性。例如,大多数的初中学生能摆脱故事的情节,理解"独木不成林""一毛不拔"等比喻词的转义。在理解因果关系上,他们已经能从只理解简单的因果关系发展到能分清主要原因和次要原因,并能认识它们之间的可逆关系,即不仅能从结果推测出原因,而且能从原因推出结果,以及找出它们之间的从属关系或矛盾关系。

## (四) 出现了思维的独立批判性

青少年学生的独立思考能力有了较大的发展。他们喜欢探求事物的根源,喜欢怀疑和争论。但是,他们的议论和争论,一般不是主观武断、强词夺理、信口开河的,而是经过一番思考,掌握一定的论据后有感而发的。特别是在当代,随着人与人之间交往的大大扩展,各种大众传播工具的迅速发展，高中生的精神生活空间扩大，社会视野更广泛了，因此，他们一般不轻信现成的结论，不盲从别人的意见，对各种问题总有自己的见解。如果他们的想法，得到周围人的支持，或者被事实所证实，就会更加自信思维的力量，更喜欢独立思考。如果自己的想法受到否定，他们也会开始分析主观原因，考虑为什么会产生这样的错误，进行反省。他们对别人提出的观点，也要求有说服力的逻辑论证。例如，一位女生听到妈妈说《红衣少女》这部影片不好，因为影片讽刺了做妈妈的和当教师的。她反问说："为什么不能讽刺她们呢？希望您能说出理由来。"母女俩对影片的争论持续了两年。这个女生坚持认为，影片的主角不愿意按照母亲的世故方法为人处事，表现出她的率直、真诚和勇敢，没有什么不好。当母亲不能用充分的理由说服她时，她就用"妈妈不理解青年的心理，如同自己不理解一个8岁顽童的心理一样"来加以解释。

思维的独立性和批判性是思维开始成熟的表现，这对他们以后的工作和研究是极有好处的。然而，由于有了这种独立性，他们也往往不容易接受那些虽然正确，但是还没有经过他们自己证明的论点。一旦他们认为某些想法是自己深思熟虑的结果，就会固执己见而不轻易放弃这种想法。由于这个原因，对青少年学生的教育更需要有说服力的逻辑论证，同时应当允许他们自己思考和讨论，不要急于求成，要鼓励和扶植他们善于独立思考的精神。

## 二、情绪和情感方面

青少年学生的情感和情绪活动具有以下特色。

### (一) 情绪表现较强烈

他们已不像小学生那样掩盖不了自己的内心世界，而是极力使自己的情绪不外露。但是，由于他们的意志力和人格倾向性发展得还不够稳定，自我调节和控制的能力较差，遇到一点事情就往往表现出两个极端，或者振奋、激动、热情，或者动怒、怄气，甚至打架。还有的则变得泄气、精神不振。这在一定程度上反映了他们的挫折耐受能力不强。

### (二) 情绪的延续性较长

青少年学生的情绪逐渐与前途、理想交织在一起，显得比较稳定而持久。因此，他们的情绪更多地以心境的状态表现出来。他们常在一段时期内，或者欢乐、愉快，或者安乐、宁静，或者抑郁、低沉。情绪的压抑是不利于身心健康的，因此，教育者尤其应当帮助情绪抑郁低沉的学生找到引起这种心境的原因，并帮助他们解开疙瘩，使之心情舒畅。

### (三) 情绪表现开始带有文饰性和内隐性

随着年龄的增长，他们的情绪开始带有文饰的、内隐的、曲折的性质。也就是说，他们的外部表现和内心体验不总是一致的。比如，他们对一件事感到厌烦，但出于某种原因，可以表现得很不在意；对某一个人明明是有好感的、乐意接近的，但是由于自尊的需要或其他原因,而有意无意地表现出庄重、冷淡、回避的态度,特别是对异性。这是善于控制、调节自己情绪能力的表现,是适应能力增强的表现,它与表里不一的虚伪性格是两回事。当遇到烦恼的事情时他们还是愿意向他人(朋友、父母或老师)倾诉他们的烦恼情绪,很少刻意隐瞒他们的烦恼。

### (四) 情感和情绪的内容、形式都更加丰富多彩,而且越来越复杂,并逐渐形成高尚的情操

具体表现为:他们常常对自己喜爱的对象和活动表现出狂热;对自己信服的人或关心自己的人表露出欣羡和感激;对学习、工作、友谊的成就自我欣赏;为一次考试的失误或为一件事情的不顺利而自愧、苦恼或忧伤;触景生情,向往美好的生活,对人世间的不平表示愤慨,等等。

他们已形成了许多与高级的社会需要相联系的社会性情感,如集体荣誉感、社会责任感、义务感、民族自豪感以及为真理和信仰而献身的热忱和气概等。这些情感(与人的生理、心理成熟水平不同步)随着其社会成熟水平的提高逐渐上升为主导地位,如若能深刻而持久地发展,就会形成高尚的情操。

## 三、自我意识方面

所谓自我意识,是指个体对自己的认识和态度,对自己与周围人之间关系的认识和态度。通过实践活动,人们不仅能认识客观事物,并且也能认识自己,认识自己和客观世界的关系。例如,对自己的感知动作、行为方式、动机兴趣、情感意志、能力性格、理想信念和世界观的认识,以及对自己在集体中的地位和作用的认识等。自我意识不是个别心理机能的显现,而是一个统一的整体,具有完整的内在结构。它主要表现在评价别人与评价自己的能力,独立性与自制力,以及对劳动与集体的态度等方面。自我意识的发展在人格形成中占有极重要的地位,人的兴趣、能力、性格、情感、意志和道德行为无不受到自我意识的制约和影响。

人能够认识自己,将主体从客体中区分出来,并意识到自己是社会生活的主体,需要经过一个很长的发展过程。婴儿在出生后的头一年还没有自我感觉,甚至连自己身体的存在都不知道。他们吸吮自己的手指就像吸吮母亲的乳头一样。婴儿期(1—3岁)儿童已开始认识自己的躯体和身体的各个部位,能把自己和他人的动作区分开,以后又从镜子里和照片上认出自己的外貌。学前儿童(4—6岁)已能意识到自己是游戏活动的主体,并能够对别人和自己行为的外部特点进行评价。例如,他们会说"我比他矮,比他有力气""我会唱歌,他不会唱歌,他会画画",等等。到了学龄期,儿童的自觉性和独立性迅速发展,自我意识的范围扩大,能够认识到自己是学校、班级和社会的成员,是学习活动和社会活动的主体,并能从人的行为的内在动机及人格的本质特点方面进行评价。

自我意识不是头脑里所固有的。它是在个体与周围人们的相互作用下,特别是在教育

影响下发生和发展的。马克思曾经指出:"人起初是以别人来反映自己的。"①儿童的自我评价就是在集体生活中,从教育者对别人和对自己的评价中,在比较别人与自己的过程中产生的。他们最初是以教育者的评价为评价,后来在学校和班集体生活中开始相互评价,并通过同别人对照和比较认识了自己的形象和品质,进而能够独立地对自己进行适当的评价。

## (一) 少年期学生自我意识发展的特点

### 1. 成人感

少年期学生由于自己的身体迅速长高,力气增强,精力旺盛,耐力增加,能够参加一些比较繁重的体力活动,并具有一定的知识、技能和独立工作能力,家庭中的地位也有所改变,往往感到自己已经长大成人。他们希望像成人那样干出一番事业来,并极力表现出成人的作风和气魄,同时也要求别人尊重他们的意志和人格。他们宁愿承担艰巨的任务,也不愿意受到特殊的照顾,在某些情况下往往表现出不畏风险、不怕困难、敢想敢干、见义勇为的品质。

成人感是少年自我意识急剧发展时期的一个特点,也是人格发展的一个转折点。如果家长、教师和周围的人不了解这个特点,不尊重他们的意见和行动,无视他们自我肯定的需要,遇事讥笑他们、训斥他们,或者在生活上过分地照顾他们,使他们的"成人感"遭到挫折,长期下去,就会使他们产生自卑、焦虑或敌对情绪,影响他们人格的正常发展。为使他们的人格得到健康发展,教师应该通过爱国主义教育、公民教育,使他们的"成人感"与为实现中国特色的社会主义而出力的具体行动结合起来。

### 2. 自我评价能力一般落后于评价别人的能力

少年期学生评价别人和评价自己的标准已发生了质的变化。他们已开始考虑到行为的动机和原则性,不再以外部行为或效果作为唯一的标准。例如,在他们看来,所谓好学生必须是学习成绩优秀,能独立钻研,理解能力强,学习勤奋,做作业认真,肯帮助同学,能自觉遵守课堂纪律和集体的规章制度的学生,不能只以分数的高低为标准。

他们在评价别人时已能一分为二地指出哪些是主要的,哪些是次要的,能较全面地进行评价。有的学生能从实际出发,考虑到行动的时间、地点和条件,然后灵活地运用一般的道德准则来进行评价。

少年期学生的自我评价能力是在集体评价和评价别人的过程中,通过对照比较而逐渐形成的。他们的自我评价能力往往落后于评价别人的能力。在多数情况下,他们对自己性格上的优点会作过高的评价,而对自己的缺点不大了解,也不承认。有时,他们还不能理解自己与同学或成人发生冲突的原因,他们总觉得自己是对的,受到批评时会感到委屈。这说明了他们的自我评价能力还不够完善。为培养他们的自我评价能力,教师应懂得通情才能达理这个道理,对他们的评价一定要恰如其分,以理服人,让事实说话,尽量不要任意发指令

---

① 马克思、恩格斯著,中共中央马克思恩格斯列宁斯大林著作编译局编译:《马克思恩格斯全集》第二十三卷,人民出版社1972年版,第67页注(18)。

让学生作检查或在全班同学面前点名批评学生。

### 3. 自主性逐渐增长

自我意识发展的另一个重要标志是，个体不仅能认识自己，正确评价自己，并且在一定程度上能够自觉控制和调节自己的行为，接受纪律的约束。少年期学生越来越多地寻求着"自主"（即寻求着独立性和对其自身学习、生活的控制感）。随着自主性的发展，为了达到预期的目的，他们努力克服困难，解决动机的矛盾，克制自己，持之以恒，因而他们的自制力也渐渐地得到了发展。

但是，他们的意志品质发展得并不完善，其自我调节和自我控制能力也不是很强，尽管他们的自主性逐渐增长。具体表现在：努力参加体育运动，热心参加集体活动，自觉地完成学校和班级交给他们的任务等方面，他们已具有强烈的责任感、义务感。

值得注意的是，如果在小学毕业班与初中起点班之间没有一个合理的过渡，学生一进中学就会感到学校对学生的管理明显放松了，这时一部分自制力较差的学生由于来不及逐渐适应这种变化，很容易接受社会上不良的引诱而变坏。因此，积极地引导少年期学生，使他们的自我意识向着健康的方向发展也是教育的重要任务。

## （二）青年期学生自我意识发展的特点

### 1. 要求深入了解和关心自己的成长

青年学生特别关心的问题是人的一生应当怎样度过。当他们为社会上各种典型人物的先进事迹所感动的时候，当阅读文艺作品受到感染的时候，在学习、工作中受到表扬或责备的时候，脑子里常常会出现这样的问题："我究竟是什么样的人？过去是什么样的人？将来会是什么样的人？"他们常常会在日记、作文和对亲密的朋友的交谈或通信中表露出对这些问题的想法。他们常常从别人对自己的态度和评价中了解自己，激励自己，以求实现自己的生活目的。特别是知心朋友的言行更能促使他们深入地了解自己和鞭策自己，努力改正自己的不足之处。总之，他们强烈地关心着自己的人格和才能的发展，同时也有着自我实现的愿望。

### 2. 自我评价开始成熟

少年期学生的自我评价还带有很大的片面性、主观性和被动性。他们往往在看到自己的优点时，就忘了还有缺点；发现缺点时，又感到自己什么都不行。所以，他们的自我评价时高时低，而且常常是在外力的迫使之下进行的。这样的情况，在部分青年学生中也还存在。但是大部分青年学生对自己的分析和评价变得全面、客观和主动起来。他们不仅会分析自己处理某件事情的思想矛盾和心理状态，而且还会对自己的整个心理面貌进行评价；不仅会分析自己的意志、性格特点，而且还会从更广泛的社会意识、理想、信念、价值观念上去分析自己。他们的自我分析和评价不都是由于外力的推动，而常常是因为要使自己成为最理想的人，或者是因为受到挫折而主动自觉地展开的。从这个意义上说，青年学生更加注重自我教育。

### 3. 自尊心、上进心较强

自尊心是一个人尊重需要的反映,也是一个人前进的动力,它与自信心、进取心以及社会责任感、集体荣誉感等有着密切的联系。因此,它是一种积极的心理品质。自尊心强的人,比较有主见,通常要求别人尊重自己,也喜欢交往和积极地参加各种社会活动;他们的行为最有监控力量,即最善于矫正自己的行为。而自尊心弱的人,则轻视自己,消极地评价自己的人格,喜欢回避周围的人,很少参加社会活动。具有健全人格的青年学生,即使是后进的学生,在他们的内心深处也大都埋藏着自尊、上进的火种,尽管他们存在着缺乏正确的道德观念、常常分不清是非、在情感上容易冲动、意志薄弱等缺点。因此,如何引导后进学生自尊心的正常发展,把他们不踏实的尝试性的自尊心变成进步的内驱力,是教育青年学生时应当重视的问题。

### 4. 道德意识和社会意识的发展

道德意识并不是在青年期才出现的。幼儿就已经试图辨别好人与坏人,辨别善与恶。小学生已知道很多具体的道德准则,例如,根据学校的要求,逐渐懂得了要有礼貌,守纪律,要诚实,不要撒谎、打架、偷东西等。到了青年期,由于他们接触社会的范围扩大了,自己的道德实践经验也增多了,他们掌握的道德准则不仅在数量上越来越多,而且越来越概括,越来越深刻。例如,他们能认识到见义勇为、克己奉公等是道德的,阿谀奉承、过河拆桥、见利忘义等是不道德的,逐渐形成了以符合社会法规为基础的、正确的道德观念、道德原则。与此同时,他们自觉已是社会组织的一员,感到自己应该对社会作贡献,或者已开始把对社会的贡献当作是自己的义务。他们的自我意识逐渐转向对社会的憧憬。

### 5. 人生观的发展

青年期是形成世界观、人生观的重要时期,多数学生将选择职业,走向社会。他们大多会极其自然地提出"人活着到底是为了什么"的问题。他们也必须弄清楚整个社会发展的规律,确定自己的生活目的和意义。我们常常看到,青年学生总喜欢从其有何社会意义和价值来衡量所接触的活动和事件,并经常为此而展开争论。这说明青年期学生的人生观已经有所发展。

不过,他们人生观的发展还是不稳定的,很容易由于受到所接触的外界环境条件以及交往的人的影响,而改变其对社会生活目的和意义的看法。青年学生的人生观的发展既可能向正确的方向前进,也可能误入歧途。

世界观和人生观在心理结构中处于最高的层次。它是在个人的大量认识和行为经验的基础上概括而成的,又是指导个人认识和支配行为的最高调节者。这种调节作用在不断克服内外冲突的日常生活和活动过程中逐渐增强。

为使青年学生形成正确的人生观,教育者必须指导他们学习辩证唯物主义和历史唯物主义,学习中外历史,使他们懂得社会是由低级向高级按规律发展的,懂得个人在社会生活中的地位,以及他们所肩负的历史使命;帮助他们正确地解决日常生活中所遇到的各种实际问题以及公与私的矛盾;并引导他们把人生观与日常活动联系起来,使他们把社会主义祖国的远景同他们当前的学习任务联系起来。

## 四、性意识方面

随着青少年性器官和性机能的成熟,他们的性意识、性兴趣和性情感也随之觉醒和发展起来。①

### 名词解释

身心发展的阶段　心理发展的动力　第二性征　思维的独立批判性　自我意识　成人感　自尊心

### 思考题

1. 青年期学生主要的生理和心理特征表现在哪些方面?请结合教育实习做些调查加以验证。

2. 试述青少年学生的身心特征,并思考早熟或晚熟学生的身心特征对教育工作者开展教育提出了什么要求。

---

① 详见卢家楣主编:《青少年心理与辅导:理论与实践》,上海教育出版社2013年版,第206—213页。

# 第十七章　课堂教学中的团体心理气氛

我国的教学实行的是班级授课制,各种教育水平的班级都是一个团体。也就是说,教师的教学是以全班同学为整体来进行的。因此,课堂教学中的团体心理气氛直接影响着教师的教学效果。

## 第一节　团体心理气氛及其基本特征

### 一、团体心理和团体心理气氛

#### (一) 团体

团体是相对于个体而言的。个体是指单个的人,是指以单独的形式活动的有个性的实体。事实上,作为具有社会属性的人完全失群而单独地生活,在现代社会中是很少的。学生在教室里,尤其是在课堂教学中,是群体中的一员。群体在这里指的是,为了共同的目的或出于相同的心理、社会需要而以特定的方式组合在一起进行活动,并相互制约的人群结合体,有时也称作团体。

1. **团体的特征**

并非任何的人群结合体都能称为团体。马路上围观的人群,同乘一辆汽车的乘客,同在某一商店柜台购物的人群,不能归入我们所说的团体。团体应当具有以下特征:①其成员相互依赖,在心理上要彼此意识到对方。②其成员在行为上相互作用,彼此发生影响。③各成员有"我们同属于一群"的感受。这种感受实际上源于各成员彼此之间有共同的目标或社会性需求,以及有共同的行为规范。

团体不是若干个体的简单相加,而是使个体有机地组合而成的一种新的力量。学校中的社团,班级中的运动队、乐队都属于团体。在团体中存在着人际关系与沟通交流,以及由此而产生的相互模仿、感染、吸引、排斥、协作、冲突、相容、顺从等社会心理现象。团体的效能取决于该团体中的人际关系与交往方式。集体是团体发展到高级阶段的特殊形态,是一种为实现具有公益价值的社会目标而严密组织起来的有心理凝聚力的团体,并不是所有的团体都可称为集体。

2. **集体的特征**

集体具有六个特征:一是规范性,即有规章制度和纪律的约束;二是自觉性,即集体成员自觉自愿地遵守纪律;三是相互关系,即各成员相互依赖,在心理上彼此意识到对方;四是相互帮助,即各成员在行动上能相互帮助解决疑难问题;五是荣辱与共,即各成员意识到自己和集体的荣辱联系在一起,有一致的归属感;六是体现出成员的需要,即集体活动要体现出成员的需要,比如,某人想搞一次野外活动,能得到大家的赞同。

集体的作用就在于协调人与人之间的关系,使每个成员的行为尽量符合集体的行为规范,目标一致,情感上一致。

## (二) 团体心理

团体心理是指普遍存在于各个团体成员头脑中,反映团体中人际关系的共同的心理状态与心理倾向。它主要表现为舆论、内隐的心理或外显的行为规范、士气、情绪、气氛、风尚、从众现象等。比如,有的学生在班级中跟同学们一起学习比独自学习有更大的热情与效果,而另一些学生则相反;一个淘气的学生进入良好的班集体中会显得老实一点,而一个安分的学生在调到乱班之后也会折腾起来;有的学生跟老师个别相处时比较和顺,而在班级同学面前却对老师表现得很倔强或不合作。这都可能与团体心理对个体的影响有关。

## (三) 团体心理气氛

团体心理气氛(或称心理气氛,psychological climate)在教育领域中称为课堂团体心理气氛,也称学习气氛、课堂气氛等。它实际上是指学习群体中占优势的人们的某些态度与情感的综合表现。当某团体的成员在完成共同的任务时,常常相对稳定地显示出积极的态度与高涨的情绪。由这种精神状态所构成的总气氛,通常称作"士气"(morale)。史密斯(G. R. Smith)曾把士气定义为:"对某个群体感到满足,并乐意为实现群体目标而努力的态度。"营造好的团体心理气氛和高涨的士气是提高学习和工作效率的必要条件之一。

团体心理气氛是一个多维度的复合概念,其外延主要包括情绪、态度、人际关系、活动的组织特征和环境的特征等几个方面。但是,它通常被狭义地理解为情绪状态。

我们常常可以看到,不同的教师到同一个班级去上课会有不同的课堂气氛。比如,有的教师上课时学生坐立不安、烦躁乱动,另一位教师去上课时,虽有喧哗声但却很用心;有的教师一进入教室,就会出现一触即发的对立而又紧张的气氛,而当班主任上课时,又会出现一切都合规矩的和顺局面,等等。这正表明了课堂上的团体心理气氛在一定程度上是学生集体与教师之间某种关系的反映。它与教师组织教学的方式和方法以及发挥学生的骨干作用等因素也有着密切的联系。

## 二、团体心理气氛的基本特征

团体心理气氛的基本特征主要表现为以下几个方面。

### (一) 情感性或情绪性

情感性或情绪性是课堂教学中的团体心理气氛的本质特征。它是指客观环境中的诸因素是否符合团体成员的需要与愿望而产生的一种主观体验。它反映的是具有一定的需要和愿望的主体同客体之间的关系。

一般地说,在课堂教学中的各种客体因素会引起学生一定的情绪体验,并汇集成某种心理气氛。这主要与教师的教学内容与教学方法能否满足他们的需要有关,也与学生对教师的人格特质和智能水平的看法有关。由于学生的个别差异,包括人格倾向性和智力状况的不同,对于同一种客体因素,他们会产生不同的情绪体验。如果在班级中学生对于某种客体因素持有几种不同的情感时,往往是多数学生或对团体颇有影响的学生的情感影响着班级的心理气氛。

## (二) 动态性与稳定性

动态性与稳定性的统一是团体心理气氛的另一个重要特征。动态性指的是团体心理气氛的形成和发展是一个不断变化的过程。它不仅表现在团体成员的情绪变化上,而且也体现在团体成员对客观现实的综合态度、人际关系状况、组织活动的特征与环境因素的发展变化等方面。比如,在教学过程中群体成员之间相互交往和相互作用的方式不同,会造成不同的课堂心理气氛。动态性特征显然是与情绪性特征相联系的。

稳定性特征主要与团体成员对所从事活动的认识和态度有关。例如,对学习某一门课程的意义认识得越深刻,学习态度越端正,课堂上的团体心理气氛越好。

## (三) 多质性和两极性

团体心理气氛的多质性是指团体心理气氛具有多种类型或多种性质。比如,和谐、友好的气氛,紧张、热烈的气氛,积极、舒展的气氛,消极、沉闷的气氛,对立而又紧张的气氛,等等。两极性指的是就每一种团体心理气氛类型而言,都可以表现为两种相互对立的状况。例如,团体心理气氛在强度上可划分为紧张与轻松;从获取感受上可划分为愉快与沉闷;从满意度上可划分为满意与不满意。此外,还可划分为增力与减力等两极。正是由于团体心理气氛的多质性和两极性,教学过程才被蒙上了不同的气氛色彩。

## (四) 模糊性与间接性

从测量学的角度看,团体心理气氛具有模糊性与间接性。模糊性主要是指构成因素多而复杂,不容易识别其类型与性质,测定与评价的难度也较大。间接性主要是指团体心理气氛只能通过观察、谈话、分析学习情况或心理测量的方式来间接地加以测定。

# 第二节 课堂心理气氛

课堂教学中的心理气氛简称课堂心理气氛。课堂心理气氛有两种基本类型,即积极、健康、生动活泼的类型和消极、冷漠、沉闷的类型。前者为良好的课堂心理气氛,后者为不良的课堂心理气氛。

## 一、良好课堂心理气氛的营造

营造良好的课堂心理气氛是为了保证教学目标的实现和促进教学质量的提高。因为课堂教学的效果不仅取决于教师如何教,学生如何学,而且还取决于课堂心理气氛。

良好的课堂心理气氛是在师生间、学生间相互交往过程中形成的,是由大多数学生对学习抱有积极的态度和情感的优势状态所决定的。它在一定程度上是学生集体与教师之间关系融洽、默契配合的反映。它与教师组织教学的方式、方法也有关联。

因此,为营造和维持有利于学习的良好的课堂心理气氛,教师应当做到以下几点。

## (一) 引导学生自主学习,让学生主动参与到学习中去

教师应帮助学生在课堂上把更多的时间用于学习,并尽量在非目标性活动上少花时间,即引导学生自主学习,让他们主动参与到具有挑战性但不太难的学习中去。

现代心理学中的自主学习观强调学习是一个主动的过程。其主要特征表现为:学习动机是内在的,或自我激发的;学习内容是自己选择的;学习方法是由自己选择,并能有效地加以利用的;学习时间由自己控制;学习过程能够进行自我监控;学习后果能够进行自我总结、评价,并据此进行自我强化;能够主动组织有利于学习的教学环境;遇到学习困难时能够主动寻求他人的帮助[①]。

在这里,我们强调的是教师必须激发和维持学生的内在动机。学生的内在动机是一种积极持久、力量强大的动机。在这种动机的激发下,学生的自主学习行为才可以维持下去,也才可以根据自己的情况和外界的变化对学习进行监督和调节。如果学生将自己的学习行为与自己的理想、信念、价值观联系得很紧密,那么自主学习的特征会表现得更为突出。

相反,如果学生是在外在压力下或在反感的情况下进行学习,他们就会因为不喜欢这种学习氛围而不安心学习,也不能在学习活动中发挥他们的意志功能,把注意力集中在当前的学习任务上,甚至由于不能抗拒外在诱惑的影响而把更多的时间用于非目标性的活动,由此而影响良好的课堂心理气氛的营造。

## (二) 提倡采用以教师讲授为主,学生合作学习为辅的教学形式

在课堂教学过程中,要使学生始终保持一种积极参与的状态不是一件容易的事情。这就需要教师在教学过程中采用必要的教学组织形式,使学生对学习不失去兴趣,对教师的讲授不出现冷漠的态度和消极的情绪。

为营造和改善课堂心理气氛,世界上有许多国家在课堂上采用的是合作式学习形式。这种学习形式是由教师分配学习任务和控制教学进程的,不仅强调学生之间的合作,而且也强调师生之间的密切配合,强调教师在整个教学过程中的作用。例如,适时地提醒,恰当地点拨,积极地引导,善于听取学生的疑问并予以解答,以及尽量把学生引向正确的答案,而不是简单、直接地给予反馈。

合作学习是以小组活动的方式进行的一种教学活动,小组成员间开展合作,互助地完成教师所规定的任务。每个小组以5—7名学生为宜(包括性别不同,成绩有层次差异,能力水

---

[①] 庞维国、刘树农:《现代心理学的自主学习观》,《山东教育科研》2000 年第 2 期。

平有差异的成员)。各组间是同质的,常以各个小组在达到目标过程中的总体成绩为奖励的依据。

这种学习形式不仅能营造和改善课堂心理气氛,也能大面积地提高学生的学习成绩,以及促进学生形成良好的合作意识与社交技能。

为营造良好的课堂心理气氛,教师的讲授要紧凑,不要轻易打断学生的学习活动;要注意保持教学的流畅性,不要重复地讲解或复习学生已掌握的知识,或无端地停顿讲解,去思考或准备下一个材料,或者去处理完全可以在课后处理的事情,以免产生课堂纪律问题。

## (三) 正确处理"问题学生"的消极情绪困扰

这里所说的"问题学生"是指那些在课堂学习中不能遵守课堂行为规范,不能正常与人交往和参与学习的学生。学生的问题行为大多是由学生本身的人格适应不良所引起,或由于教师的处理不当而加剧的。

学生的人格适应不良较常见的症状是多动、易怒、易分心、情绪容易波动并常常寻衅闹事。人格适应不良的学生由于不能很好地适应环境而产生的各种情绪上的干扰使其不能集中注意力,不能坚持学习,甚至会引起与教师、同伴的对立和不合作。比如,有的学生因感到所学内容对他们来说太难而万分焦急;有的学生在课堂讨论时为发言而十分苦恼或害羞;还有的学生在他尝试解决某个问题时,由于使用了错误的方法或题中含有不理解的内容而经历着失败的过程时会引起高度的紧张、焦虑或情绪激动。当他们被这些消极情绪所困扰时,就不能把注意力集中到眼前的学习任务上,甚至会大吵大闹,影响课堂秩序。

为预防和正确地处理"问题学生"的消极情绪困扰,教师应做到以下几点。

第一,要了解学生和满足学生的心理需要。获得学习成就是学生的根本需要,学生通过学习可以得到成就需要、自尊需要和交往需要的满足。为满足学生的这些心理需要,教师应尽可能地使教学内容和方法适合他们的学习程度和理解水平,努力帮助他们把新知识与旧知识相联系,使他们顺利地完成认知结构的转换。只有当教师采用了与他们的心理需要相适应的教学方法,才能调动他们的学习积极性,使他们有效地完成学习任务。

第二,要允许学生失败,并鼓励他们坚持,而不屈服于挫折。学习从来就不是顺当的,其中可能包含着无数次的失败。这种失败的经验也是学习复杂技巧的一个重要的方面。一旦达到目标时,则会加强成功的喜悦。因此,教师必须允许学生失败,并教育他们即使是遇到挫折或失败,也不把它当作一种耻辱,更不能一想到挫折或失败就引起过度的焦虑。要告诉学生过度的焦虑或者因为害怕焦虑而感到无法胜任或苦恼,则会使人躲避所面临的问题和贬低自我的学习能力。

为使学生把过度的焦虑降低到适宜的,即中等的水平,或者为了纠正他们因焦虑过度而引起的诸如做小动作、四处张望、擅自站立或走动等不适当行为,教师有时只要与他们目光接触一下或点一点头,表示提醒;有时只要把手放在一个行为不端学生的肩膀上;还有时用几句话提醒一下学生的责任心就足够了(比如,对他们说:"集中注意,坚持学习。"),以便既有效地处理"问题学生"又不打断上课的进程。

第三,要建立课堂教学常规,教会学生自律。建立课堂教学常规有助于学生上课时保持情绪稳定,以及形成良好的课堂学习行为。对于学生的违纪行为也能起到预防的作用。

为使学生遵守课堂行为规范,教师要教会学生自律(即把学校所规定的课堂学习行为转化为他们内在的需要,从而以此为标准,进行学习的自我指导和自我监督)。要使他们懂得在课堂上能够自律,才能逐渐形成独立、自信、自我控制、情绪稳定、能忍受挫折等良好的人格品质,从而使人格成熟起来;才能在长大成人时成为有责任心的、守法的、关心他人的人,以及在挫折与心神烦乱和其他困难面前能够承担起社会重大责任的人。

第四,要尊重学习者,有限制地惩罚"问题学生"。实践证明,只有在师生相互尊重的、良好的课堂心理气氛之下,才能限制个别学生的问题行为。如果教师以损害学生自尊心为代价(例如,当众羞辱、挖苦、责骂学生或私下对学生"训斥")来保持课堂教学秩序,保证课堂教学计划的实现;或者命令他们课后到教师办公室去(或留在教室里),用额外指定作业或将学生赶出教室(或送到校长办公室去)的办法惩罚学生,只能使被惩罚的学生增加错误行为,特别是更会强化他们想吸引全班同学注意的需要,更会使他们因为受到伤害而急躁、发脾气,产生对教师的敌意;使他们更少关心学习和更少参加学校的各种有益活动,有的还可能逃避学习和在上课时走神做"白日梦",从而影响整个课堂的教学质量。

最善于激发学生学习的教师,也是使用惩罚最少的教师,而使用惩罚最多的教师,无论用什么标准来衡量都是没有成效的教师。所以,教师必须有限制地惩罚"问题学生"。在学生犯错误时,应当舍得花时间和不怕麻烦地去找出是什么事情使他们烦恼,应当耐心地为他们提供善意的帮助,从而使他们把注意力始终指向学习。

## 二、影响课堂心理气氛的各种因素

造成良好的还是不良的,积极的还是消极的课堂心理气氛依赖于许多因素。其中主要有以下几种。

### (一) 教师的领导方式或教学作风

课堂心理气氛是师生和学生之间的相互交往、态度感应所造成的,并且每堂课是由教师所掌握的。因此,作为领导者的教师采用不同的领导方式或教学作风会造成不同的课堂心理气氛。

在课堂教学中,教师采用的领导方式或教学作风通常有以下三种。

#### 1. 放任的作风

教师在教学方面采取放任的作风,主要表现为不负任何实际的责任,给予学生充分的自由。教师不控制学生的行为,让学生学习自己感兴趣的知识。教师对学习方法也不作指导,一切活动由学生自己进行。

### 2. 专制的作风

教师在教室里采取专制的作风,主要表现为教师把持教室内的活动,安排学习的情境,指导学习的方法,控制学生的行为;对学生持主观、武断、冷酷的态度;纪律严明,学生缺乏自由,只能服从教师的命令。

### 3. 民主的作风

教师在课堂上以民主的方式进行教学,主要表现为重视集体的作用,与学生共同设计课堂教学的活动,为引导学生主动地学习而帮助学生设立目标,并指引其达到此目标。

表 17-1 从教学的计划、学习的方式、学习的效率、努力的程度、教室内的秩序,以及课堂的心理气氛等方面比较了教师的这三种作风。就中学生而言,采用民主的作风更能提高他们的学习责任心,促进他们自觉学习。学生在这种课堂心理气氛下从事学习,还有助于增进他们的心理健康。

表 17-1 教师三种作风的比较

| 教学的各方面 | 放任的作风 | 专制的作风 | 民主的作风 |
| --- | --- | --- | --- |
| 教学计划 | 无指导,完全自由活动,常有干扰 | 教师决定一切,计划全班的学习活动,控制学生的行为 | 师生共同设立学习目标,拟定学习计划 |
| 学习方式 | 教师不指导学生,遇到困难即停顿 | 在教师的控制下学生表面上学习,实际上不一定生效 | 学生们一起讨论,提出评判,求得结果,成效卓著 |
| 努力程度 | 学生任意学习,不知道努力的方向,效率很低 | 教师督促学生努力,当面有效,教师离开就不行了 | 努力达到目标,自觉学习,不论教师是否在场 |
| 教室秩序 | 有时生动活泼,有时吵闹混乱,缺乏纪律 | 形式主义的学习,表面似守秩序,实际因循苟且 | 学生们按计划行动,互助合作,秩序良好 |
| 课堂心理气氛 | 大家喜怒无常,时而兴高采烈,时而灰心丧气 | 着重个人学习,无社会化的行为,气氛严肃 | 师生友好,大家愉快,学习有兴趣,成功有信心 |

## (二) 教师对学生的期望和为学生所设立的具体目标

罗森塔尔和雅各布森(L. F. Jacobson)于 1968 年出版的《课堂中的皮格马利翁》一书报告了他们的实验后指出,教师以更多的时间关心学生的学习,以友善的态度亲近学生,会使课堂气氛和谐、欢乐;会使学生间更乐于互相合作,大家愉快地进行学习。

他们的实验是这样做的:先对小学一至六年级学生进行一次"预测未来发展的测验",而后不根据测验成绩随机地在各班抽取 20% 的学生作为实验组,并故意告诉教师:他们是"未来的花朵",有很大的"学业冲刺"潜力。8 个月之后再对全班学生进行一次同样的测验,结果发现,这些所谓的"未来的花朵"在智力上比其他学生(控制组)有更大的提高。这种差异在一、二年级学生中尤其显著。一年级学生,实验组提高 27%,控制组仅提高 12%;二年级学生,实验组提高16.5%,控制组仅提高7%。特别有趣的是,那些教师在期末评定"未来的花朵"时确实认为他们"求知欲更强""更有适应力与魅力"等。可见,这些教师受到实验者的暗示,不仅对这些"未来的花朵"抱有期望,而且还有意无意地通过各种方式,包括更多地向他们提问、热情地辅导等,将这种暗含的期望微妙地传递给了这些学生。当这些学生获得教师的期望信息之后,又产生了激励的效应,于是他们更加信赖教师,积极地投入学习活动。教师见到这种反应,又更会把自己的感情及所期望的特性投射到学生身上,并更加感到他们可爱,从而激起了更大的教育热情。

可见,教师对学生的期望会激活自己的教育对象,戏剧性地活跃课堂学习气氛,造成良好的教育效果。罗森塔尔借用古希腊神话中的典故把这种现象称之为"皮格马利翁效应"。皮格马利翁是古希腊神话中描述的古代塞浦路斯的一位善于雕刻的国王,他把全部热诚与期望投放到自己雕刻的美丽少女塑像身上,后来竟使该塑像活了起来,成了一位生动活泼的少女。罗森塔尔借用皮格马利翁这个词来比喻教师的期望足以影响学生的学习这一事实。

由此,我们可以推论,如果教师对班级的所有成员都抱有较高的期望,热忱地对待每个学生,肯定有益于活跃课堂学习气氛。

另外,为了使班级的每个成员在课堂上都能积极地投入学习,在必要时教师可以为班上的每个学生提供适合其能力的学习材料,并指导他们采用适宜的学习方法。对于能力较强的学生,多提供运用独立思考自己去发现的学习材料;对于能力较差的学生,则多给予进行记忆、从事模仿的学习材料,使每个学生都在其原有的学习基础上努力上进。这样做,同样也有益于活跃课堂学习气氛。

### (三) 教师的心理品质和心理健康水平

在课堂教学中,教师各方面的品质都是学生模仿的标准。研究表明,成功的教师,包括在课堂教学中能活跃课堂心理气氛的教师,应当具有以下心理品质。

**1. 热爱本职工作,对本专业工作具有浓厚的兴趣和强烈的献身精神**

对所教课程表现出浓厚的教学兴趣的教师往往会感染学生喜爱这门学科,使学生在课堂上表现出注意力集中、思维活跃的心理气氛。而对工作兢兢业业、认真负责、教学生动形象的教师则更会潜移默化地影响学生在课堂内外的学习态度。

许多研究表明,教师对教学工作的积极态度,可以促进学生对学习的热情;教师对教学工作的消极态度,则可能摧毁学生对学习的兴趣。

**2. 有广泛的知识和精深的学问**

成功的教师不仅要掌握本学科的专业知识,具有较高的语言修养,口语丰富生动,而且应当具有教育学、心理学、社会学等方面的知识。教师能否清晰地表述教学内容,为学生提供简单明了的反馈信息,以及激发学生的学习动机和兴趣,在很大程度上取决于他们是否具有上述几方面的知识。教师对本专业有精深的学问则更有利于把握住所教知识的整个体系,以及所教知识在整个知识体系中的地位与意义,进而有益于创设良好的课堂心理气氛。

许多研究表明,教师能较为透彻地掌握教材,其教学会引起学生积极的情绪反应,因而更喜欢这位教师,以及喜爱他所教的课程。掌握教材较浅近的教师,他的教学则会引起学生消极的反应,甚至对他所教的课程不感兴趣。

### 3. 有特殊的智能品质,以及教学组织才能和创造才能

教师的智能品质的要求包括:①具有对知识价值的判断能力。即能够在现今大量杂乱的知识信息中选择那些利用率高、可迁移性大,并能将人的思维引向深入的信息介绍给学生,以利于他们对这些信息进行再思考、再创造,并有可能超越前人。②具有引导学生主动地对所获信息进行变形、重组、增减、扩缩、夸张、交叉和移植,以提高学生的信息加工能力以及形成新的能力结构的能力。③具有将事实和现象分为微小细节,并作详细分析的能力,以及建立对象与现象完整模式的综合能力。④对将要发生的事具有预见性。比如,在学生事态失控之前就能觉察出不当行为,并有规律地对他们进行严密的监控。⑤具有有步骤地思考问题,并经过深思熟虑,证据充分地推出结论的逻辑思维能力及再创造能力。

教师的教学组织才能的要求包括:①善于针对学生的年龄、性别、人格特点区别对待,因材施教。②善于组织和管理全班及全体学生,善于关心和调动他们的积极性,并能预测他们的发展。③善于和学生建立良好的关系,得到大家的信任,具有人际吸引力。④善于有效地组织学生沟通和合作,使学生在课堂上能畅所欲言、无所顾忌地表达自己的想法和创意。⑤善于总结工作(例如,研究学生的学习效率和自己的工作效率),从而不断地丰富自己的才能和充实自己的知识。

教师的创造才能的要求包括:①善于摆脱刻板的思维方式和保守思想,无止境地学习新的知识,探索新的方法。②具有不达目的决不罢休的精神,敢于创新和改革,并且坚持到底。

### 4. 有积极健康的性格特征

成功的教师处事公正、敏感而又不感情用事,认真对待每一个学生和每一件事情;有沉着、稳健的气质,即在紧张或冲突的环境中能保持镇静,能正确地作出决定,并善于自我控制,情绪稳定;信任学生,并有宽容心和有自信心,以及有适当的情绪表现,合适的说话语气、姿势、行动等特质。教师具有这些性格特征,有助于活跃课堂心理气氛。中学生特别欢迎对他们持友好态度、行为适当的教师。如果教师在课堂教学中的行为不适当,或对学生不友好,甚至有某种病态的表现,则会造成课堂心理气氛不佳,大大影响学生努力学习的程度。

## (四)学生对自己的学习评价与教师对学生的学习评价之间的一致性

学生对自己学习的努力程度,以及对自己的学习能力的认识与评价,可能与教师对他们的评价相一致,也可能不一致,并会由此影响师生关系,进而影响课堂心理气氛。比如,有的学生认为自己的努力程度和能力一般,而教师则认为他是一个好学生。那么他们的相互交往就会十分亲切,师生关系也十分融洽。有的学生自认为作了很大的努力,能力也不差,但是教师把他看作是智力低又不努力学习的学生,那他就会轻视教师,产生抵触情绪,甚至可能在行动上进行反抗,造成师生关系紧张。因此,教师应努力做到全面而正确地评价学生,

并主动消除师生间在学习评价上的不一致性,以密切师生关系,活跃课堂心理气氛。

教师在评价学生的学业成败时,应全面考虑学习材料的难易程度,与学生的能力适合程度及学生的努力程度。如果甲乙两名学生学习同样容易的材料,获得了同样的成绩,教师应赞扬作出较大努力的学生;当甲乙两名学生学习同样困难的材料,获得了同样好的成绩,教师应对这两名学生给予同样的奖励;如果甲乙两名学生学习同样容易的材料,两人都失败时,教师应责备努力更少的学生,而不应责备能力低但作了最大的努力未获成功的学生;当甲乙两名学生学习同样困难的材料,而且两人都失败时,教师要根据学生能力的高低以及其他的原因作出评价。总之,教师在对学生的学习作评价时,应考虑到学习材料的难易程度和学生的成绩状况,着重评价他们的努力程度。

中学生十分珍惜自己的能力。他们把能力看作是自己终身发展的条件。有些学生认为,"不努力"只是暂时的结果,可以补救;"无能力"则前途有限,难以上进。因此,他们极力维护自己的能力,把能力看得高于努力。持有这种看法的中学生,在他们尽了最大的努力而未获成功时,会认为是自己的能力问题而感到羞耻。他们宁可让教师认为他是努力不够而遭失败,而不愿让教师认为他是因为能力不够而未成功。教师着重从学生的努力程度来评价学生,学生着重从自己的能力高低来评价自己,这常常是造成师生关系紧张的重要方面。实际上,成功的最可靠的条件是高能力与努力相结合。为创造良好的课堂心理气氛,教师应当指导学生正确地评价自己的努力和能力。

## 名词解释

团体　集体　团体心理　课堂心理气氛　皮格马利翁效应

## 思考题

1. 说明团体心理气氛的动态性和稳定性,多质性和两极性。
2. 怎样营造良好的课堂心理气氛?
3. 试述成功教师的教学作风和心理品质及其对课堂学习气氛的影响。
4. 试述教师对学生的期望对课堂学习气氛的影响。
5. 怎样使学生对自己的学习评价与教师对学生的学习评价相一致?
6. 试述学生自主学习的主要特征及其表现,并说明其与维持良好课堂心理气氛的关系。
7. 试述课堂学习中"问题学生"的行为表现,为预防和正确处理"问题学生",教师应当做到哪几点?

# 主要参考书目

## 中文部分

[1] 荆其诚、林仲贤主编:《心理学概论》,科学出版社1986年版。

[2] 查子秀主编:《超常儿童心理学》,人民教育出版社1993年版。

[3] 白学军著:《智力心理学的研究进展》,浙江人民出版社1996年版。

[4] 龚耀先主编:《心理评估》,高等教育出版社2003年版。

[5] 林崇德主编:《心理学大辞典》,上海教育出版社2003年版。

[6] 沈德立、阴国恩主编:《基础心理学》(第二版),华东师范大学出版社2010年版。

[7] 梁宁建主编:《心理学导论》(第二版),上海教育出版社2011年版。

[8] 理查德·格里格、菲利普·津巴多著,王垒等译:《心理学与生活》,人民邮电出版社2016年版。

[9] 叶奕乾、何存道、梁宁建编:《普通心理学》(第五版),华东师范大学出版社2016年版。

[10] 琳达·布兰农著,郑晓辰、张磊、蒋雯译:《健康心理学》(第八版),中国轻工业出版社2016年版。

[11] 辛自强著:《心理学研究方法》,北京师范大学出版社2017年版。

[12] 朱智贤著:《儿童心理学》(第六版),人民教育出版社2018年版。

[13] 塞缪尔·E.伍德、埃伦·格林·伍德、丹妮斯·博伊德著,陈莉译:《心理学的世界》,上海社会科学院出版社2018年版。

[14] 吴庆麟、胡谊主编:《教育心理学》,华东师范大学出版社2018年版。

[15] 马克·杜兰德、戴维·巴洛著,张宁、孙越异主译:《异常心理学》(第6版),中国人民大学出版社2018年版。

[16] 隋南编著:《生理心理学》(第二版),中国人民大学出版社2018年版。

[17] 林崇德主编:《发展心理学》(第三版),人民教育出版社2018年版。

[18] 杨凤池主编:《咨询心理学》(第三版),人民卫生出版社2018年版。

[19] 杨玲主编:《学校心理学:理论与实践》,教育科学出版社2018年版。

[20] 侯玉波编著:《社会心理学》(第四版),北京大学出版社2018年版。

[21] 郭永玉等著:《人格研究》(第二版),华东师范大学出版社2019年版。

[22] 董奇著:《心理与教育研究方法》(第二版),北京师范大学出版社2019年版。

[23] 高觉敷著:《心理学史论丛》,商务印书馆2019年版。

[24] 张钦主编:《普通心理学》,中国人民大学出版社2019年版。

[25] 约翰·杜威著,熊哲宏、张勇、蒋柯译:《心理学》,华东师范大学出版社2019年版。

[26] 叶浩生主编:《心理学通史》(第2版),北京师范大学出版社2019年版。

[27] 陈琦、刘儒德主编:《当代教育心理学》(第三版),北京师范大学出版社2019年版。

[28] 彭聃龄主编:《普通心理学》(第五版),北京师范大学出版社2019年版。

[29] 戴维·迈尔斯著,黄希庭等译:《心理学导论》(第9版),商务印书馆2019年版。

[30] 王云霞、张金荣、俞睿玮编:《学前儿童发展心理学》,浙江大学出版社2020年版。

[31] 伍新春、张军主编:《儿童发展与教育心理学》(第三版),高等教育出版社2020年版。

[32] 张耀翔著:《情绪心理学》,哈尔滨出版社2020年版。

[33] 赫根汉、亨利著,郭本禹、方红等译:《心理学史导论》(第七版),华东师范大学出版社2020年版。

## 英文部分

[1] Anastasi, A. (1980). *Fieds of Applied Psychology*. New York: McGraw-Hill.

[2] Anderson, J. R. (1995). *Learning and Memory: An Integrated Approach*. New York: John Wiley & Sons.

[3] Anderson, M. C. & Meely, J. H. (1996). Interference and Inhibition in Memory Retreval. In E. L. Bjork & R. A. Bjork (Eds.), *Memory*. San Diego, CA: Academic Press.

[4] Aronson, Elliot; Wilson, Timothy D. & Sommers, Samuel R. (2019). *Social Psychology* (10$^{th}$ ed). Boston: Pearson.

[5] Berry, John W. (2011). *Cross-Cultural Psychology: Reasearch and Applications* (3$^{rd}$ ed). New York: Cambridge University Press.

[6] Bolton, Neil (2019). *The Psychology of Thinking*. Taylor & Francis.

[7] Brennan, James F., Houde, Keith A. (2017). *History and Systems of Psychology* (7$^{th}$ ed). London: Cambridge University Press.

[8] Ciccarelli, Saundra K. & White, J. Noland (2014). *Psychology* (4$^{th}$ ed). NJ: Prentice Hall.

[9] Cohen, N. J. (1995). Memory. In M. T. Banich (Eds.), *Neuropsychology: The Neural Bases of Mental Function*. New York: Houghton Mifflin.

[10] Colman, Andrew M. (2015). *A Dictionary of Psychology* (4th ed). Oxford: Oxford University Press.

[11] Contreras, David A. (2010). *Psychology of Thinking*. Hauppauge, New York: Nova Science Publishers.

[12] Driscoll, Marcy P. (2013). *Psychology of Learning for Instruction*. Boston: Pearson.

[13] Goldstein, E. Bruce (2018). *Cognitive Psychology: Connecting Mind, Research, and Everyday Experience* (5th ed). Boston, MA: Cengage Learning.

[14] Goodwin, C. J. (2011). *A History of Modern Psychology*. New York: John Wiley & Sons.

[15] Harley, Trevor A. (2016). *The Psychology of Language: From Data to Theory*. Hove: Tayor & Francis.

[16] Hockenbury Don H. (2012). *Discovering Psychology*. New York: Worth Publishers.

[17] Hogg, A. Michael & Vaughan, Graham M. (2017). *Social Psychology* (8th ed). Harlow: Pearson Education Limited.

[18] Jackson, Michelle K. (2012). *Psychology of Language*. New York: Nova Science Publishers.

[19] Kalat, James W. (2013). *Introduction to Psychology*. Belmont, CA: Wadsworth Cengage Learning.

[20] Kaplan, C. A. & Simon, H. A. (1990). In Search of Insight. *Cognitive Psychology*, 22(3).

[21] King, Laura (2015). *Experience Psychology*. New York: McGraw-Hill Higher Education.

[22] Matsumoto, David & Hwang, Hyisung C. (2019). *The Handbook of Culture and Psychology* (2nd ed). New York: Oxford University Press.

[23] Mitchell, Peter & Ziegler, Fenja (2013). *Fundamentals of Developmental Psychology*. Hove: Taylor & Francis.

[24] Myers, David G. & DeWall, C. Nathan (2018). *Psychology* (12th ed). New York:

Worth Publishers.

[25] O'Donnell, Angela M. (2018). *Educational Psychology* (3rd ed). Milton Qld: John Wiley & Sons.

[26] Plotnik, Rod & Kouyoumdjian, Haig (2013). *Introduction to Psychology*. Boston: Cengage Learning.

[27] Rotenberg, Ken J. (2019). *The Psychology of Interpersonal Trust: Theory and Research*. Abingdon, Oxon; New York, NY: Routledge.

[28] Saugstad, Per (2018). *A History of Modern Psychology*. New York: Cambridge University Press.

[29] Schacter, Daniel L.; Gilbert, Daniel T. & Wegne, Daniel M. (2016). *Psychology* (2nd ed). London: Palgrave.

[30] Slater, Alan & Bremner, Gavin J. (2017). *An Introduction to Developmental Psychology* (3rd ed). New York: John Wiley & Sons.

[31] Thou, Teisi (2011). *Health Psychology*. Jaipur: ABD Publishers.

[32] Tinbergen, N. (1951). *The Study of Instinct*. London: Clarendon Press.

[33] Vallacher, Robin R. (2019). *Social Psychology: Exploring the Dynamics of Human Experience*. New York, NY: Routledge.

[34] Wade, Carole; Tavris, Carol & Swinkels, Alan (2016). *Psychology* (12th ed). Boston: Pearson.

[35] Ward, James & Hicks, Dawes (2016). *Psychology Applied to Education*. London: Cambridge University Press.

[36] Weiten, Wayne (2012). *Psychology: Themes and Variations* (9th ed). Boston: Cengage Learning.

[37] Wilton, Richard & Harley, Trevor A. (2017). *Science and Psychology*. London; New York: Routledge, Taylor & Francis Group.

[38] Winter, David A. & Reed, Nick (2015). *The Wiley Handbook of Personal Construct Psychology*. Chichester: Wiley Blackwell.

[39] Wood, Samuel E.; Wood, Ellen Green & Boyd, Denise (2011). *The World of Psychology*. Boston: Pearson.

[40] Woolfolk, Anita (2015). *Educational Psychology* (13th ed). Boston: Pearson.